できる®キッズ 子どもと学ぶ Scratch 3（スクラッチ） プログラミング入門

TENTO
IT TERAKOYA FOR THE CENTURY
株式会社TENTO
＆できるシリーズ編集部

インプレス

ご利用の前に必ずお読みください

本書は、2020 年 2 月現在の情報をもとに「Microsoft Windows 10」や「Microsoft Edge」「Google Chrome」「Scratch」などの操作方法について解説しています。本書の発行後に「Scratch」の機能や操作方法、画面などが変更された場合、本書の掲載内容通りに操作できなくなる可能性があります。本書発行後の情報については、弊社の Web ページ（https://book.impress.co.jp/）などで可能な限りお知らせいたしますが、すべての情報の即時掲載ならびに、確実な解決をお約束することはできかねます。また本書の運用により生じる、直接的、または間接的な損害について、著者ならびに弊社では一切の責任を負いかねます。あらかじめご理解、ご了承ください。

本書で紹介している内容のご質問につきましては、巻末をご参照のうえ、お問い合わせフォームかメールにてお問合せください。電話や FAX 等でのご質問には対応しておりません。また、本書の発行後に発生した利用手順やサービスの変更に関しては、お答えしかねる場合があることをご了承ください。

練習用ファイルについて

本書で使用する練習用ファイルは、弊社Webサイトからダウンロードできます。練習用ファイルの使い方については18ページをご参照ください。

▼練習用ファイルのダウンロードページ
https://book.impress.co.jp/books/1118101140

動画について

操作を確認できる動画を弊社Webサイトで参照できます。画面の動きがそのまま見られるので、より理解が深まります。

▼動画一覧ページ
https://dekiru.net/scr3

●用語の使い方

本文中で使用している用語は、基本的に実際の画面に表示される名称に則っています。

●本書の前提

本書では、「Windows 10」に「Google Chrome」がインストールされているパソコンで、インターネットに常時接続されている環境を前提に画面を再現しています。他のOSやブラウザーの場合は、お使いの環境と画面解像度が異なることもありますが、基本的に同じ要領で進めることができます。

第6章、第9章、第10章、第11章、第12章の効果音は下記の素材を使用しました。
「魔王魂」https://maoudamashii.jokersounds.com/
本書は、2017年7月13日に刊行された「できるキッズ 子どもと学ぶ Scratchプログラミング入門 」（ISBN：9784295001317）の内容とは異なります。

はじめに

昨今、子ども向けプログラミング教育が注目されていますが、Scratchはその中で最も有名な言語の1つといえます。一昔前は、入門用といっても、キーボードで文字を入力するプログラミング言語しかありませんでした。コンピューターの性能が向上するにつれてパソコンで画像を表現するのが容易になり、Scratchに代表される「ビジュアル言語」が増えているのです。

キーボードで入力する手間が少ないので、子どもたちはScratchを純粋に楽しみとして使うことができます。彼らは思い思いの作品を作りながら、自分自身でプログラミングの仕組みや役割を理解していくのです。親御さんの中には、その様子を見聞きしても、自分はプログラミングとは縁がないと思っていたり、子どもたちが何を作っているのか分からなくなりそうという方もいるのではないでしょうか。しかし、そこであきらめることはありません。子どもたちと一緒にプログラミングを学んでいけばいいのです。

子どもたちは、ちょっとしたプログラムが動くことに喜んで、どんどん機能を覚えていきますが、われわれ大人はそうではありません。感覚でプログラミングを学ぶというよりは、1つ1つプログラムの意味や動作を確認しないと先に進めないのです。

本書では、Scratchを初めて学ぶ子どもと大人のために使い方や機能を丁寧に解説しています。子どもにとって意味が分かりにくい条件分岐や座標、関数については、考え方を詳しく解説し、大人がどうやって子どもに考え方を説明すればいいか身近な例をひもといて紹介しています。プログラミングの意味や動作も1レッスンずつ詳しく紹介するので、プログラミングが初めてでも心配はありません。

今回Scratchも3.0となり、画面が一新されるとともに、機能の拡張がやりやすくなりました。現時点でも文字を音声に変換したり、ロボットを制御することはできますが、将来はAIの機械学習を扱えたり、あるいは家電を操作できるなど、さまざまな分野にScratchは広がっていくはずです。Scratchの広がりとともに、子どもたちの世界もどんどん広く、深く、よりクリエイティブなものになっていくことを期待しています。

2020年2月　竹林 暁

この本で作れるゲーム

第2章 ネコ歩き

遊び方→31ページ

第3章 オリジナル楽器

遊び方→47ページ

第4章 もぐらパトロール

遊び方→69ページ

第5章 アクションゲーム

遊び方→85ページ

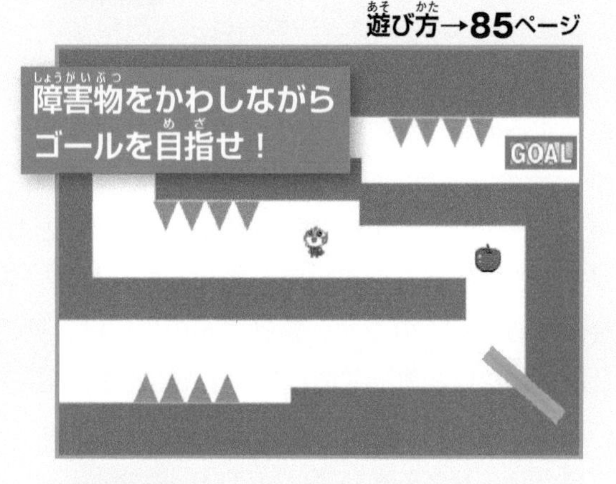

第6章 クリックゲーム

遊び方→105ページ

第7章 オート紙芝居

遊び方→123ページ

この本では全部で11個のゲームを作りながら、プログラミングについて学んでいくよ。インターネットに接続したパソコンがあればすぐに遊べるので、まずはゲームで遊んでみよう！

第8章 幾何学模様

遊び方→147ページ

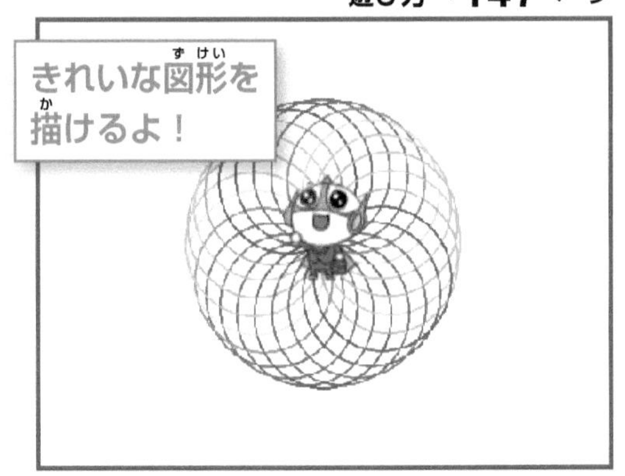

第11章 風船割りゲーム

遊び方→213ページ

第9章 クイズ！できるもん

遊び方→163ページ

第12章 インベーダーゲーム

遊び方→231ページ

第10章 リズムゲーム

遊び方→185ページ

保護者の方へ

本書で作成するゲームは、Windows 10パソコンとGoogle Chromeの組み合わせで動作を検証しています。パソコンにGoogle Chromeがインストールされていない場合は、23ページを参考にインストールしてください。また、Chromebookをお使いの場合は、278ページを参考に練習用ファイルを開いてください。

マウスやキーボードの動かし方

パソコンを初めて使う人のために、マウスやキーボードの動かし方を紹介するよ。大人の人と一緒に、練習してみてね！

マウス

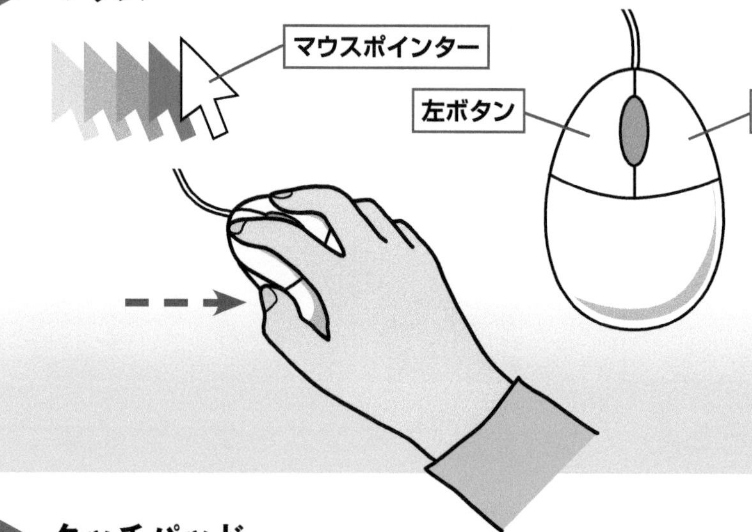

マウスを包むように手を乗せて、人差し指を左ボタン、中指を右ボタンの上に乗せよう。平らな場所で滑らせるように動かすと、マウスポインターが動くよ

タッチパッド

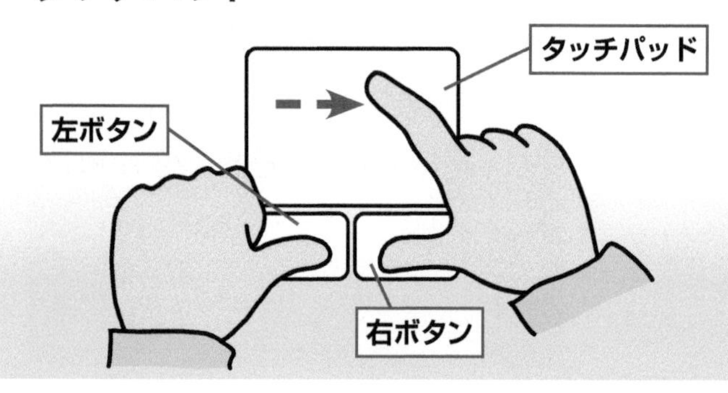

左右のボタンに親指を乗せて、タッチパッドの上に人差し指を乗せよう。タッチパッドとボタンが一緒の場合もあるよ

キーボード

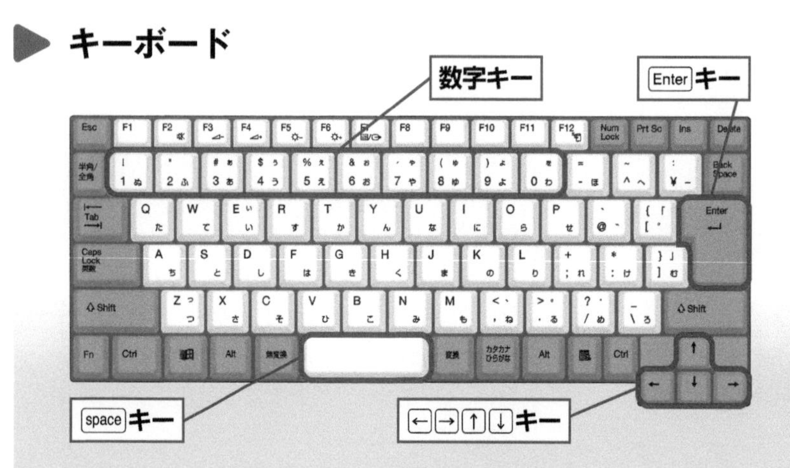

1から0までの数字が書かれている数字キーと、一番下の列の真ん中にあるスペースキー、矢印が書かれた方向キーを使うよ。文字を打つときは大人の人と一緒にやろう

クリックのやり方

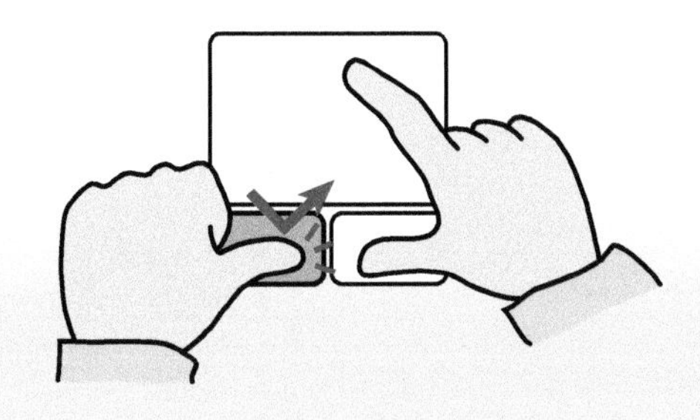

左ボタンをカチッと1回押そう

右クリックのやり方

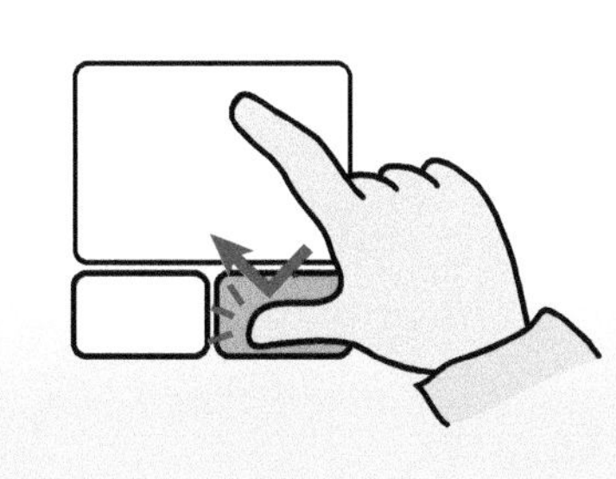

右ボタンをカチッと1回押そう

ダブルクリックのやり方

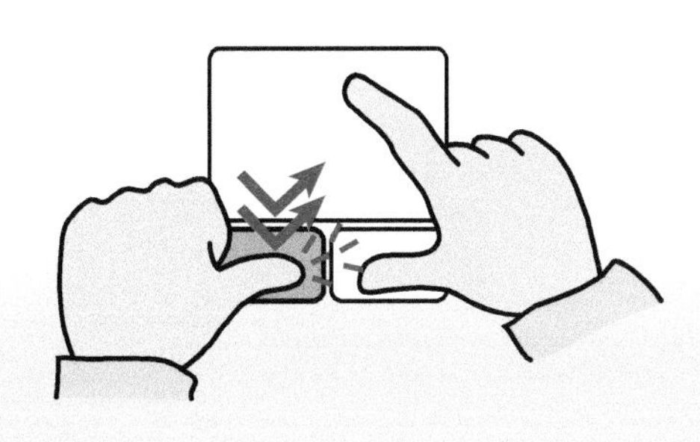

左ボタンをカチカチッと2回押そう

ドラッグのやり方

左ボタンを押し続けたまま、マウスを動かそう

Scratchの操作方法

この本で使う「Scratch」というアプリの操作方法を紹介するよ。アプリの使い方は第1章のレッスン3を参考にしてね。

ブロックを移動する

Scratchはパソコンの画面上でブロックを組み合わせてプログラミングするよ。下の手順を見ながらやってみよう！

1 クリックして選ぶ

マウスを動かしてマウスポインターをブロックに合わせて、左ボタンをぐっと押したままにしよう

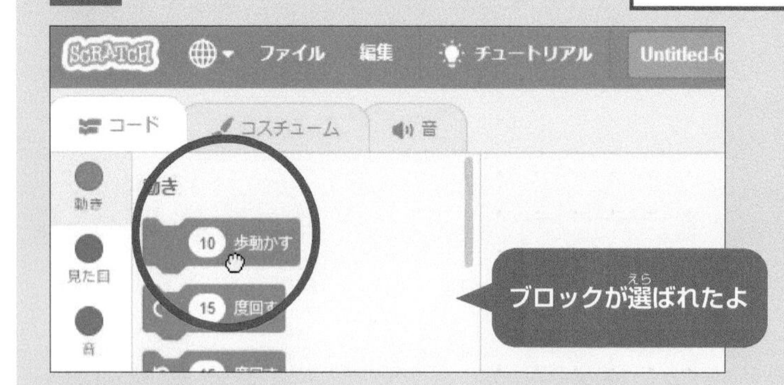

2 ドラッグして動かす

マウスの左ボタンを押したまま、マウスを右上に動かそう

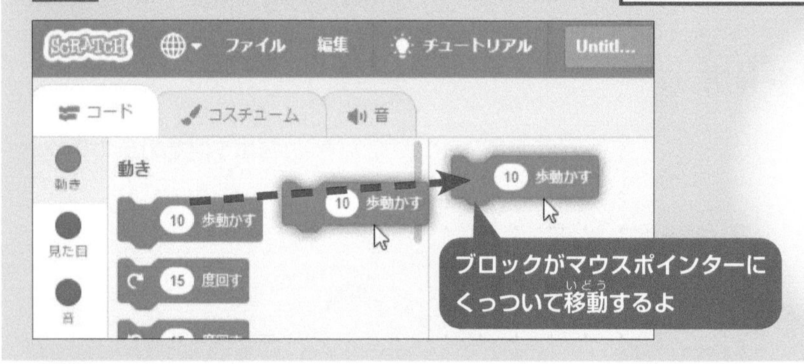

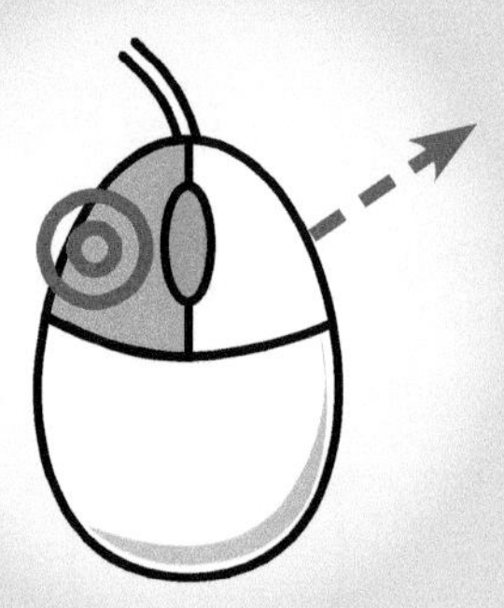

3 移動したい場所に置く

右上まで動かしたら、マウスの左ボタンから指をそっと離そう

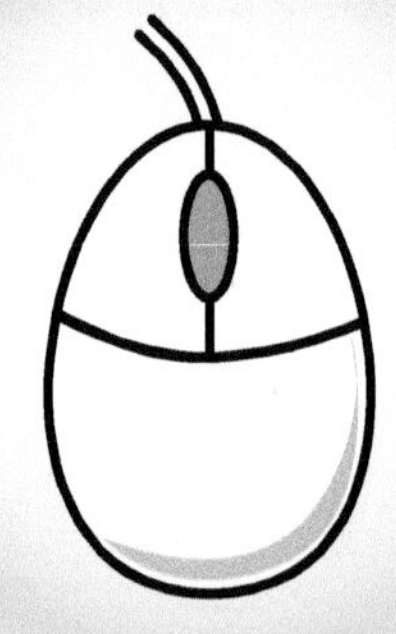

メニューから選ぶ

▼があるブロックは、クリックすると隠れているメニューを表示できるよ。よく狙ってカチッとクリックしよう！

1 メニューを表示する

▼のマークにマウスポインターを合わせて、マウスの左ボタンをカチッとクリックしよう

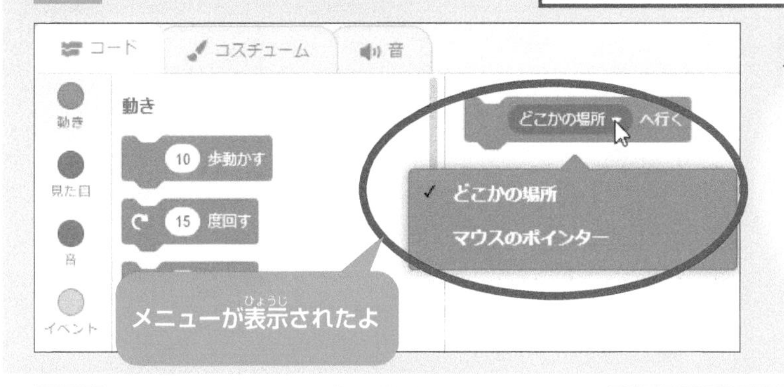

2 選びたい項目に移動する

マウスをそっと下に動かそう。ちょっとだけで大丈夫だよ

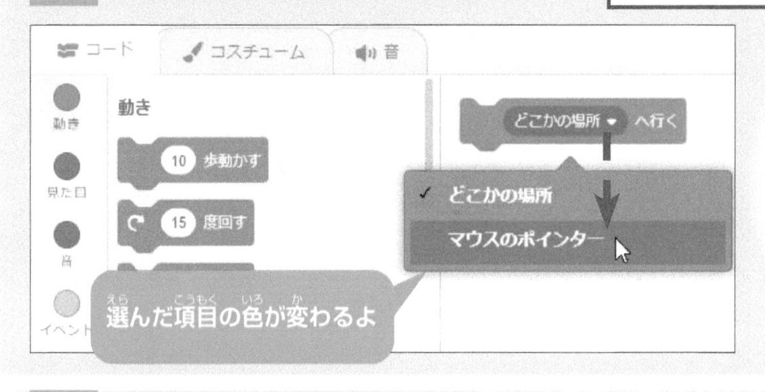

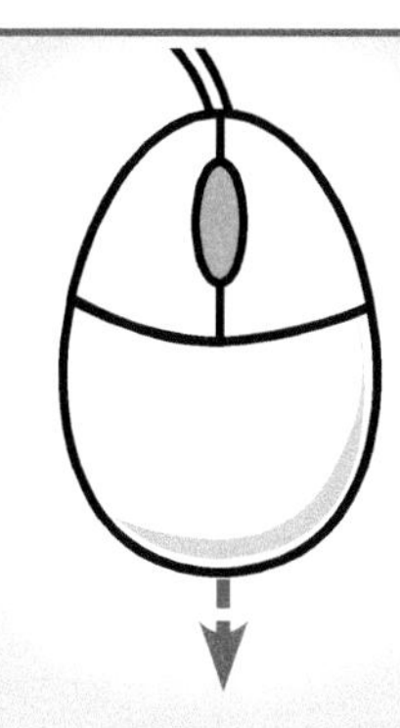

3 項目が選ばれた

マウスの左ボタンをクリックしよう

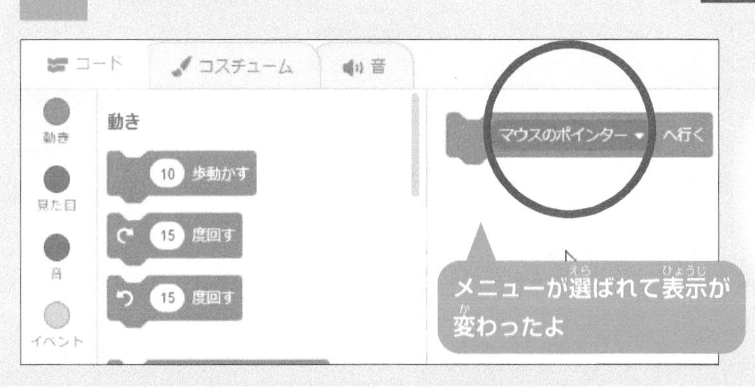

できるシリーズの読み方

レッスン

見開き完結を基本に、やりたいことを簡潔に解説

やりたいことが見つけやすいレッスンタイトル

各レッスンには、「○○をする」や「○○を行う」など"やりたいこと"や"知りたいこと"がすぐに見つけられるタイトルが付いています。

機能名や操作概要がよく分かる

機能名や操作の概要をはじめ、レッスンで学ぶことをテーマにまとめています。

このレッスンで出てくる用語

このレッスンで覚えておきたい用語の一覧です。巻末の用語集の該当ページも掲載しているので、意味もすぐに調べられます。

テーマ 変数

動画で見る

レッスン 29 変数を作る

[変数]のブロックを作って、クリックゲームのスコアを設定します。ブロックの作り方をよく覚えておきましょう。

1 新しい変数を作る

1 [変数]カテゴリーをクリック　2 [変数を作る]をクリック

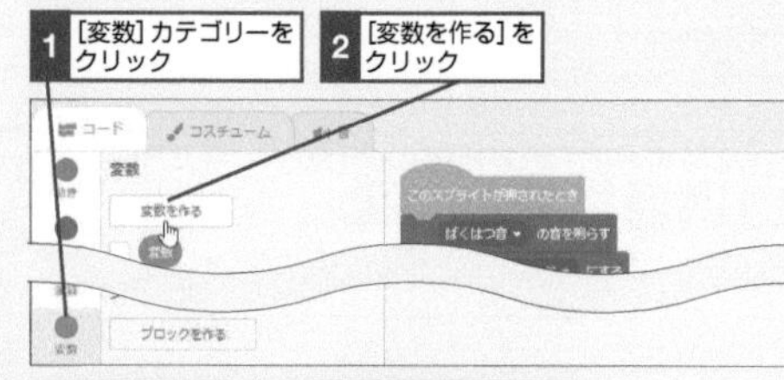

[新しい変数]画面が表示された　ここでは変数の名前を「スコア」に設定する

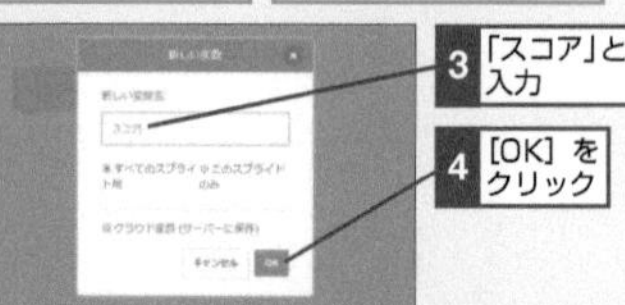

3 「スコア」と入力　4 [OK]をクリック

2 変数ブロックを確認する

[変数]カテゴリーに[スコア]の変数ブロックが作成された

1 ここを右クリック　2 [変数"変数"を削除]をクリック

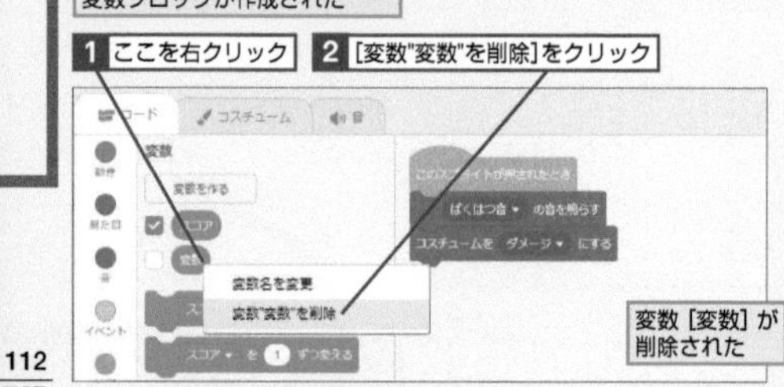

変数[変数]が削除された

このレッスンで出てくる用語

値ブロック	p.279
グローバル変数	p.279
背景	p.281
プロジェクト	p.281
ローカル変数	p.282

レッスンで使う練習用ファイル レッスン29.sb3

ヒント! **変数は2種類作ることができる**

手順1では2種類の変数を作ることができます。[すべてのスプライト用]は「グローバル変数」と呼ばれるもので、プロジェクト内にあるスプライトや背景すべてで扱うことができます。[このスプライトのみ]は「ローカル変数」と呼ばれるもので、コードを記述したスプライトや、背景のみのデータを扱います。簡単なゲームを作る場合は[すべてのスプライト用]を選ぶといいでしょう。

第6章 クリックゲームを作ろう

左ページのつめでは、章タイトルでページを探せます。

手順

必要な手順を、すべての画面とすべての操作を掲載して解説

手順見出し

「○○を表示する」など、1つの手順ごとに内容の見出しを付けています。番号順に読み進めてください。

解説

操作の前提や意味、操作結果に関して解説しています。

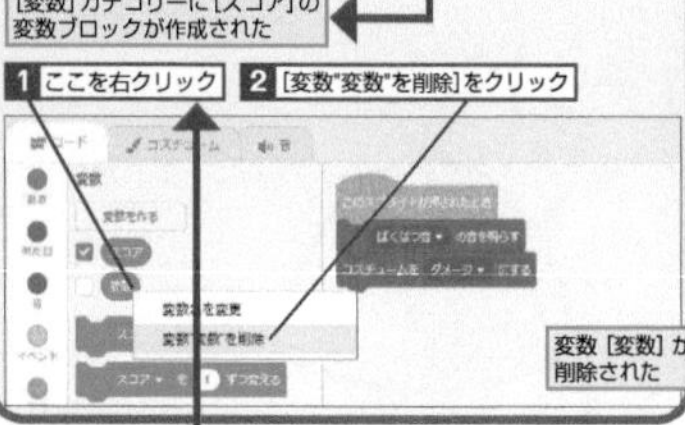

操作説明

「○○をクリック」など、それぞれの手順での実際の操作です。番号順に操作してください。

ヒント!

レッスンに関連したさまざまな機能や、一歩進んだ使いこなしのテクニックなどを解説しています。

動画で見る

レッスンで解説している操作を動画で見られます。
詳しくは3ページを参照してください。

右ページのつめでは、
知りたい機能で
ページを探せます。

テクニック 変数は非表示にできる

[変数を作る] で変数ブロックを作成すると、ステージの右上に変数が自動的に表示されます。このプロジェクトではUFOをクリックした回数をスコアとして表示しますが、表示する必要がない変数の場合は、[変数] カテゴリーの値ブロックの横をクリックしてチェックマークをはずして非表示にしましょう。なお、ステージ上の変数の表示はドラッグして移動することができます。また、右クリックで表示を大きくしたり、スライダーを追加したりもできます。

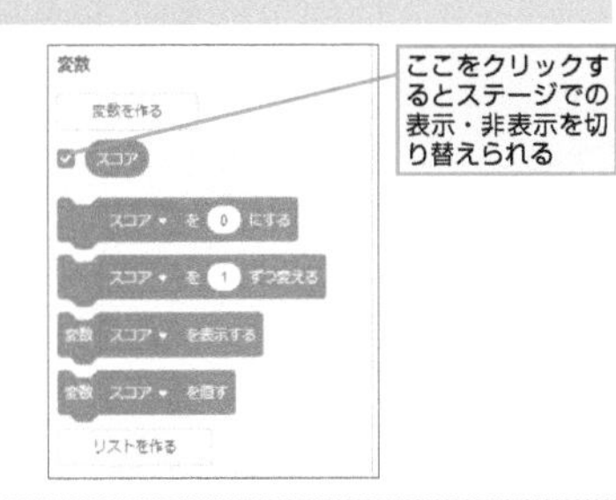

29
変数

テクニック

レッスンの内容を応用した、ワンランク上の使いこなしワザを解説しています。身に付ければプログラムやパソコンに関する理解が深まります。

3 スコアのブロックを接続する

1 [[スコア]を[1]ずつ変える]をドラッグして接続

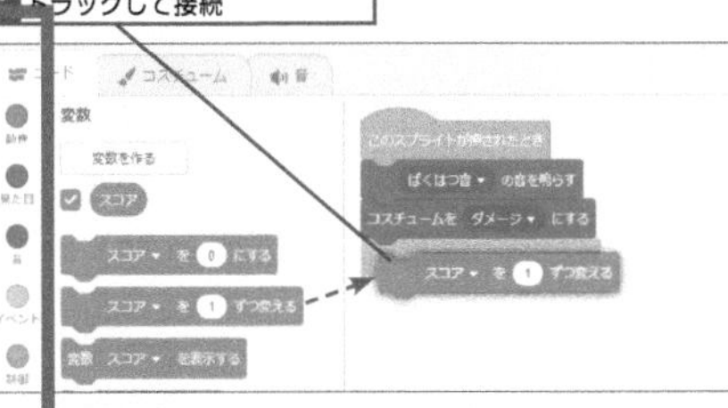

子どもに教えるときは？

変数の単純な使い方から学ぼう

プログラミングにおける変数は応用範囲が広く、大人でも全体像を理解するのは難しいとさえ言われています。ここでの使い方のように、まずはスコアの集計と表示をする仕組みとしてとらえ、より複雑な使い方は必要に応じて学んでいくと良いでしょう。

子どもに教えるときは

難しい概念やアルゴリズムなどを子どもに教えるときに、どのように教えれば理解しやすいかを解説しています。

4 表示のタイミングを変える

1 [制御] カテゴリーをクリック

2 [[1] 秒待つ] を接続

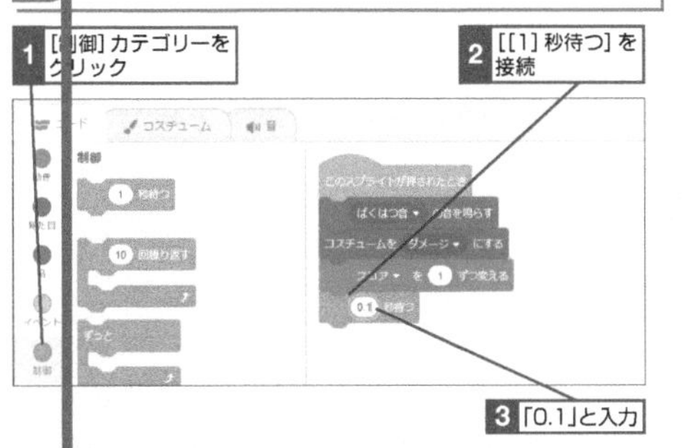

3 「0.1」と入力

間違った場合は？

間違えてローカル変数を作ってしまった場合は、手順2を参考に変数を削除します。その後、手順1の操作で変数を作り直しましょう。変数名のみを変更したいときは値ブロックを右クリックして[変数名を変更]を選択しましょう。

113
できる

間違った場合は？

手順の画面と違うときには、まずここを見てください。操作を間違った場合の対処法を解説してあるので安心です。

レッスンで使う練習用ファイル

手順をすぐに試せる練習用ファイルを用意しています。章の途中からレッスンを読み進めるときに便利です。

※ここに掲載している紙面はイメージです。
実際のレッスンページとは異なります。

目次

第5章 アクションゲームを作ろう 85

第6章 クリックゲームを作ろう 105

第11章 風船割りゲームを作ろう 213

第12章 インベーダーゲームを作ろう 231

練習用ファイルの使い方

本書では、レッスンの操作をすぐに試せる無料の練習用ファイルを用意しています。Scratchにサインインして、以下の手順で操作してください。

▼ 練習用ファイルのダウンロードページ
https://book.impress.co.jp/books/1118101140

練習用ファイルを利用するレッスンには、練習用ファイルの名前が記載してあります。

テーマ スプライトの初期位置

レッスン 18

スプライトの初期位置を設定する

プログラムを開始したときに、もぐらくんが毎回同じ位置からスタートするように設定します。スプライトの向きに注意しましょう。

1 スプライトの向きを決める

1 [もぐらくん]をクリック

2 [イベント]カテゴリーをクリック

3 [緑の旗が押されたとき]を設置

4 [動き]カテゴリーをクリック

5 [[90]度に向ける]をドラッグして接続

2 座標を決めるブロックを接続する

1 [x座標を[ ]、y座標を[ ]にする]をドラッグして接続

このレッスンで出てくる用語

ステージ	p.280
スプライト	p.280
プロジェクト	p.281

レッスンで使う練習用ファイル レッスン18.sb3

ヒント!

スプライトの動く方向は「向き」で決める

第2章ではスクラッチキャットを[[10]歩動かす]ブロックで動かしました。スクラッチキャットはもともと右側を向いているため、[[10]歩動かす]ブロックで画面の右側に進みます。スプライトが動く方向はそれぞれの「向き」によって決まっており、手順1のように[[90]度に向ける]ブロックで角度を変えることで、いろいろな方向に動かせます。

0度の場合は上に動く

第4章 もぐらパトロールを作ろう

74 できる

Scratchにサインインしておく

1 [ファイル]をクリック

2 [コンピューターから読み込む]をクリック

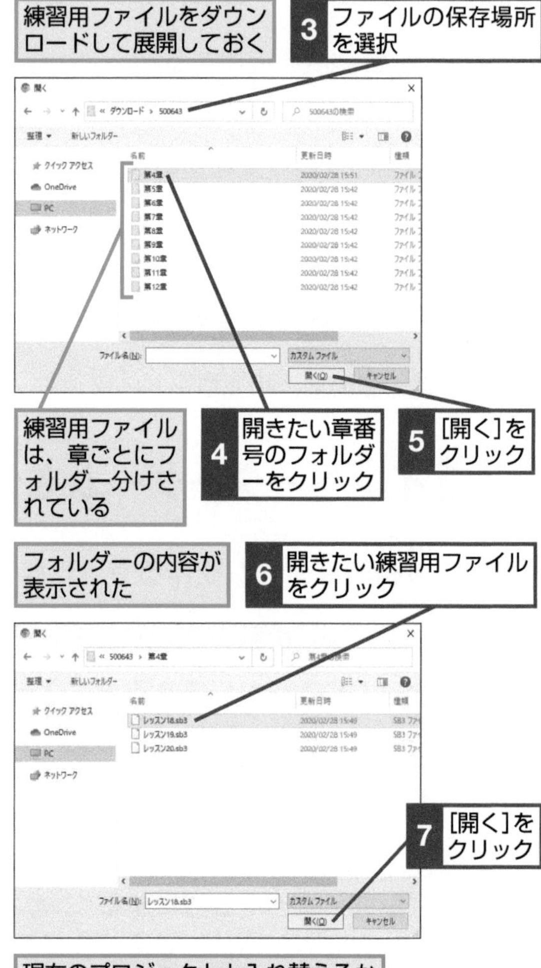

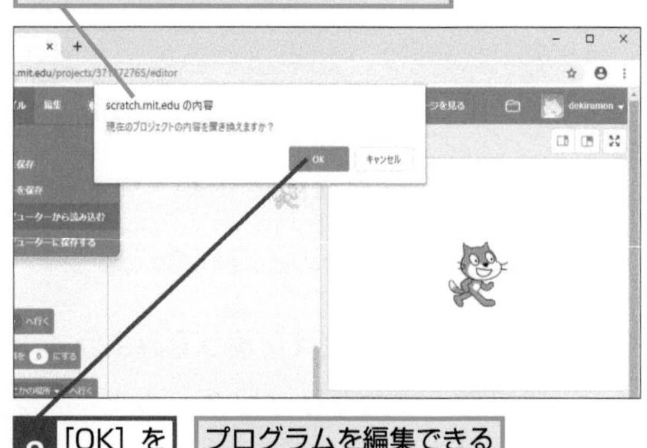

8 [OK]をクリック

プログラムを編集できる状態になる

第1章

プログラミングを始めよう

プログラミングの概要と、小学校における「プログラミング教育」の目的について紹介します。また、本書で扱う「Scratch 3」の初期設定についても説明します。

この章の内容

こんにちは、ぼくできるもん、だもん！
これからみんなといっしょに
プログラミングを勉強するもん。
よろしくだもーん！

テーマ プログラミング教育の意味

レッスン 1

プログラミングについて知ろう

コンピュータープログラミングとは何か、また、子どもがプログラミングを学ぶメリットは何かについて紹介します。子どもと一緒に楽しくプログラミングを始めましょう。

プログラミングとは何か

プログラミングとは、コンピューターの言葉（プログラミング言語）を使って、コンピューターに「何か」をしてもらうことです。プログラミング言語を学んで自分でプログラムを作れば、自由自在にコンピューターを扱えます。
一般的に、プログラムは「コード」と呼ばれる文字を打ち込んで作りますが、Scratch（スクラッチ）のように文字をほとんど使わなくてもプログラミングができるツールが増えてきました。

プログラミングを学ぶことで、コンピューターを自由に扱える

プログラミング教育の目的

プログラミング教育の最大の目的は、子どもたちが真の意味でコンピューターを使いこなせるようになることです。そのためにはプログラミング言語を使えるようになるのが一番です。
将来、コンピューターが広く浸透した世界では、人間は単純作業ではなく、クリエイティブな仕事を担うでしょう。プログラミング教育はそういった能力を育てるのに役立つと考えられます。

このレッスンで出てくる用語

コード p.289

ヒント！

プログラミング教育の「必修化」とは

2020年度から、日本の小学校でもプログラミング教育が必修化されます。ただし「プログラミング」という科目ができるのではなく、算数、理科など既存の科目の中で実施されます。どの科目で学ぶのか、またプログラミング言語や題材の選択も現場の先生に任されています。教室のパソコン環境なども課題となっています。

ヒント！

STEM教育について

日本では「プログラミング」のみが大きく取り上げられていますが、世界的には「STEM教育」の一環としてみなす国が多くあります。「STEM」は「科学」「技術」「工学」「数学」の頭文字をとったものです。STEM教育は今後、日本でも注目されるでしょう。

子どもにとってのプログラミング

子どもにとってプログラミングは、創造のツールと言えます。キャンバスや粘土と同じように、コンピューターを通じて作りたいもの・表現したいものを実現できます。
また、プログラミングは知的な作業ですから、想像力だけではなく物事を順序立てて考える力なども身につくでしょう。しかし最大の特徴は、プログラミングは「楽しい」ということです。プログラミングの学習を通じて、物事を学ぶことは楽しいと思うようになるかも知れません。

本書で何を学ぶか

この本は、プログラミングをこれから学ぼうとする子どもと親のために作りました。子どもはプログラミングの楽しさに気づくとどんどん自分で学習していきますから、親が教える必要はあまりないかも知れません。むしろ、子どもがどんなことをやっているのかを理解するため、自分がプログラミングを学ぶのだと考えてください。本書を通じて子どもと一緒にプログラミングを学び合う、教え合うという関係をぜひ築いてもらえればと思います。

プログラミング教育で伸びる力とは

小学校におけるプログラミング教育では、プログラミングのスキルではなく「プログラミング的思考」を身に付けることが重視されています。プログラミング的思考とは、プログラミングの背景にある論理的思考のことです。プログラミング的思考は目まぐるしく変化する現代社会において、さまざまな場面で役立つと考えられています。

プログラミングは親子で楽しく学べる

テーマ Scratchを使ってできること

Scratchって何？

本書で扱うプログラミングツール「Scratch」（スクラッチ）について紹介します。Scratchが開発された背景や、この本でどのように使っていくかを説明します。

このレッスンで出てくる用語	
コード	p.279
条件分岐	p.280
変数	p.282

Scratchとは何か

Scratchは、アメリカ・マサチューセッツ工科大学（MIT）メディアラボのミッチェル・レズニック教授を中心に作られた子ども向けプログラミング言語であり、学習環境でもあります。
プログラミング言語として、「ブロック」と呼ばれる絵柄を組み合わせてプログラミングできる特徴を持ち（ブロックプログラミング）、タイピングがまだできない子どもでも簡単に扱えます。また、「想像し、プログラムし、共有する」をスローガンに、子どもが一人でプログラミングするだけではなく、「完成したプログラムをほかの子どもと共有して新しい発想を得る」というプロセスが重視されています。なお、Scratch 2以降はWebブラウザー上で動作するため、ソフトウェアのダウンロードは不要です。

Scratchのメリット

Scratchを使うと、英語やキーボードに不慣れな子どもでも、簡単にプログラミングを楽しめます。また、一般的なプログラミング言語よりも意図しないエラーが出にくくなっています。加えて、最初からキャラクター用の画像や音楽などの素材が用意されています。このため、Scratchではプログラミングの本質的な部分に集中して作業を進められます。

おもちゃのブロックを組み合わせるような操作でプログラミングできる

この本で学ぶこと

この本では、ゲームや作品を作りながら、プログラミングをトピックごとに学んでいきます。まずはScratchのキャラクターを動かすシンプルなプログラミングから始めて、条件分岐や変数などプログラミングで重要な概念をひと通り学びます。ほかにも、Scratchならではの機能であるメッセージやクローン、ペンの使い方を学びます。最終章では、集大成として本格的なインベーダーゲームの制作に挑戦します。

本書は、プログラミングに必要なことが無理なく学べるように構成しているので、最初から順を追って読み進めていきましょう。

ヒント!

一般的なプログラミングの場合

プログラミング言語の多くは、キーボードで英語のコードを打ち込んでプログラムを作ります。このため、アルファベットやキーボードの配列を知らないとプログラミングができません。

テクニック Google Chromeをインストールしよう

本書ではWindows 10のパソコンにGoogle Chromeをインストールした環境でScratchを操作します。Google Chromeをインストールしていないパソコンは、以下の手順でインストールしてください。

1 Google ChromeのWebページを表示する

Microsoft Edgeを起動する

1 [Microsoft Edge]をクリック

Google ChromeのWebページを表示する

▼Google ChromeのWebページ
https://www.google.co.jp/chrome/

2 上記のURLを入力

3 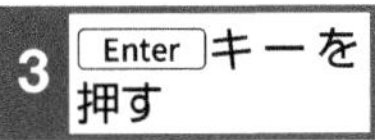 Enter キーを押す

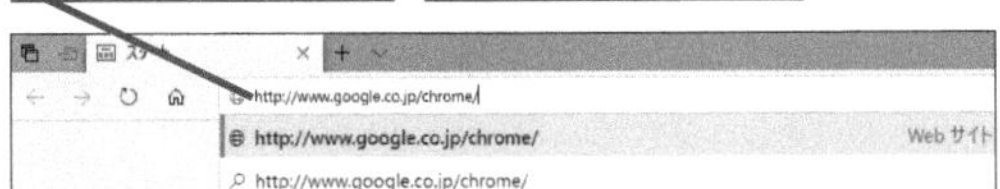

2 ダウンロードを実行する

1 [Chromeをダウンロード]をクリック

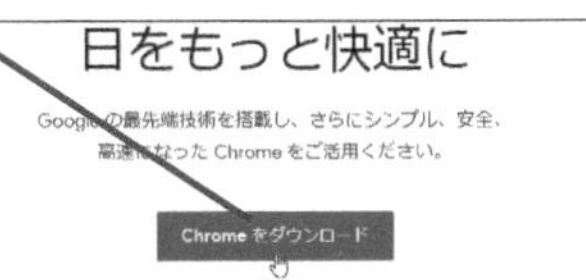

3 利用許諾に同意する

Google Chromeの利用許諾が表示された

1 ここを下にドラッグして利用許諾を確認

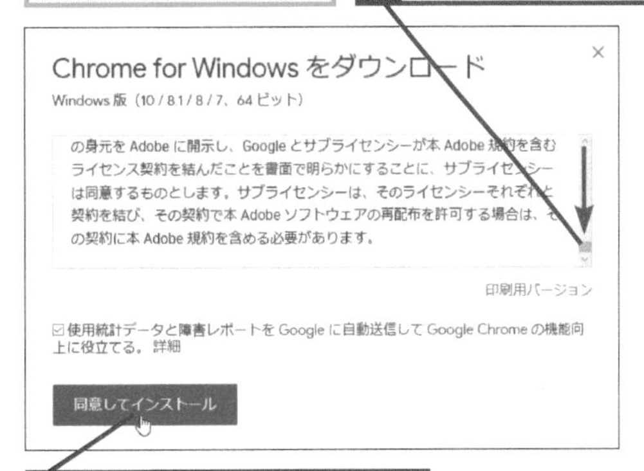

2 [同意してインストール]をクリック

4 インストールを実行する

インストールの実行ファイルに関する操作が通知バーに表示された

1 [実行]をクリック

2 [ユーザーアカウント制御]ダイアログボックスの[はい]をクリック

テーマ サインイン

Scratchに参加しよう

Scratchはアカウントがなくても始められますが、あるともっと楽しめます。手順に沿ってScratchに参加しましょう。

1 ScratchのWebページを表示する

Google Chromeを起動する

1 [Google Chrome]をダブルクリック

▼ScratchのWebページ
https://scratch.mit.edu/

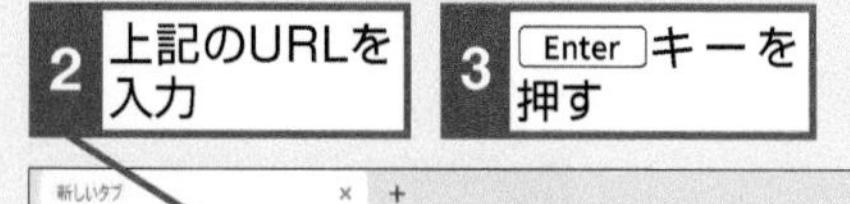

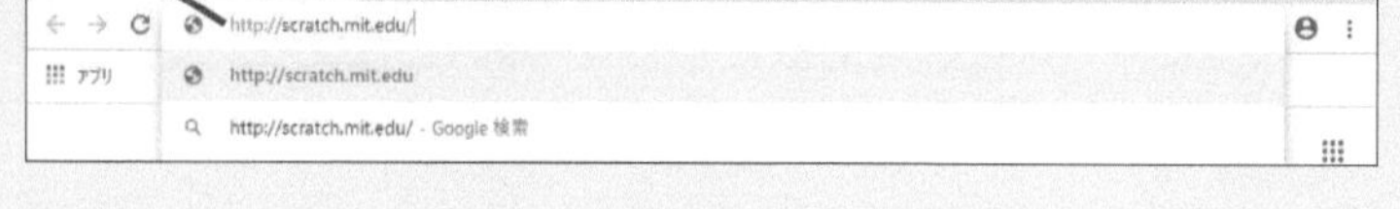

2 ユーザー情報を登録する

ScratchのWebページが表示された

1 [Scratchに参加しよう]をクリック

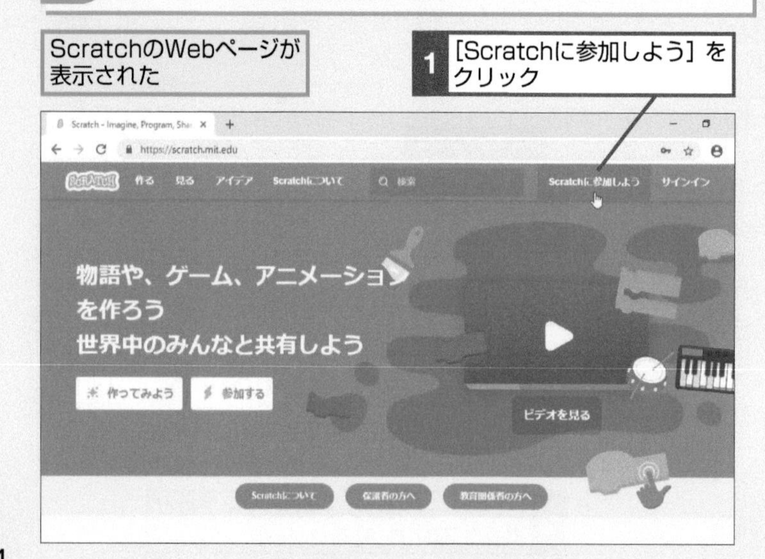

このレッスンで出てくる用語

サインイン p.280

ヒント!

パソコンのメールアドレスを用意しよう

Scratchのサイトに登録すると、URLが記載されたHTMLメールが送られてきます。メールのURLをクリックしてWebブラウザーを起動し、サインインを完了しますので、パソコンで受信できるメールアドレスを用意しておきましょう。

ヒント!

16歳未満の場合は保護者が登録する

ユーザーが16歳未満の場合は、Scratchの規約により、メールアドレスは本人ではなく保護者のものを使用する必要があります。Scratchのアカウントも保護者が管理します。

3 ユーザー名とパスワードを入力する

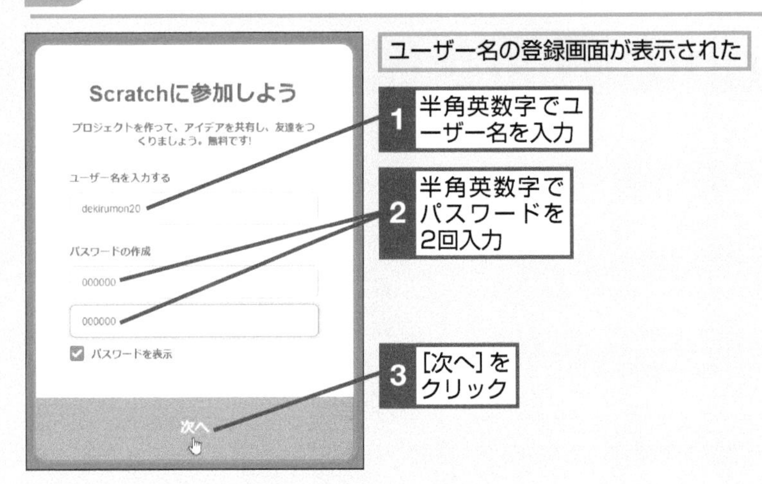

4 メールアドレスを登録する

画面の案内に従って以下のように操作を進める

1. 住んでいる国または地域を選ぶ

2. 生まれた年と月を選ぶ

3. 性別を選ぶ

4. メールアドレスを登録する

5 メールアドレスを認証する

ヒント!

パスワード保存のメッセージが表示されたときは

Google Chromeでは、パスワードと見なされる文字列を入力すると保存確認のメッセージが表示される場合があります。家族だけで使っているパソコンなら［保存］ボタンをクリックしましょう。

3 サインイン

テーマ 各部の名称

レッスン 4

Scratchの画面を確認しよう

ScratchはWebブラウザーで動作するため、ひとつの画面でプログラムの編集と確認が同時にできるように工夫されています。各部の名称を覚えておきましょう。

プログラム編集画面

Scratchのトップページで「作る」をクリックすると、下の画面が表示されます。左側の「ブロックパレット」から必要なブロックを選んで「コードエリア」にドラッグし、ブロックをつなぎ合わせてコードを組み立てます。コードをまとめたプログラムは、右上の「ステージ」で実行されます。プログラムで動かせるキャラクターは「スプライト」と呼ばれ、右下の「スプライトリスト」にすべて表示されます。

このレッスンで出てくる用語

コードエリア	p.279
ステージ	p.280
ストップボタン	p.280
スプライト	p.280
ブロックパレット	p.282

◆緑の旗ボタン
ここをクリックするとプログラムが実行される

[プロジェクトページを見る] をクリックすると、プロジェクトページが表示される

◆ストップボタン
ここをクリックするとプログラムが停止する

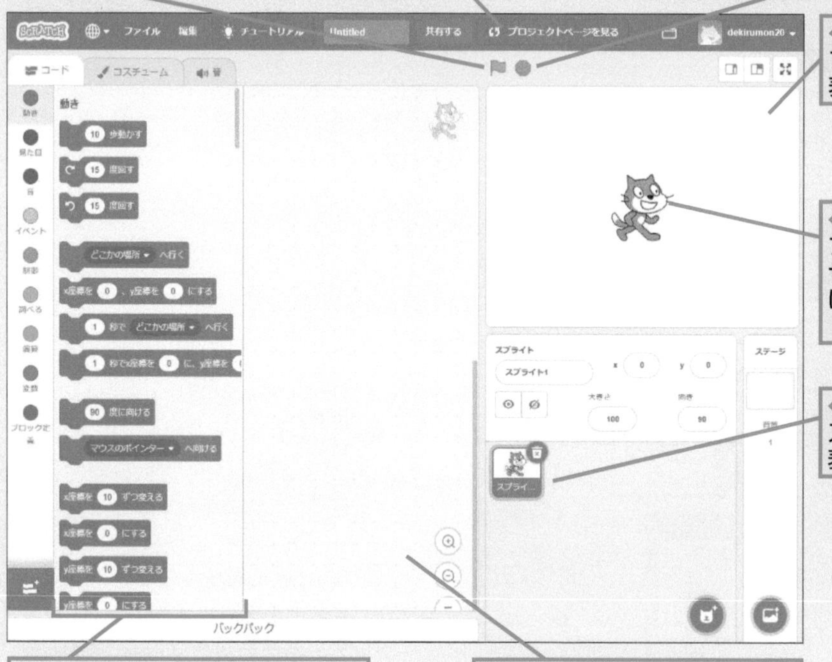

◆ステージ
プログラミングの結果が表示される

◆スプライト
プログラミングで動かせるもの。初期状態では「スクラッチキャット」が表示される

◆スプライトリスト
スプライトが一覧で表示される

◆ブロックパレット
プログラミングに使うブロックが種類ごとに収納されている

◆コードエリア
ここでブロックを組み合わせてコードを作る

テクニック ステージを小さく表示できる

ステージ右上のマークをクリックすると、ステージの表示を小さくできます。ステージを小さくすると、コードエリアが広くなってコードが見やすくなります。コードが横に長くなった場合は、表示を切り替えてみましょう。元に戻す場合は、右側のマークをクリックします。

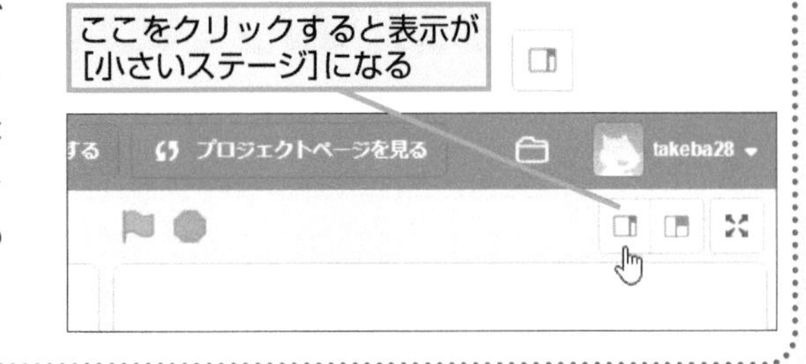

プロジェクトページ

Scratchで作った作品を「プロジェクト」と呼びます。プロジェクトは簡単に公開してほかの人に見せることができます。プログラム編集画面の［プロジェクトページを見る］をクリックして表示し、作品のタイトルや使い方を書きましょう。書き終わったら右上の［共有する］ボタンを押してプロジェクトを共有します。ほかの人が公開している作品を見る方法はレッスン5で紹介します。

ヒント！

［にほんご］を選択するとすべてひらがなになる

「プログラム編集画面」で、左上の地球儀のマークをクリックするとプログラム編集に使う言葉を選ぶことができます。「にほんご」にすると漢字を使わないひらがな表記になります。

テーマ リミックス

ほかの人の作品を見てみよう

Scratchでは、ほかの人が作ったプロジェクトをそのまま使って新しいプロジェクトを作れます。これは「リミックス」と呼ばれる、Scratchの機能です。

第1章 プログラミングを始めよう

1 プロジェクトを検索する

ScratchのWebページを表示しておく

1 「できるScratchリズムゲーム」と入力

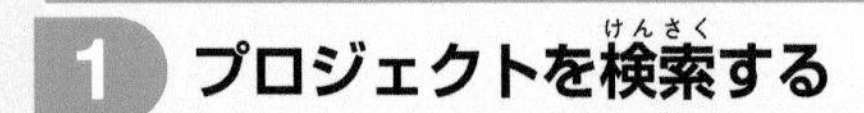

2 ここをクリック

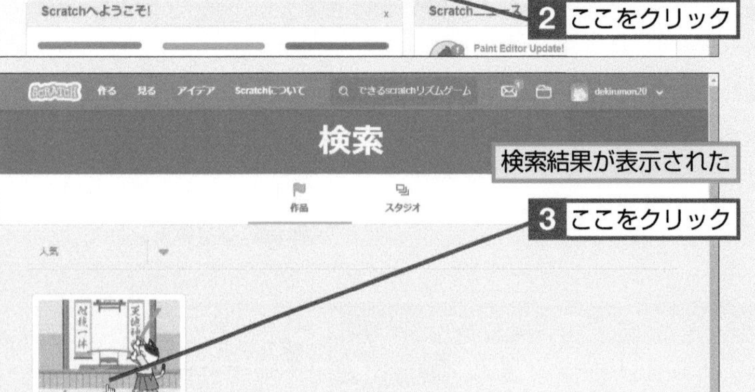

検索結果が表示された

3 ここをクリック

2 プログラムを実行する

ゲームをプレイする

1 緑の旗ボタンをクリック

タイミングよく space キーを押して、飛んでくるリンゴを切る

このレッスンで出てくる用語

サインイン	p.280
プロジェクト	p.281
リミックス	p.282

ヒント!

サインインをし直すには

Scratchのトップページを表示したとき、右上にユーザー名ではなく［サインイン］と表示されているときは、以下の手順でサインインします。パスワードが分からなくなったときは、29ページのヒントを参照してください。

1 ［サインイン］をクリック

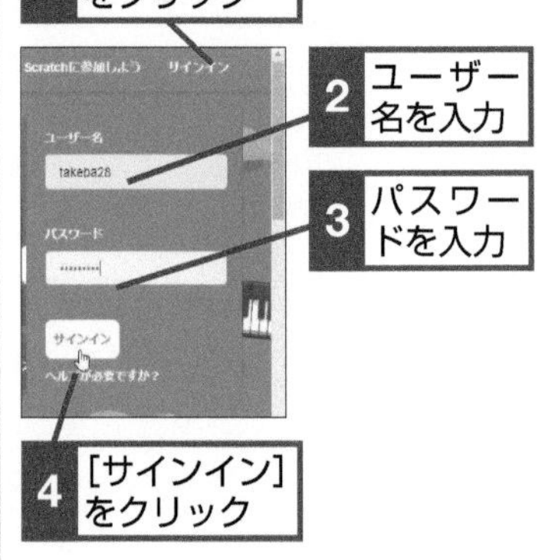

2 ユーザー名を入力

3 パスワードを入力

4 ［サインイン］をクリック

3 プロジェクトを引き継ぐ

プログラム編集画面を表示し、プロジェクトに使われているブロックを確認する

1 [中を見る]をクリック

プログラム編集画面が表示された

プロジェクトに使われているブロックを参照できる

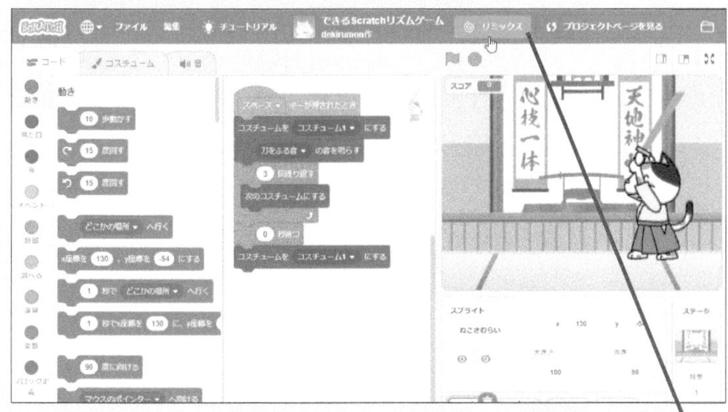

2 [リミックス]をクリック

4 プロジェクトが引き継がれた

プロジェクトが自分のアカウントにコピーされ、自由に変更できるようになった

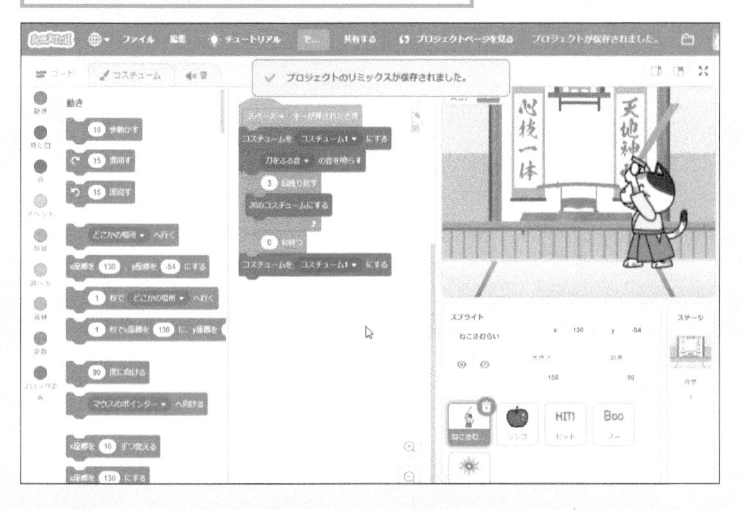

ヒント！

パスワードが分からなくなったときは

ユーザー名か、登録するときに使ったメールアドレスを覚えていれば、サインインの際にパスワードが分からなくなっても再登録できます。[サインイン]をクリックしてから一番下の[ヘルプが必要ですか？]をクリックして、ユーザー名または登録したメールアドレスを入力します。[パスワードリセットのメールを送る！]をクリックしてメールを送り、内容に従ってパスワードをリセットしましょう。

ヒント！

Scratch2で作成したプロジェクトも読み込める

Scratch2で作ったプログラムはそのままScratch3で実行することができます。ScratchのWebページで作ったものは自動的にScratch3に変換されています。ファイルに保存したファイルの場合は読み込めばScratch3に変換されます。

プログラミングは難しくない

プログラミングというと「いろいろ覚えることが多くて難しそう」と思う方がいるかもしれません。でも、Scratchの場合は違います。Scratchはプログラミングを初めて学ぶ人のために、画面構成に工夫が凝らされています。大きな特長として、プログラミングに使えるブロックが常に表示されており、どんなことができるかが一目で分かるようになっています。また、作ったプログラムが同じ画面の中で動くのも分かりやすさに繋がっています。このため、Scratchを少し触っただけで、たいていの子どもはすぐに使い方をマスターします。ですから、プログラミングを初めて学ぶ皆さんも、入り口でためらうことなく、とにかくScratchの世界に飛び込んでしまいましょう。そして自分の作品を作りながら、ぜひほかの人のプロジェクトをのぞいてみてください。プロジェクトの内容も、コードの組み方も新しい発見がきっとあるはずです。気に入ったプロジェクトはどんどんリミックスして、自分なりのアレンジを加えましょう。そして、プログラミングの世界を広げていきましょう。

リミックスで学ぼう

ほかの人のプロジェクトはとても参考になります。どういう仕組みで動いているか分からないときは、リミックスして違うコードを試してみると、ヒントがつかめることがあります。

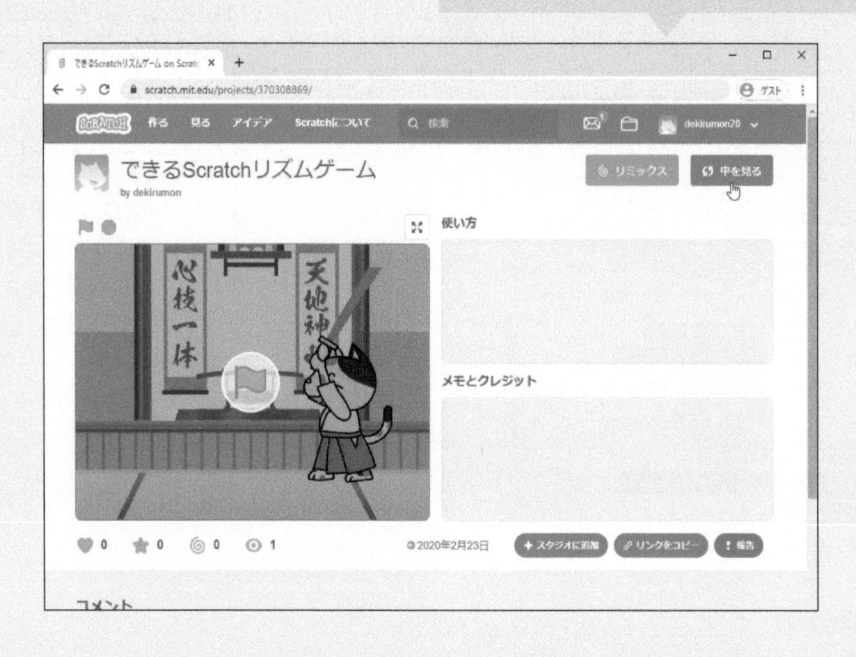

第2章

Scratchを始めよう

Scratchの代表的なキャラクター「スクラッチキャット」を動かしてScratchの基本的な操作を覚えましょう。プログラミングの概念としては「繰り返し処理」を学びます。

この章の内容

この章で作るプログラム ▼

スクラッチキャットを動かそう！

緑の旗ボタンをクリックするとスクラッチキャットが部屋の中を歩くよ。

赤いストップボタンを押すまでは、繰り返し画面の端に行って戻るよ。

公開ページ https://scratch.mit.edu/projects/368533092/

スプライトを動かそう

Scratchのプロジェクトページに最初からいるキャラクター「スクラッチキャット」を動かすコードを作ります。ユーザーの間では「ネコ歩き」と呼ばれているこのコードで、Scratchの基本的な操作を覚えましょう。

［動き］とは

スクラッチキャットは、Scratchに最初からステージに登録されています。スクラッチキャットを左右に動かし続ける「ネコ歩き」のプログラムを作って、Scratchの基本的な操作方法に慣れていきましょう。ブロックの種類をよく見て、少しずつコードを組み立てます。

プログラムの動き方

緑の旗ボタンをクリックすると前に動く →レッスン6

画面の端に当たると折り返す →レッスン8

ずっと動き続ける →レッスン8

1歩ごとにコスチュームが変わる →レッスン9

クリックすると「こんにちは」と言う →レッスン10

この章で学べること

Scratchのブロックを縦に並べて接続すると、ブロックの内容が上から順に実行されます。さらに、並んだブロックを［ずっと］ブロックで囲むと、囲まれた部分のブロックがずっと実行されます。上から順に処理が実行されることを「逐次処理」といい、何度も同じ処理が行われることを「繰り返し処理」といいます。逐次処理も繰り返し処理も、身の回りにある様々な電子機器のプログラムに使われています。

子どもに［動き］を教えるには

スプライトを動かすプログラムは、コードと結果がどう関連しているかが分かりやすく、子どもは簡単にプログラミングを理解できます。さらに繰り返し処理を使うことで、プログラムが短くなり、自動的に繰り返されることを子どもは自然に学んでいくでしょう。子どもたちは［ずっと］でスクラッチキャットが同じ動作を繰り返すことに新鮮な驚きを覚え、それがプログラミングを楽しむきっかけになります。このような驚きを大切にしてあげましょう。

画面を見ながら子どもに［動き］の内容を考えさせよう

自動販売機も繰り返し処理をしている

私たちの身の回りには、電源を入れておくだけで、ずっと同じ処理を繰り返している機器がたくさんあります。例えば自動販売機の場合は、電源を入れると以下のような処理をずっと繰り返しています。

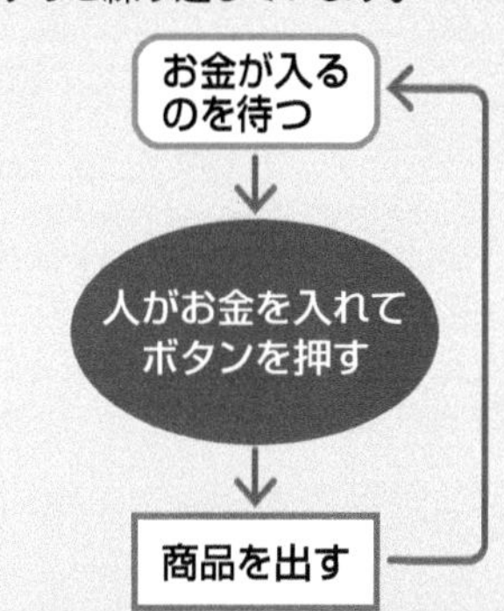

テーマ ブロックの操作

レッスン6 プロジェクトを始めよう

Scratchのプログラムは、ブロックをコードエリアに置くことから始まります。このレッスンでは、ブロックの基本的な操作を学びます。

1 プログラム編集画面を表示する

Scratchにサインインしておく

1 [作る]をクリック

2 イベントブロックを配置する

プログラム編集画面が表示された

[チュートリアル]画面が表示されるので閉じておく

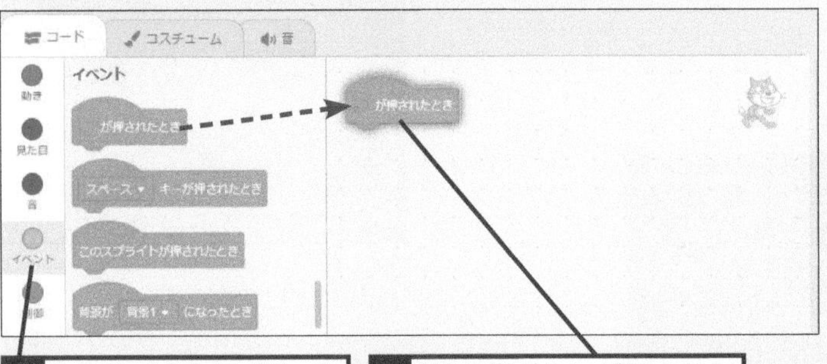

1 [イベント]カテゴリーをクリック

2 [緑の旗ボタンが押されたとき]をドラッグ

ブロックが配置された

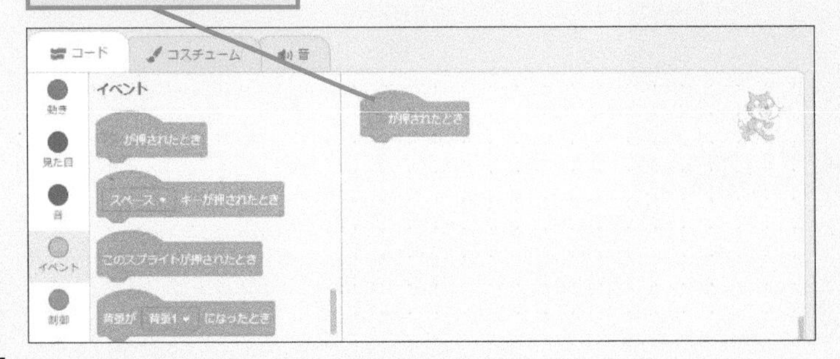

このレッスンで出てくる用語

イベント	p.279
ステージ	p.280
プロジェクト	p.281
緑の旗ボタン	p.282

ヒント!

新しいプロジェクトは「Untitled」という名前になる

新しいプロジェクトを作ると、自動的に「Untitled」という名前になります。プロジェクトに名前を付ける場合は、コードエリアの上の「Untitled」と表示されている部分をクリックして文字を入力します。

間違った場合は?

コードエリアに間違ったブロックを出してしまったときは、そのブロックをブロックパレットにドラッグして削除します。

3 [動き] のブロックを配置する

1 [動き] カテゴリーをクリック

2 [[10] 歩動かす] をドラッグ

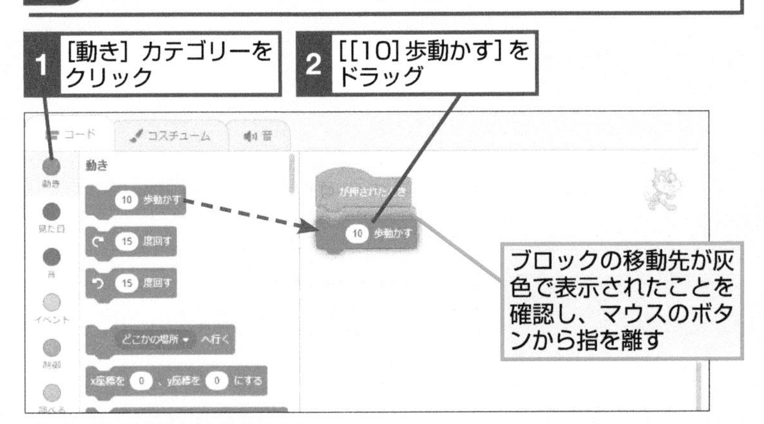

ブロックの移動先が灰色で表示されたことを確認し、マウスのボタンから指を離す

上のブロックにくっついた

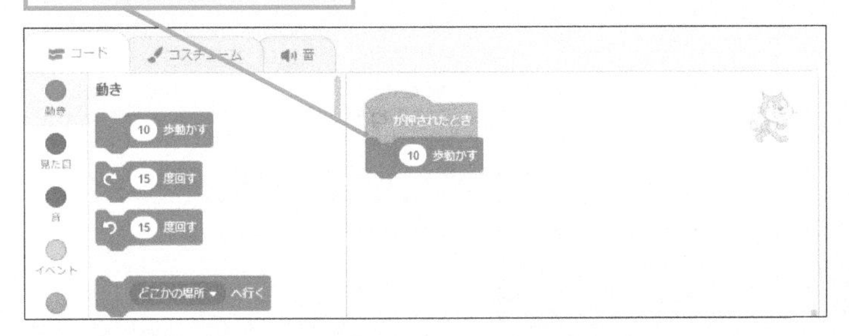

4 動きを確認する

1 緑の旗ボタンにマウスポインターを合わせる

2 そのままクリック

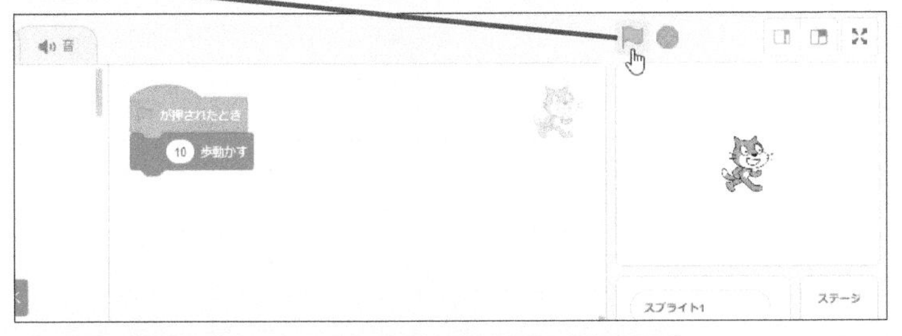

スクラッチキャットが少し右に動いた

ステージの上の「10歩」は少しだけの動きとなる

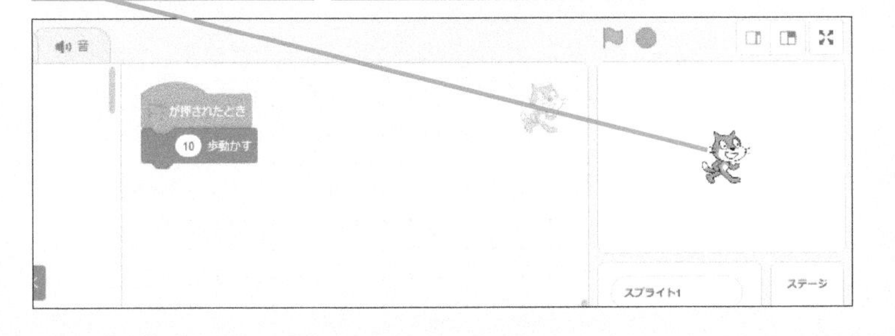

ヒント!

ブロックの影が表示されたら指を離そう

ブロックの下にほかのブロックを接続したいときは、新しいブロックを下から近づけます。ブロックとブロックの間に灰色の影が表示されたら、マウスのボタンから指を離します。少し離れていても、吸い付くように接続されます。

ヒント!

iOSではプロジェクトを保存できない

Scratch3はタブレットなどパソコン以外でも動くようになりましたが、パソコンと全く同じ動作をするわけではありません。例えば現時点（2020年2月）では、iPhoneやiPadで動かした場合はプロジェクトをファイルに保存できません。

間違った場合は？

違うブロックを接続してしまったときは、取りはずしたいブロックを下に向かってドラッグしましょう。上のブロックを操作してもはずれません。このとき、はずしたブロックの下に接続されているブロックも一緒にはずれます。一緒にはずれたブロックを元に戻したいときは、同じ操作で戻したいブロックを取りはずし、元のブロックにドラッグして戻しましょう。

テーマ プロジェクトの保存

プロジェクトを保存(ほぞん)しよう

Scratchのプロジェクトは自動的(じどうてき)に保存(ほぞん)されます。ここでは、すぐに保存(ほぞん)する方法(ほうほう)や、コピーを保存(ほぞん)する方法(ほうほう)を紹介(しょうかい)します。

プロジェクトを保存(ほぞん)する

1 [ファイル]をクリック

2 [直ちに保存]をクリック

プロジェクトが[私の作品]に保存された

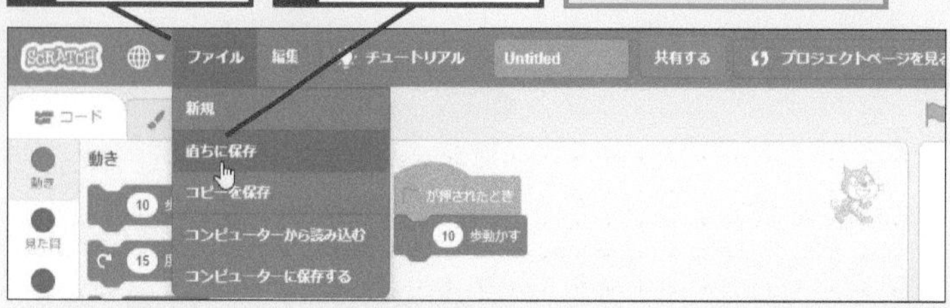

[私(わたし)の作品(さくひん)]の画面(がめん)を表示(ひょうじ)する

保存されているプロジェクトの一覧を確認する

1 ユーザー名をクリック

2 [私の作品]をクリック

ここをクリックすると、プロジェクトページが表示される

3 [中を見る]をクリック

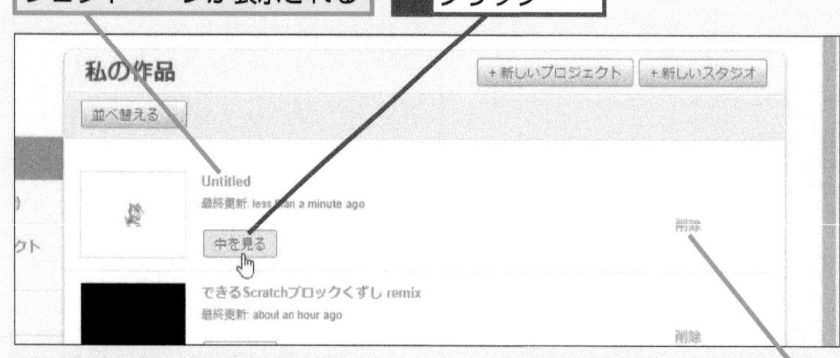

プロジェクトのプログラム編集画面が表示される

[削除]をクリックすると、プロジェクトが削除される

このレッスンで出てくる用語

サインイン	p.280
プロジェクト	p.281
プロジェクトページ	p.282

ヒント！

プロジェクトは自動的(じどうてき)に保存(ほぞん)される

Scratchにサインインすると、プロジェクトが自動的(じどうてき)に保存(ほぞん)されるようになります。保存(ほぞん)されていない場合(ばあい)はメニューバーに[直(ただ)ちに保存(ほぞん)]と表示(ひょうじ)されるので、ここをクリックして保存(ほぞん)しましょう。

[直ちに保存]をクリックしても保存できる

ヒント！

プロジェクトの一覧(いちらん)はメニューからも表示(ひょうじ)できる

メニューバーにある[私(わたし)の作品(さくひん)]をクリックしても、プロジェクトの一覧(いちらん)を表示(ひょうじ)できます。

[私の作品]をクリックしてもプロジェクトの一覧を表示できる

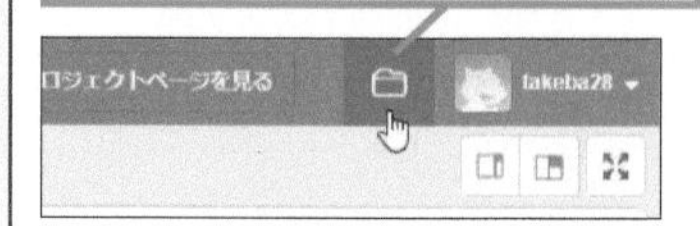

コピーを保存する

1 [ファイル]をクリック

2 [コピーを保存]をクリック

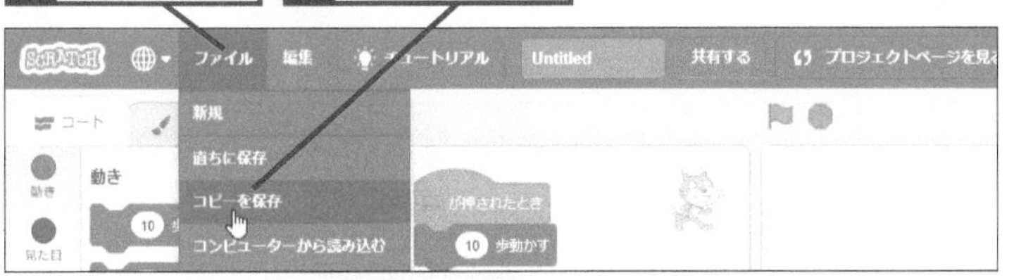

コピーが保存され、「copy」の名前が付いたプロジェクトが表示された

[私の作品]の一覧にコピーしたプロジェクトが表示される

プロジェクトを完全に削除する

コピーしたプロジェクトを削除しておく

[私の作品] を表示しておく

1 [ゴミ箱] をクリック

2 [Empty Trash] をクリック

パスワードの入力画面が表示された

3 サインイン用に使うパスワードを入力

4 [パスワードを送信] をクリック

ヒント！ 元の名前に「copy」が追加される

プロジェクトのコピーを作ると、自動的に「copy」がプロジェクト名の最後につきます。きちんとコピーされたかどうかは、プロジェクト一覧で確認しましょう。

ヒント！ 変更前にコピーしておこう

プロジェクトを大きく作り変えるときは、あらかじめコピーを作っておきましょう。Scratch3では手順を元に戻すことが難しいので、別のプロジェクトとして保存しておくと便利です。

ヒント！ 「Empty Trash」では完全に削除される

[私の作品] の一覧から削除したプロジェクトは、実際には [ゴミ箱] に移動しただけで、データがなくなったわけではありません。データを完全に削除するには [Empty Trash] ボタンをクリックしましょう。

テーマ 繰り返し処理

動きを連続させよう

このレッスンでは［ずっと］ブロックを使って、決まった動作を連続で実行させます。スクラッチキャットが左右に往復を続けます。

1 ［ずっと］ブロックを配置する

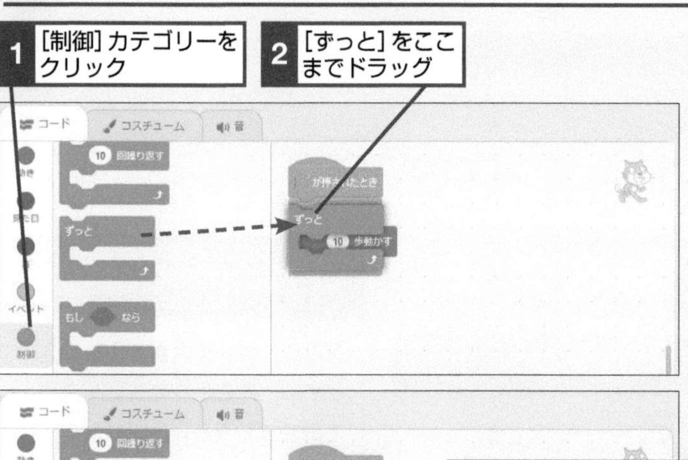

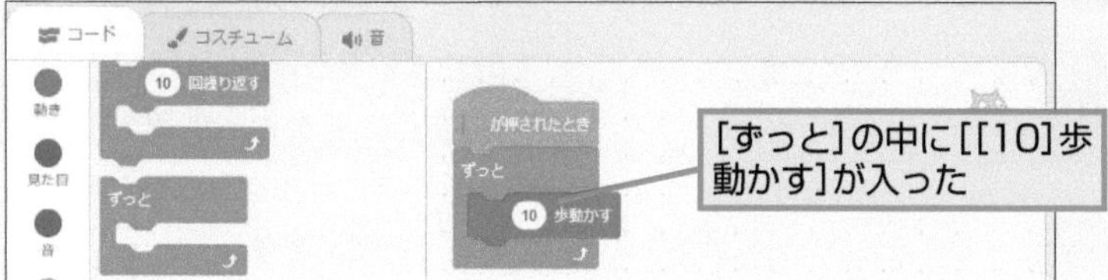

2 動きを確認する

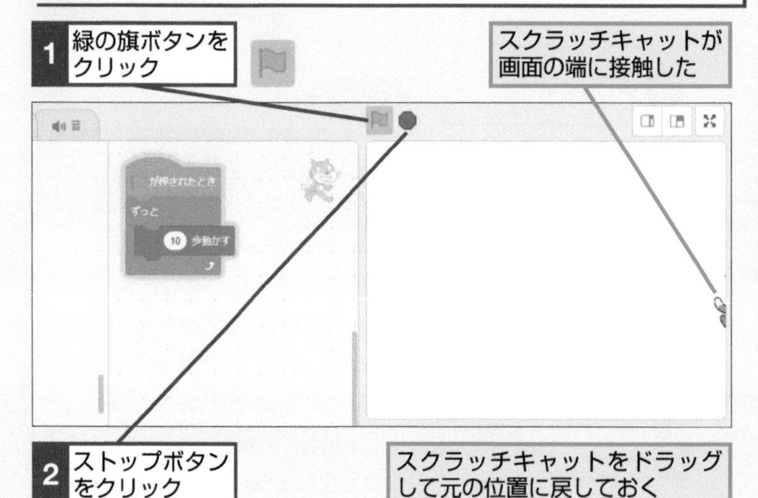

このレッスンで出てくる用語

ヒント！

ほかのブロックを組み込んで使う

手順1で登場した［ずっと］のようなC型のブロックは、空いている場所にほかのブロックを入れて使います。このブロックは伸び縮みするので、ブロックは何個でも組み込めます。

ヒント！

ステージ上のスプライトはドラッグできる

ステージの上のスプライトは、ドラッグして移動することができます。手順1で作ったコードを実行すると画面の端にくっつくため、手順2のようにストップボタンをクリックしてから、ドラッグして位置を変えましょう。

テクニック ブロックの形と種類を学ぼう

Scratchのブロックのうち、連結して使うブロックには下の3種類があります。この3種類以外のブロックについては、レッスン17のテクニックで紹介します。

◆ハットブロック
コードが開始するタイミングなどを制御し、必ず先頭で使う。ハットブロック同士の接続はできない

◆C型ブロック
中に別のブロックを組み込んで使う。繰り返し処理や条件分岐など、プログラムの流れを制御するときに使う

◆スタックブロック
最も基本的なブロック。積み重ねることで、プログラムに動きや処理を追加できる

3 方向を反転する

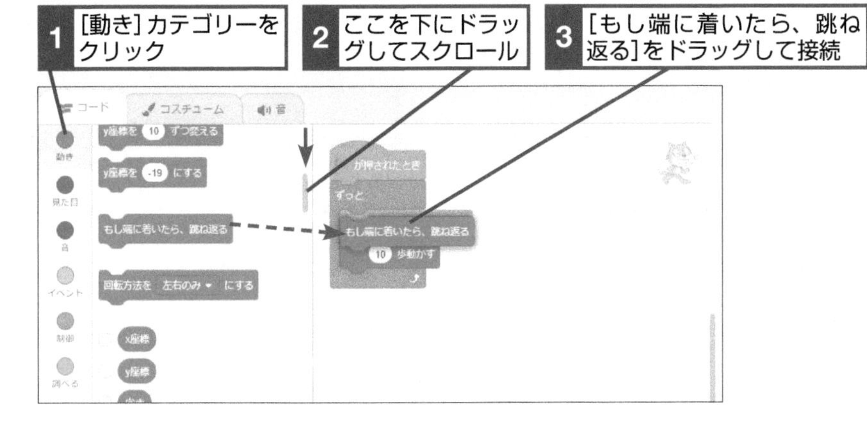

4 方向を指定する

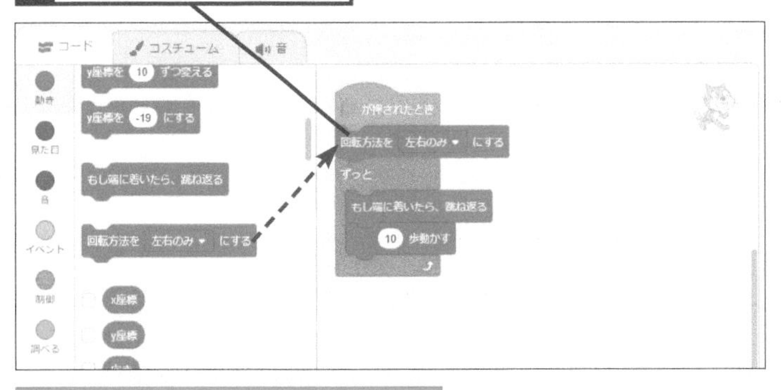

スクラッチキャットが端まで来ると、左右反転して折り返す

ヒント！

回転方向を固定しよう

手順4では［回転方向を［左右のみ］にする］ブロックを接続しました。このブロックを使わないと、スプライトが画面の端でひっくり返り、上下が逆になった状態で折り返します。

テーマ コスチューム

レッスン 9

コスチュームを変えよう

スプライトの見た目を変更する「コスチューム」の機能を紹介します。このレッスンではコスチュームを交互に切り替えて、アニメーションのように動かします。

1 コスチュームを確認する

1 [コスチューム] タブをクリック

コスチュームの名前と種類を確認する

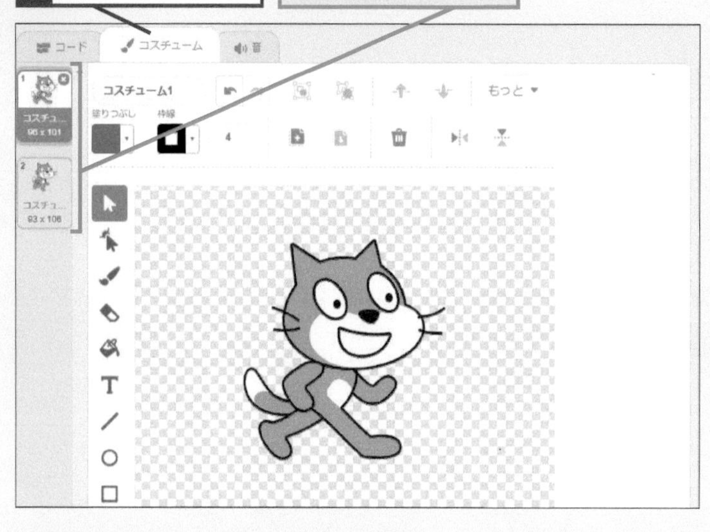

2 コスチュームを変更する

1 [コード] タブをクリック

2 [見た目] カテゴリーをクリック

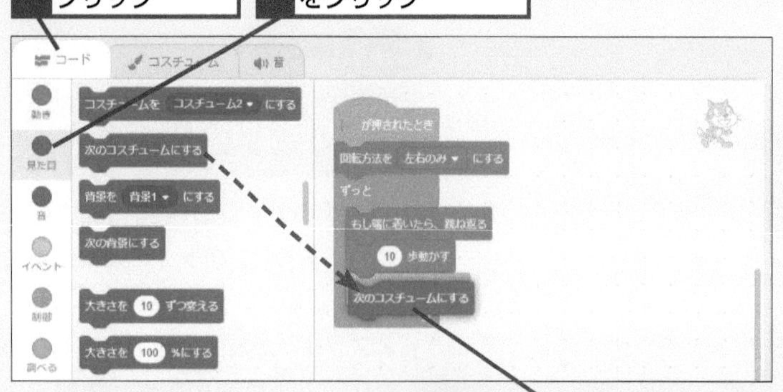

3 [次のコスチュームにする] をドラッグして接続

このレッスンで出てくる用語

コスチューム	p.280
スプライト	p.280
ベクターモード	p.282

ヒント!

コスチュームを切り替えて動きを作る

スクラッチキャットには足を開いたコスチュームと、閉じたコスチュームがあります。プログラムでコスチュームを切り替えると、歩いているような動きを作ることができます。

ヒント!

スプライトが動くスピードを調整する

このプログラムのままだと、コスチュームの切り替えが早すぎて自然な動きには見えません。そこで、[[ ] 秒待つ] を使って動きのスピードを調整します。

テクニック コスチュームに絵を書いてみよう

Scratchの「ペイントエディター」を使うと、パソコンでお絵かきができます。もともとあるスプライトに落書きをしたり、オリジナルのスプライトを描くこともできます。このレッスンでは「ベクターモード」を使っています。ベクターモードは拡大しても画像が崩れません。

■ペイントエディターの画面

3 秒数を指定する

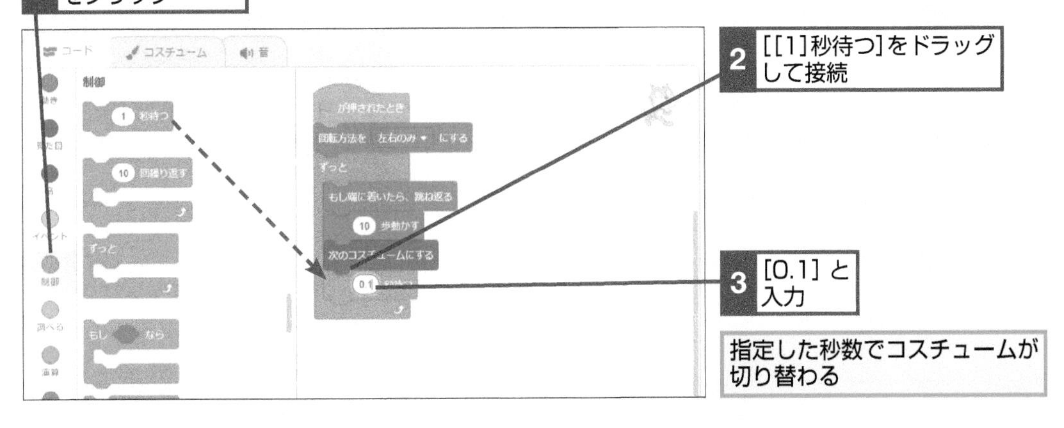

背景を変えよう

Scratchでは、ステージの背景を変えられます。ここでは、Scratchにもともと用意された画像から背景を選ぶ方法を説明します。

1 [背景を選ぶ] 画面を表示する

レッスン4のテクニックを参考に、ステージを大きく表示しておく

1 [背景を選ぶ] をクリック

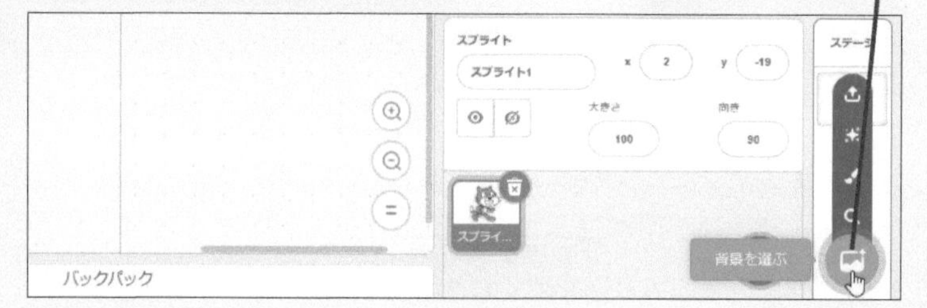

2 背景を選ぶ

[背景を選ぶ] 画面が表示された

1 ここをドラッグして下にスクロール

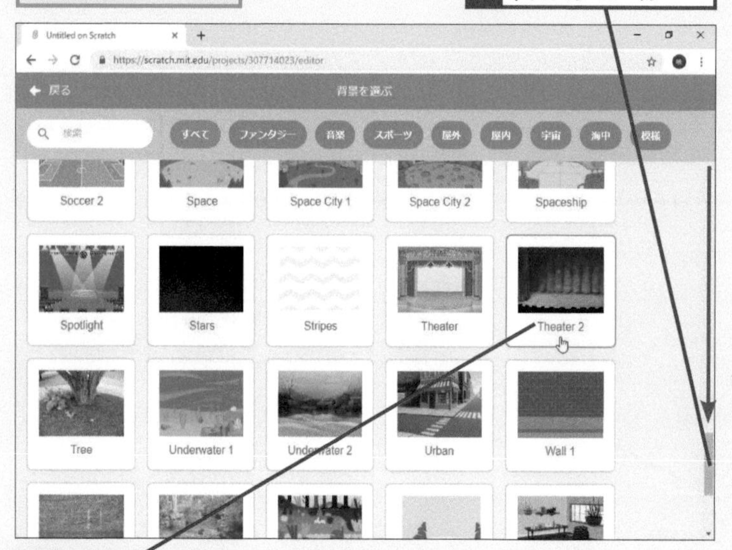

2 [Theater 2] をクリック

このレッスンで出てくる用語

繰り返し処理	p.279
ステージ	p.280
スプライト	p.280
背景	p.281

ヒント!

パソコンに保存した写真も背景にできる

自分で撮った写真や描いたイラストなど、Scratchに入っていない画像も背景に使うことができます。jpeg形式やpng形式の画像を使うと良いでしょう。

ヒント!

背景はカテゴリーごとに分類されている

Scratchの背景は「屋内」や「スポーツ」などのカテゴリーに分かれています。ただし、一部の背景は「すべて」カテゴリーのみで表示されるので注意しましょう。

3 スプライトの位置を合わせる

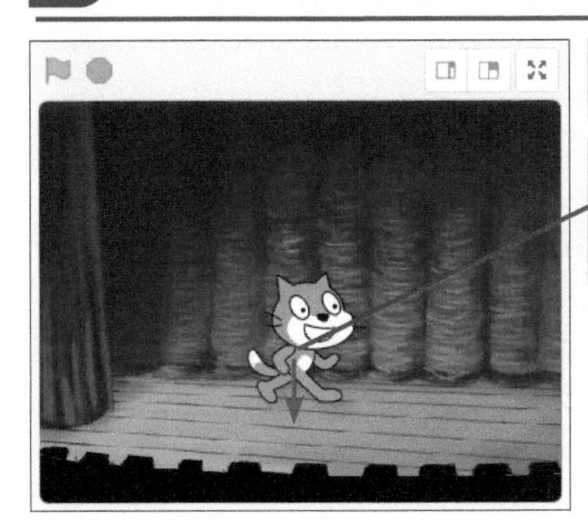

背景が読み込まれた

1 ステージ上のスプライトを地面に合わせてドラッグ

間違った場合は？

背景を削除したいときは［ステージ］をクリックして［背景］タブをクリックし、以下の操作で削除します。背景が1枚しかないときは、削除できません。

1 背景を右クリック

2 ［削除］をクリック

4 イベントを追加する

1 ［コード］タブをクリック

2 ［イベント］カテゴリーをクリック

3 ［このスプライトが押されたとき］をドラッグして設置

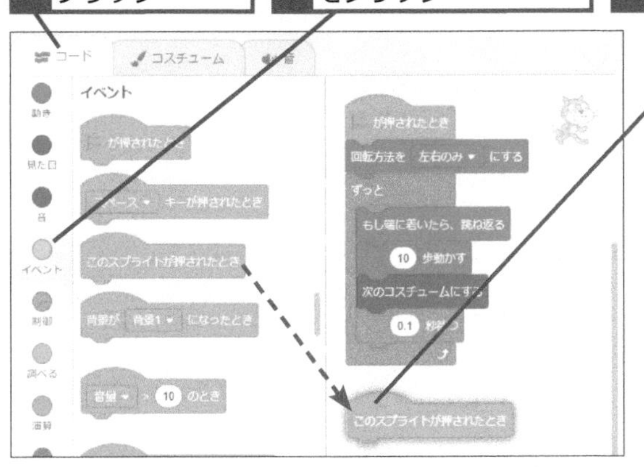

4 ［見た目］カテゴリーをクリック

5 ［［こんにちは！］と［2］秒言う］をドラッグして設置

ヒント！

追加したコードは処理のタイミングが違う

手順4で新しいコードを追加して、ステージ上のスプライトをクリックすると「こんにちは！」という吹き出しが表示されるようにしました。この追加したコードは繰り返し処理になっていません。緑の旗ボタンをクリックしたときと比べてみましょう。

ブロックプログラミングに慣れよう

この章ではScratchの基本的な操作方法について学びました。Scratchはマウスを使って直感的にブロックを操作しながら、「逐次処理」や「繰り返し処理」といった、ほかのプログラミング言語でも用いられている概念を学ぶことができます。ブロックの上から順にコードが実行されるのが逐次処理で、同じコードを何度も行うのが繰り返し処理です。

［ずっと］ブロックを使った繰り返し処理は特に重要で、いろいろなプログラミングで中心的な役割を果たします。ブロックの組み合わせ方を含めて、使い方を覚えておきましょう。

ネコ歩きのコード一覧

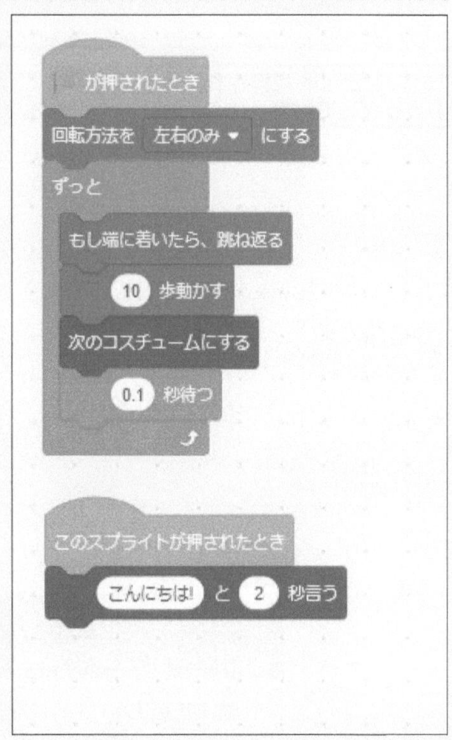

練習問題

1.

レッスン10で作成したプロジェクトを開き、背景を「Night City With Street」に変更しましょう。

ヒント ［Night City With Street］の背景は、背景ライブラリーの［すべて］カテゴリーの中にあります。

2.

変更した背景に合わせて、スクラッチキャットの位置を変更しましょう。

ヒント スプライトは、ドラッグで位置を変更できます。

解答

1.

レッスン6を参考に、「ネコ歩き」のプログラム編集画面を表示しておく

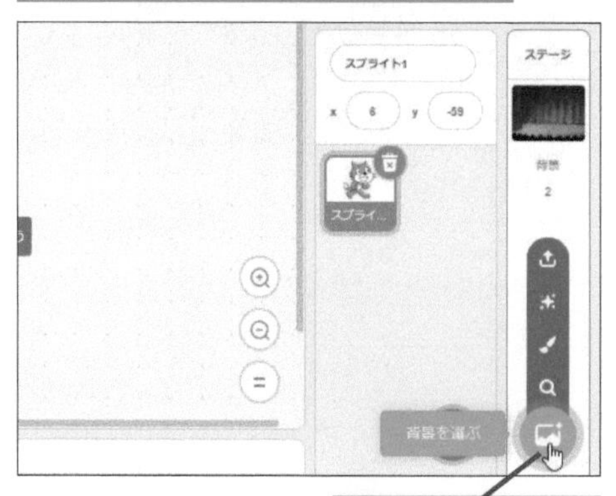

1 [背景を選ぶ]をクリック

背景ライブラリーから新しい背景を読み込むには、[ステージ]の下の[背景を選ぶ]をクリックします。[すべて]の中から[Night City...]と表示されている背景を選びましょう。

[背景を選ぶ]の画面が表示された

2 [Night City With Street]をクリック

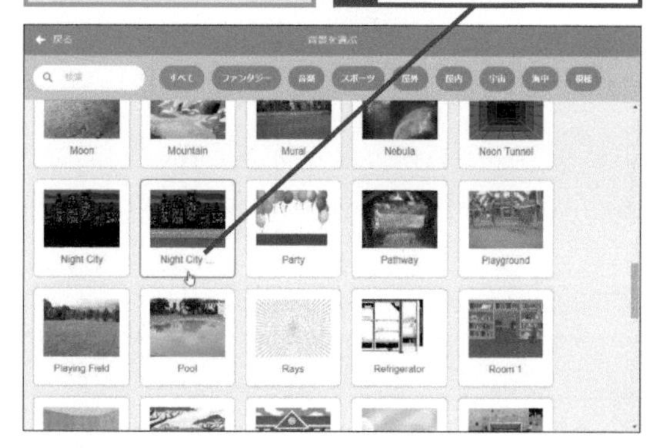

2.

1 ステージ上のスプライトをクリック

スプライトの位置を変更するには、ステージに表示されたスプライトをドラッグします。作業が終わったら緑の旗ボタンをクリックして、コードが正常に動作するか確認しましょう。

緑の旗ボタンをクリックして、コードが正常に動作するかを確認する

第3章

音を鳴らしてみよう

キーボードを押すと音が鳴るプログラムを組んで、パソコンを楽器にしてみましょう。Scratchにはいろんな楽器や音が用意されています。

この章の内容

この章で作るプログラム

パソコンを楽器にしよう！

Dキーを押すとドラム、Tキーを押すとトランペットの音が鳴るよ。

真ん中の「Nano」をクリックするとコーラスを歌うよ。

公開ページ https://scratch.mit.edu/projects/368533230/

楽器を演奏しよう

この章では、キーボードを押すとさまざまな音が鳴るプログラムを作ります。数字キーや矢印キーを押したときにどうやってプログラムを動かすかを学びましょう。

音を鳴らすには

画面にドラム、トランペットのスプライトを置いて、それぞれ特定のキーを押したときに音が出るようにします。また、Nanoのスプライトはクリックしたときに歌うようにします。完成したら子どもと一緒に音を出してみましょう。

プログラムの動き方

水色の背景が表示される →レッスン11

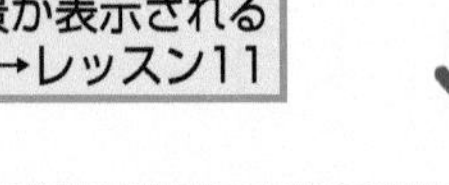

Ⓣキーでトランペットのコスチュームが変わり、音が鳴る →レッスン14

Ⓓキーでドラムのコスチュームが変わり、音が鳴る →レッスン12

Nanoをクリックするとコスチュームが変わってコーラスを歌う →レッスン16

この章で学べること

この章のプロジェクトでは、キーボードのどれかのキーが押されたときにプログラムが実行されるようにします。このように、ユーザの操作や、パソコン上での出来事に応じてプログラムが動くことを「イベント処理」と呼びます。イベント処理は、ゲームのようにユーザーがたくさん操作するプログラムには欠かせません。キーボードからの入力が、プログラムをどのように動かすのかに注目しましょう。

また、この章のプロジェクトはキーボードで操作します。キーボードが苦手な人は、この機会にたくさん触って慣れるといいでしょう。

子どもに「イベント処理」を教えるには

「イベント処理」という言葉を覚える必要はありませんが、[緑の旗ボタンが押されたとき] も [[スペース] キーが押されたとき] も同じハットブロックであることを意識させるといいでしょう。ハットブロックから始まるコードをいくつも作ることで、「なにかの出来事（イベント）のブロックの後に、命令のブロックを繋げればいいんだな」というプログラミングのイメージを把握するようになります。

イベントを使うと、キーを押してプログラムを動かせる

イベントとは

キーボードの操作以外にも、マウスクリックや背景の変化など、プログラムを動かすきっかけのことを「イベント」と呼びます。Scratchでは、基本的なイベントは [イベント] カテゴリーにまとめられています。本書ではいろいろなイベント処理を紹介していますので、ハットブロックが登場したら違いを比べてみてください。

◆[イベント]カテゴリー

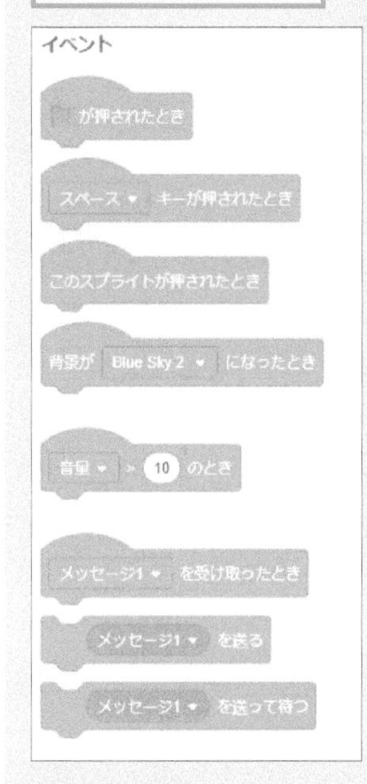

テーマ ライブラリー

レッスン 11

背景とスプライトを変更する

このレッスンでは、背景と楽器のスプライトをライブラリーから読み込みます。ステージを大きくしておくと操作がしやすくなります。

1 背景を変更する

ステージが小さく表示されているときは、レッスン4のテクニックを参考に、ステージを大きく表示しておく

レッスン6を参考に、プログラム編集画面を表示しておく

レッスン10を参考に、[背景を選ぶ]画面を表示しておく

1 [Blue Sky2]をクリック

戻る
背景を選ぶ
検索
すべて ファンタジー 音楽 スポーツ 屋外 屋内 宇宙 海中 模様
Arctic
Baseball 1
Baseball 2
Basketball 1
Basketball 2
Beach Malibu
Beach Rio
Bedroom 1
Bedroom 2
Bedroom 3
Bench With...
Blue Sky
Blue Sky 2
Boardwalk
Canyon

2 背景を削除する

最初から用意されている背景を削除する

1 [ステージ]をクリック

2 [背景]タブをクリック

3 [背景1]をクリック

4 ここをクリック

このレッスンで出てくる用語

ステージ	p.280
スプライト	p.280
背景	p.281
プロジェクト	p.281

ヒント!

使わないスプライトや背景は削除する

新しいプロジェクトには、スクラッチキャットや背景があらかじめ用意されています。ほかのスプライトや背景を使う場合は、これらは不要になるので削除しておきましょう。

3 スプライトを削除する

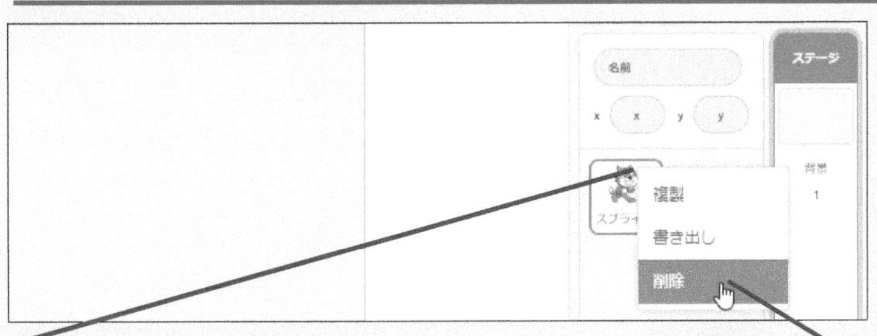

1 [スプライト1]を右クリック

2 [削除]をクリック

4 ドラムのスプライトを設置する

1 [スプライトを選ぶ]をクリック

2 [音楽]をクリック

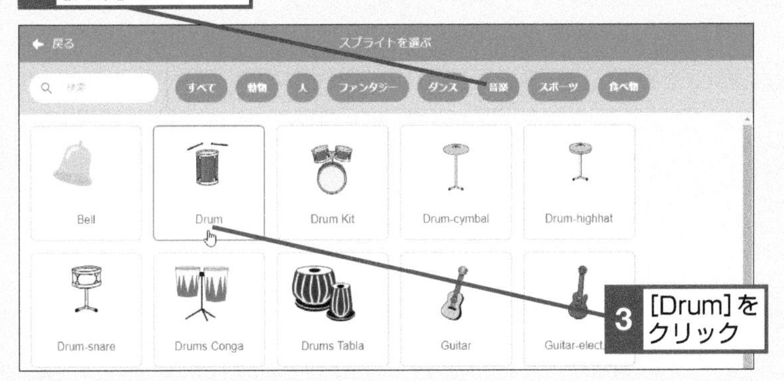

3 [Drum]をクリック

4 ドラッグして画面の右上に移動

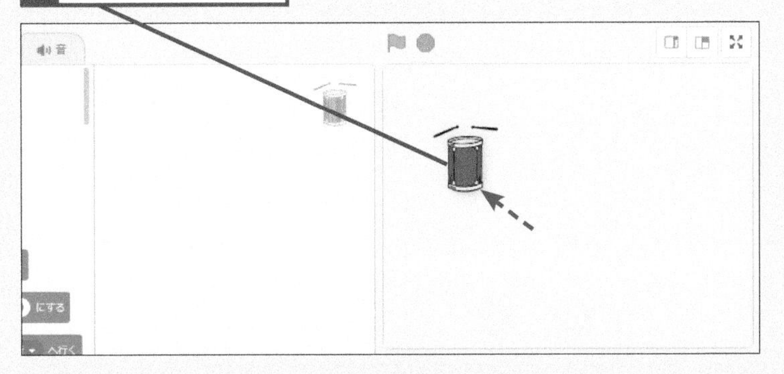

ヒント!

背景をアップロードするには

自分で用意した画像も背景に使うことができます。JPEGやPNG形式の画像を用意しましょう。

1 [背景を選ぶ]にマウスポインターを合わせる

2 [背景をアップロード]をクリック

[開く]画面が表示された

3 画像ファイルが保存されている場所をクリック

4 画像ファイルをクリック

5 [開く]をクリック

背景が変更された

11 ライブラリー

次のページに続く

5 ほかの楽器のスプライトを選択する

手順3を参考に[スプライトを選ぶ]の[音楽]を表示しておく

1 [Trumpet]をクリック

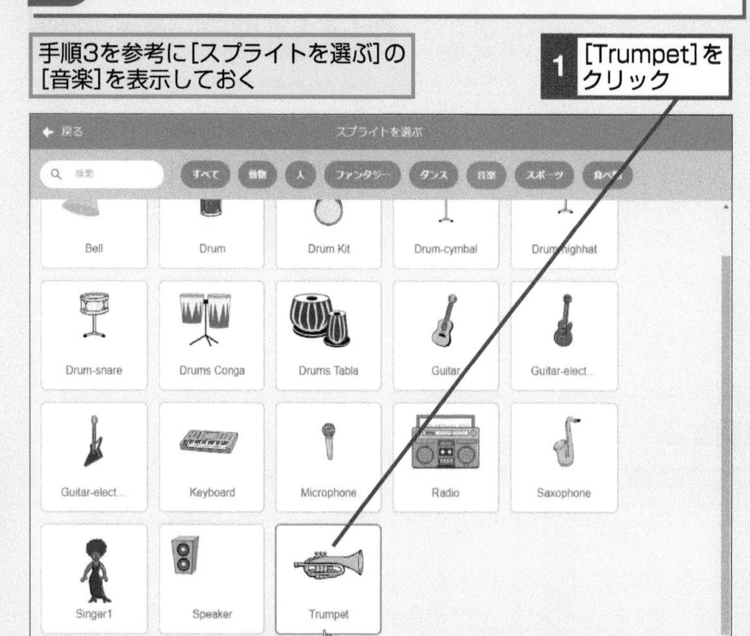

6 ほかの楽器のスプライトを設置する

1 ドラッグして画面の左上に移動

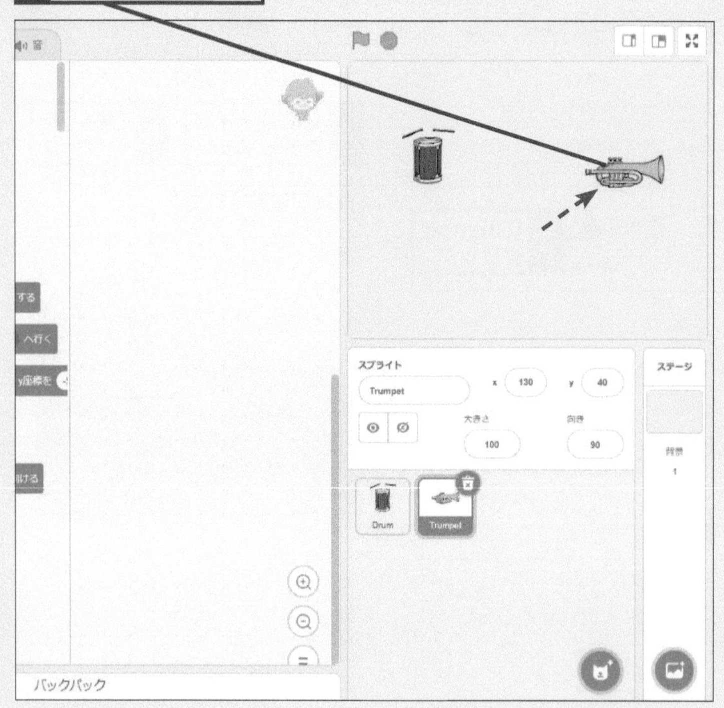

ヒント！ 写真やイラストもスプライトにできる

背景と同様に、スプライトのコスチュームにも自分で用意した画像を使用できます。この場合は写真の背景を削除したほうが見栄えがします。いったん取り込んでから、Scratchのペイントエディターで削除することもできます。

間違った場合は？

1回読み込んだスプライトを削除したいときは、スプライトエリアでスプライトをクリックして選び、右上の をクリックしましょう。

7 キャラクターのスプライトを選択する

手順3を参考に［スプライトを選ぶ］の［ファンタジー］を表示しておく

1 ［Nano］をクリック

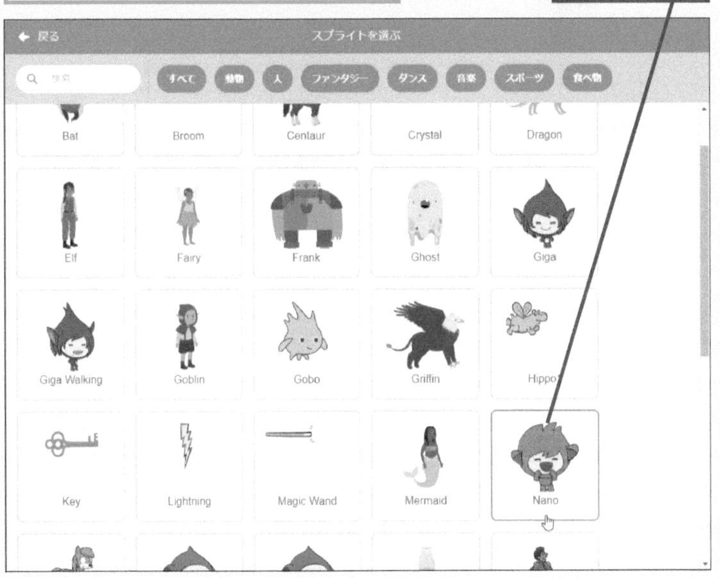

8 キャラクターのスプライトを設置する

1 ドラッグして画面の中央に移動

レッスン4のテクニックを参考にステージを小さい表示に戻しておく

ヒント！

背景の上下に余白が表示される場合は

Scratchの画面は縦横比が3:4なので、これ以外の縦横比の画像を読み込むと、上下か左右に余白が出ます。あらかじめ画像編集ソフトなどを使って縦横比を3:4に調整しておきましょう。

縦横比が3：4でない画像を選ぶと、上下に余白が追加される

テーマ 音

ドラムの音を設定する

このレッスンでは、ドラムのスプライト用にコードを作ります。キー操作で音が鳴り、コスチュームが変わるようにします。

このレッスンで出てくる用語	
イベント	p.279
コスチューム	p.280
スプライト	p.280

1 キーを設定する

1 [Drum]をクリック

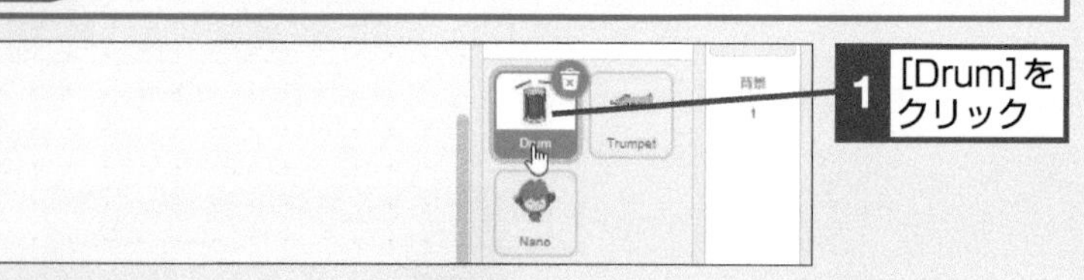

2 [イベント]カテゴリーをクリック

3 [[スペース]キーが押されたとき]をドラッグして設置

4 ここをクリック

5 [d]をクリック

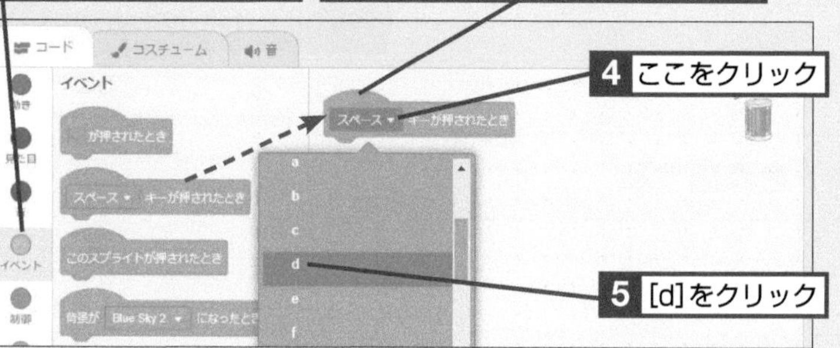

2 音を設定する

1 [音]カテゴリーをクリック

2 [終わるまで[Low Tom]の音を鳴らす]をドラッグして接続

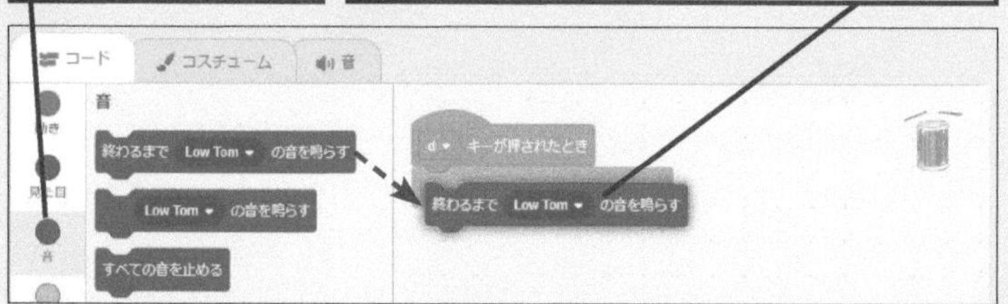

3 ここをクリック

4 High Tom]をクリック

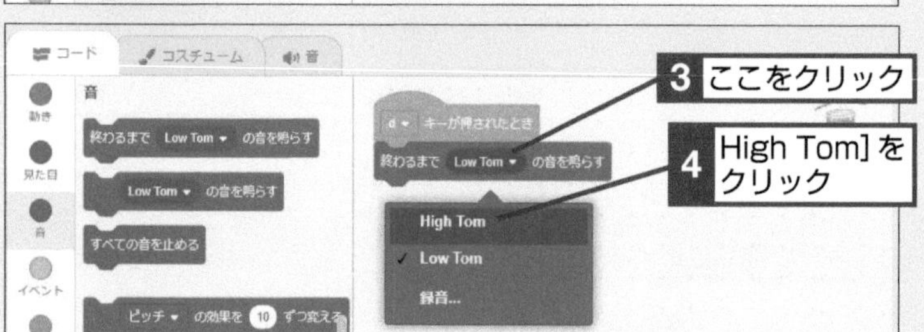

ヒント!

Scratchでは42種類のキーがイベントに使える

[イベント] カテゴリーの [[スペース] キーが押されたとき] ブロックで選べるキーは、アルファベット、数字、上下左右の方向キー、[どれかの] の合計42種類です。ただし、[どれかの] を選んでも反応しないキーがあるので注意しましょう。

ヒント!

スプライトごとに音が設定されている

Scratchのライブラリーにあるスプライトには、個別に音が設定されています。[音] カテゴリーの [[ ] の音を鳴らす] ブロックなどに、スプライトごとに使用できる音が自動的に表示されます。

3 コスチュームを変更する

1 [見た目] カテゴリーをクリック

2 [コスチュームを [drum-b] にする] をドラッグして接続

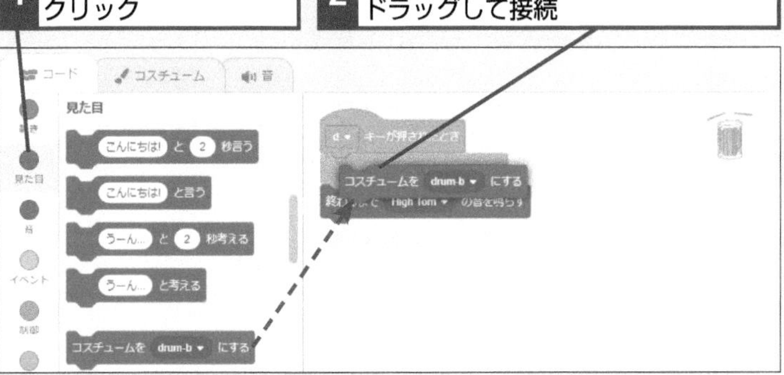

3 [コスチュームを [drum-b] にする] を接続

4 ここをクリック

5 [drum-a] をクリック

子どもに教えるときは？

イベントは「スイッチ」と同じ

Scratchに限らず、プログラミングにおける「イベント」は、プログラムを動作させるきっかけになるものです。子どもには、電気のスイッチやゲームのコントローラーなど、何かを動かすときに操作するものと説明するといいでしょう。スイッチを押すと、それに反応してコードが実行されるイメージです。

テクニック [終わるまで[　]の音を鳴らす]と[[　]の音を鳴らす]の違い

[終わるまで [　] の音を鳴らす] ブロックを使うと、音の再生が終わってから次のブロックが実行されます。[[　] の音を鳴らす] ブロックを使った場合は、すぐに次のブロックが実行されるので、音が鳴ったあとすぐにコスチュームが元に戻ります。結果として、コスチュームの変化がほとんど分からなくなります。
この章のプログラムの場合は [終わるまで [　] の音を鳴らす] を使いましたが、ほかのプログラムでは [[　] の音を鳴らす] を使ったほうが良い場合があります。うまく使い分けましょう。

[[Low Tom] の音を鳴らす] を使うとDrumの動きがほぼ一瞬で終わる

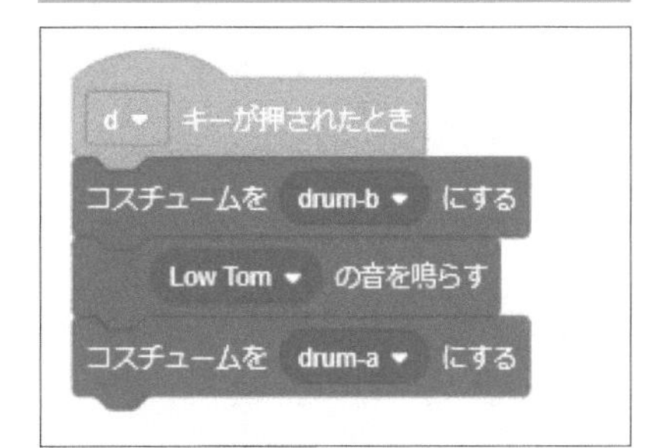

テーマ 大きさ

ドラムの大きさを変更する

Dキーを押したときにドラムの大きさを変えて、音が鳴ったことが見かけでもわかるようにします。音が鳴ったあとに必ず元に戻しましょう。

1 大きさを変更する

1 [見た目]カテゴリーをクリック

2 [大きさを[100]%にする]をドラッグして接続

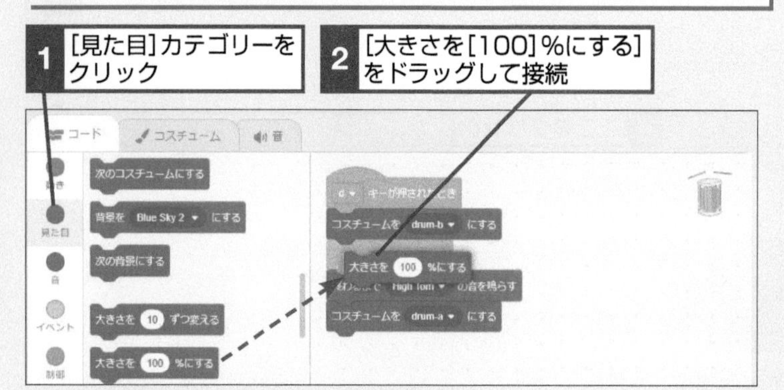

3 ここをクリック

4 「110」と入力

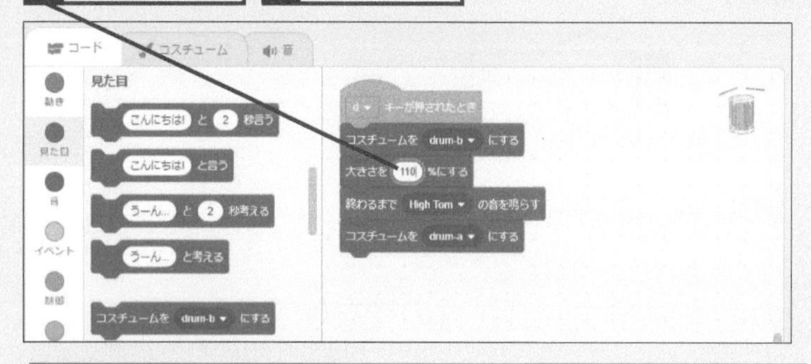

2 大きさを元に戻す

1 [大きさを[100]%にする]を接続

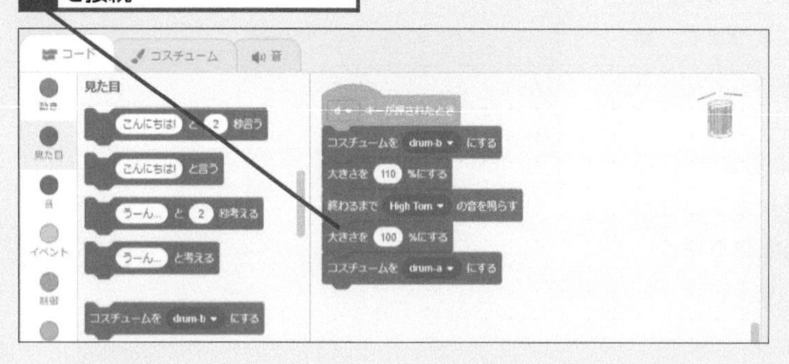

このレッスンで出てくる用語

イベント	p.279
コスチューム	p.280
スプライト	p.280

ヒント!

スプライトの大きさには限界がある

手順1のように、スプライトは[大きさを[100]%にする]ブロックを使って大きくできます。ただし、大きさには限界があって、ステージをはみ出るほどには大きくはできません。

3 コードを実行する

1 ここをクリック　ステージが大きくなった

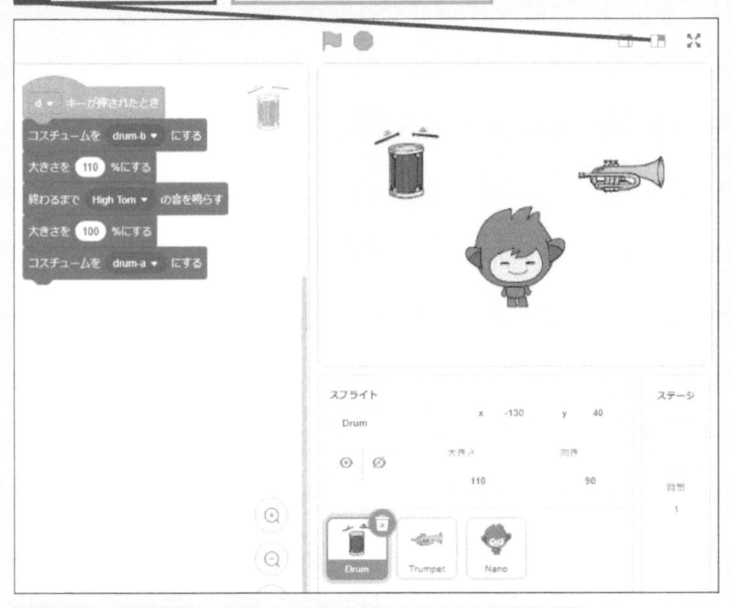

2 Dキーを押す　ドラムの音が鳴ってコスチュームが変化した

実行後は小さいステージに戻しておく

ヒント！ ブロックの順番は変更できる

手順2までに作ったコードでは、コスチュームの種類を変えてから大きくして、次に大きさを戻してからコスチュームの種類も元に戻しています。Scratchではブロックとその次のブロックが実行されるまでに待ち時間がほとんどないので、大きくしてからコスチュームを変えたり、コスチュームを元に戻してから大きさを変えても、見た目にはほとんど違いはありません。

テクニック ステージの大きさを使い分けよう

Scratchはステージの大きさを2種類から選ぶことができます。最初の状態はステージが大きい表示になっており、スプライトリストにスプライトの向きや大きさ、表示状態などが表示されています。小さいステージにするとスプライト名と座標以外は表示されなくなりますが、コードエリアが拡大されるため横長のブロックもスクロールせずに表示することができます。プロジェクトの様子やスプライトの設定をしたいときは大きい表示、ブロックでプログラミングするときは小さい表示と場面に応じて使い分けましょう。

小さい表示にするとスプライト名と座標のみが表示される

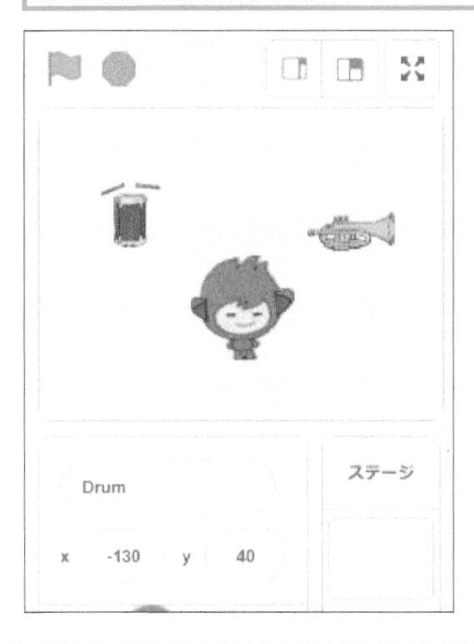

テーマ バックパック

動画で見る

レッスン 14 ブロックの固まりを複製する

Scratchのバックパックという機能を使うと、ブロックを簡単にまとめて複製できます。バックパックはサインインしないと使えないことに注意してください。

1 バックパックを開く

コードを一時的に保管できるようにする

1 [バックパック]をクリック

バックパック

バックパックの領域が広がった

バックパック

バックパックは空です

2 コードをバックパックに入れる

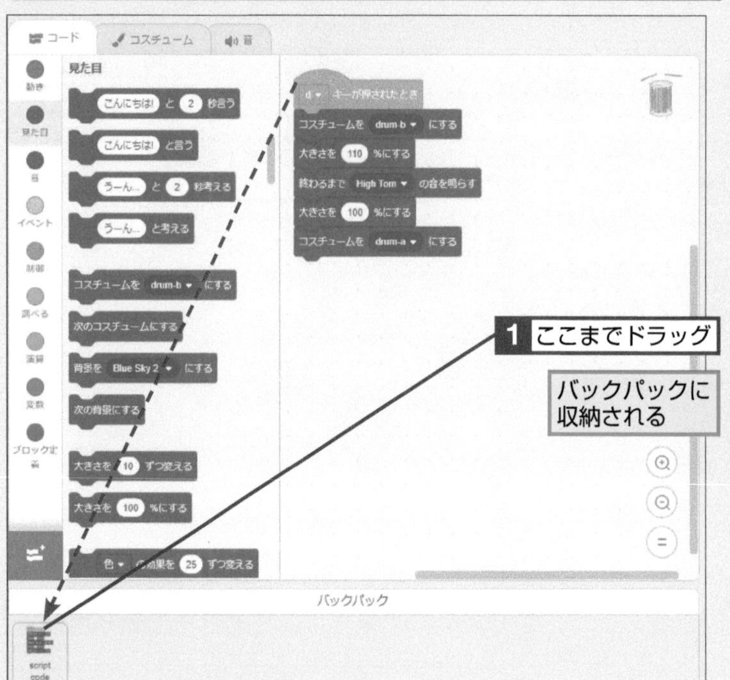

このレッスンで出てくる用語

コード	p.279
サインイン	p.280
スプライト	p.280
バックパック	p.281
プロジェクト	p.281

ヒント!

コードは流用できる

バックパックを使うと、コードをほかのプロジェクトでも使えるようになります。例えばいろいろなプロジェクトで、スプライトに同じ動きをさせたいとき、そのコードをバックパックに置いておけばどのプロジェクトにもコピーできます。

ヒント!

1つずつ適用する

Scratchでは接続されていないコードを同時に選択できません。バックパックへの出し入れは1つの固まりごとに行いましょう。

3 別のスプライトに複製する

1 [Trumpet]をクリック

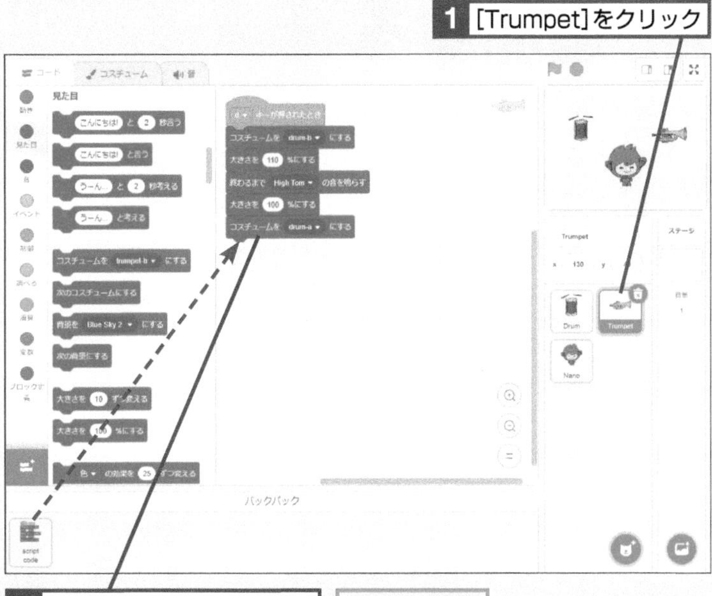

2 バックパックからコードをここまでドラッグ

コードが適用された

4 ブロックの設定を変更する

1 クリックして[t]に変更

2 クリックして[trumpet-b]に変更

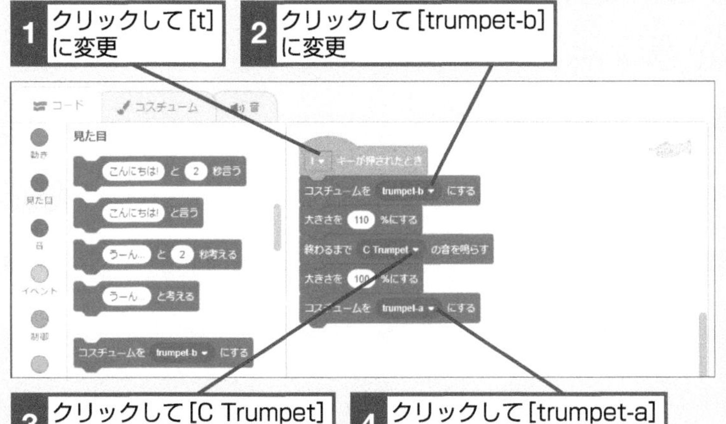

3 クリックして[C Trumpet]に変更

4 クリックして[trumpet-a]に変更

バックパックにあるコードを右クリックして削除しておく

ヒント!

バックアップのコードを削除するには

バックパックのコードがたくさん増えてしまったら不要なものを削除しましょう。バックパックのいらないコードを右クリックして[削除]を選ぶと消すことができます。

1 削除したいコードを右クリック

2 [削除]をクリック

次のページに続く

テーマ 拡張機能

レッスン 15

拡張機能を追加する

「拡張機能」の「音楽」を使用すると、いろいろな楽器の音を選んで、音階や長さを自由に設定できるようになります。

このレッスンで出てくる用語

コード	p.279
コードエリア	p.279

1 拡張機能の一覧を表示する

バックパックを閉じておく

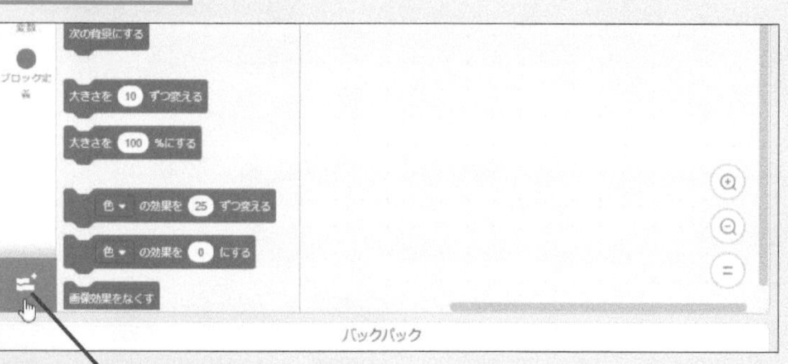

1 [拡張機能を追加] をクリック

2 拡張機能を選択する

ここでは [音楽] の拡張機能を選択する

1 [音楽] をクリック

ヒント!

「拡張機能」って何？

2019年にScratchのバージョンが3になり、内部がAdobe FlashではなくJavaScriptで記述されるようになりました。JavaScriptはWebブラウザーで一般的に使われているため、ほかのサービスとの連携や拡張が容易です。「拡張機能」はこのJavaScriptの仕組みを使って、Scratchにさまざまな要素を追加しています。

テクニック micro:bitが使えるようになる

「拡張機能」を用いると新しいカテゴリーのブロックを読み込んで使うことができるようになります。そのうちのひとつ、micro:bitについては付録で扱います。

◆micro:bit

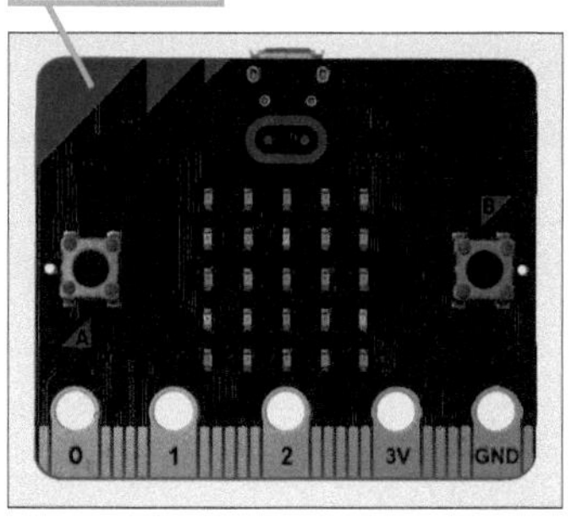

[micro:bit] の拡張機能を利用できる

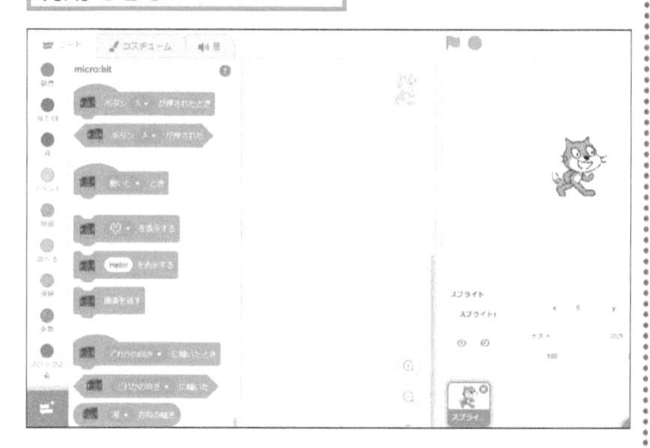

3 拡張機能が追加された

[音楽]と表示された

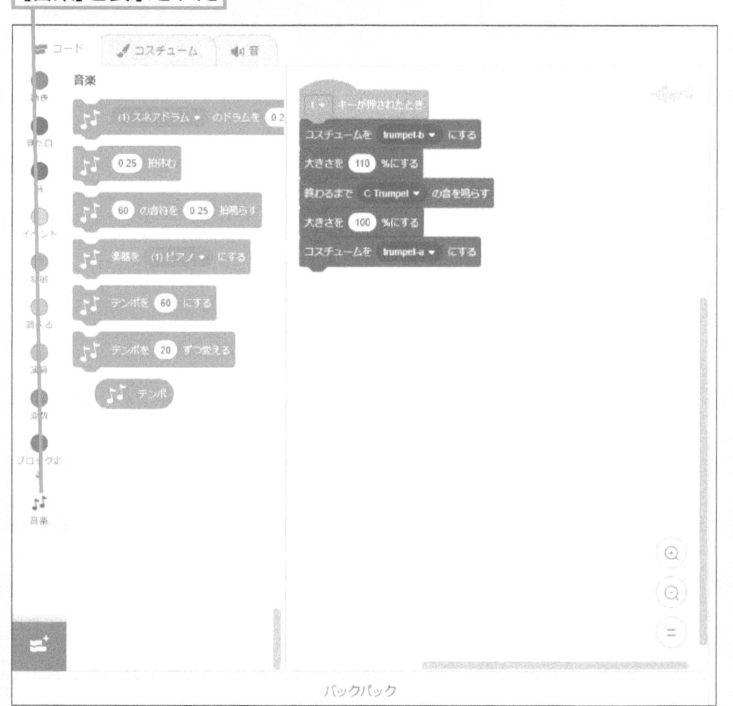

ほかのコードと同じように利用できる

ヒント!

拡張機能のコードが表示されなくなった場合は

拡張機能を選んだ後、そのブロックをコードエリアでひとつも使わないと、カテゴリーからその拡張機能のブロックが消えてしまうことがあります。この場合は、拡張機能を再度読み込むようにしてください。

テーマ 音階

音階を設定する

キーボードの1 ～ 8の数字キーにドレミファソラシドの音階を割り当てます。コードの数は多くなりますが、複製すれば簡単に作れます。

1 楽器ブロックを接続する

スプライトリストで［Nano］をクリックしておく

1 ［イベント］カテゴリーをクリック

2 ［このスプライトが押されたとき］を設置

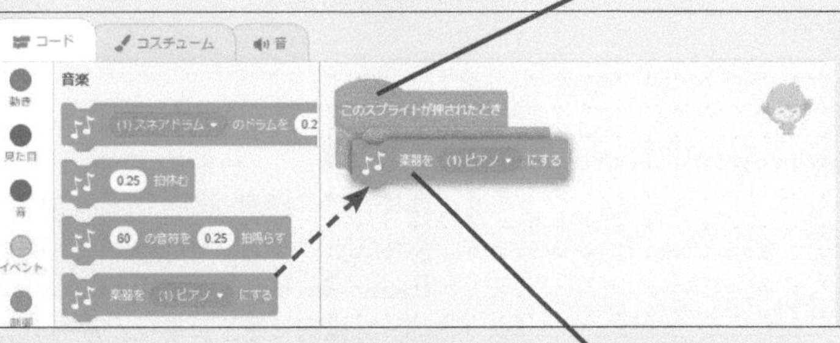

3 ［音楽］カテゴリーをクリック

4 ［楽器を［(1)ピアノ］にする］をドラッグして接続

2 楽器を選択する

1 ここをクリック

2 ドラッグして下にスクロール

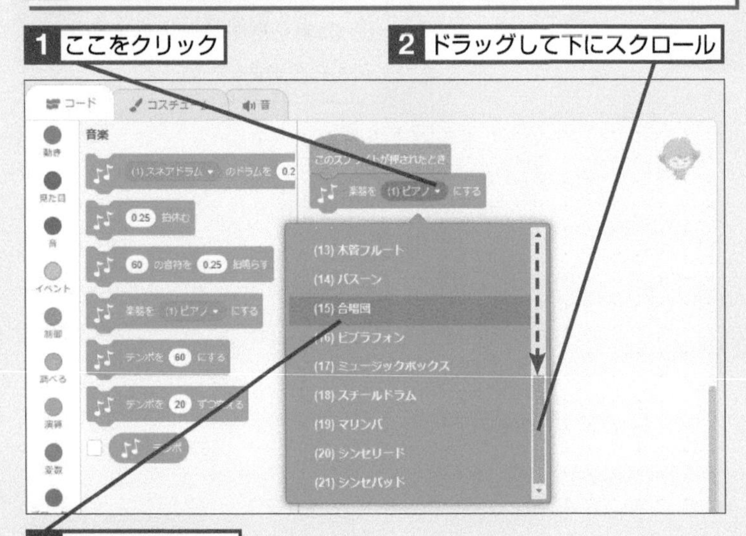

3 ［(15)合唱団］をクリック

このレッスンで出てくる用語

イベント	p.279
コード	p.279
コスチューム	p.280
スプライト	p.280
バックパック	p.281

ヒント！

音階は数字に置き換えられている

［音］カテゴリーのブロックでは、ドレミファソラシドの音階は数字で表現されています。最初にブロックに表示されているのは「真ん中のド」です。

3 音の長さを設定する

1 [60] の音符を [0.25] 拍鳴らす] をドラッグして接続

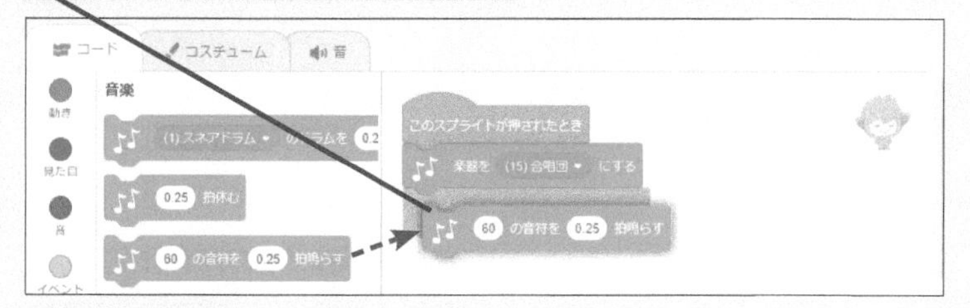

2 「1」と入力

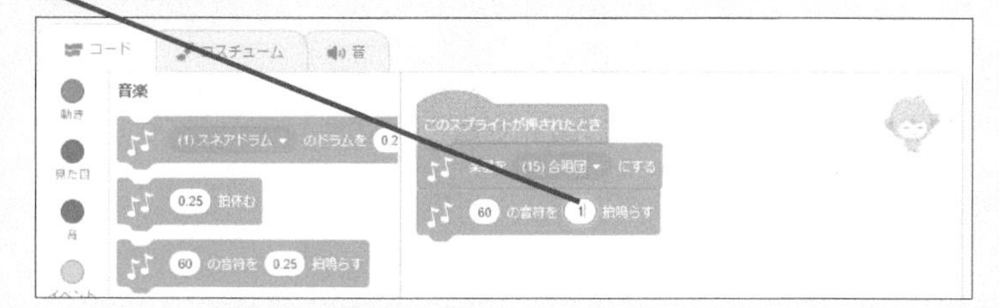

4 ブロックを複製する

1 ここを右クリック

2 [複製] をクリック

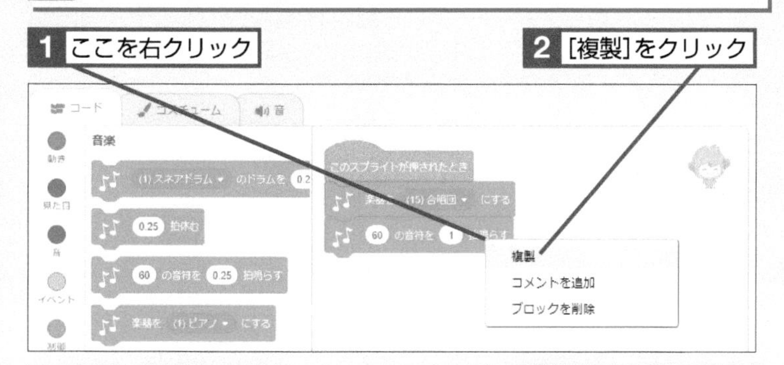

ブロックが複製された

3 ドラッグして接続

ヒント！

下のブロックがまとめて複製される

ブロックを右クリックして複製した場合、下に接続したブロックもすべて複製されます。右クリックしたブロックの上のブロックは複製されません。複製したいブロックの一番上を右クリックするようにしましょう。

16 音階

次のページに続く

5 音を変更する

1 ここをクリック　鍵盤が表示された

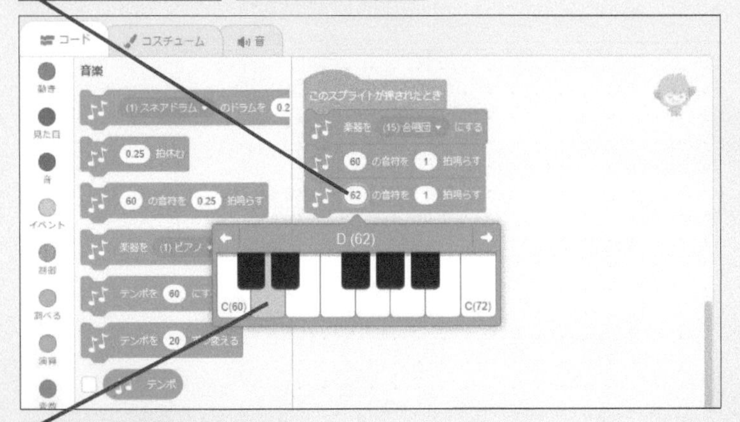

2 「レ」の鍵盤をクリック

同様の手順で[[64]の音符を[1]拍鳴らす]ブロックを作成しておく

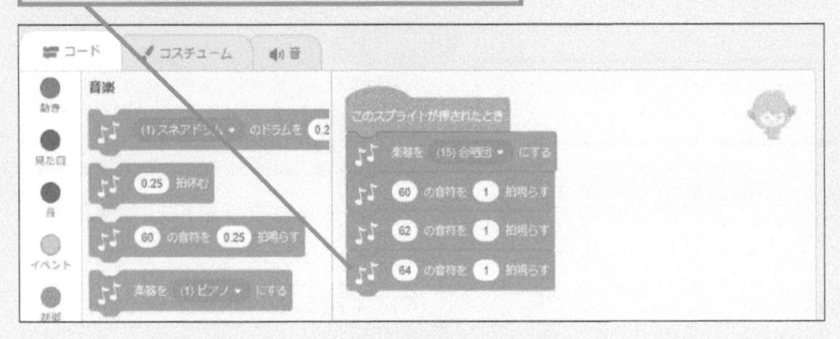

6 コスチュームを変更する

レッスン12を参考にコスチュームを設定しておく

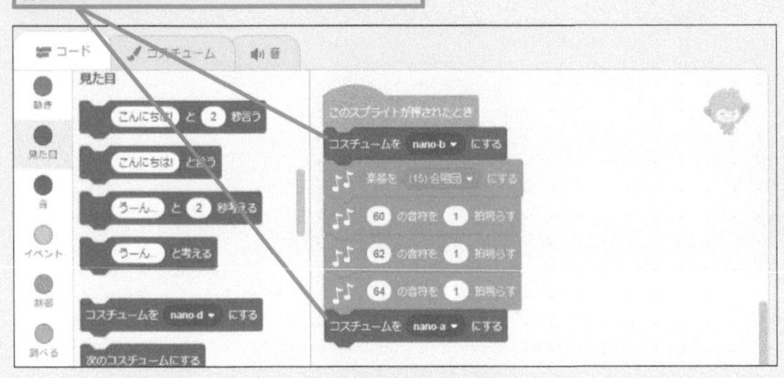

ヒント！ 音を同時に鳴らすには

このレッスンで作ったコードを分解すると、コーラスの音を同時に鳴らすことができます。下の図のようにコードを組み替えてみましょう。

[このスプライトが押されたとき]を使って個別にコードを実行する

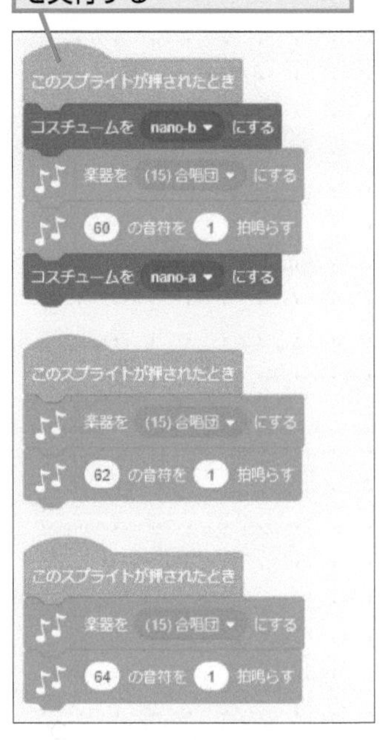

テクニック 数字を使って音階を指定しよう

ピアノなどで真ん中にある「ド」には、Scratchでは「60」という数値が振られています。その隣の「シャープのド」は「61」、「レ」は「62」というふうに増えていきます。手順5では画面に表示された鍵盤から音を設定しましたが、[[60] の音符を[0.25] 拍鳴らす] の [60] の部分に数字を入力しても同じようにプログラミングできます。鍵盤に表示されている範囲以外の音を設定したい場合は、以下のように数字を入力するといいでしょう。

このレッスンで使った音階は、60～72の数値でも指定できる

ここをクリックすると、1オクターブ低い音を選択できる

ここをクリックすると、1オクターブ高い音を選択できる

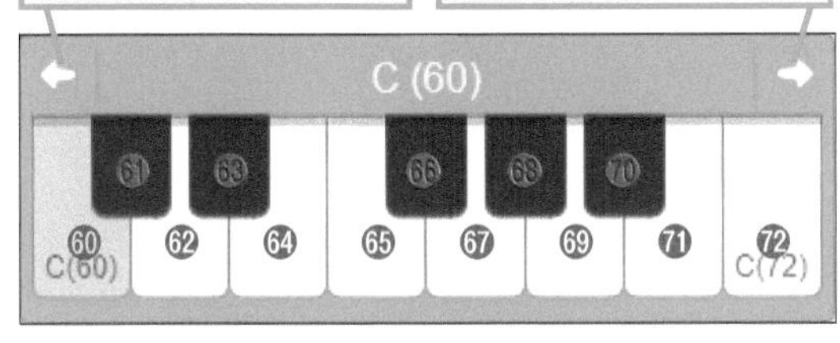

鍵盤の範囲を超える音階は、数値を入力して指定する

テクニック ピアノ以外も選択できる

このプロジェクトでは、数字のキーを押したときにピアノの音が出るようにしました。Scratchにはほかにも「ベース」「フルート」などの21種類の音が用意されています。また、打楽器も18種類の音から選べます。下記のコードを追加して、様々な楽器を試してみましょう。

[音] カテゴリーの [楽器を[1] にする] ブロックを下記のように接続する

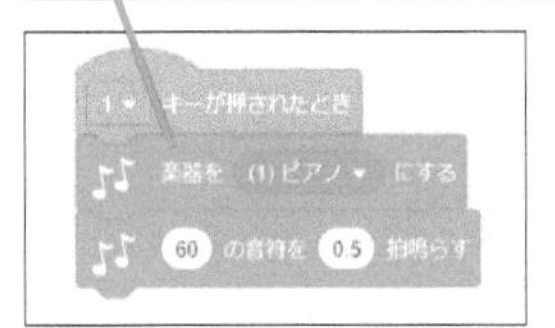

音階を持つ楽器はピアノや電子ピアノなど、21種類から選べる

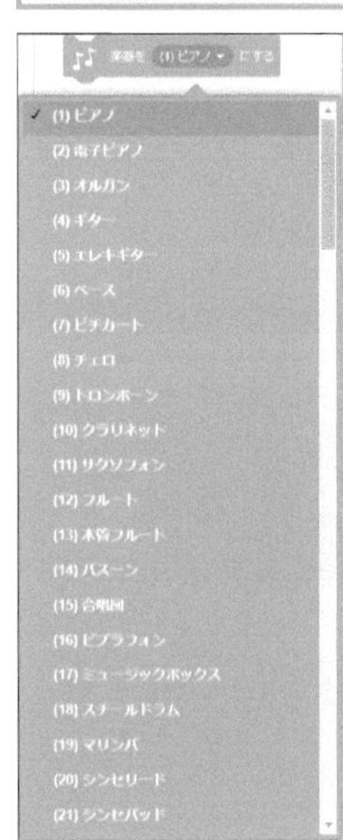

打楽器はスネアドラムやバスドラムなど、18種類から選べる

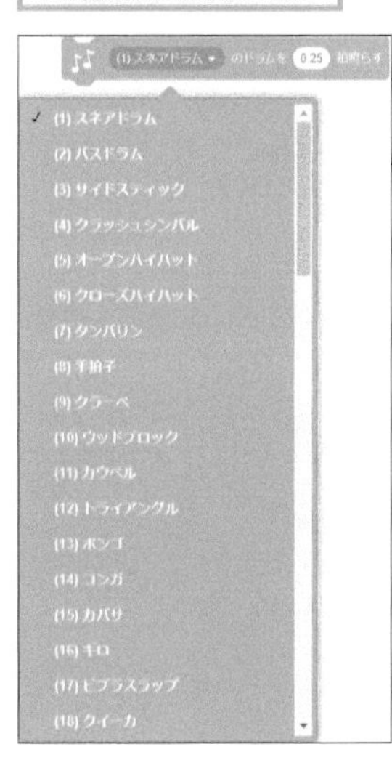

プログラムはいろいろな動かし方ができる

この章では、キー入力のイベントを使って、オリジナル楽器のプログラムを作りました。前の章までは「緑の旗ボタン」でコードを動かしていましたが、キー入力のイベントを使うと、キーを押すごとにいろいろな種類のコードを動かせることが分かったと思います。
似たようなコードをたくさん用意するので、効率よくプログラムを作ることも大事です。バックパックや複製を使って工夫しましょう。また、今回はアルファベットのキーを使い、楽器の音を鳴らしましたが、例えば動物のスプライトをステージにならべて、数字キーや矢印キーを押すと鳴くようにもプログラミングできます。ぜひ試してみてください。

オリジナル楽器のコード一覧

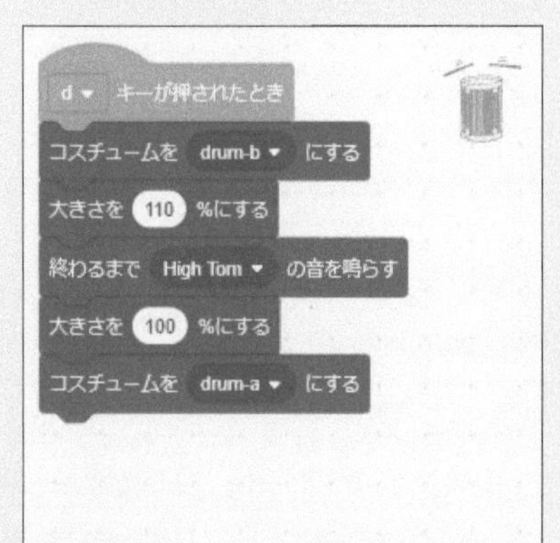

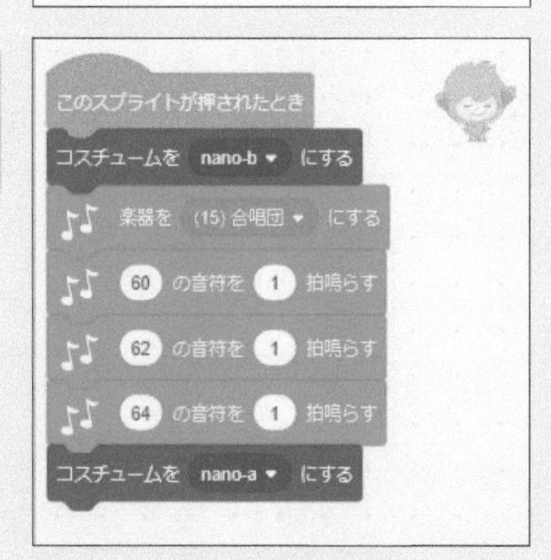

練習問題

1.

この章で作成したプロジェクトに、スプライトのライブラリーから「Saxophone」をダウンロードして追加しましょう。

ヒント 「Saxophone」のスプライトは、スプライトライブラリーの［音楽］に収録されています。

2.

Sキーを押したときに、「Saxophone」がコスチュームを変えて音を出すように設定しましょう。

ヒント 「Drum」または「Trumpet」のコードから、バックパック経由でコードを移植しましょう。

解答

1.

この章で作成したプロジェクトを表示しておく

1 [スプライトを選ぶ]をクリック

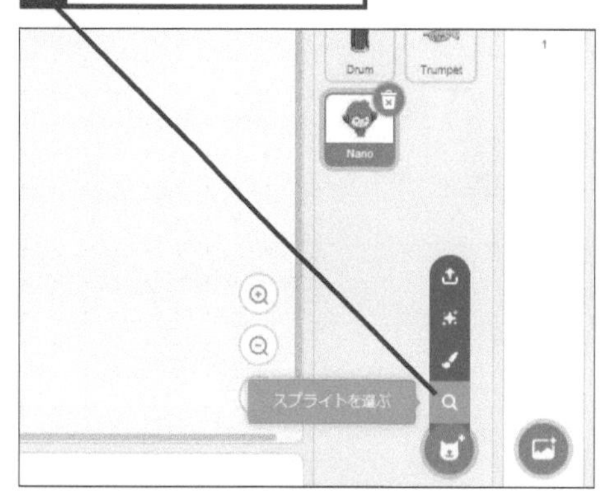

新しいスプライトをライブラリーから読み込むには、画面右下の［スプライトを選ぶ］をクリックします。スプライトの一覧が表示されるので、画面上の［音楽］で絞り込みましょう。

2 [音楽]をクリック

3 [Saxophone]をクリック

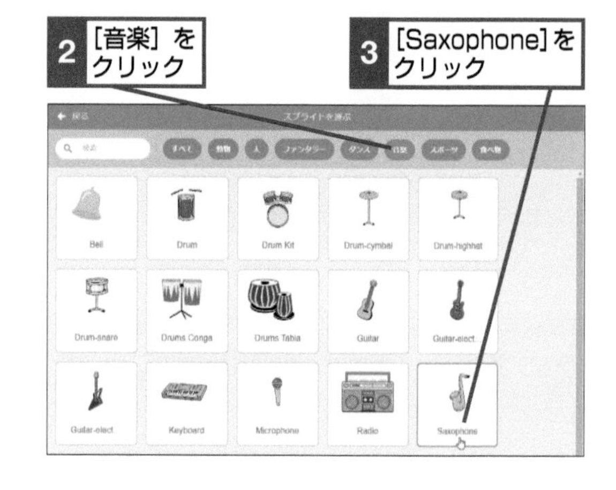

2.

レッスン14を参考に[Drum]のコードをバックパックに入れておく

1 [Saxophone]をクリック

ほかのスプライトのコードを複製するには、バックパックを使うと便利です。イベントに使うキーや鳴らす音、コスチュームなどを忘れずに変更しましょう。

2 ここをクリックして[s]を選択

3 ここをクリックして[C Sax]を選択

4 ここをクリックして[Saxophone-b]を選択

5 ここをクリックして[Saxophone-a]を選択

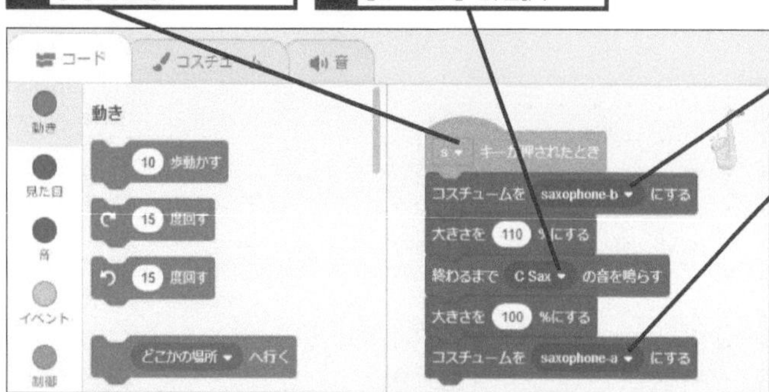

第4章

もぐらパトロールを作ろう

この章では条件によってプログラムの動作が変わる「条件分岐」を学びます。条件分岐はもっとも基本的なプログラミングの要素といえます。

この章の内容

この章で作るプログラム▼

トンネルを進むもぐらくんを作ろう

緑の旗ボタンをクリックすると、もぐらくんが前に向かって動き始めるよ。

もぐらくんは手足を動かしながら、コースをはずれずにずっと進むよ。トンネルの形を変えることもできるんだ。

公開ページ https://scratch.mit.edu/projects/368533341/

もぐらパトロールを作ろう

この章では、トンネルの中を走り続ける「もぐらパトロール」を作ります。条件分岐によってカーブに沿って自動で曲がるため、トンネルの中をずっと走ります。

もぐらパトロールを作るには

もぐらくんがコースからはみ出さないようにするために、自動的に方向を変えるようにします。コースの左側にはみ出そうになったら右に曲げ、コースの右側にはみ出そうになったら左に曲げます。コースの外側と内側で地面の色を変えることで、「はみ出そうになったら」という条件を設定しやすくします。

プログラムの動き方

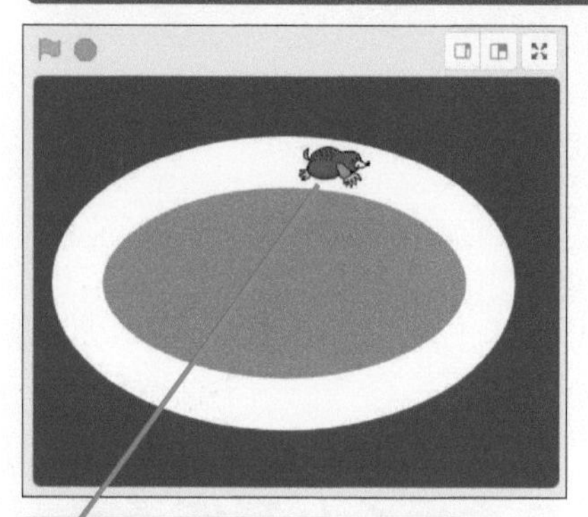

緑の旗ボタンをクリックすると、もぐらくんが設定した位置に移動する　→レッスン18

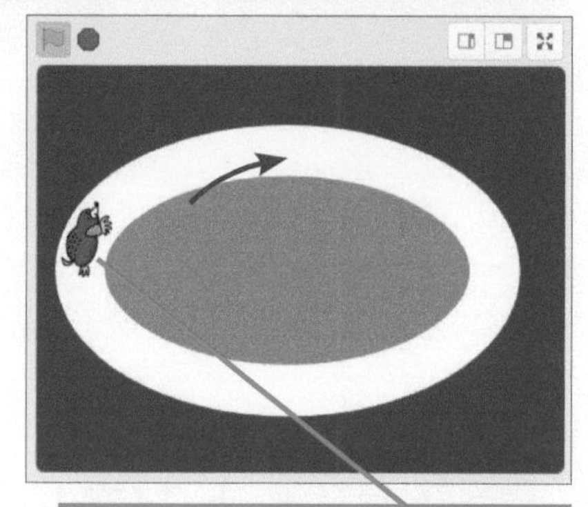

コースからはずれずにもぐらくんが走り続ける　→レッスン19、20

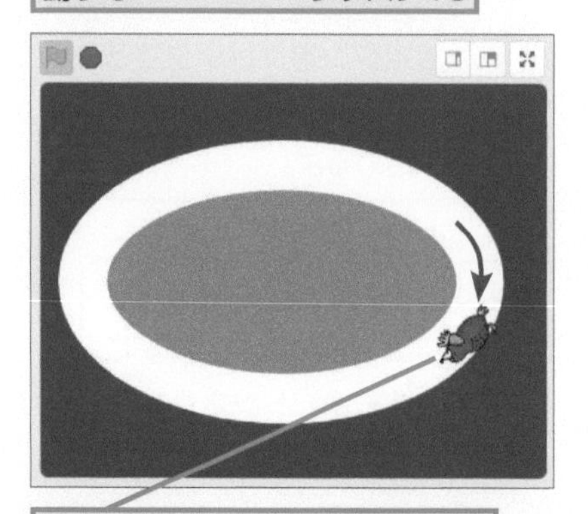

カーブを曲がりながら時計回りに進む　→レッスン19、20

この章で学べること

この章で学ぶ「条件分岐」は、「逐次実行」「繰り返し処理」と並んでプログラミングに不可欠な要素といわれています。条件分岐があることで、ひとつのコードでも場合によって動きを変えることができます。この条件分岐を組み合わせていくことで、非常に複雑な動きを作ることもできます。こちらを見ながら会話したり、身振り手振りをしたりするロボットなども、誰かが作ったたくさんの条件分岐によって動いています。
条件分岐はコードが複雑になりがちですが、Scratchではブロックの形が違うため、直観的に記述できます。条件分岐を学ぶのに、非常に優れた教材といえます。

子どもに条件分岐を教えるには

条件分岐の考え方そのものは、それほど難しくはありません。例えば「もし赤信号だったら」「立ち止まる」のような行動は誰でも経験しています。ただ、Scratchの［もし［ ］なら］のブロックで作るコードは、やや複雑な形になりますので注意しましょう。また。この章からブロックの形や色に注目するように促してもいいと思います。

スプライトをよく観察すると、左右の壁に当たったときに小刻みに方向を変えているのが分かる

条件分岐とは

条件分岐とは、条件に応じてそのあとに実行する内容を変えることです。「明日は晴れたら出かける」という場合を考えてみましょう。当日「晴れ」だったら条件は「出かける」、「晴れ以外」だったら「出かけない」という形に、天気によって実行する内容が分かれます。分岐は「はい」か「いいえ」の二択になることが多いです。

テーマ ファイルからアップロード

スプライトと背景をアップロードする

この章からは、専用のスプライトと背景をダウンロードして使います。18ページを参考に、本書のホームページから練習用ファイルをダウンロードしておいてください。

1 スプライトをアップロードする

右下のヒント！を参考に、ファイル名拡張子を表示しておく

レッスン11を参考にスプライトを削除しておく

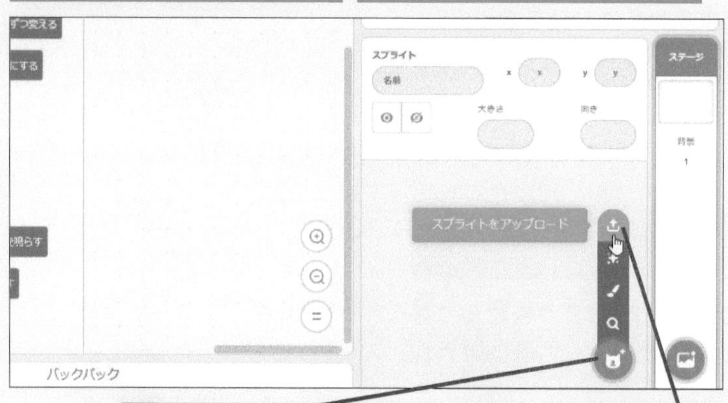

1 [スプライトを選ぶ]にマウスポインターを合わせる

2 [スプライトをアップロード]をクリック

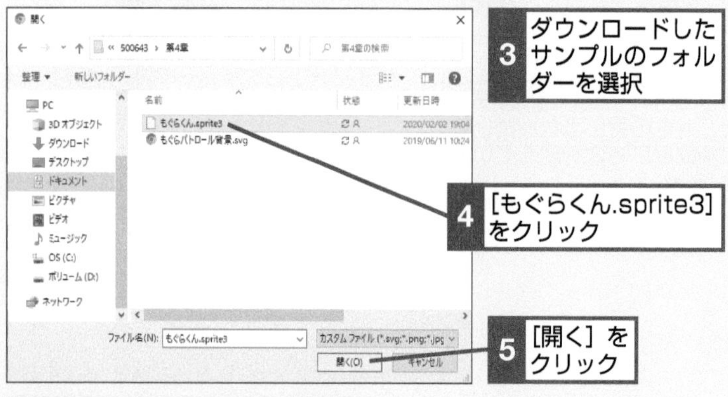

3 ダウンロードしたサンプルのフォルダーを選択

4 [もぐらくん.sprite3]をクリック

5 [開く]をクリック

スプライトがアップロードされた

このレッスンで出てくる用語

スプライト	p.271
プロジェクト	p.271

ヒント！ OSによって画面が異なる

手順1、手順2の画面はWindows 10を搭載したパソコンのものです。Chromebookの場合は画面が異なりますので、278ページを参照してください。

ヒント！ 拡張子を表示しておくと便利

「.sprite3」などの「拡張子」はパソコンのファイルの種類を表す記号です。Windows 10の場合はフォルダーの［表示］タブをクリックして、右側にある［ファイル名拡張子］をクリックしてチェックマークを付けると、拡張子を表示できます。

1 ここをクリック

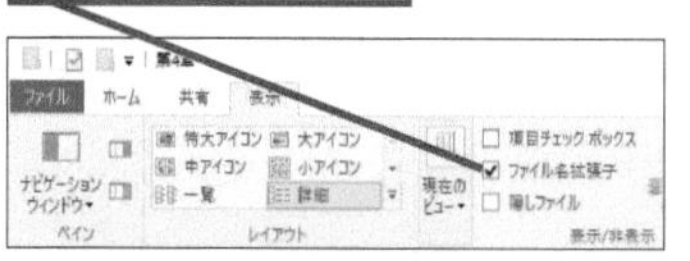

拡張子が表示された

第4章 もぐらパトロールを作ろう

2 背景をアップロードする

1 ［背景を選ぶ］にマウスポインターを合わせる

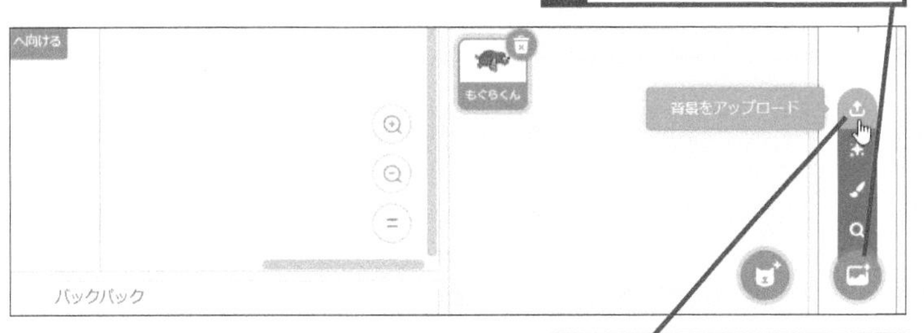

2 ［背景をアップロード］をクリック

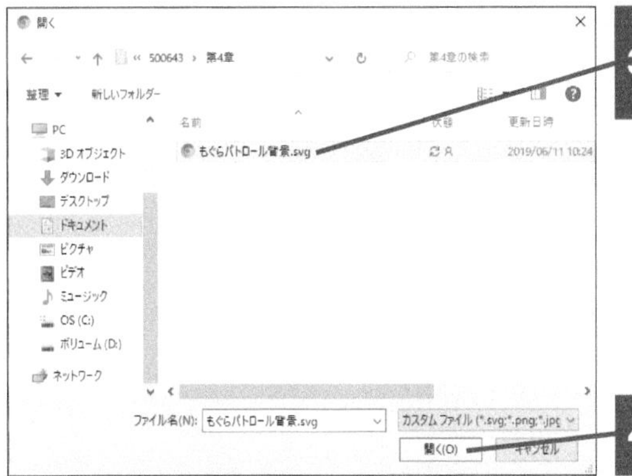

3 ［もぐらパトロール背景.svg］をクリック

4 ［開く］をクリック

背景の位置を移動する

5 Ctrl＋Aキーを押す

6 ここまでドラッグ

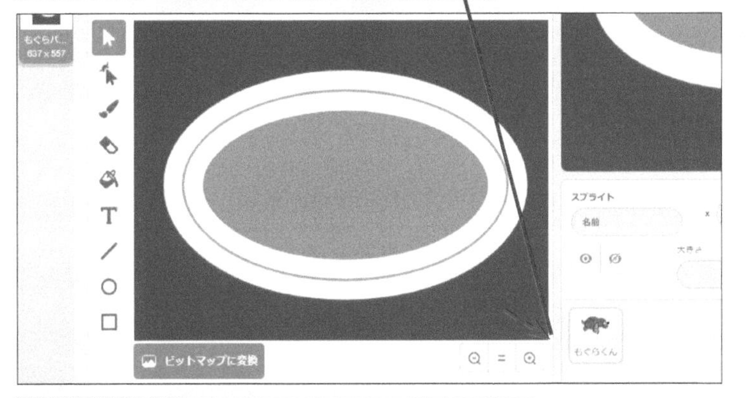

7 Escキーを押す

レッスン11を参考に［背景1］を削除しておく

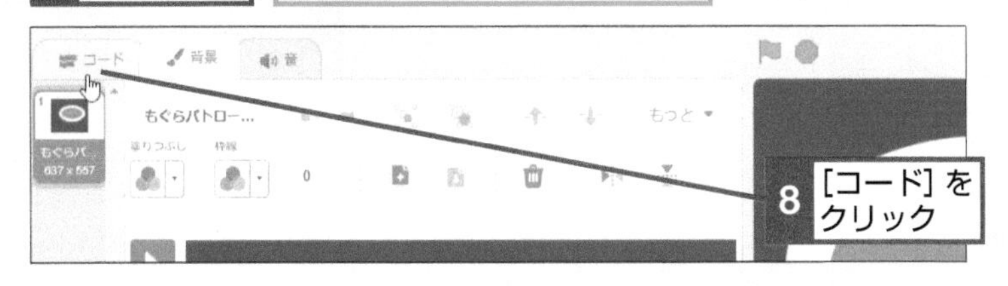

8 ［コード］をクリック

ヒント！

スプライトはコードをつけて保存できる

スプライトは下記のような手順でパソコンに保存できます。保存したファイルは「.sprite3」というScratch3用のファイル形式になります。スプライトにコードなどが設定されている場合は、それも一緒に保存されます。

1 スプライトを右クリック

2 ［書き出し］をクリック

ブラウザーのダウンロードフォルダーに保存される

ヒント！

プロジェクトを全て保存もできる

プロジェクトの内容はまとめてパソコンに保存できます。メニューの［ファイル］-［コンピューターに保存する］をクリックすると、ブラウザーで設定した場所にダウンロードされます。ダウンロードしたファイルは、Scratch3用の「.sb3」というファイル形式になります。

テーマ　スプライトの初期位置

スプライトの初期位置を設定する

プログラムを開始したときに、もぐらくんが毎回同じ位置からスタートするように設定します。スプライトの向きに注意しましょう。

1 スプライトの向きを決める

2 [イベント] カテゴリーをクリック

3 [緑の旗が押されたとき]を設置

4 [動き]カテゴリーをクリック

5 [[90]度に向ける]をドラッグして接続

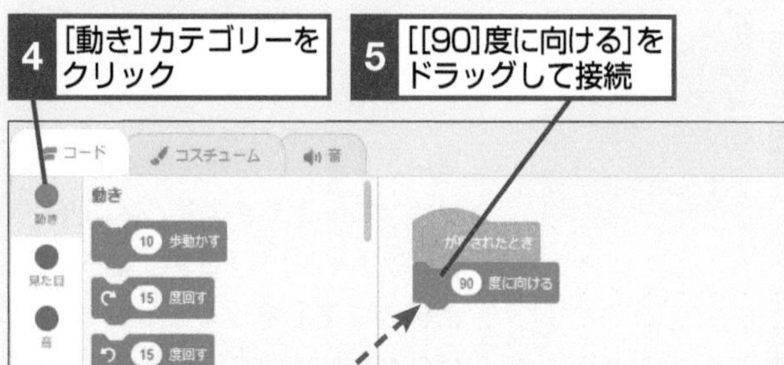

2 座標を決めるブロックを接続する

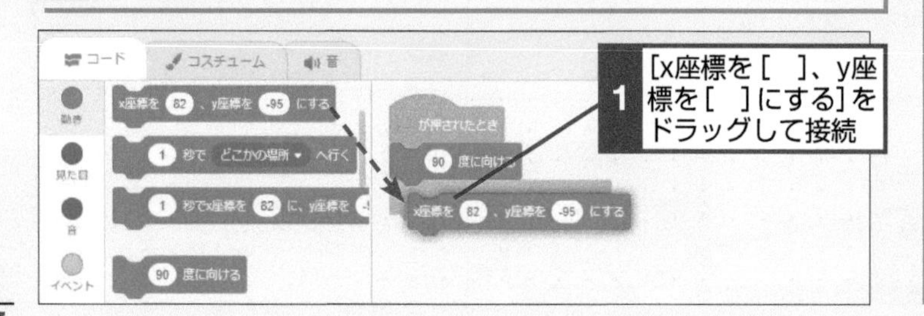

このレッスンで出てくる用語

ステージ	p.280
スプライト	p.280
プロジェクト	p.281

レッスンで使う
練習用ファイル　**レッスン18.sb3**

ヒント!

スプライトの動く方向は「向き」で決める

第2章ではスクラッチキャットを[[10] 歩動かす] ブロックで動かしました。スクラッチキャットはもともと右側を向いているため、[[10] 歩動かす] ブロックで画面の右側に進みます。スプライトが動く方向はそれぞれの「向き」によって決まっており、手順1のように [[90] 度に向ける] ブロックで角度を変えることで、いろいろな方向に動かせます。

0度の場合は上に動く

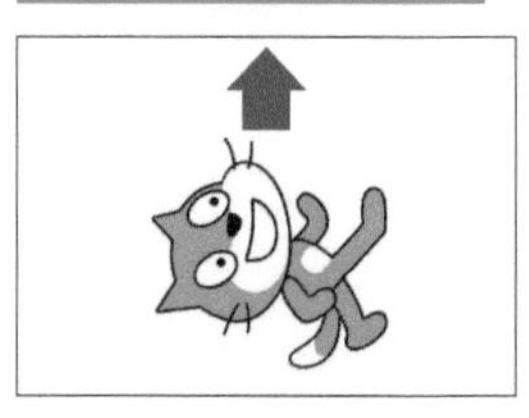

3 スプライトの初期の位置を決める

1 「31」と入力

2 「100」と入力

3 緑の旗ボタンをクリック

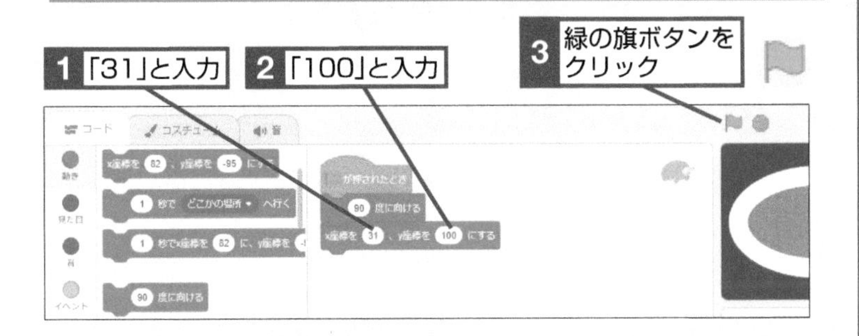

4 動きの設定を行う

1 [制御] カテゴリーをクリック

2 [ずっと] を接続

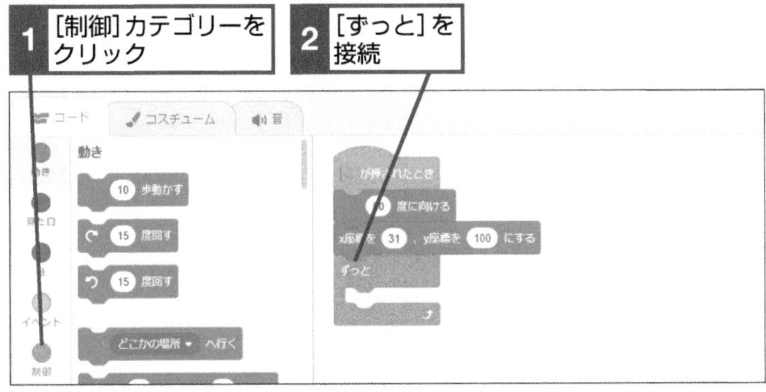

3 [動き] カテゴリーをクリック

4 [[10] 歩動かす] を接続

5 「5」と入力

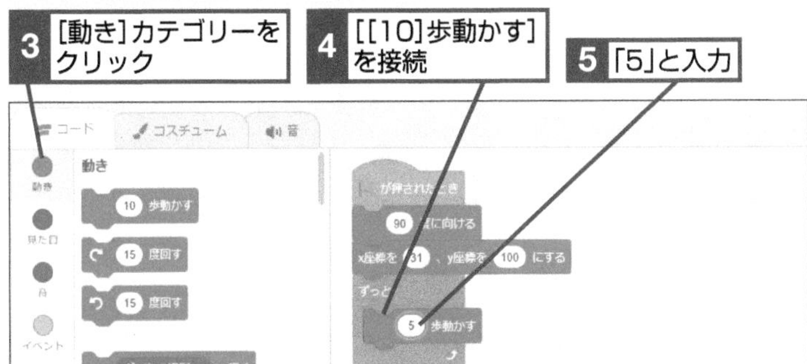

6 [見た目] カテゴリーをクリック

7 [次のコスチュームにする] を接続

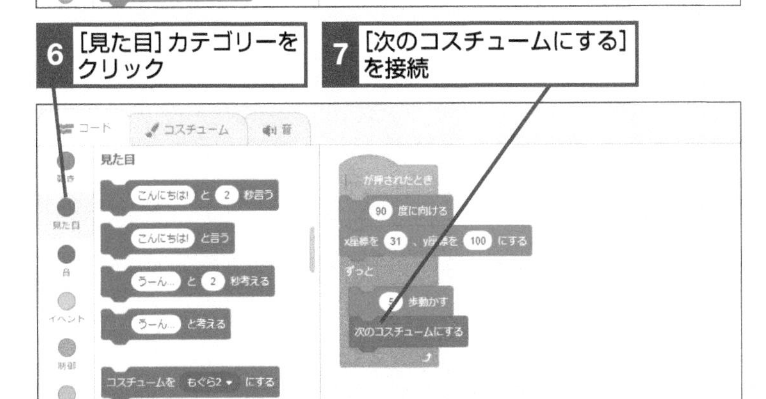

子どもに教えるときは？

スプライトが毎回同じ場所からスタートする

このプロジェクトでは、もぐらくんが毎回同じ場所から正確にスタートすることが重要です。手順3では座標を使って、もぐらくんの位置を正確に決めました。Scratchの座標については第5章で詳しく扱いますので、ここではスタート地点を正確に設定できているかを確認しましょう。

ヒント！

ステージを大きくして作業してもよい

このプログラムでは、もぐらくんの位置を調整するのが重要です。位置が分かりにくい場合は、ステージを大きい表示にして作業しましょう。

間違った場合は？

手順4の操作4まで終わった段階で、ステージの緑の旗ボタンをクリックするともぐらくんがまっすぐ走り始めます。その場合はストップボタンをクリックして、プログラムを止めましょう。もぐらくんの初期位置は手順3で設定したので、コースに戻す必要はありません。

テーマ 真偽ブロック

レッスン 19

[調べる] カテゴリーのブロックを組み込む

[制御] カテゴリーの [もし [　] なら] ブロックと [調べる] カテゴリーの真偽ブロックを組み合わせると条件分岐を設定できます。ブロックの場所を覚えておきましょう。

1 [もし [　] なら] のブロックを接続する

1 [制御] カテゴリーをクリック

2 [もし[　]なら]をドラッグして接続

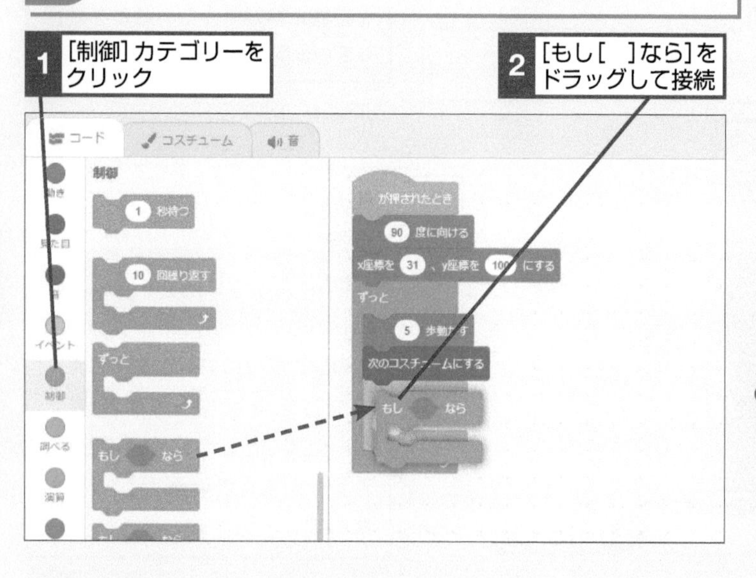

2 真偽ブロックを組み込む

1 [調べる] カテゴリーをクリック

2 [[　]色に触れた] をドラッグして組み込む

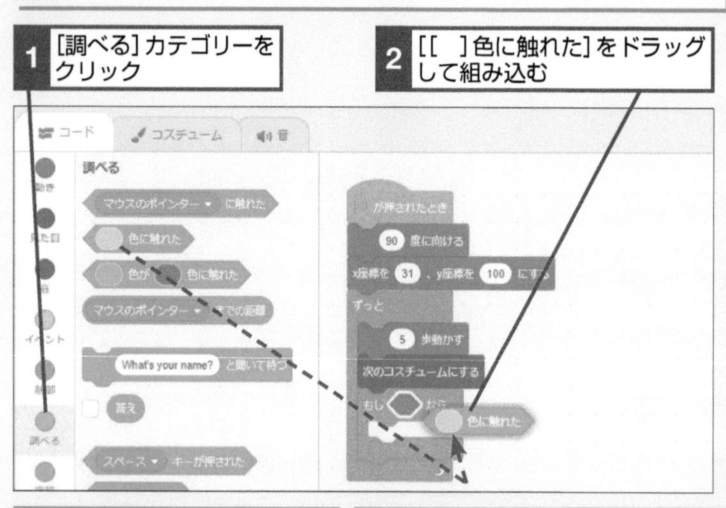

[[　]色に触れた] のブロックが組み込まれた

[もし[[　]色に触れた] なら] という条件が設定された

このレッスンで出てくる用語

値ブロック	p.279
条件分岐	p.280
真偽ブロック	p.280
スプライト	p.280
緑の旗ボタン	p.282

レッスンで使う
練習用ファイル　レッスン19.sb3

ヒント！

条件に合うかどうかを調べる

プログラミングでは、条件に合う場合を「真」、合わない場合を「偽」と表現します。真偽ブロックを使うと、条件に合うかどうかを調べることができます。

テクニック 真偽ブロックと値ブロックの使い方を知ろう

Scratchでは六角形の形をしたブロックを「真偽ブロック」、楕円形の形をしたブロックを「値ブロック」と呼びます。どちらも単独で使うことはなく、必ずほかのブロックに組み込んで使います。真偽ブロックは［調べる］［演算］などのカテゴリーに入っていて、条件分岐の［もし［ ］なら］ブロックなどに組み込んで使います。値ブロックは［イベント］［制御］以外のカテゴリーに入っていて、各ブロックの六角形以外の部分に組み込めます。値ブロックを六角形の部分に組み込みたい場合は、真偽ブロックの中に組み込んで使います。

◆真偽ブロック
六角形のブロック。［調べる］［演算］などのカテゴリーに分類されている

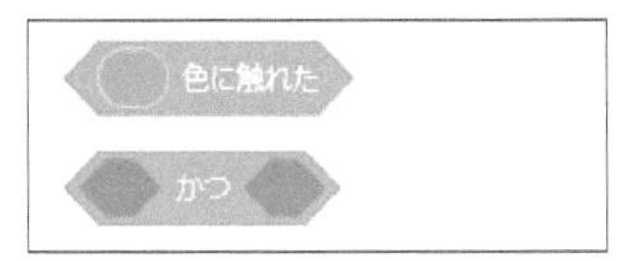

◆値ブロック
楕円形のブロック。［イベント］［制御］以外のカテゴリーすべてに存在する。六角形の空欄に組み込むには、真偽ブロックと組み合わせる

空欄の形が六角形以外であれば、値ブロックを組み込んだり文字を入力したりすることができる

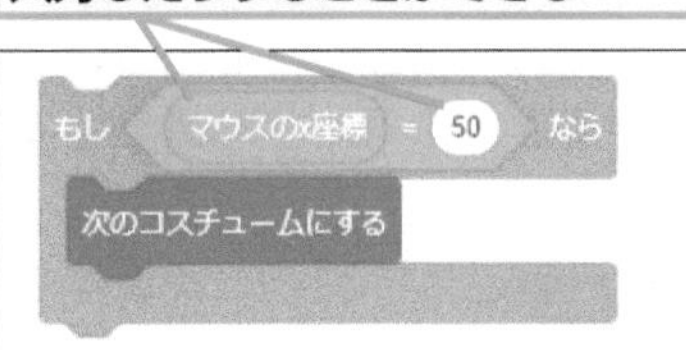

テクニック 条件に合うか合わないかを「真偽」で表す

条件分岐で使う「真」（true）「偽」（false）は、物事が正しいかどうか、とは関係ありません。条件分岐のコードの場合、コンピューターは条件に合うかどうかで処理を変更します。このとき条件に合うものを「真＝1」、合わないものを「偽＝0」として単純化します。この「真」と「偽」をコンピューターは判断して、それに即した処理を行います。Scratchでは以下のようにコードを組み合わせることで、「真偽」を簡単に表示するプログラムを作れます。

■「真」か「偽」の結果を言うコード

［制御］［見た目］［調べる］のカテゴリーにあるブロックを組み合わせる

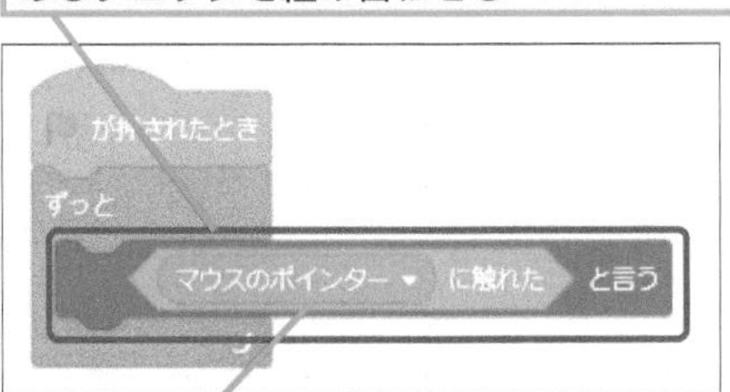

「スプライトにマウスポインターに触れた」という条件を設定する

1 緑の旗ボタンをクリック

2 スプライトにマウスポインターを合わせる

「true」という

3 スプライトからマウスポインターをはずす

「false」という

テーマ 条件分岐

条件と処理を設定する

もぐらくんがコースをはずれずに走れるように条件を設定します。コースの色を調べるのではなく、違う色にぶつかったときにコースに戻るようにします。

1 コースの外側にはずれないようにする

ステージを大きく表示しておく

1 ここをクリック

2 ここをクリック

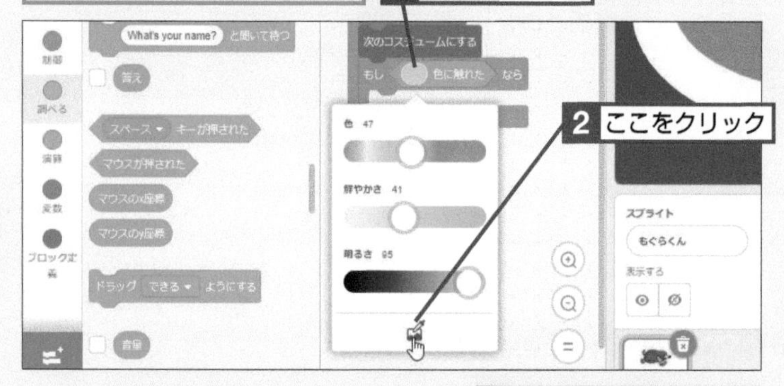

3 コースの外側の茶色い部分をクリック

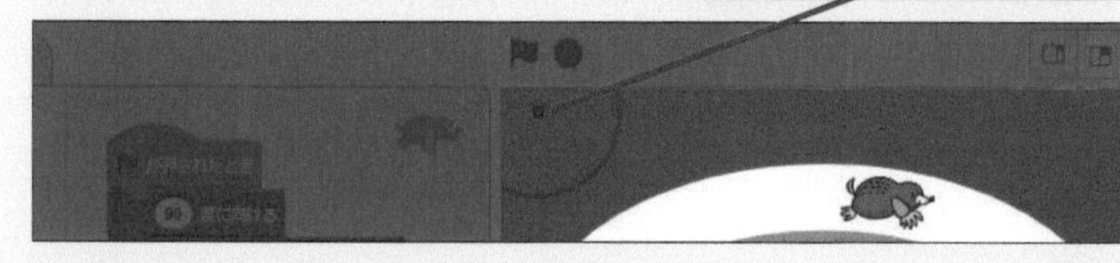

2 動きを設定する

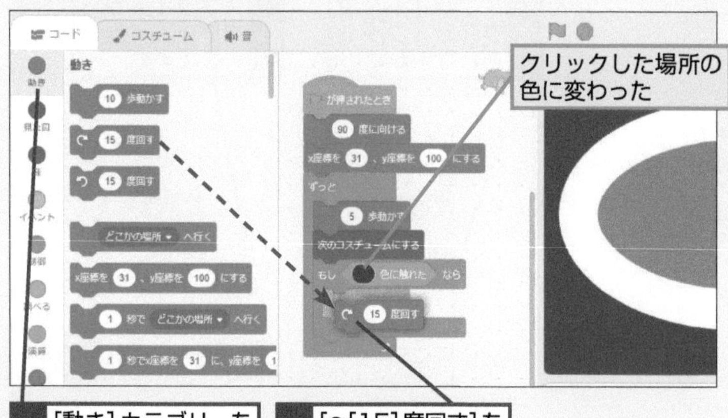

クリックした場所の色に変わった

1 [動き]カテゴリーをクリック

2 [↷[15]度回す]をドラッグして接続

このレッスンで出てくる用語

コスチューム	p.272
条件分岐	p.272
スプライト	p.273

レッスンで使う練習用ファイル **レッスン20.sb3**

間違った場合は？

手順1で色の設定を間違えた場合は、同じ手順をやり直して色を設定します。ステージ以外の色は指定できないので注意しましょう。

ヒント！

スプライトの中心点によって角度が変わる

手順2で設定する角度は、スプライトの中心点とコースの形によって変化します。この章の場合は15度前後でもぐらくんが自然に動きます。

テクニック スプライトの中心点を決めるには

スプライトには中心点があり、回転させる場合はこの点が基準になります。中心点を変更するには、コスチュームタブを表示してコスチュームを全選択します。次に、コスチュームをドラッグして、背景に表示された⊕のマークにコスチュームの╬マークを合わせます。なお、このプロジェクトではもぐらくんのコスチュームを中心よりも前にずらしています。もぐらくんのコスチュームは2種類ありますので、それぞれ確認しておきましょう。

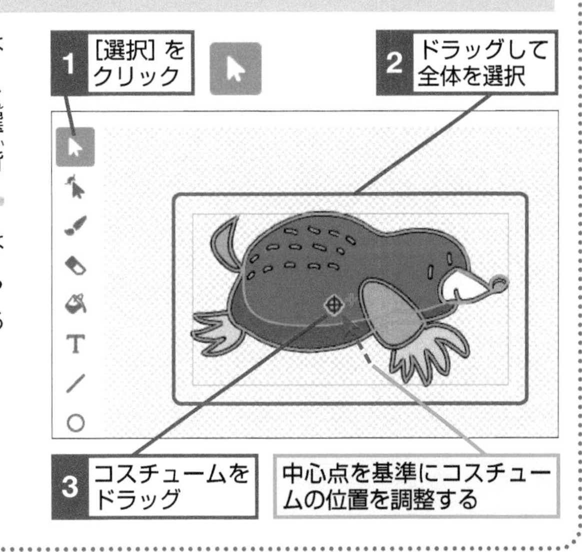

3 コースの内側にはずれないようにする

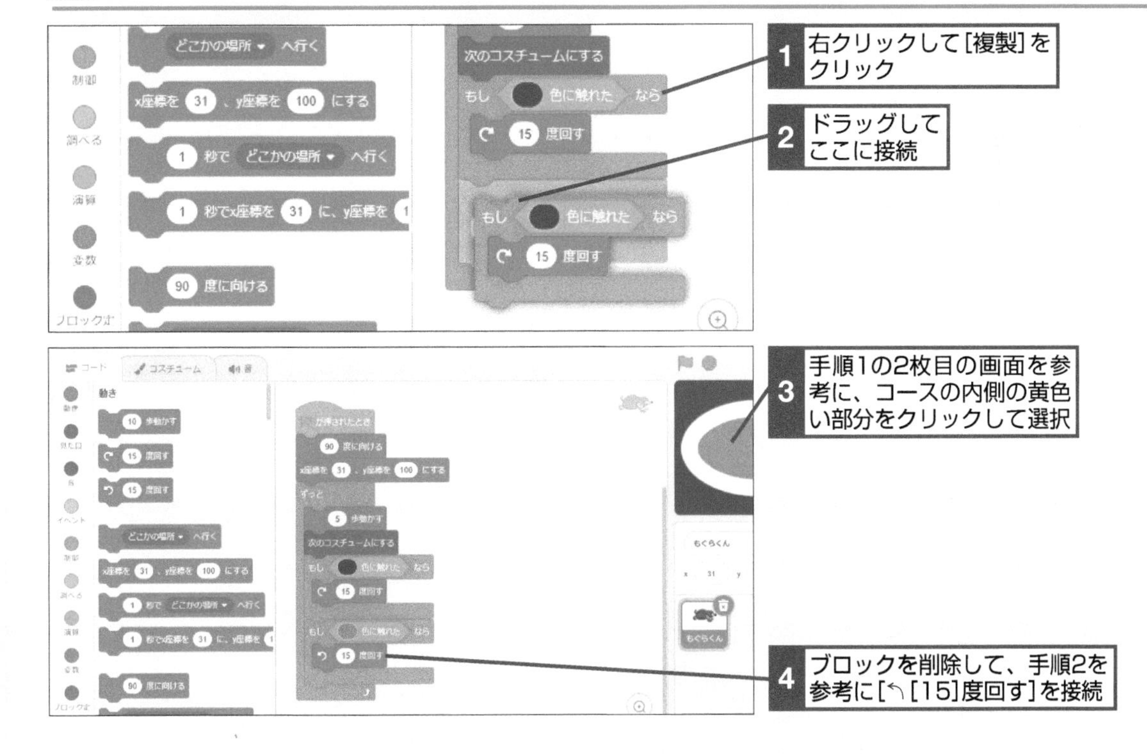

テクニック 背景やスプライトを変えてみよう

背景やスプライトを変更して、オリジナルのプロジェクトを作ってみましょう。背景やスプライトを変更するときは、Scratchの描画ツールが便利です。ここでは拡大・縮小しても画像がきれいなベクターモードの使い方を解説します。

背景の形を変える

1 背景を複製する

ステージを選択しておく

1 [背景] タブをクリック

2 [コース] を右クリック

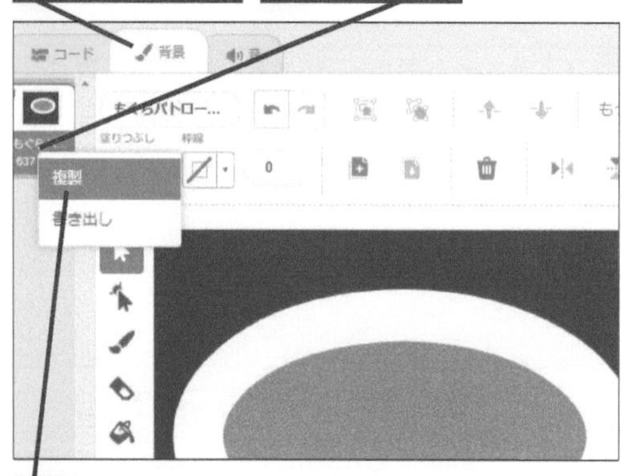

3 [複製] をクリック

2 コントロールポイントを表示する

1 [形を変える] をクリック

2 道路の部分をクリック

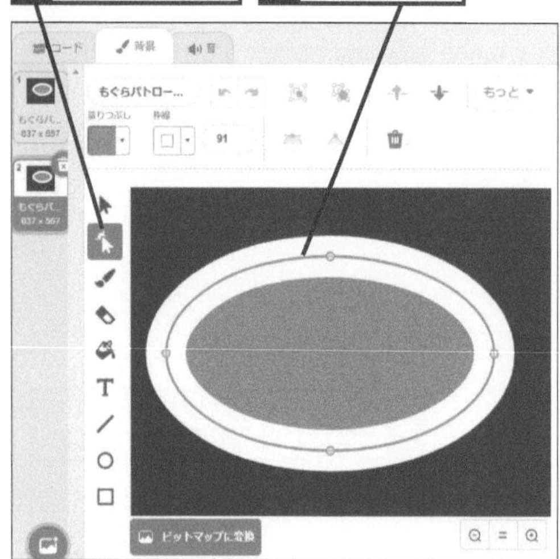

3 コースの形を変える

コントロールポイントが表示された

1 コントロールポイントをドラッグ

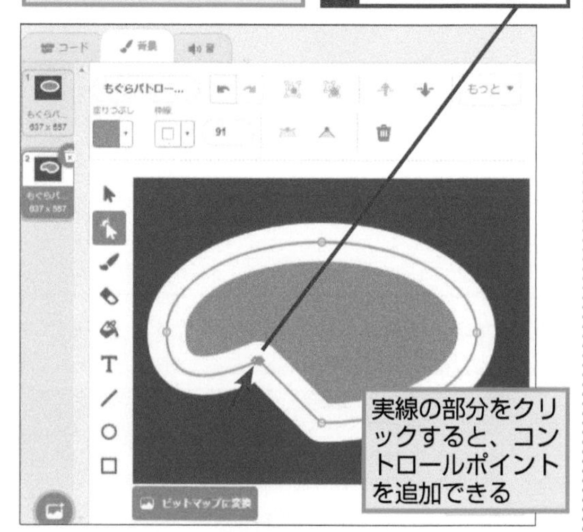

実線の部分をクリックすると、コントロールポイントを追加できる

4 プロジェクトを動かす

コースの形が変わった

1 緑の旗ボタンをクリック

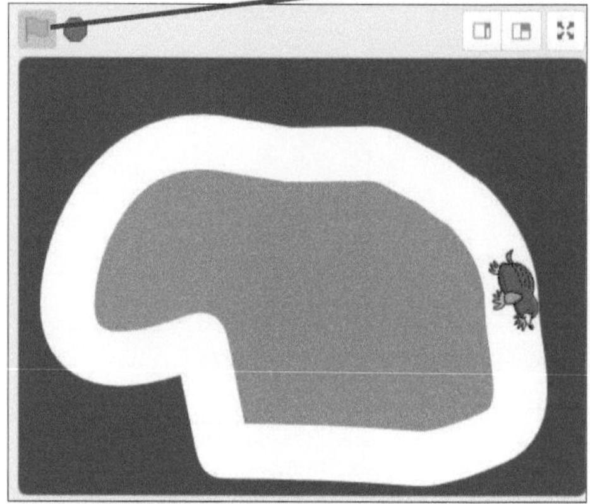

コースをはずれる場合は、もぐらくんが向きを変える際の角度を調整する

車のスプライトを作る

1 新しいスプライトを作る

1 [スプライトを選ぶ] にマウスポインターを合わせる

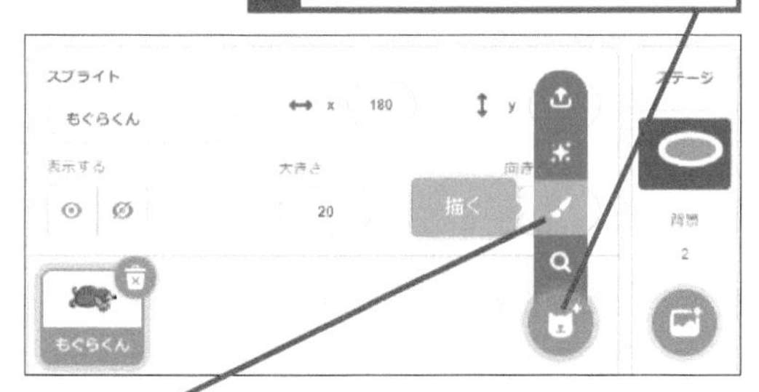

2 [描く] をクリック

2 スプライトを描画する

1 ここをクリックして画面を拡大

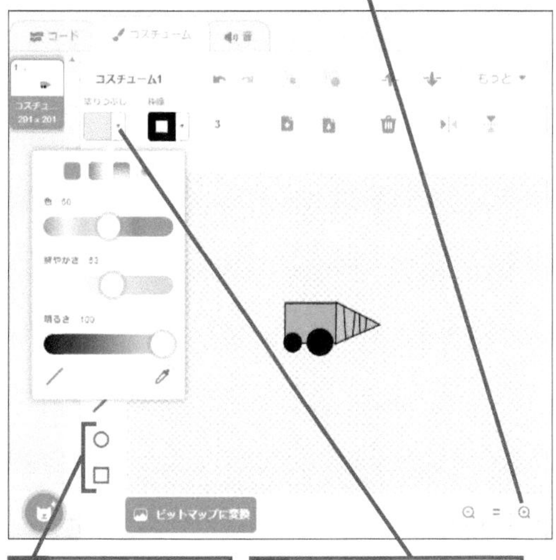

2 ここをクリックして四角形や円形を描画

3 ここをクリックして色を選択

色を選び終えたら画面のほかの場所をクリックしておく

3 スプライトの大きさを調整する

1 [選択] をクリック

2 ドラッグして全体を選択

3 コントロールポイントをドラッグして大きさを変更

4 スプライトの中心点を調整する

1 ドラッグして全体を選択

2 ここまでドラッグ

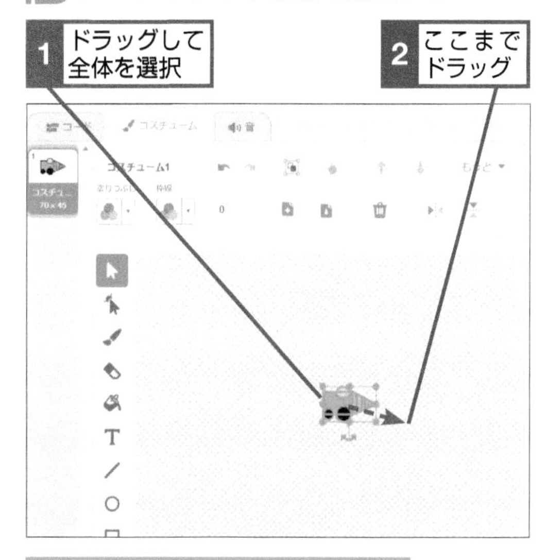

スプライトが中心点よりも少し前になるように調整する

条件分岐の作り方を覚えよう

この章では条件分岐を学びました。もぐらくんがコースに沿って動くという複雑な動作が、たったふたつの条件分岐で実現できることに驚いた人も多いのではないでしょうか。条件分岐はこのように、工夫して使うことで効率のよいコードを作ることができます。

今回は条件分岐に地面の色を使いましたが、Scratchにアップされているプロジェクトには、ほかの方法で条件を設定しているものもあります。このプログラムは一般的に「ライントレース」と呼ばれていますので、似たようなプロジェクトをScratchで検索し、コードを参考にしましょう。

もぐらパトロールのコード一覧

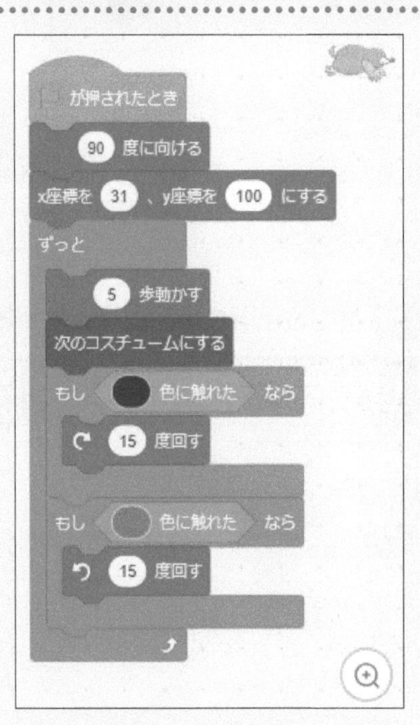

練習問題

1.

コースの外側の色を黒に変更しましょう。

ヒント 色を変更するには［塗りつぶし］ツールを使います。

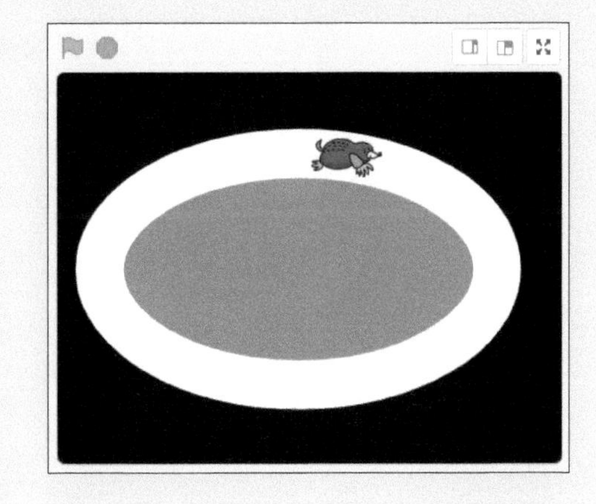

2.

もぐらくんがコースからはずれないように、色の設定を変更しましょう。

ヒント レッスン20を参考に［[　]色に触れた］ブロックで指定する色を変更しましょう。

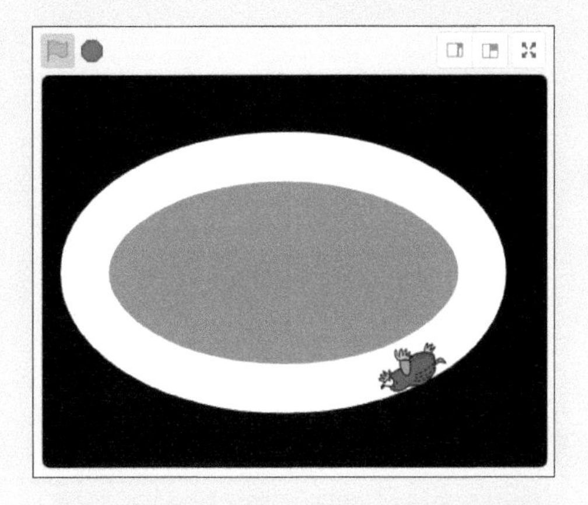

解答

1.

1 ステージをクリック

コース外側の色を変更するには、ステージを選択してから背景タブをクリックして、描画モードに変更します。次に、[塗りつぶし] をクリックして、カラーパレットから黒を選びます。画面にマウスカーソルを合わせるとプレビューが表示されるので、塗りつぶす範囲を確認してクリックしましょう。

2 [背景]タブをクリック

3 [塗りつぶし]をクリック

4 [塗りつぶし]のここをクリックして色を選択

5 ここをクリック

2.

スプライトをクリックして[コード]タブを表示しておく

1 ここをクリック

2 ここをクリック

3 コースの外側の色をクリック

色の設定を変更するには、スプライトをクリックして [コード] タブを表示します。[[　] 色に触れた] の外側の色を設定しているブロックをクリックして、コースの外側の色を選択します。

コースの外側の色が選ばれた

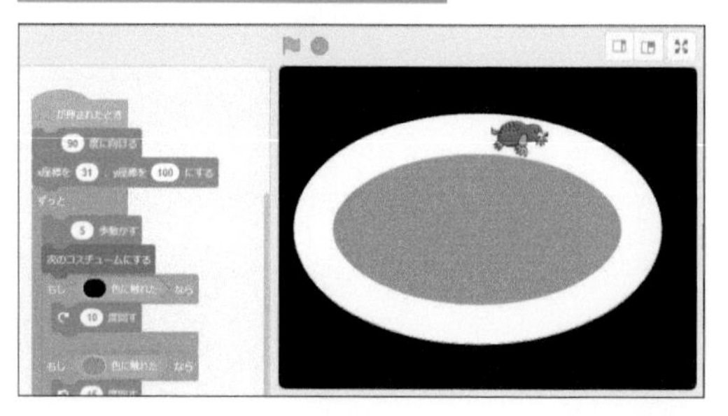

アクションゲームを作ろう

この章ではゲーム作りに欠かせない「座標」を学びます。座標を理解することで、スプライトの位置を自由にコントロールできるようになります。

この章の内容

この章で作るプログラム

キーを押してゴールを目指そう

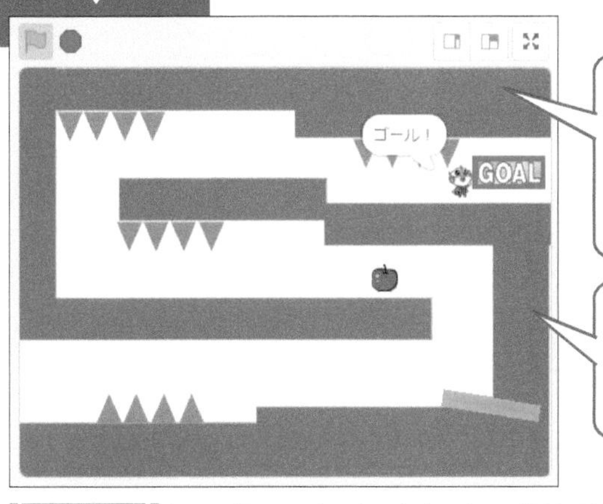

緑の旗ボタンをクリックし、↑↓←→キーで「できるもん」を動かして、ゴールにタッチしよう。

茶色の壁に触れたり、パドルやアップルにぶつかったりするとスタートに戻るよ。

公開ページ https://scratch.mit.edu/projects/368533370/

キャラクターの位置と動き方を設定しよう

この章では、座標を使ってスプライトの最初の位置を決め、キー入力で場所を動かします。Scratchの座標は、数学で教わる座標とやや異なります。x座標とy座標の感覚をつかみましょう。

スプライトを座標で動かそう

この章では、できるもんをスタート地点からゴール地点に移動させるアクションゲームを作ります。矢印キーで「できるもん」を操作し、「ゴール」に触れたらクリアです。茶色の部分に触れるか、ほかの障害物にぶつかるとスタート地点に戻ります。

プログラムの動き方

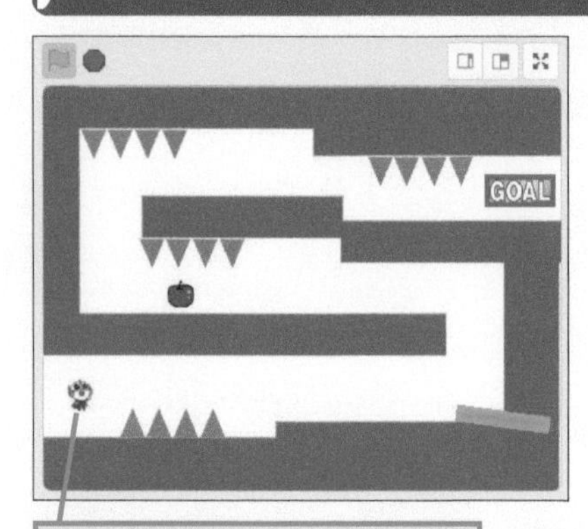

緑の旗ボタンをクリックすると、各スプライトが配置される →レッスン21、25

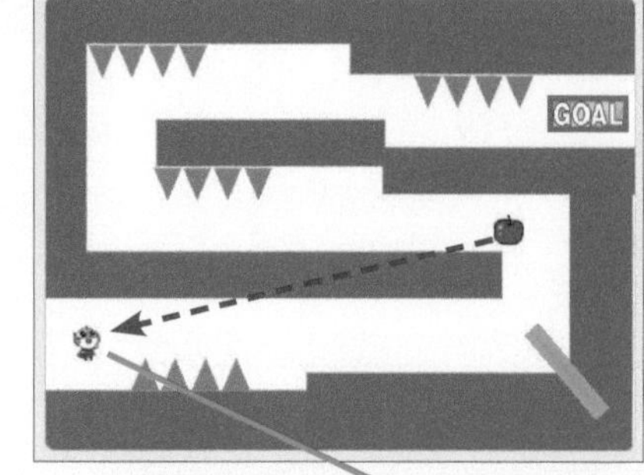

茶色の壁やほかのスプライトに触れると、スタート地点に戻る →レッスン23、24

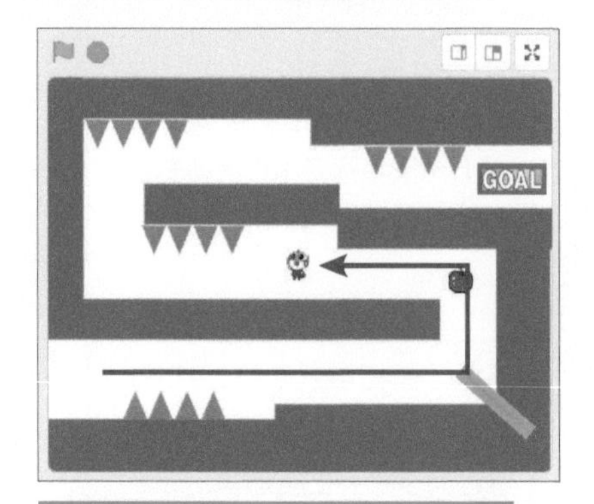

できるもんを↑↓←→キーで上下左右に動かす →レッスン21、22

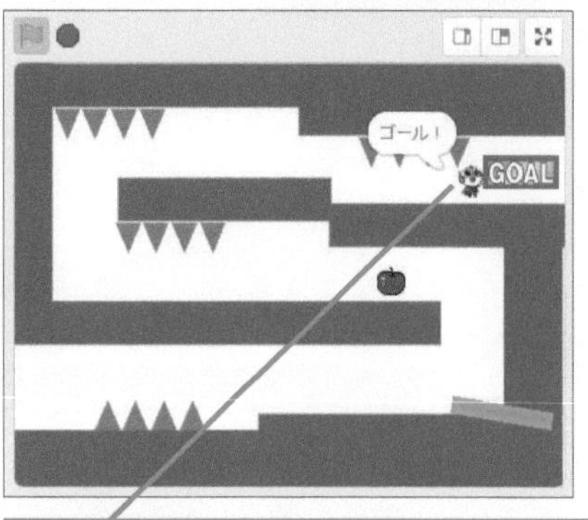

ゴールのスプライトに触れ得ると、すべてのプログラムが止まる →レッスン26

この章で学べること

座標は中学校の数学で教わる内容ですが、キャラクターの動きを扱うプログラミングでは必須の要素といえます。Scratchの座標は、数学のグラフのようにステージの中心が「0」になります。左右を表すx座標は左端が-240、右端が240です。上下を表すy座標は上端が180、下端が-180です。いずれも単位は「ピクセル」です。座標には相対座標と絶対座標があり、相対座標はスプライトが現在の地点からどれだけ動くかを示します。絶対座標は、ステージの中心を基準に、どこの場所にいるかを示します。

子どもに座標を教えるには

学校で習っていない内容でも、Scratchで使っているうちに自然と習得する例はよくあります。ですが、もし子どもが座標の考え方にピンときてないようでしたら、[xy-grid]の背景を設定し、次にスプライトの座標の数値を変えて、スプライトがどこに行くのかを見せてあげるのがいいでしょう。最初は「x座標を大きくすると右に行く」「y座標を大きくすると上に行く」くらいの理解で大丈夫です。絶対座標の理解はそのあとでも構いません。

背景を座標の画像に変えると分かりやすい

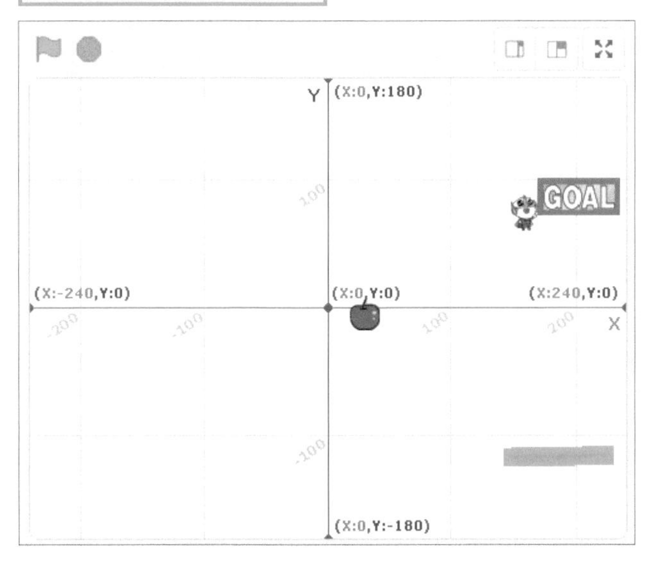

相対座標と絶対座標

相対座標は、スプライトが現在の位置からどれだけ動くかを表します。[x座標を[10]ずつ変える]ブロックは、現在の位置から右に10ピクセル動くことを表しています。このコードを実行すると、できるもんはどんどん右に動いていきます。絶対座標は、ステージの中でどこにスプライトを移動させるかを表します。[x座標を10にする]は、ステージの中心から右に10ピクセルの場所にスプライトを移動させます。このコードを何度実行しても、できるもんは同じ場所にいます。

[x座標を[10]ずつ変える]コードを実行するとできるもんは右に進む

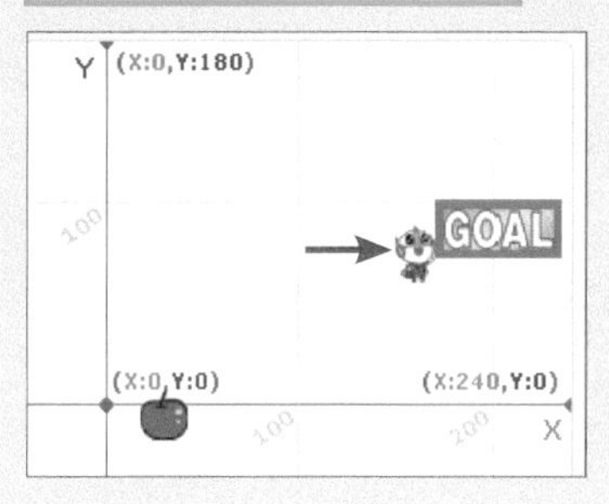

テーマ 絶対座標と相対座標

レッスン 21

スプライトと背景をアップロードする

この章からは、専用のスプライトと背景をダウンロードして使います。18ページを参考に、本書のホームページから練習用ファイルをダウンロードしておいてください。

このレッスンで出てくる用語

用語	ページ
絶対座標	p.281
相対座標	p.281
緑の旗ボタン	p.282

1 スプライトと背景をアップロードする

レッスン17を参考にスプライトと背景をアップロードしておく

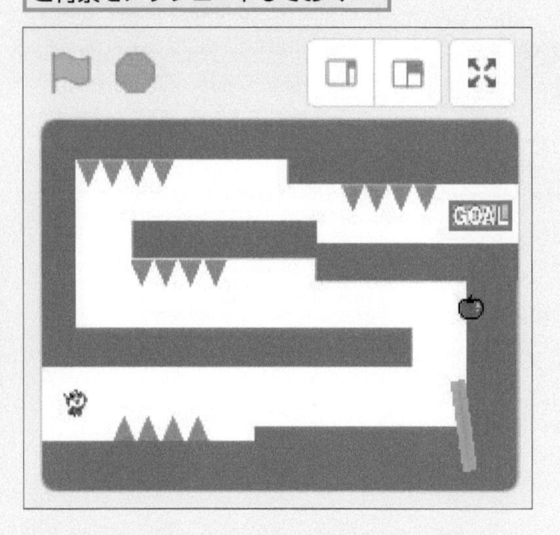

2 できるもんの位置を決める

1 スプライトエリアで[できるもん]をクリック

2 [イベント]カテゴリーをクリック

3 [緑の旗ボタンが押されたとき]を設置

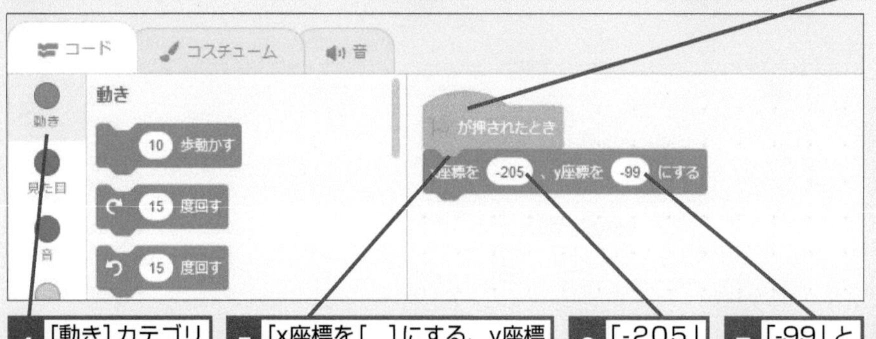

4 [動き]カテゴリーをクリック

5 [x座標を[ ]にする、y座標を[ ]にする]を接続

6 「-205」と入力

7 「-99」と入力

8 緑の旗ボタンをクリック

3 上方向の動きを作る

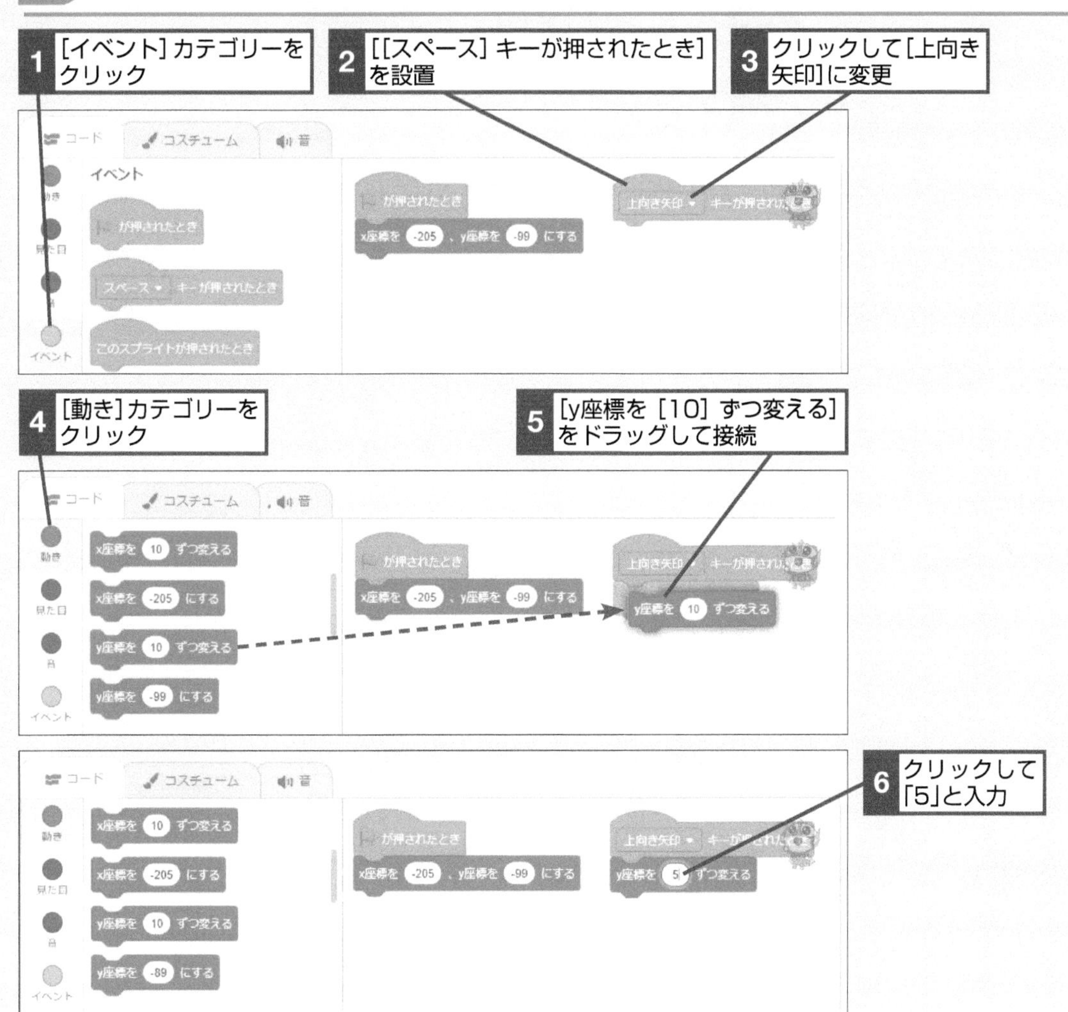

4 下方向の動きを作る

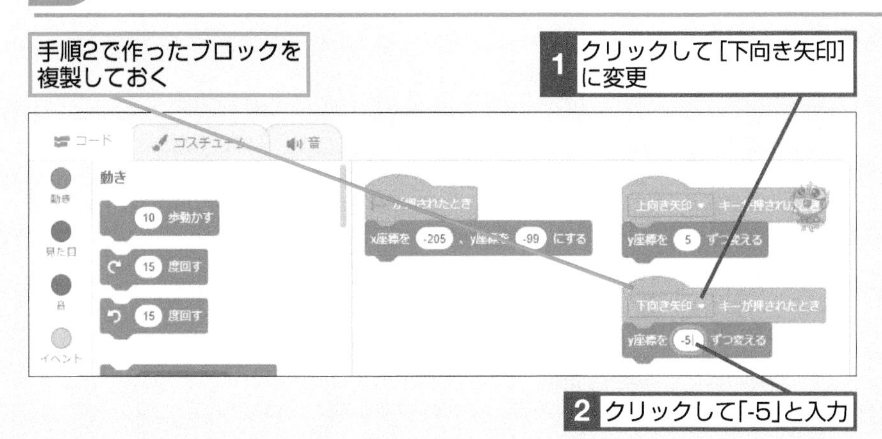

テーマ 向き

レッスン 22

できるもんの動きを完成させる

スプライトがどちらを向いているかを「向き」で設定します。向きを決めることで「〜歩動かす」で動く方向が決まります。

1 できるもんの向きを設定する

1 [イベント] カテゴリーをクリック

2 [[スペース]キーが押されたとき]を設置

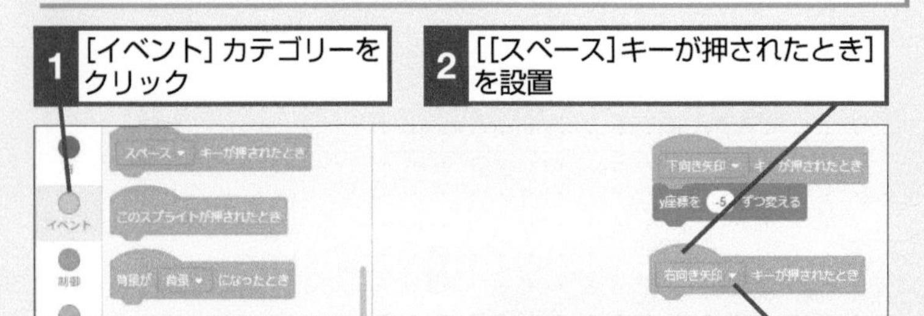

3 クリックして[右向き矢印]に変更

4 [動き] カテゴリーをクリック

5 [[90] 度に向ける] をドラッグして接続

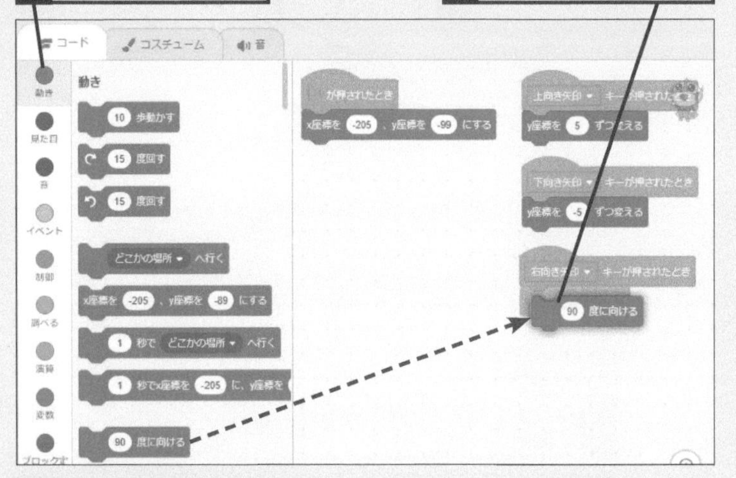

6 クリックして「-90」と入力

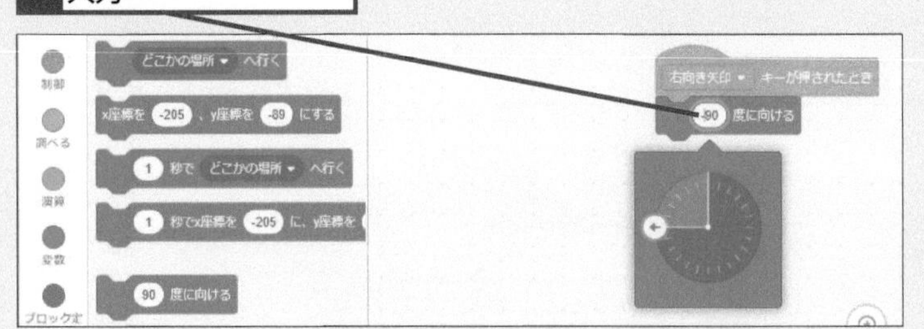

このレッスンで出てくる用語

座標	p.280
条件分岐	p.280
スプライト	p.280

レッスンで使う練習用ファイル レッスン22.sb3

ヒント!

向きはホイールでも変更できる

スプライトの向きは、ブロックに表示されたホイールをマウスで動かすことでも変更できます。ただし細かい調整が難しいので、ぴったりの数字にしたいときはキーボードで数字を入力しましょう。

マウスでも角度を変更できる

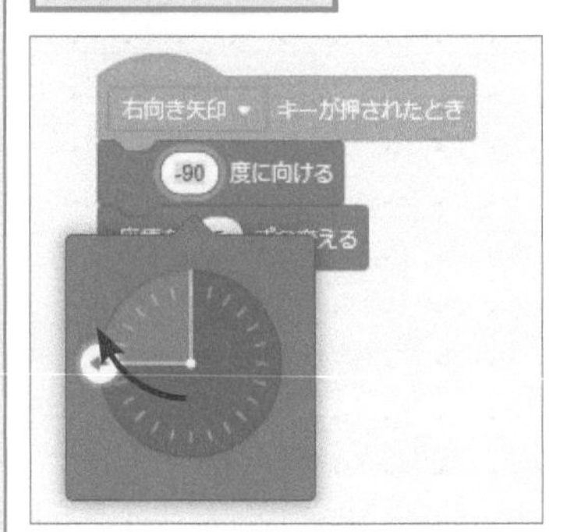

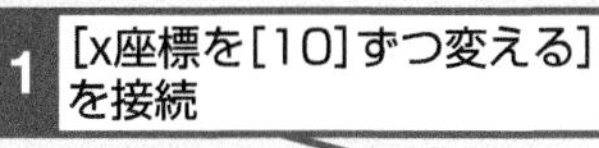

2 できるもんの動きを完成させる

1 [x座標を[10]ずつ変える]を接続

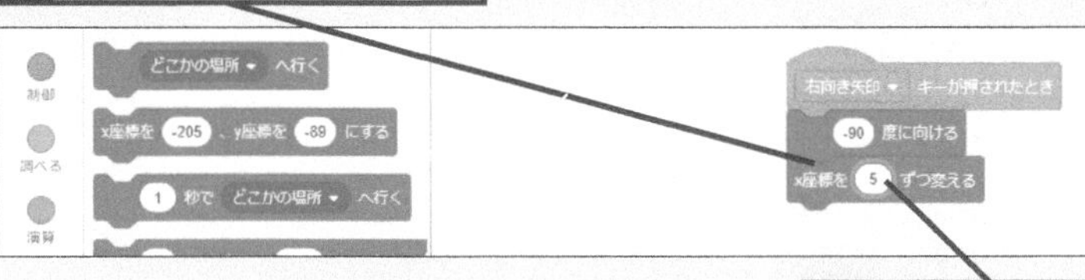

2 クリックして「5」と入力

操作2までで作ったブロックを複製しておく

3 クリックして[左向き矢印]に変更

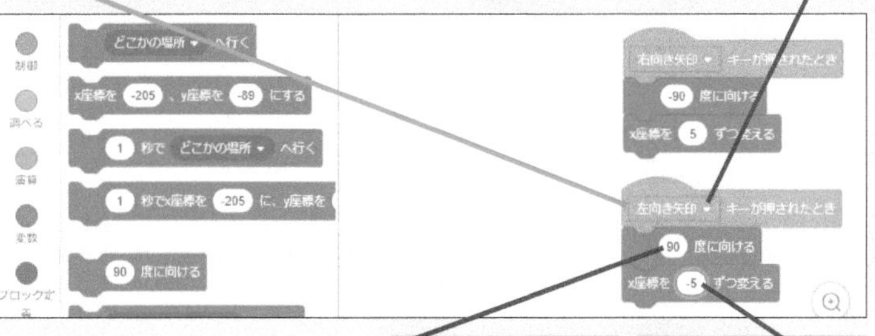

4 クリックして「90」と入力

5 クリックして「-5」と入力

ヒント！

向きはスプライトの情報で確認できる

スプライトがどんな向きになっているかは、スプライトリストで確認できます。スプライトのコスチュームを見るだけでは向きがわからないことがあるので、ここで確認すると良いでしょう。

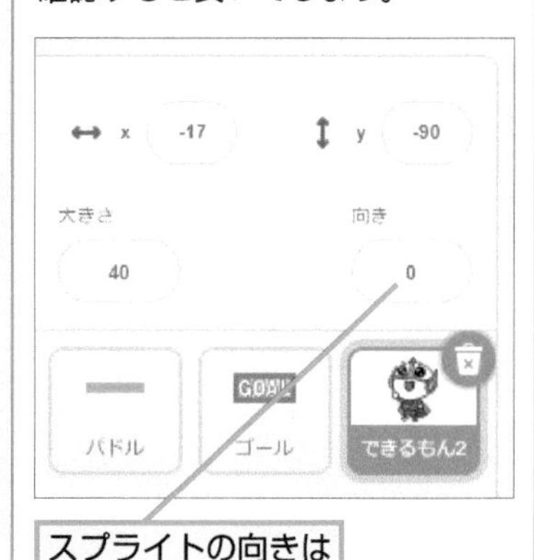

スプライトの向きは[向き]に表示される

22

向き

テクニック [[10]歩動かす]ブロックでも動きを作れる

このレッスンではy座標とx座標でできるもんを上下左右に動かしましたが、右の画面のように、[[90] 度に向ける] ブロックと [[10] 歩動かす] ブロックを組み合わせて、[ずっと] と [もし [ ] なら] で条件分岐を作ることでも同じようなコードを作れます。[[90] 度に向ける] で進みたい方向に向けてから [[10] 歩動かす] で動かしたい歩数を設定します。たとえば、[[0]度に向ける]ブロックと [[10] 歩動かす] ブロックを組み合わせると上に10動きます。この場合、[回転方法を[左右のみ]にする] を使うとより自然な動きになります。

右側への動きは以下のように作ることもできる

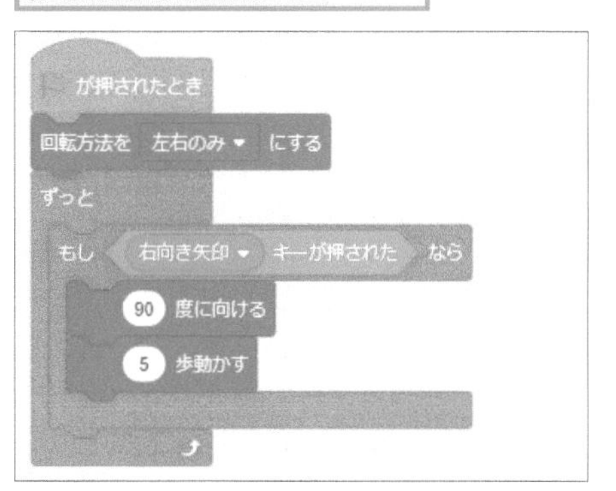

テーマ 初期位置に戻す①

レッスン 23

コースをはずれたときの動きを決める

できるもんが茶色い壁に当たったときに、スタート地点に戻るようにします。スタート地点の座標はブロックを複製して使いましょう。

1 条件分岐の準備をする

1 [制御]カテゴリーをクリック

2 [ずっと]を接続

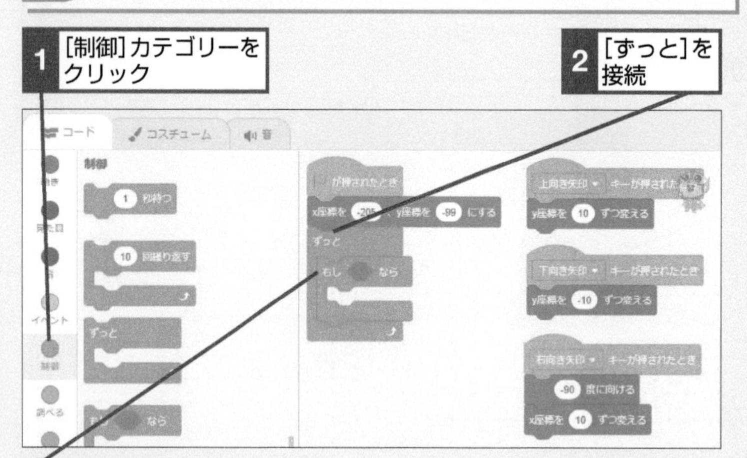

3 [もし[ ]なら]を接続

4 [調べる]カテゴリーをクリック

5 [[ ]色に触れた]を組み込む

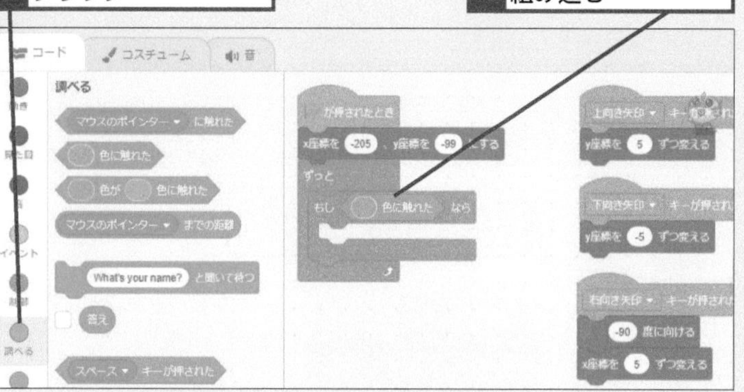

このレッスンで出てくる用語

条件分岐 p.280

レッスンで使う練習用ファイル レッスン23.sb3

ヒント!

できるもんはスタート地点の座標に戻される

手順2では、できるもんが茶色い壁に触れたら、x座標の-205、y座標の-99に戻るようにしました。これはゲームが開始したときにできるもんがいるスタート地点と同じです。

2 コースをはずれたときの動き（うご）を設定（せってい）する

ステージを拡大しておく

1 ここをクリック

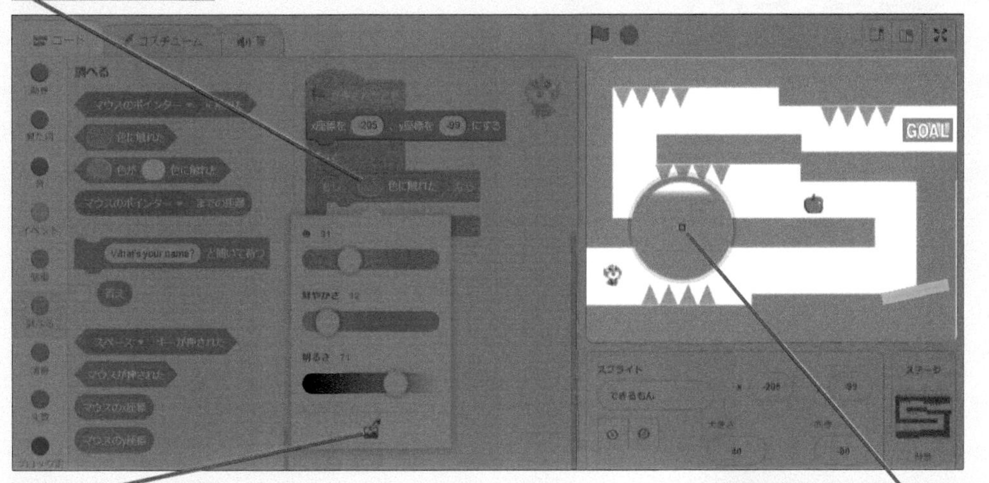

2 ここをクリック

4 [動き]カテゴリーをクリック

5 [x座標を[ ]、y座標を[ ]にする]を接続

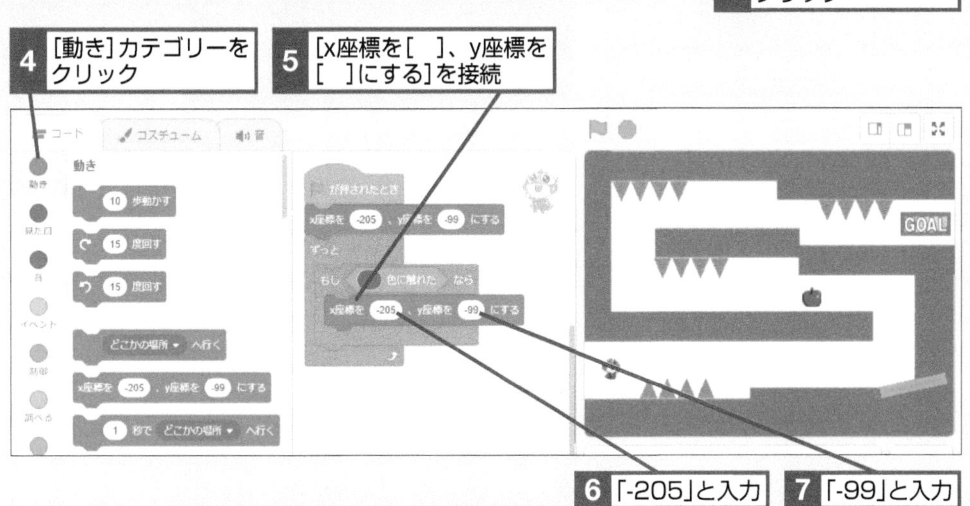

6 「-205」と入力

7 「-99」と入力

テーマ 初期位置に戻す②

障害物に触れたときの動きを決める

できるもんが画面上のとげや、ほかのスプライトに触れたときにスタート地点に戻されるようにします。[調べる] カテゴリーのブロックを使います。

1 とげに触れたときの動きを決める

レッスンで使う
練習用ファイル　レッスン24.sb3

レッスン23で作ったブロックを複製しておく

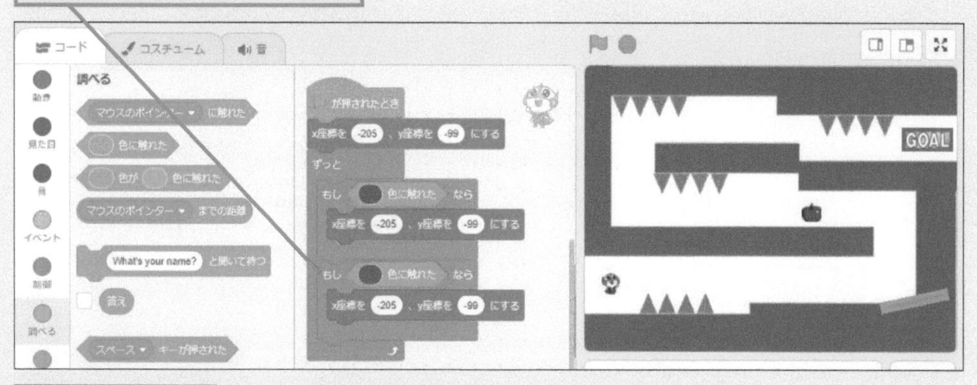

1 ここをクリック

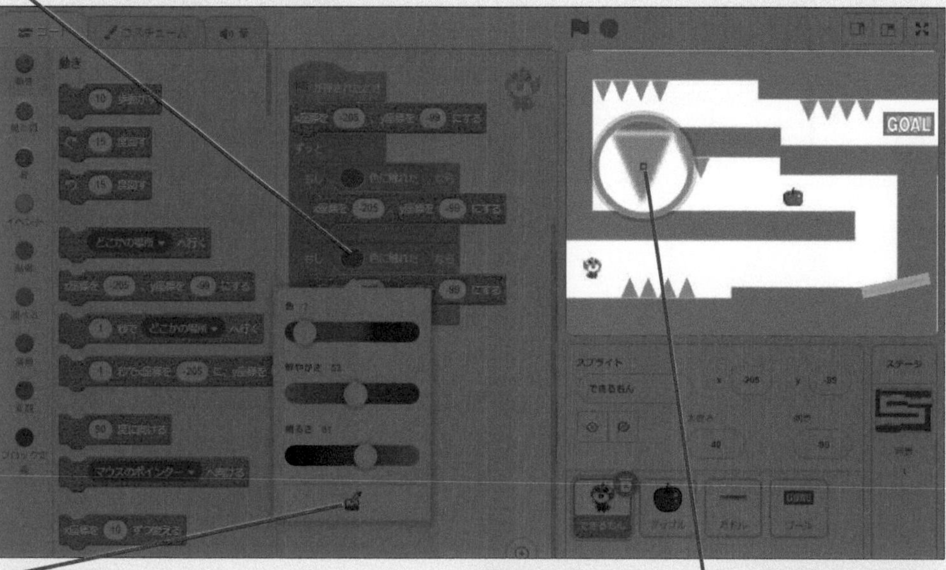

2 ここをクリック

3 背景のとげの部分をクリック

ステージを小さい表示に戻しておく

2 アップルに触れたときの動きを決める

手順1で作ったブロックを複製しておく

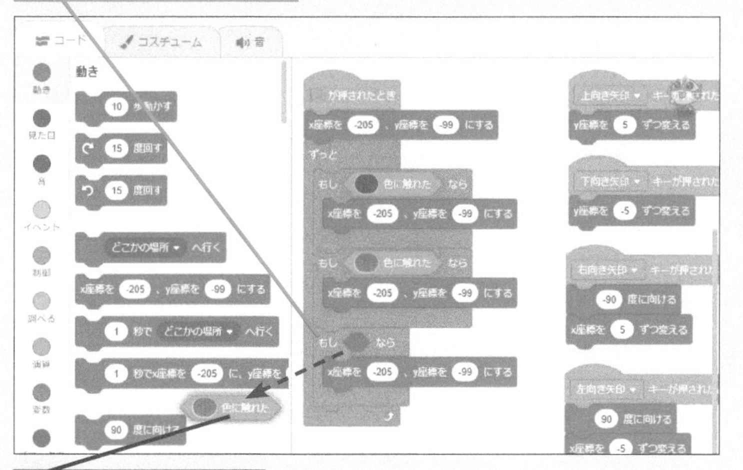

1 [[ ]色に触れた]をドラッグして削除

2 [調べる]カテゴリーをクリック

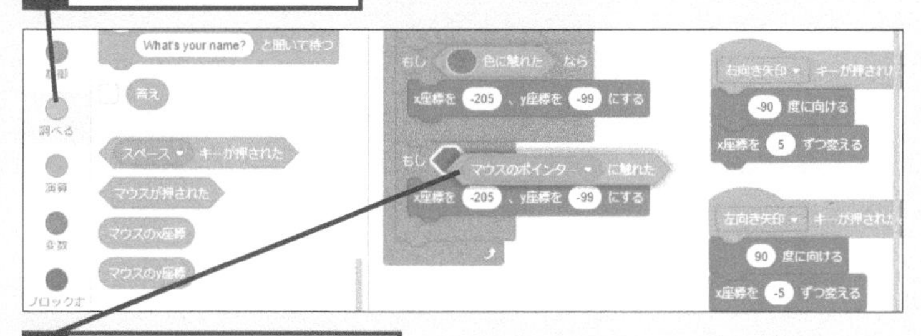

3 [[マウスのポインター]に触れた]を組み込む

4 ここをクリック

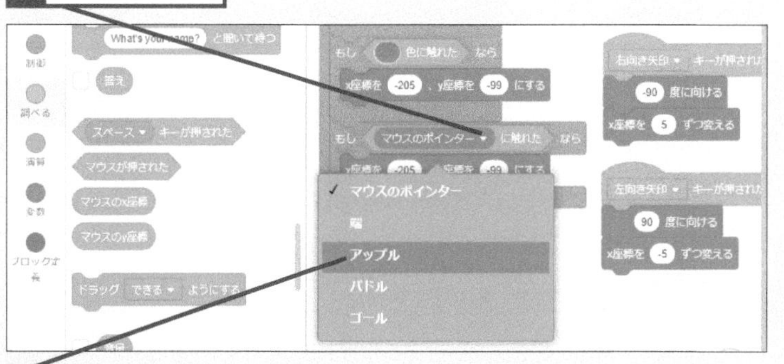

5 [アップル]をクリック

ヒント!

「ずっと」のブロックでまとめてある

この章で「できるもん」に設定したコードはだいぶ長いものになります。[ずっと] ブロックに囲まれて、できるもんの操作と青い部分や敵キャラに触れたときのコードが[もし[ ]なら]のブロックで設定されていることを確認しておきましょう。

全体を [ずっと] のブロックでまとめている

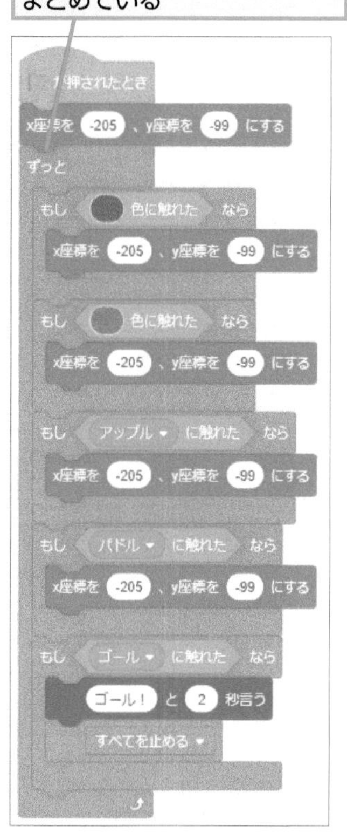

テーマ 障害物を動かす

障害物の動きを決める

できるもん以外のスプライトの動き方を決めます。パドルはその場で回転して、アップルは画面を左右に往復するようにします。

1 パドルに触れたときの動きを決める

レッスン24の手順2で作ったブロックを複製して接続しておく

1 ここをクリック

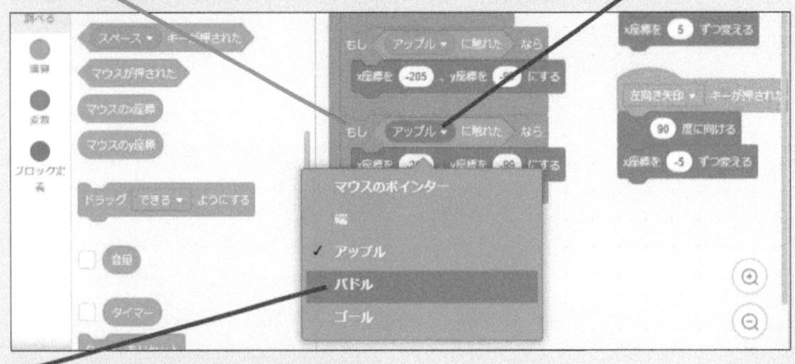

2 [パドル]をクリック

2 パドルを回転させる

スプライトリストでパドルをクリックしておく

[[緑の旗ボタン]が押されたとき]を設置しておく

1 [制御]カテゴリーをクリック

2 [ずっと]を接続

3 [動き]カテゴリーをクリック

4 [↷[15]度回す]を接続

5 「1」と入力

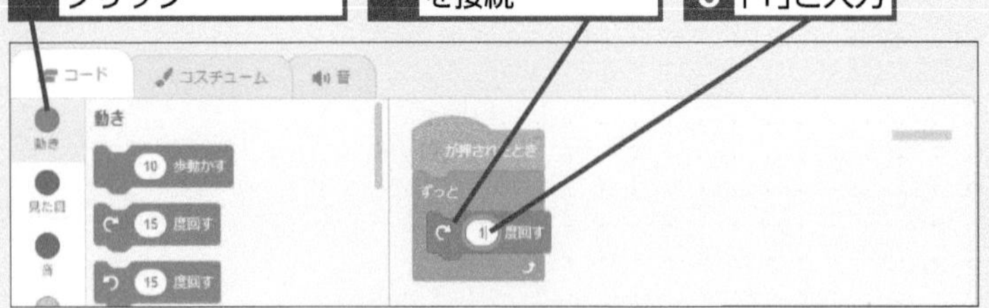

このレッスンで出てくる用語

スプライト	p.280
スプライトリスト	p.280

レッスンで使う練習用ファイル レッスン25.sb3

ヒント！

パドルに触れたときもスタート地点に戻す

通路の角にあるパドルに触れると、できるもんはスタート地点に戻ります。パドルの位置はドラッグで調整できますが、通路をふさいでしまうとクリアできなくなります。できるもんが通れるように空きを作っておきましょう。

3 アップルの座標と向きを決める

スプライトエリアでアップルをクリックしておく

[[緑の旗ボタン]が押されたとき]を設置しておく

1 [動き] カテゴリーをクリック

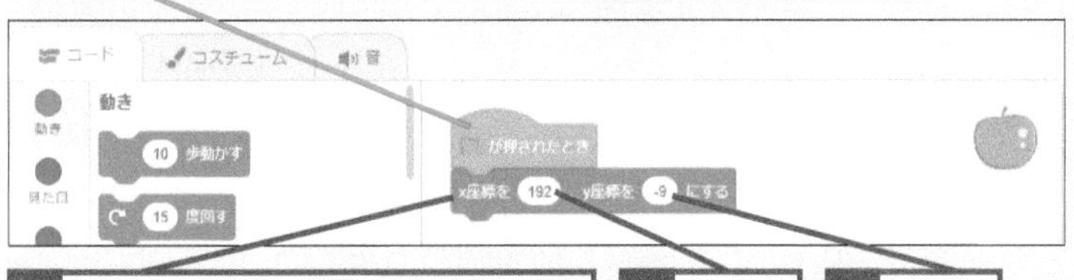

2 [x座標を[ ]、y座標を[ ]にする]を接続

3 「192」と入力

4 「-9」と入力

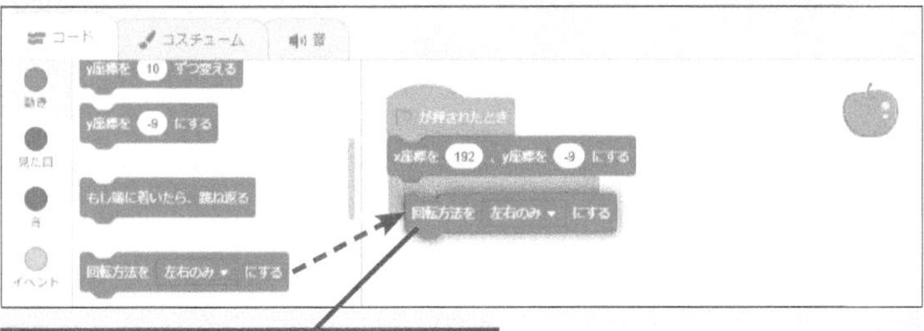

5 [回転方向を[左右のみ]にする]をドラッグして接続

4 アップルを動かす

1 [制御]カテゴリーをクリック

2 [ずっと]を接続

3 [動き]カテゴリーをクリック

4 [[10]歩動かす]を接続

5 「3」と入力

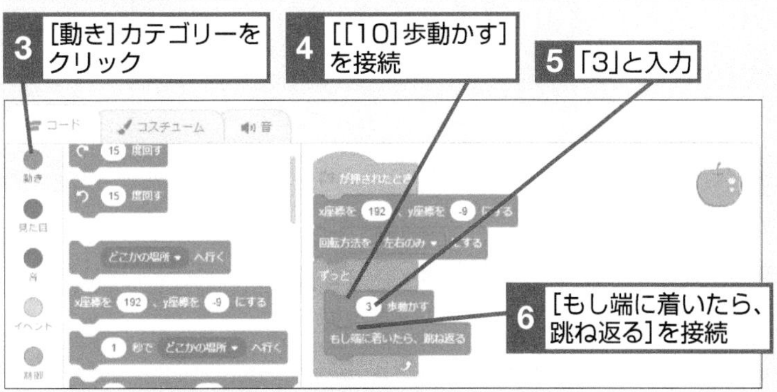

6 [もし端に着いたら、跳ね返る]を接続

ヒント!

障害物を動かしてゲームを楽しくする

パドルとアップルが動くことによって、ゲームの楽しさがアップします。パドルの [[1] 度回す] ブロックやアップルの [[3] 歩動かす] ブロックの数字を大きくすると動きが早くなり、ゲームの難易度が上がります。

テーマ すべてを止める

レッスン 26 ゲームクリアの設定を行う

[[すべてを止める]] ブロックを使って、できるもんが「ゴール」に触れたらゲームクリアになるように設定します。

1 ゴールに触れたときの条件を準備する

スプライトリストでできるもんをクリックしておく

ここを右クリックして複製し、すぐ下に接続する

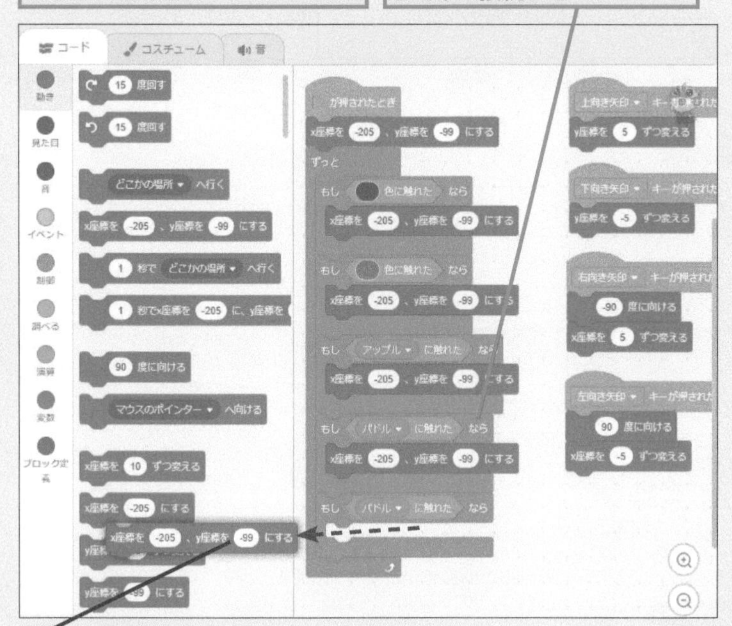

1 [x座標を[ ]、y座標を[ ]にする]をドラッグして削除

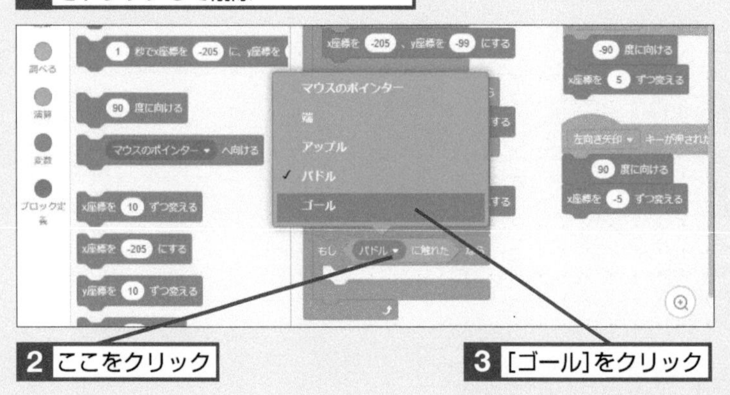

2 ここをクリック

3 [ゴール]をクリック

このレッスンで出てくる用語

スプライト	p.280
スプライトリスト	p.280
背景	p.281

レッスンで使う練習用ファイル レッスン26.sb3

ヒント！

ゲーム全体に関わるコードはまとめて記述しよう

このプロジェクトでは、ゲームの開始と終了に関するコードを、できるもんのスプライトにまとめました。複数のスプライトが同時に動くプロジェクトの場合、全体に関わるコードはひとつのスプライトか、背景にまとめて記述すると管理しやすくなります。

2 ゴールに触(ふ)れたときの動(うご)きを作(つく)る

1 [見た目] カテゴリーをクリック

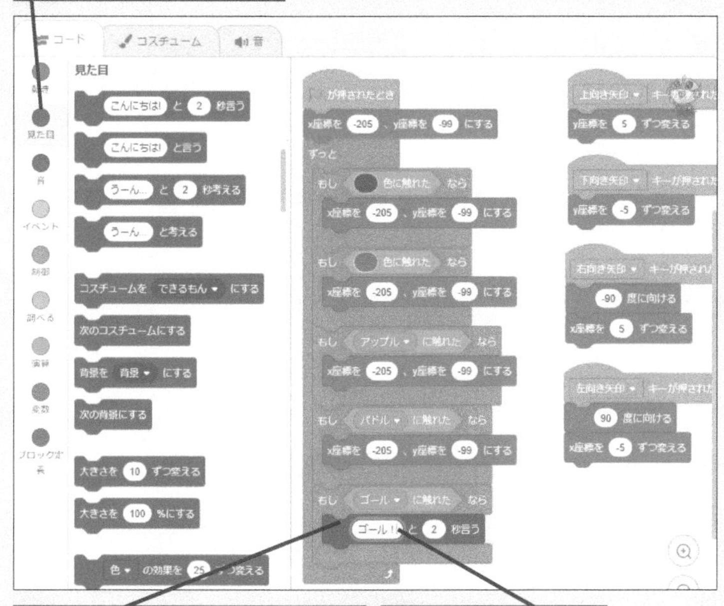

2 [[こんにちは！]と[2]秒言う]を接続

3 「ゴール！」と入力

3 ゲームオーバーの動(うご)きを作(つく)る

1 [制御] カテゴリーをクリック

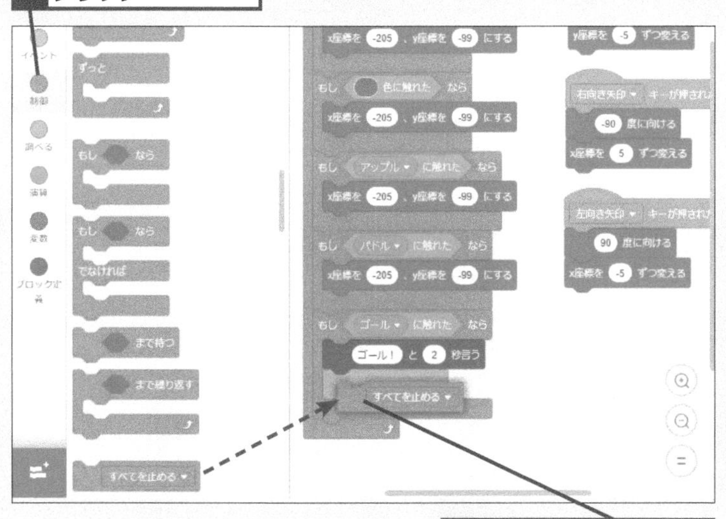

2 [[すべてを止める]] をドラッグして接続

ヒント!

コードが一斉(いっせい)に止(と)まる

できるもんが「ゴール」に到着(とうちゃく)すると、ゲームクリアとなってすべてのコードが止(と)まります。手順(てじゅん)2の操作(そうさ)5で追加(ついか)した［すべてを止(と)める］ブロックは、できるもんとアップル、パドルの動(うご)きを一度(いちど)に止(と)めることができ、ゲームがクリアされたことが分(わ)かります。もう一度(いちど)ゲームを始(はじ)めるときは、緑(みどり)の旗(はた)ボタンをクリックしましょう。

次のページに続く

テクニック ゲームを改造してみよう

敵キャラを増やしたり、背景を変更したりしてゲームを改造してみましょう。プロジェクトは自動的に保存されていくので、改造する前に元のプロジェクトをパソコンにダウンロードして保存しておくといいでしょう。違うスプライトを敵キャラにしたり、背景の色を変更したりした場合は、できるもんがスタート地点に戻されるコードを変更しておきましょう。

障害物を増やす

1 ツールを選択する

ステージを選択して[背景]タブをクリックしておく

1 [選択]をクリック

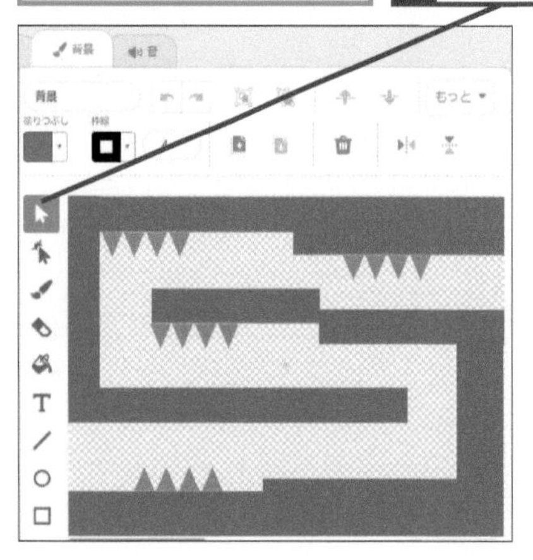

2 とげをコピーする

1 ここをクリック

2 [コピー]をクリック

3 とげを貼り付ける

1 [ペースト]をクリック

新しいとげが貼り付けられた

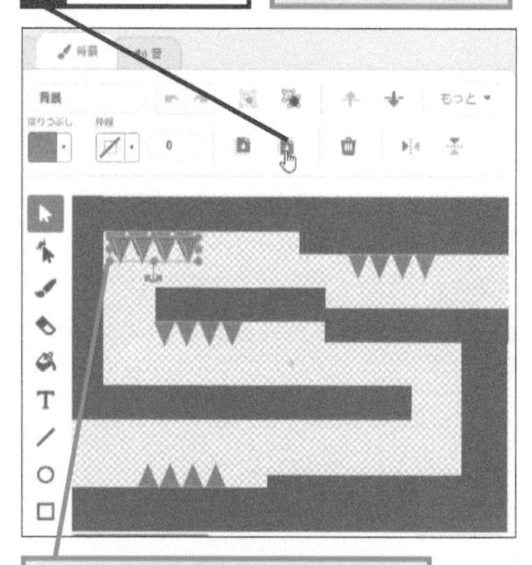

ハンドル部分をドラッグすると大きさや角度の調整ができる

4 位置を調整する

1 ここまでドラッグ

2 マウスボタンをはなす

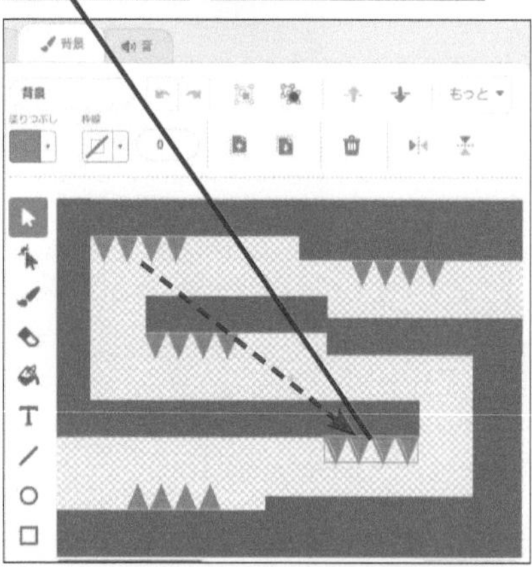

とげが追加された

茶色の部分も場所や大きさを変更できる

背景を描画する

1 新しい背景を作る

1 [背景を選ぶ] にマウスポインターを合わせる

2 [描く]をクリック

2 全体を塗りつぶす

1 [四角形]をクリック

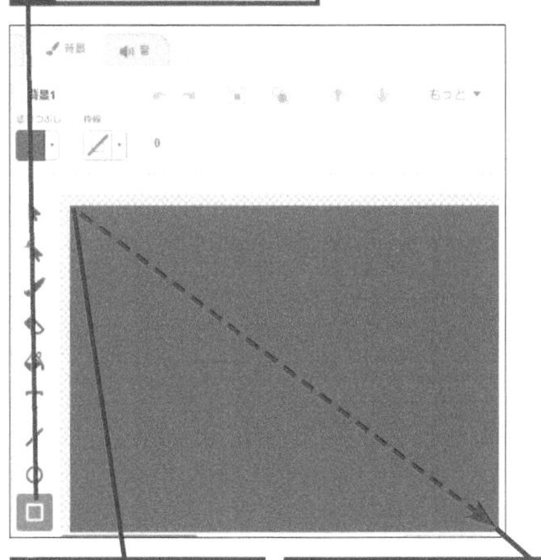

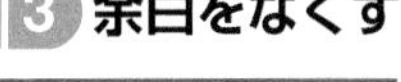

2 ここをクリック

3 ここまでドラッグ

3 余白をなくす

1 ここをクリック

2 右上にドラッグ

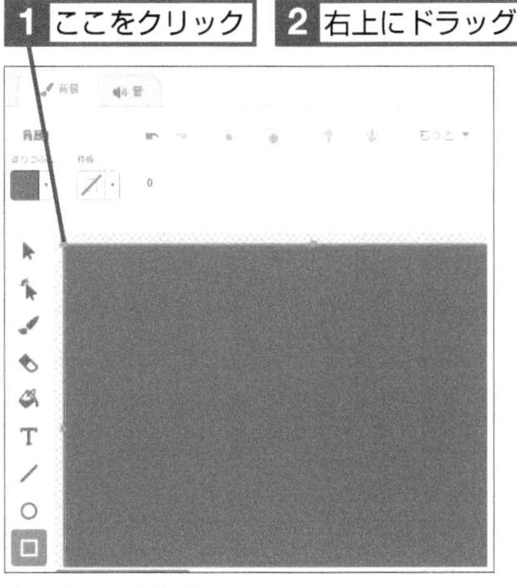

余白がなくなる

4 ツールを選択する

1 [筆]をクリック

2 「50」と入力

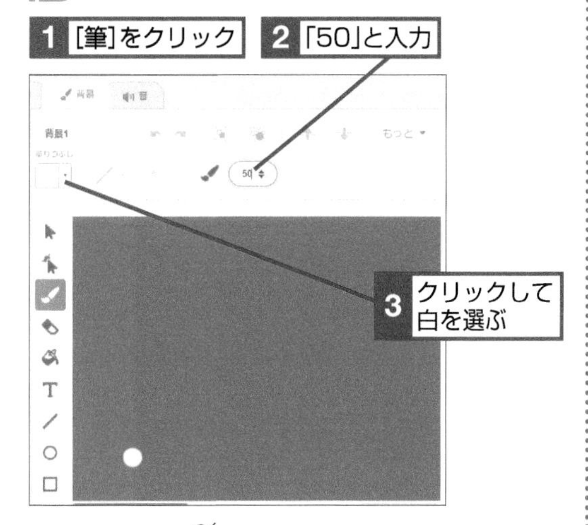

3 クリックして白を選ぶ

5 コースを作る

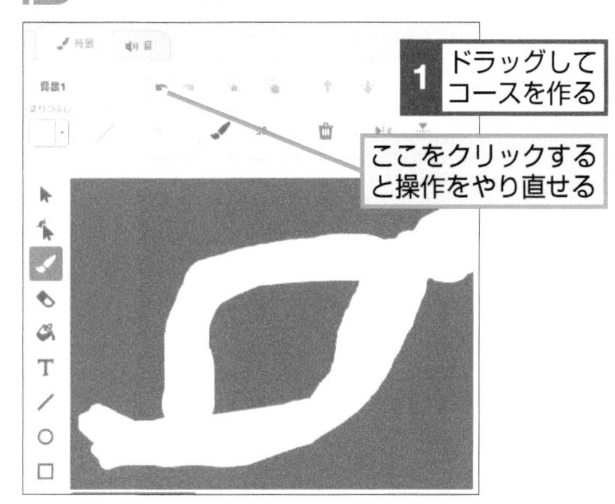

1 ドラッグしてコースを作る

ここをクリックすると操作をやり直せる

6 スプライトの位置を変更する

コースに合わせてスプライトや障害物の位置を変更する

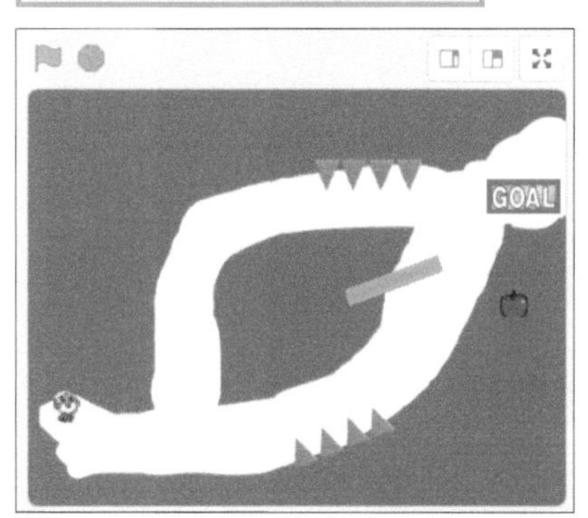

座標の使い方を覚えよう

この章ではアクションゲームを通して座標の考え方を学びました。座標は、画面に何かを表示するようなプログラムでは必ず使う考え方です。できるもんのコードは下のように非常に長くなりましたが、それぞれの条件の処理が分かりやすい内容になっています。工夫すると短くできますので、ぜひチャレンジしてみてください。

ところで、コンピューターの画面上の物の大きさはドット（ピクセル）で表します。スクラッチのステージは横480ピクセル、縦360ピクセルですが、みなさんの使っているコンピューターの画面全体はどのぐらいの大きさでしょうか？　これを機会に調べてみるのもいいかもしれませんね。

迷路ゲームのコード一覧

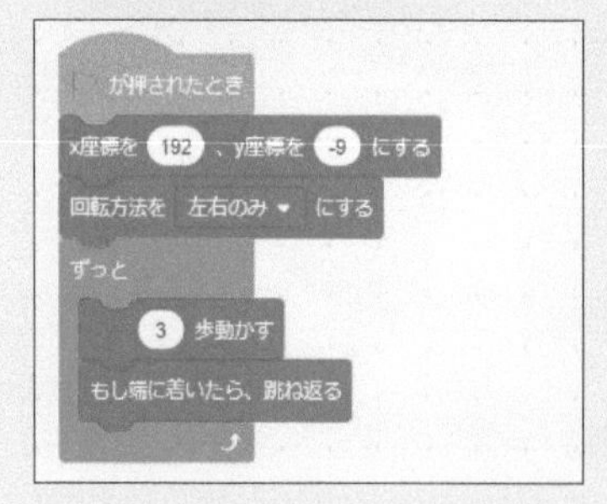

練習問題

1.

背景を調整してゴール前に近道を作りましょう。

ヒント [ステージ] の [背景] を選んで、ゴールに近い部分の四角形を縮小します。

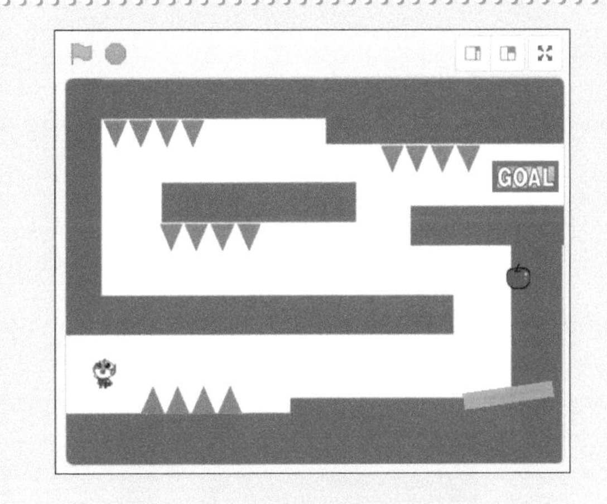

2.

できるもんが「ゴール！」と言ったあとに、「やった一！」と2秒言うようにしましょう。

ヒント [見た目] カテゴリーの [[こんにちは！] と [2] 秒言う] ブロックを使います。

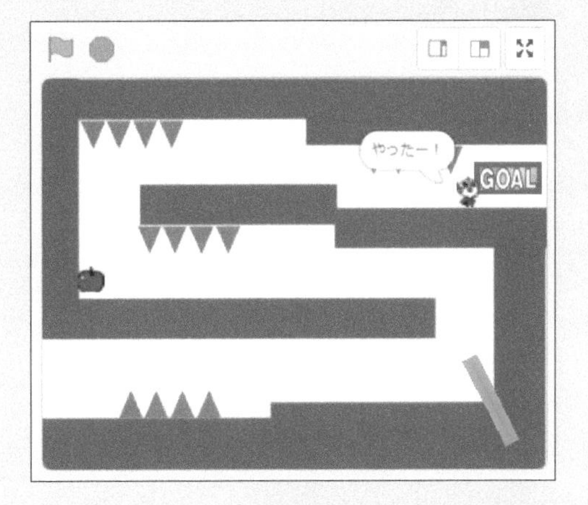

解答

1.

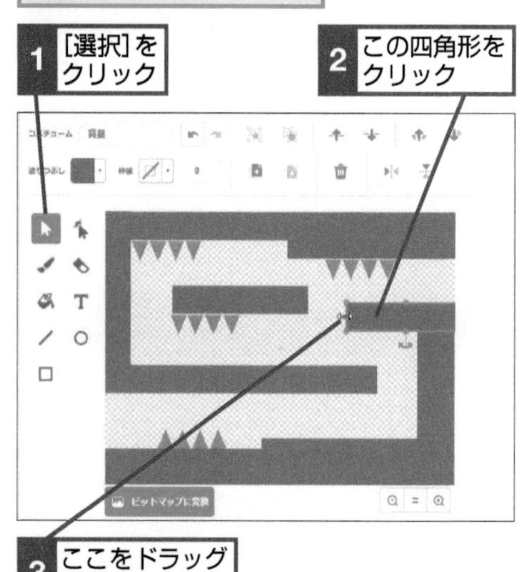

このプログラムの背景は茶色い四角形の集まりでできています。近道を作るには［ステージ］をクリックしてから［背景］タブをクリックし、ステージのコスチュームを表示します。右側のツールから［選択］を選んで、対象となる四角形をドラッグして縮小します。

コースの形が変わった

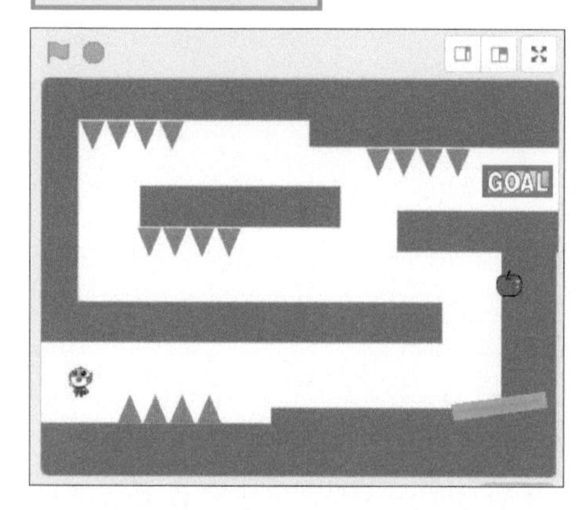

2.

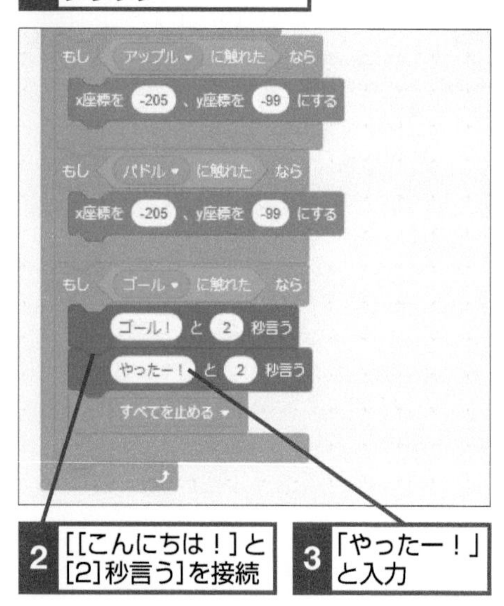

［見た目］カテゴリーの［［こんにちは！］と［2］秒言う］ブロックを［［ゴール！］と［2］秒言う］ブロックに接続します。できるもんがゴールすると、「ゴール！」「やったー！」と続けて言います。

「ゴール！」のあとに「やったー！」と
言うようになった

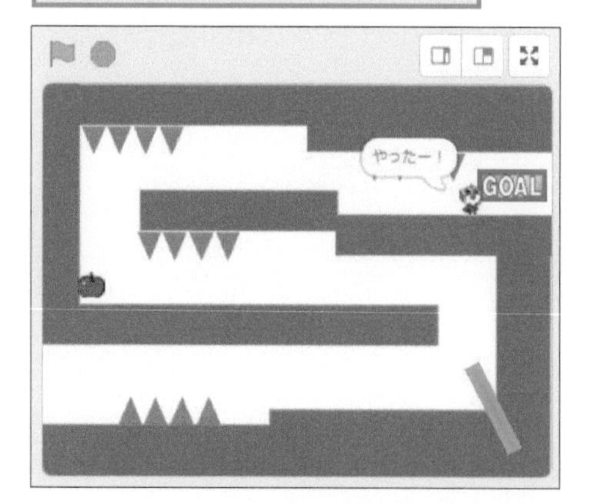

第6章

クリックゲームを作ろう

クリックゲームを作りながら、乱数や変数などプログラミングに重要な概念を学びます。特に乱数は、コンピューターに不規則な処理をさせたいときに便利です。

この章の内容

この章で作るプログラム

クリックしてUFOを落とそう

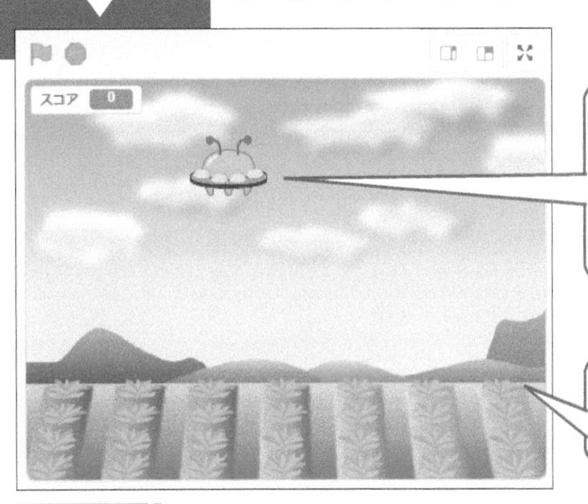

緑の旗ボタンをクリックして、ゲームスタート！ UFOが現れたらマウスポインターを合わせてクリックしよう。

20秒で何点取れるかな？みんなで競争してみてね！

公開ページ https://scratch.mit.edu/projects/368533420/

クリックゲームでスコアを表示する

この章ではクリックゲームを作りながら変数と乱数を学びます。得点を記録するために変数を用い、UFOを毎回違う場所に出現させるために乱数を使います。

クリックゲームを作るには

ゲームをスタートすると、UFOが空のいろいろな場所から出現するようにします。これは乱数で設定します。出現したUFOをタイミングよくクリックするとスコアが増えます。これには変数を用います。また、時間制限のためにタイマーも使います。

プログラムの動き方

緑の旗ボタンをクリックすると、UFOがランダムに表れる →レッスン30

20秒でゲームが終了して、すべて止まる →レッスン32

UFOをクリックすると爆発して、スコアが加算される→レッスン29

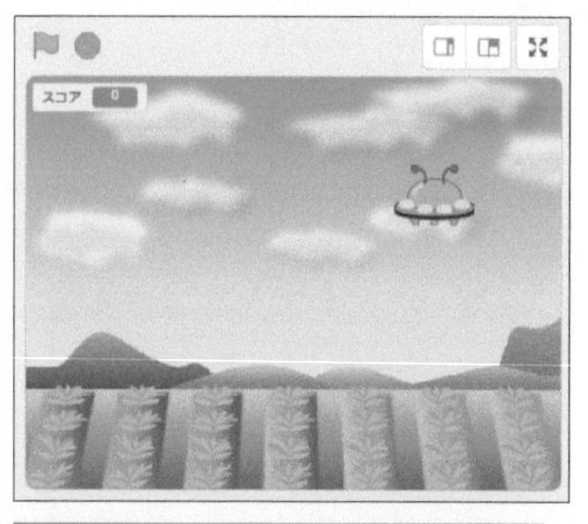

緑の旗ボタンをもう一度クリックすると、スコアとタイマーがリセットされる →レッスン32

この章で学べること

変数は、プログラムの中で何らかの「データ」を扱う場合に、必須の機能となります。このゲームの場合はUFOを「クリックした回数」がデータになります。変数はやや複雑なプログラムを作りたいとき、必ず使われる重要な要素です。

乱数は、不規則な動きをさせたいプログラムで使います。これを使うと予測がしづらくなるため、ゲームが面白くなります。例えばテトリスのようなブロックが落ちてくるゲームの場合、ブロックの種類が不規則になるように乱数を使っています。

子どもに変数を教えるには

プログラミングの変数はよく「データを入れる箱」として説明されます。中学校の数学に出てくる変数とは、やや使い方が異なります。ただ、変数という概念を理解できなくても、たいていの子どもは変数を正しく使って、この作例のスコアを作ることができます。

変数に入れる「データ」の概念は、実はプログラミングの中でもかなり高度です。変数の概念は大まかに理解してもらい、まずは使いこなすところから始めるといいでしょう。

UFOをクリックした回数が変数に入り、スコアとして表示される

変数は箱のこと

プログラムでさまざまな「データ」を扱いたいとき、それを入れる「箱」が必要になります。変数はこの箱のことです。データは数字だけではなく、文字の場合もあります。変数に入れたデータは、必要に応じて取り出すことができます。ちなみに、変数をまとめると「リスト」（配列）になります。これは第9章で紹介します。

変数とは、データを入れる「箱」のようなもの

テーマ スプライトの確認

レッスン 27

UFOのスプライトを確認する

ほかの章と同じようにスプライトと背景をアップロードします。UFOのコスチュームを確認して、クリックゲームに必要なものが全部あるかチェックしましょう。

1 スプライトと背景を読み込む

レッスン16を参考に、[第6章] フォルダーのスプライトと背景をアップロードしておく

1 [UFO] をクリック

2 [コスチューム] タブをクリック

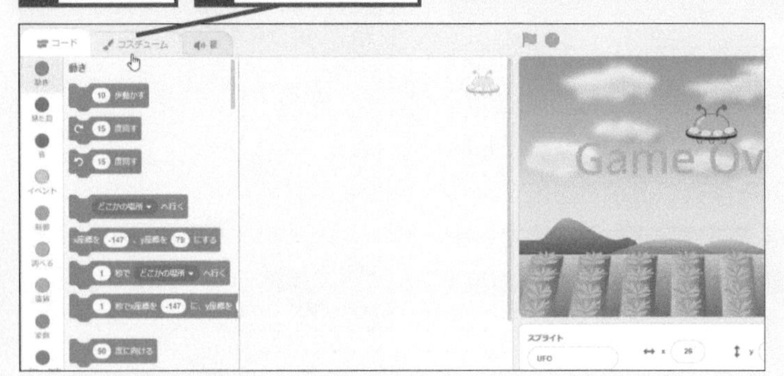

2 コスチュームを選択する

1 ドラッグして選択

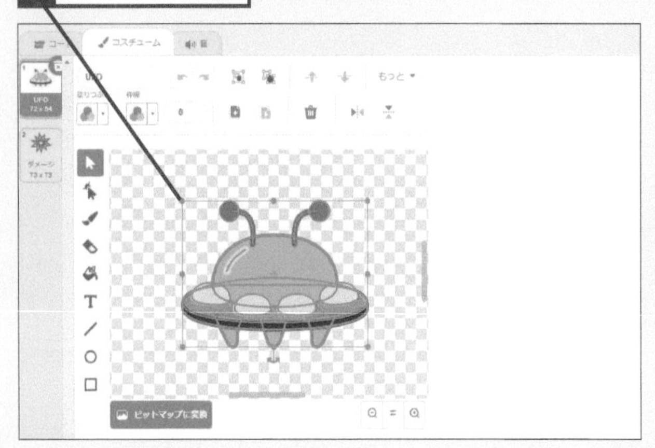

このレッスンで出てくる用語

コスチューム	p.280
スプライト	p.280

ヒント!

2種類のコスチュームを確認する

[UFO] のスプライトは、飛んでいるときのUFOと爆発したときの2つのコスチュームになっています。これを切り替えて使います。

[UFO] と [ダメージ] の2つを確認する

第6章 クリックゲームを作ろう

テクニック スプライトの大きさを数値で変える

スプライトは、スプライト情報の［大きさ］で変更することができます。下の手順のように数字を入力して変更しましょう。スプライトの大きさをコードで変更したいときは、［見た目］カテゴリーの［大きさを［100］％にする］ブロックで調整できます。スプライトの大きさをもとに戻すには、ここに100と入力してクリックするのが手軽です。

■ スプライト情報で変更する

スプライトをクリックしておく

1 ここに数値を入力

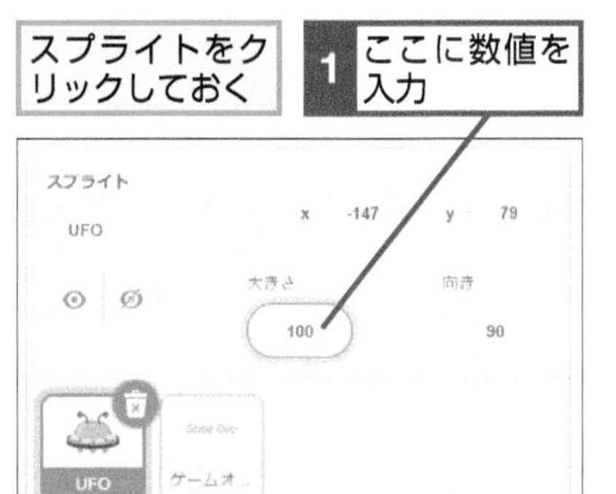

■ ブロックで変更する

1 ［見た目］カテゴリーをクリック

2 ここをクリックして徐々に大きさを変える

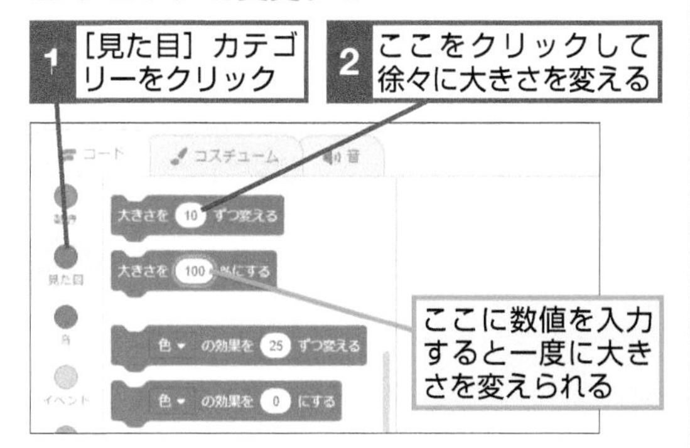

ここに数値を入力すると一度に大きさを変えられる

3 中心点を確認する

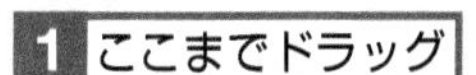

1 ここまでドラッグ

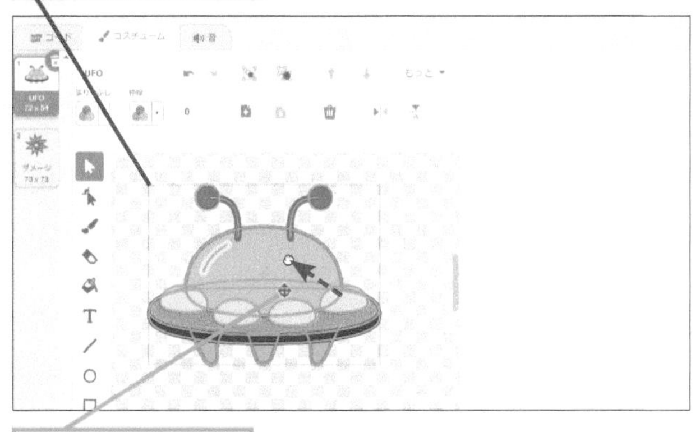

中心点が表示された

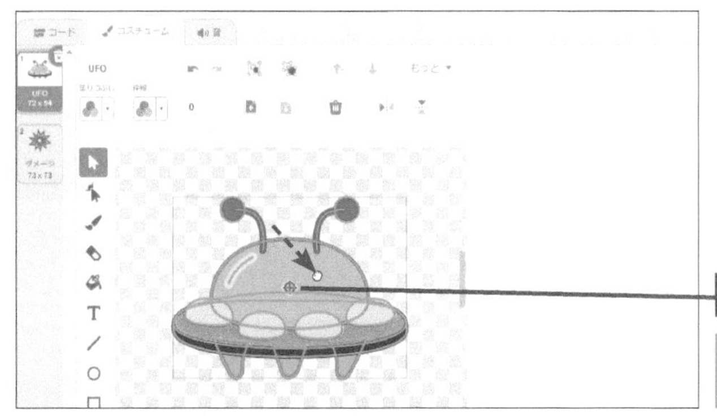

2 中心点までドラッグ

［ダメージ］をクリックし、同様の手順で確認しておく

間違った場合は？

コスチュームを選択する際に絵柄がずれてしまった場合は、スプライトを削除してもう一度手順1からやり直しましょう。ドラッグでうまく選択できない場合は Ctrl キー＋ A キーですべて選択しましょう。

テーマ 音

クリックしたときの音を設定する

パソコンに保存した音を使って、UFOをクリックしたら音が出るようにします。ダウンロードしたサンプルのフォルダーから、音をアップロードしましょう。

1 音のファイルをアップロードする

ステージを縮小表示しておく

1 [音]タブをクリック

2 [音を選ぶ]にマウスポインターを合わせる

3 [音をアップロードする]をクリック

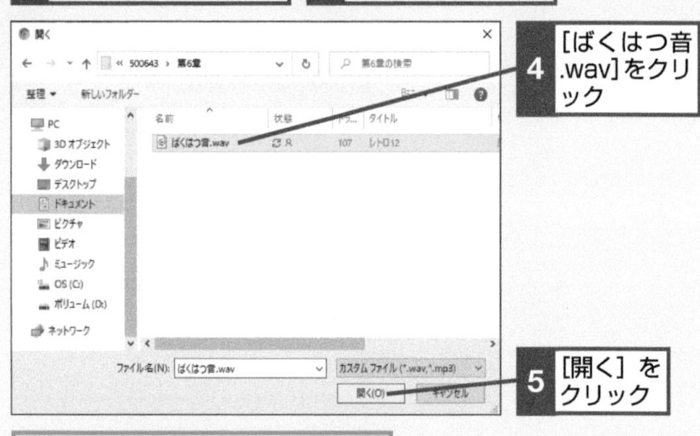

4 [ばくはつ音.wav]をクリック

5 [開く]をクリック

音のファイルをアップロードできた

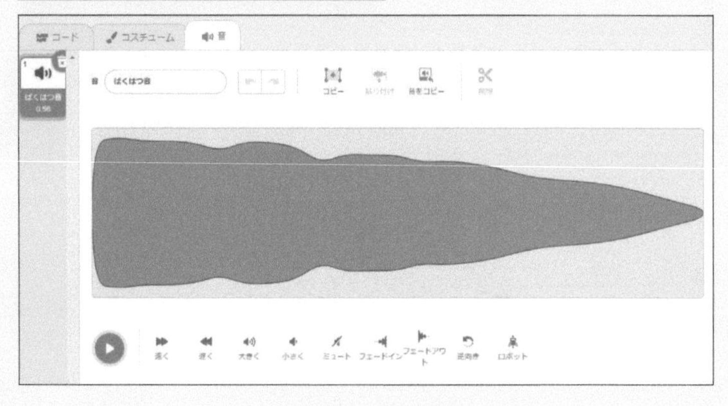

このレッスンで出てくる用語

イベント	p.279
コスチューム	p.280

レッスンで使う
練習用ファイル　レッスン28.sb3

ヒント!

音は自動的に登録される

プロジェクトにアップロードした音のファイルは、[音] カテゴリーの [終わるまで [ ] の音を鳴らす] などに自動的に登録されます。ただし、アップロードした際に選択していたスプライトや背景を削除すると、音源も削除されて使えなくなります。

ヒント!

音を確認してみよう

▶をクリックすると、音のファイルがどんな音か確認できます。音の大きさはパソコンの [スピーカー] (🔊) で調整しましょう。

第6章 クリックゲームを作ろう

2 クリックされたときのイベントを設定する

1 [コード]タブをクリック

2 [イベント]カテゴリーをクリック

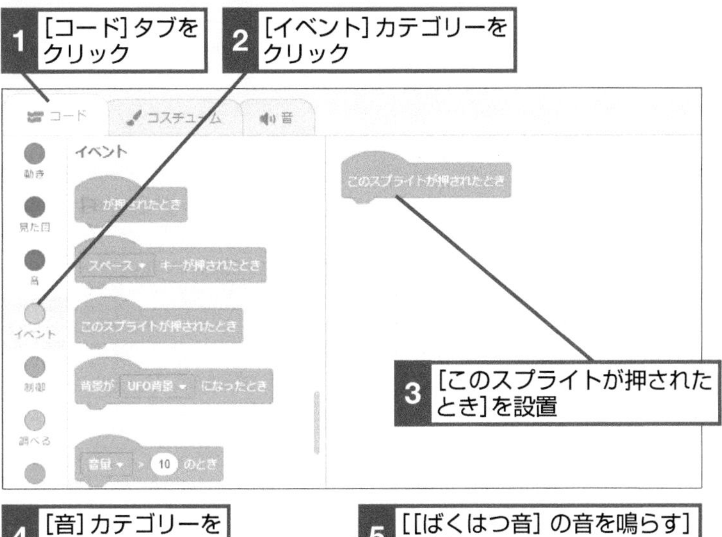

3 [このスプライトが押されたとき]を設置

4 [音]カテゴリーをクリック

5 [[ばくはつ音] の音を鳴らす]を接続

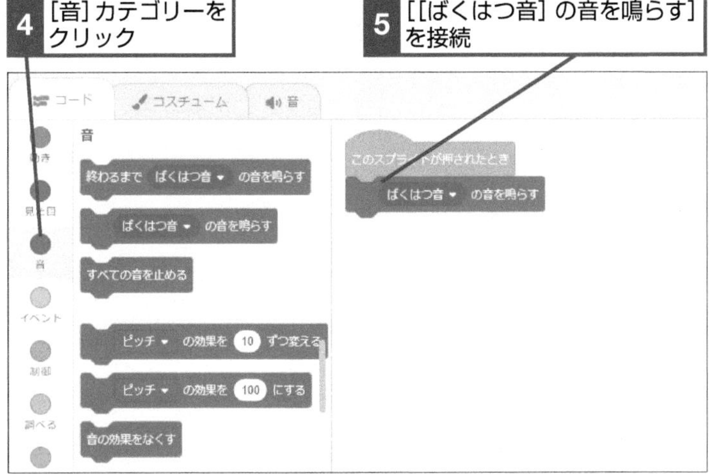

6 [見た目]カテゴリーをクリック

7 [コスチュームを[ダメージ]にする]を接続

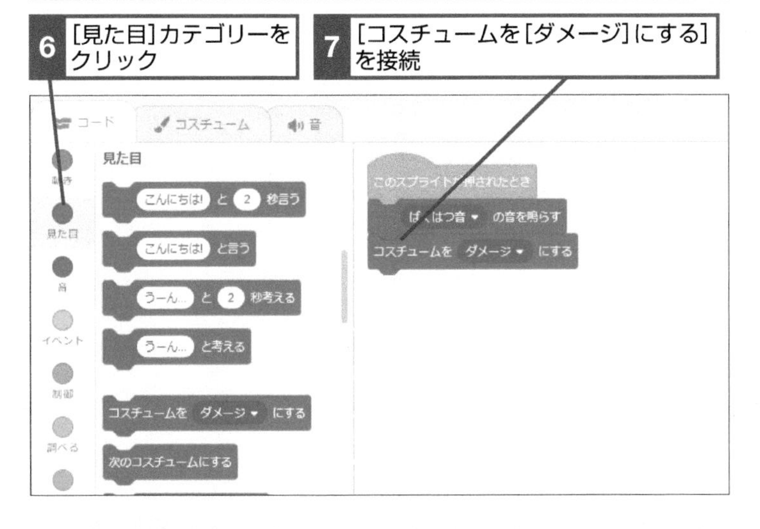

ヒント!

ライブラリーから音を選ぶには

手順1の［音を選ぶ］をクリックすると、Scratchのライブラリーから音を選べます。いろいろな音があるので、UFOをクリックしたときに合う効果音を探してみましょう。

クリックで音を挿入できる

28 音

テーマ　変数

レッスン
29 変数を作る

［変数］のブロックを作って、クリックゲームのスコアを設定します。ブロックの作り方をよく覚えておきましょう。

このレッスンで出てくる用語

レッスンで使う
練習用ファイル　**レッスン29.sb3**

1 新しい変数を作る

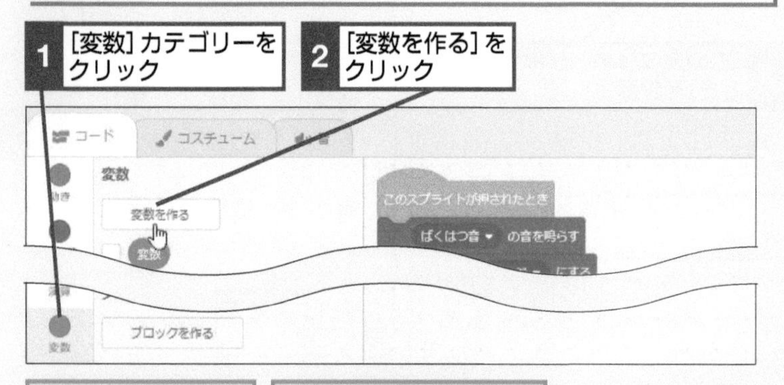

［新しい変数］画面が表示された

ここでは変数の名前を「スコア」に設定する

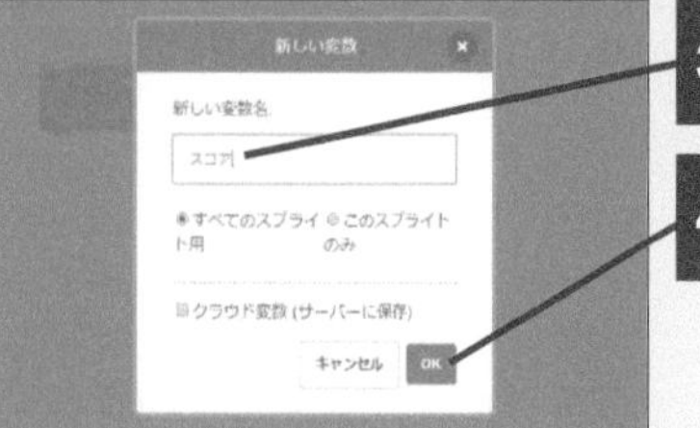

3 「スコア」と入力

4 ［OK］をクリック

2 変数ブロックを確認する

［変数］カテゴリーに［スコア］の変数ブロックが作成された

1 ここを右クリック

2 ［変数"変数"を削除］をクリック

変数［変数］が削除された

ヒント！ 変数は2種類作ることができる

手順1では2種類の変数を作ることができます。［すべてのスプライト用］は「グローバル変数」と呼ばれるもので、プロジェクト内にあるスプライトや背景すべてで扱うことができます。［このスプライトのみ］は「ローカル変数」と呼ばれるもので、コードを記述したスプライトや、背景のみのデータを扱います。簡単なゲームを作る場合は［すべてのスプライト用］を選ぶといいでしょう。

テクニック 変数は非表示にできる

[変数を作る] で変数ブロックを作成すると、ステージの右上に変数が自動的に表示されます。このプロジェクトではUFOをクリックした回数をスコアとして表示しますが、表示する必要がない変数の場合は、[変数] カテゴリーの値ブロックの横をクリックしてチェックマークをはずして非表示にしましょう。なお、ステージ上の変数の表示はドラッグして移動することができます。また、右クリックで表示を大きくしたり、スライダーを追加したりもできます。

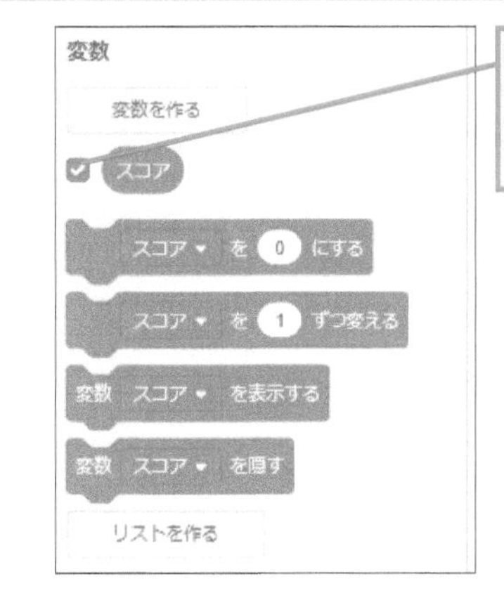

ここをクリックするとステージでの表示・非表示を切り替えられる

3 スコアのブロックを接続する

1 [[スコア]を[1]ずつ変える]をドラッグして接続

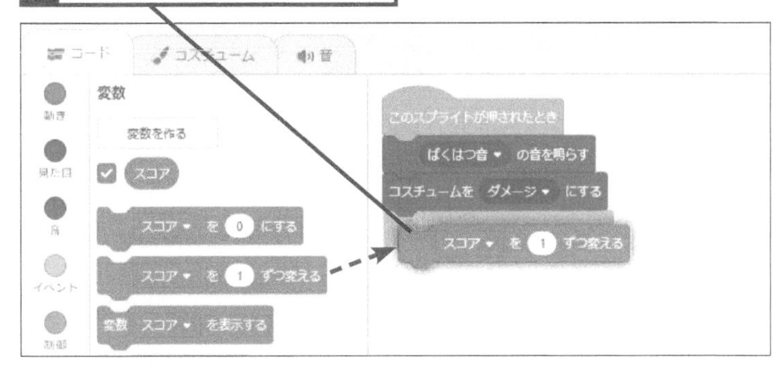

4 表示のタイミングを変える

1 [制御] カテゴリーをクリック

2 [[1] 秒待つ] を接続

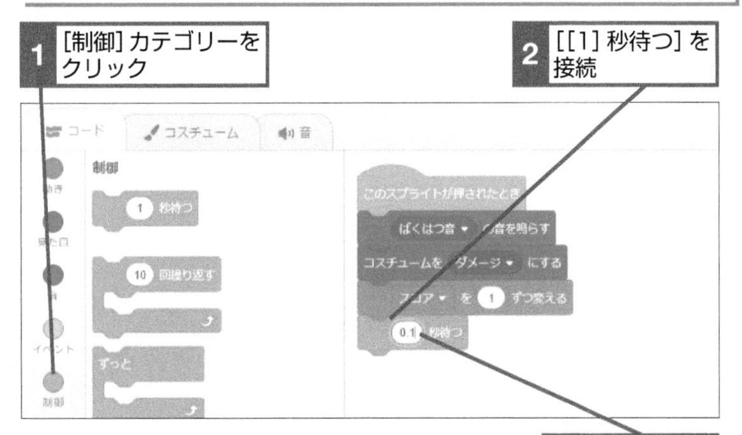

3 「0.1」と入力

間違った場合は？

間違えてローカル変数を作ってしまった場合は、手順2を参考に変数を削除します。その後、手順1の操作で変数を作り直しましょう。変数名のみを変更したいときは値ブロックを右クリックして[変数名を変更]を選択しましょう。

29 変数

テーマ 乱数

UFOが現れるときの設定をする

画面の上半分の空の部分にだけ、UFOが出現するようにします。UFOは不規則に出現しますが、地面の部分には出現しないようにします。

1 [ずっと] ブロックを設置する

[イベント]カテゴリーをクリックして[緑の旗ボタンがクリックされたとき]を設置しておく

1 [制御] カテゴリーをクリック

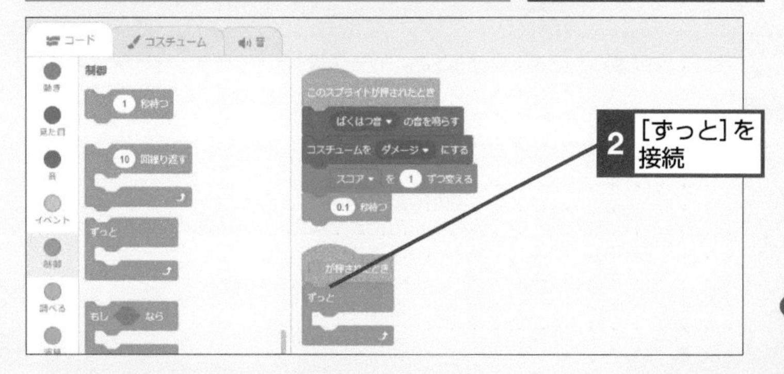

2 [ずっと]を接続

2 初期の座標を乱数で指定する

1 [動き]カテゴリーをクリック

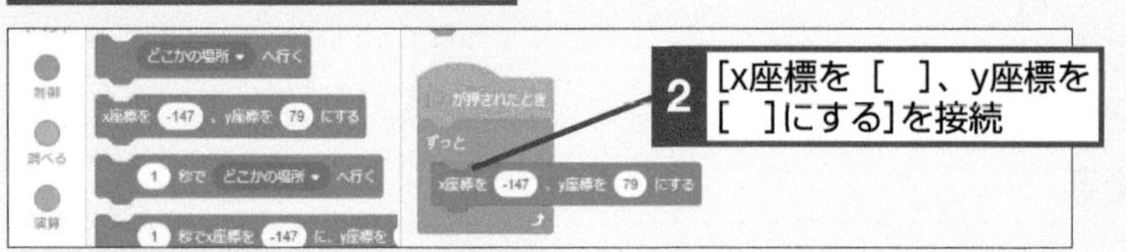

2 [x座標を [ ]、y座標を [ ]にする]を接続

3 [演算]カテゴリーをクリック

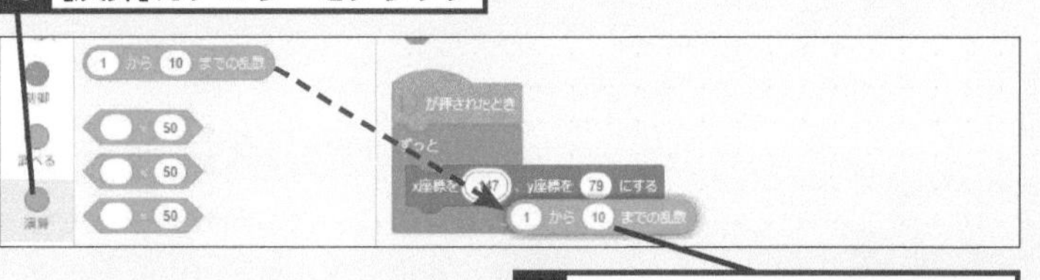

4 [[1]から[10]までの乱数]をドラッグして組み込む

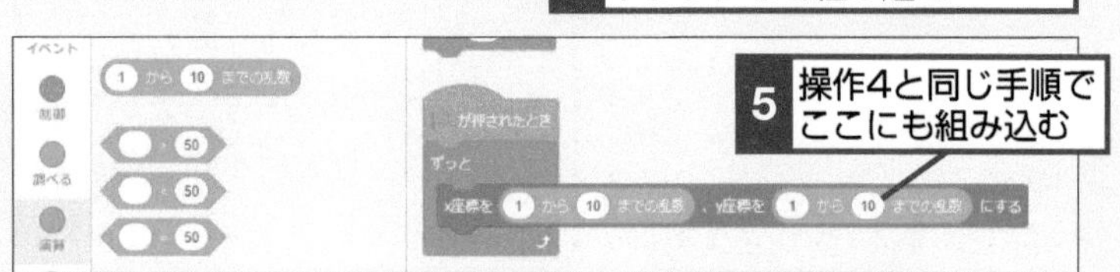

5 操作4と同じ手順でここにも組み込む

このレッスンで出てくる用語

値ブロック	p.279
イベント	p.279
座標	p.280
ステージ	p.280
乱数	p.282

レッスンで使う
練習用ファイル　レッスン30.sb3

ヒント!

白い楕円の部分にはほかのブロックも入れられる

ブロックの中の白い楕円の部分には、同じような形のブロックを組み込むことができます。ブロックの種類は、レッスン18のテクニックで紹介した定義ブロックや値ブロックとなります。

3 乱数の範囲を指定する

ステージの上半分のどこかにUFOが現れるようにする

1 「-240」と入力

2 「240」と入力

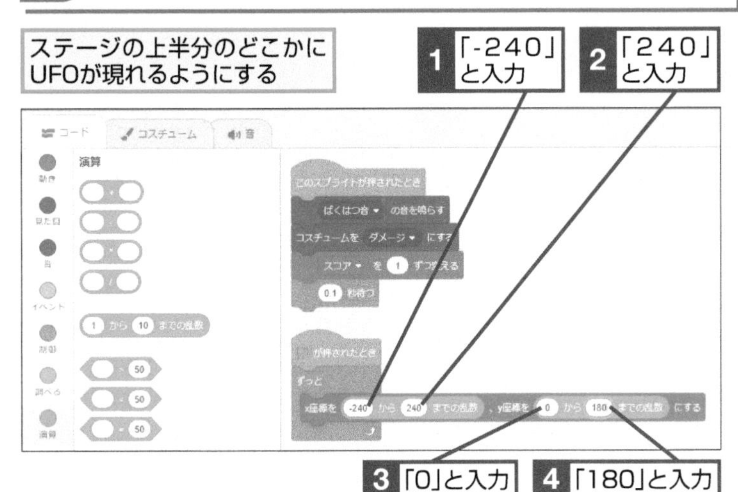

3 「0」と入力

4 「180」と入力

4 コスチュームを変更する

1 [見た目]カテゴリーをクリック

2 [コスチュームを [ダメージ] にする]を接続

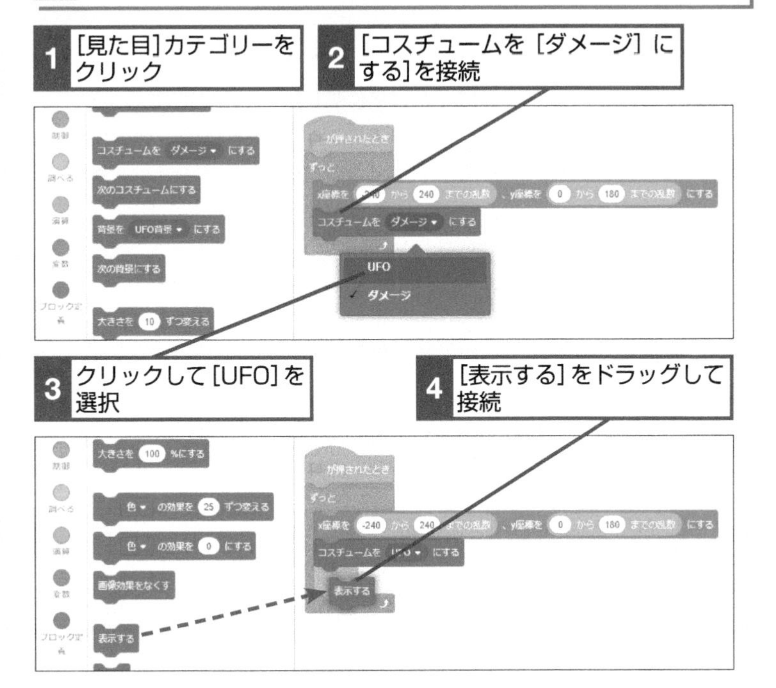

3 クリックして[UFO]を選択

4 [表示する]をドラッグして接続

ヒント!

ステージの下半分にUFOが出現しないようにする

第5章で紹介したとおり、Scratchのステージは上下が-180から180、左右が-240から240の座標で表現されます。背景の下半分は地面なので、上下についてはy座標が0から180の範囲にのみ、UFOが出現するように設定します。

上下位置を「0」～「180」にして地面の部分にUFOが表示されないようにする

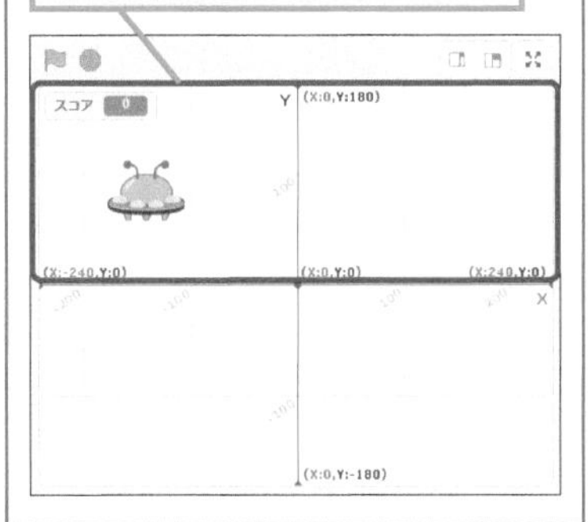

テーマ 座標の移動

レッスン 31

UFOの動きを作る

UFOがクリックされてから再び現れるときの動きを作ります。また、変数をリセットしてスコアをゼロに戻す設定も行います。

1 移動先の座標を設定する

レッスンで使う
練習用ファイル　レッスン31.sb3

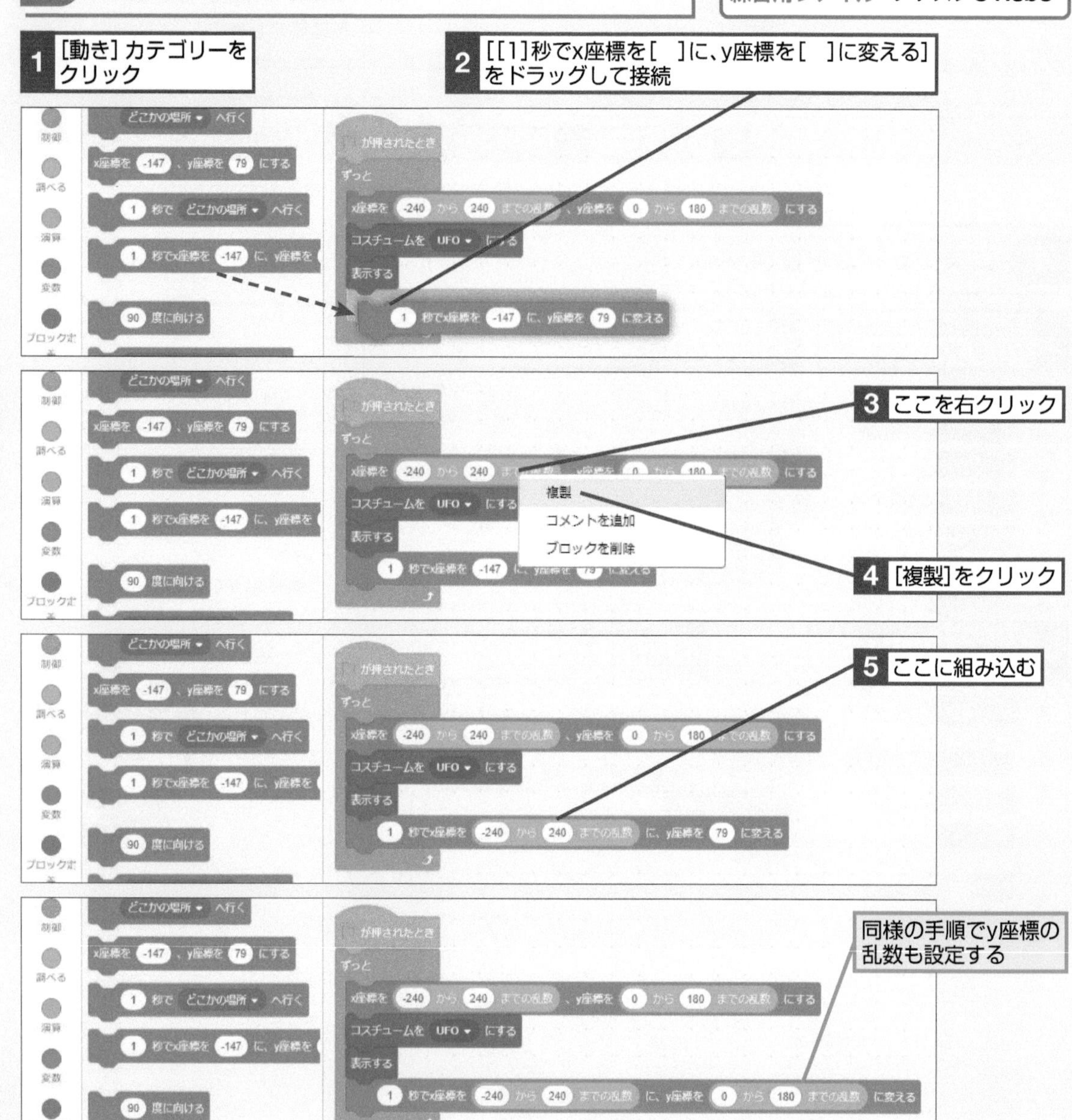

2 スコアをリセットする

1 [変数]カテゴリーをクリック

2 [[スコア]を[0]にする]をドラッグして接続

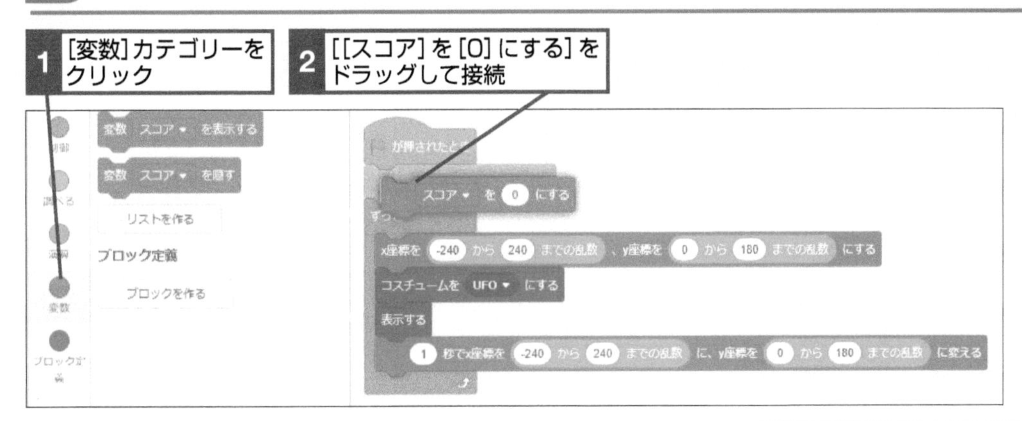

3 UFOを隠す

1 [見た目]カテゴリーをクリック

2 [隠す]をドラッグして接続

同様に[隠す]を接続

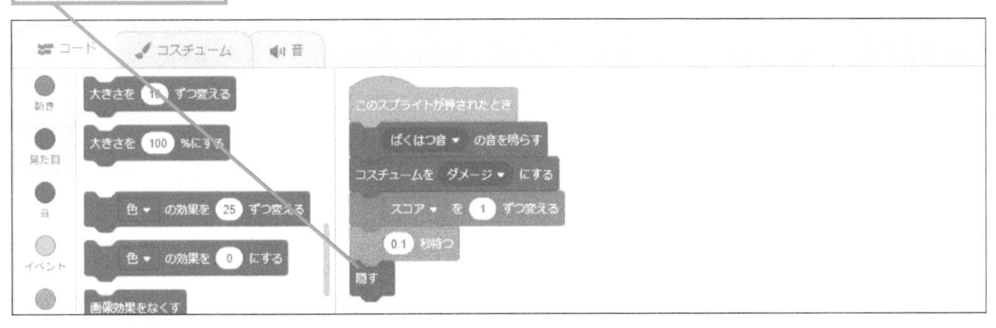

テーマ タイマー

レッスン 32

ゲームオーバーを設定する

緑の旗ボタンをクリックしてから20秒後にゲームが終了するように設定します。[調べる] カテゴリーの [タイマー] を使います。

1 画面の初期設定をする

スプライトリストで「ゲームオーバー」をクリックしておく

[イベント]カテゴリーをクリックして[緑の旗ボタンが押されたとき]を設置しておく

1 [見た目]カテゴリーをクリック

2 [隠す]を接続

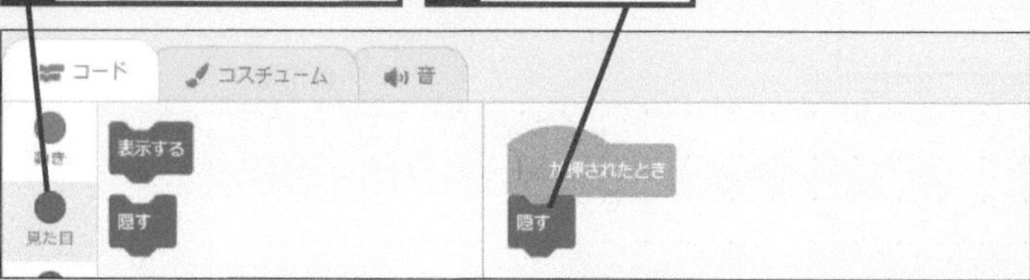

3 [調べる]カテゴリーをクリック

4 [タイマーをリセット]をドラッグして接続

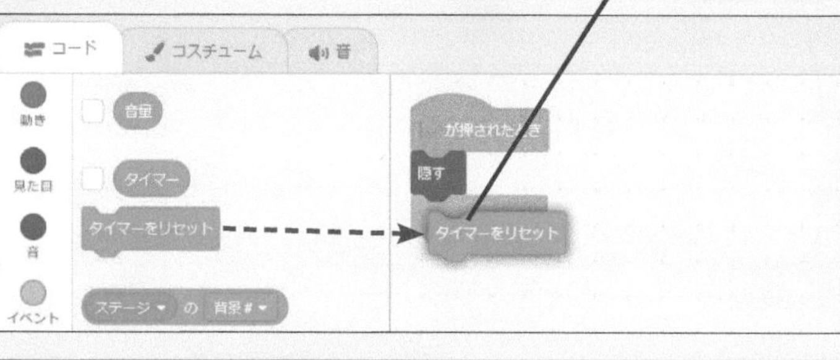

2 タイマーの準備をする

1 [制御]カテゴリーをクリック

2 [[ ]まで待つ]をドラッグして接続

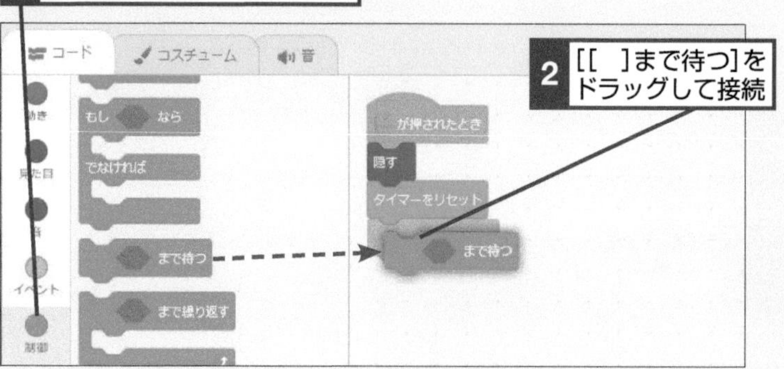

このレッスンで出てくる用語

演算	p.279
変数	p.282

レッスンで使う練習用ファイル レッスン32.sb3

ヒント!

[[ ] まで待つ] で期限を設定する

[[ ] まで待つ] ブロックを使うと、このブロックで指定した条件になったときに、それまで実行されていた処理が終了します。タイマーや得点をゲーム終了の条件にしたい場合に使いましょう。

3 タイマーを設定する

1 [演算]カテゴリーをクリック

2 [[ ]>[50]]をドラッグして接続

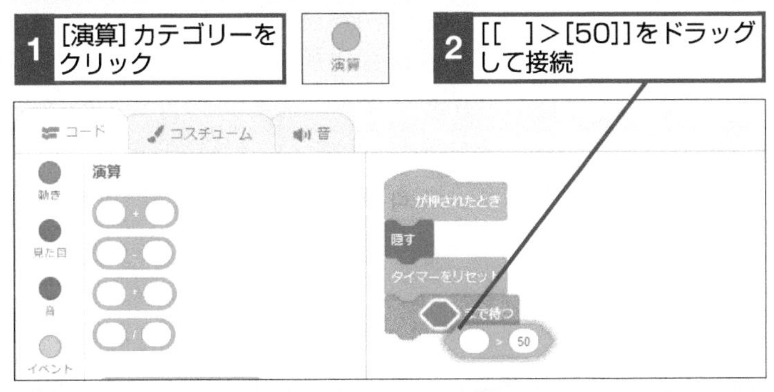

3 [調べる]カテゴリーをクリック

4 [タイマー]をドラッグして接続

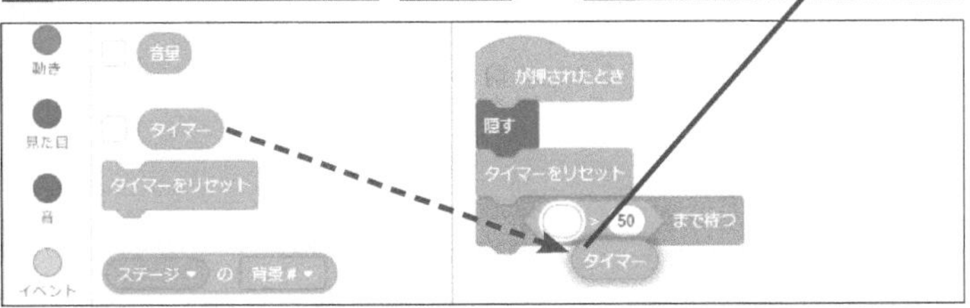

5 「20」と入力

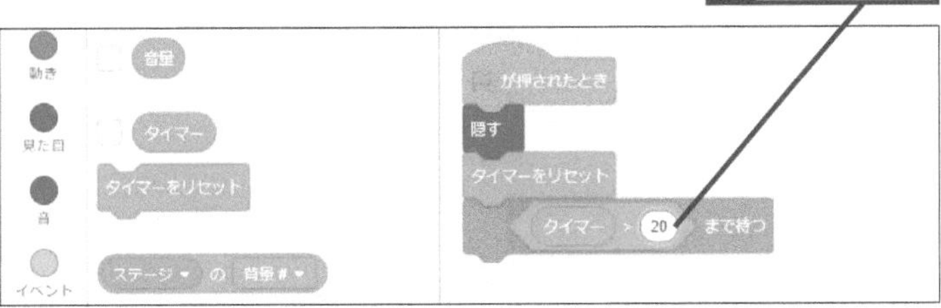

4 ゲームを止める

[見た目]カテゴリーをクリックして[表示する]を接続しておく

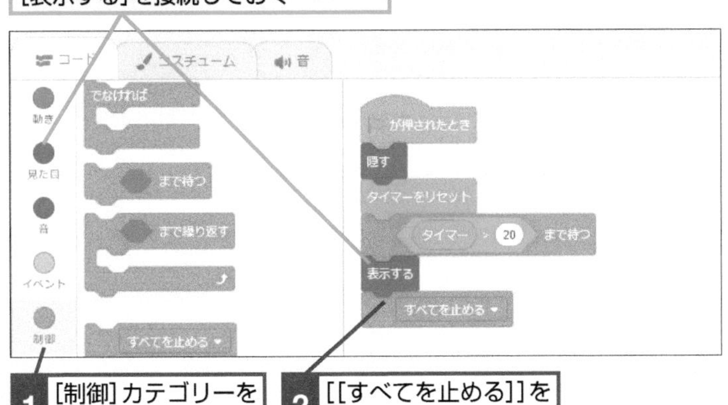

1 [制御]カテゴリーをクリック

2 [[すべてを止める]]を接続

ヒント！

タイマーは専用のブロックでリセットする

手順2で登場する[タイマー]ブロックは、Scratchにあらかじめ用意されている変数の1つです。緑の旗ボタンをクリックすると自動的に0に戻るようになっていますが、不具合が生じる場合があるので、手順4で専用のブロックを接続してリセットしています。

20秒でゲームが終わるもん！

変数と乱数でゲームに変化がつく

この「クリックゲーム」で変数と乱数を使わなかったら、どんなゲームになっていたでしょうか。毎回同じ場所にUFOが現れて、何度たたいてもスコアが表示されない、つまらないものになっていたでしょう。
変数と乱数は、ゲームに変化を出して楽しいものにしてくれます。この章では基本的な使い方をしましたが、ほかにもいろいろな使い方があります。例えば、UFOに逃げられた回数を表示したり、UFOの種類を増やして出てくるUFOを毎回変えたりするなど、ゲームの内容をさらに工夫することができます。コードが完成したら、ぜひアレンジしてみましょう。

クリックゲームのコード一覧

```
このスプライトが押されたとき
ばくはつ音 の音を鳴らす
コスチュームを ダメージ にする
スコア を 1 ずつ変える
0.1 秒待つ
隠す

が押されたとき
スコア を 0 にする
ずっと
  x座標を -240 から 240 までの乱数 、y座標を 0 から 180 までの乱数 にする
  コスチュームを UFO にする
  表示する
  1 秒でx座標を -240 から 240 までの乱数 に、y座標を 0 から 180 までの乱数 に変える
  隠す
```

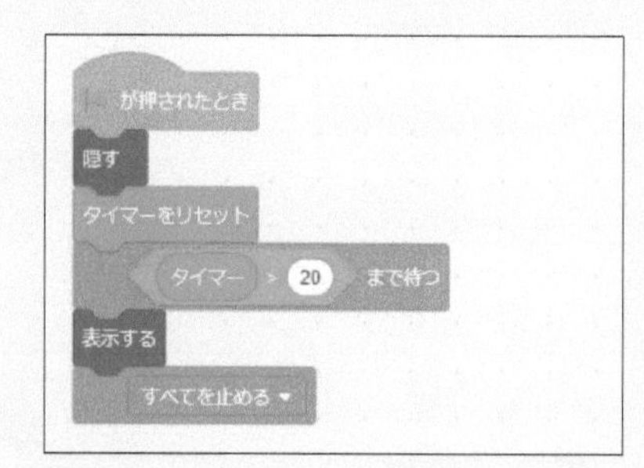

練習問題

1.

スコアが10よりも大きくなったら、ゲームが終了するように設定しましょう。

ヒント レッスン32の手順3で追加した[[タイマー] > [20] まで待つ] の [タイマー] を [スコア] に変更します。

11回UFOをクリックするとゲームが終わるようにする

2.

UFOが画面全体に出現するように設定しましょう。

ヒント x座標、y座標を乱数で設定したブロックと交換します。

UFOが画面全体のランダムな位置に表示されるようにする

解答

1.

スプライトリストで[ゲームオーバー]をクリックしておく

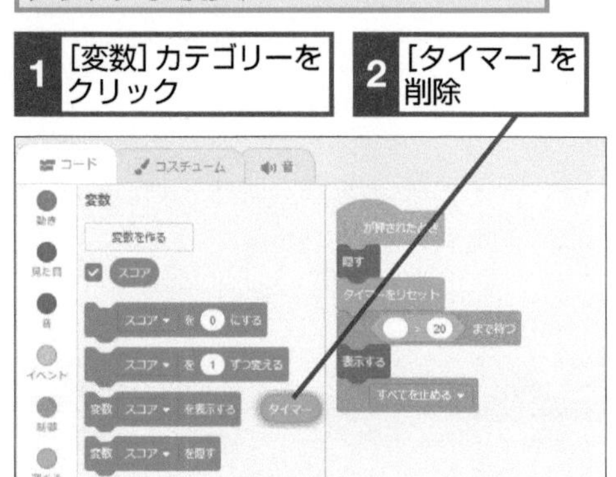

時間制限を得点制限に変更するには、[変数] カテゴリーの [スコア] ブロックを使います。[タイマー] のブロックと入れ替えて、数値を変更しましょう。

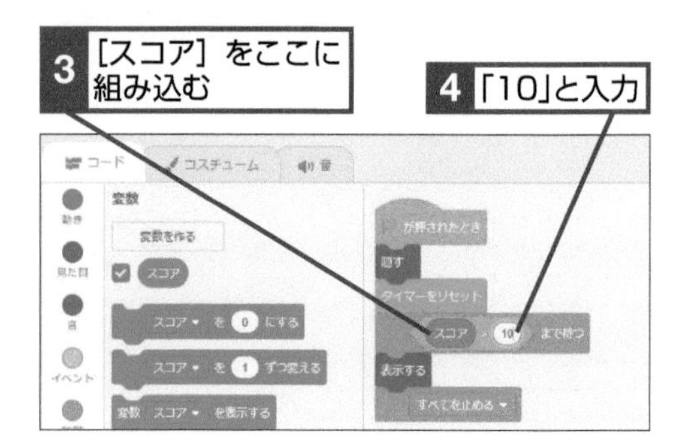

2.

スプライトリストで[UFO]をクリックしておく

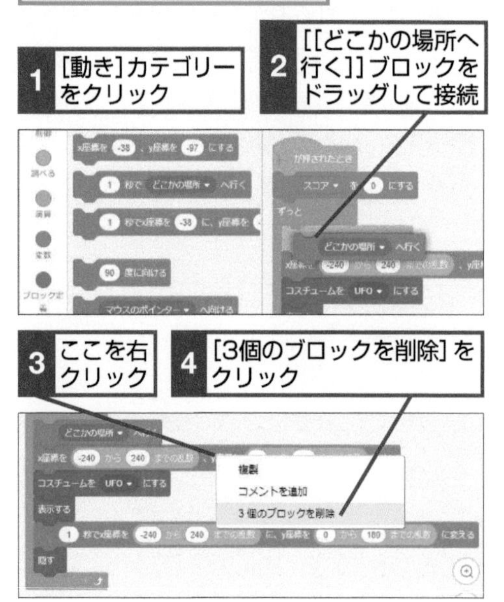

画面上のランダムな場所を指定する場合は、[動き] カテゴリーの [[どこかの場所へ行く]] ブロックと [[1] 秒で [どこかの場所へ行く]] ブロックを使うと便利です。また、複数のブロックが接続されたブロックを削除する場合は、削除したいブロックを右クリックして [[ ] 個のブロックを削除] をクリックすると、対象のブロックのみ削除できます。

同様の手順で[[1]秒で[どこかの場所へ行く]]ブロックをここに接続する

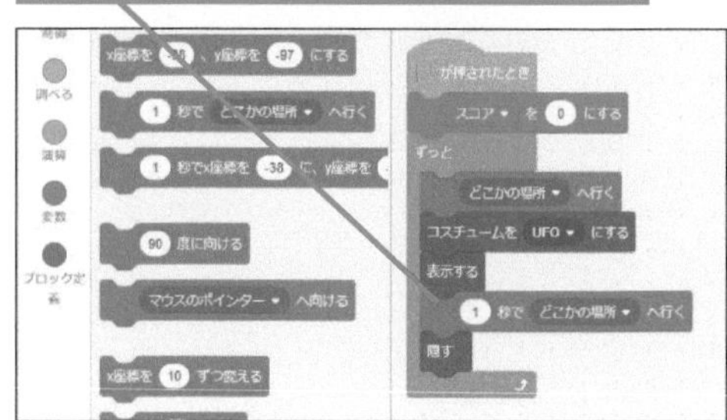

第7章

オート紙芝居を作ろう

この章では自動的に物語が進む紙芝居を作りながら、メッセージの機能について学びます。メッセージはほかのスプライトに命令を伝えるしくみです。

この章の内容

この章で作るプログラム

できるもんが浦島太郎になるよ！

緑の旗ボタンをクリックすると、紙芝居が始まるよ。かめさんが子どもにいじめられてるよ。

できるもんが登場して、子どもたちから、かめさんを助けるよ！

公開ページ https://scratch.mit.edu/projects/368533464/

自動的に進む紙芝居を作ろう

この章ではメッセージの機能を使ってオート紙芝居を作ります。スプライトの動きを連携できるので、プログラムをスタートすると自動的に話が進みます。

メッセージを送りあう

この章で作るオート紙芝居では、スプライトが物語のセリフを言って次のスプライトにメッセージを送り、そのメッセージを受け取ったスプライトが返事のセリフを言って動く、という形でリレーのように物語が進んでいきます。セリフとメッセージは別々のコードで設定します。

プログラムの動き方

緑の旗ボタンをクリックすると、かめと子どもたちが表示されてお話が始まる　→レッスン33

できるもんが登場して、子どもたちが退場する　→レッスン35、36、37

できるもんが動き、かめとやり取りする　→レッスン38

できるもんとかめが非表示になり、画面が切り替わる　→レッスン39

この章で学べること

Scratchでは、スプライトごとにコードは独立しているので、あるスプライトのコードからほかのスプライトを直接操作することはできません。そこでメッセージの機能を使います。メッセージはほかのスプライトに対する呼びかけのようなものです。メッセージを受け取ったスプライトは、それに応じた処理を行います。

メッセージというと宛先を指定するイメージがありますが、Scratchのメッセージは館内放送のようなもので、全員が一斉に聞くことができます。このため、同じメッセージで複数のスプライトを動かすことができます。

子どもにメッセージを教えるには

Scratchのコードはスプライトごとに記述するため、ひとつのスプライトを動かす方法は直観的に学べます。その反面、ほかのスプライトを動かす方法は分かりにくくなっています。メッセージの仕組み自体はシンプルなので、まずは一緒に使ってみましょう。スプライト同士を連携させる仕組みが分かり、どんどん応用していけるはずです。

メッセージを次々と送るプログラムの場合は、台本を書いて順序を整理するといい

メッセージの特徴

Scratchのメッセージは、英語版ではbroadcast（ブロードキャスト）つまり「放送」と表示されます。プロジェクトの中の全員に呼びかける機能であることを示しています。

メッセージの利点は、複数のスプライトを同時に動かせることと、操作される側にプログラムを書くので、プログラムの見通しが良くなることです。

プログラミング言語には、書いたコードを見やすく、理解しやすくするための工夫がたくさん凝らされています。Scratchのメッセージもそういった工夫のひとつです。

英語版では「broadcast」という単語が使われている

broadcast message1 ▾

broadcast message1 ▾ and wait

テーマ スプライトの配置

レッスン 33

背景とスプライトを配置する

このプロジェクトで使う背景とスプライトをアップロードします。スプライトが複数あるので、順序に気を付けましょう。

1 背景とスプライトをアップロードする

スプライトの「子ども1」「子ども2」「かめ」と背景「ばめん1」をアップロードしておく

1 [子ども1]をクリック

2 子ども1の座標を決める

[イベント]カテゴリーをクリックして[緑の旗ボタンが押されたとき]を設置しておく

1 [動き]カテゴリーをクリック

2 [x座標を[ ]、y座標を[ ]にする]を接続

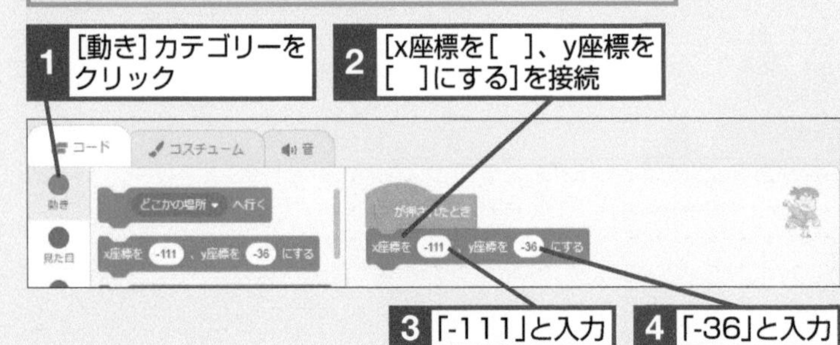

3 「-111」と入力

4 「-36」と入力

5 [見た目]カテゴリーをクリック

6 [表示する]を接続

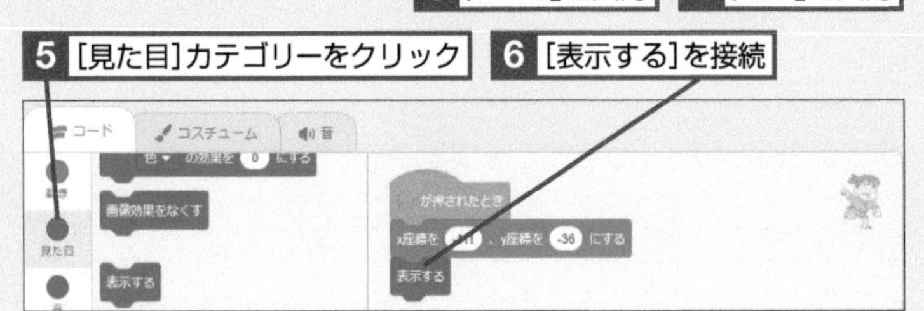

このレッスンで出てくる用語

スプライト	p.280
スプライトリスト	p.280

ヒント!

スプライトには重なり順がある

ステージ上のスプライトには重なり順があり、最後にドラッグしたものが最前面に表示されます。重なっている順番を変更したいときは、上にしたいスプライトを少しだけドラッグするといいでしょう。位置を変えたくない場合は、スプライトリストのアイコンをクリックした状態で[見た目]カテゴリーの[[最前面]へ移動する]ブロックをダブルクリックしましょう。

3 子ども1のセリフを作る

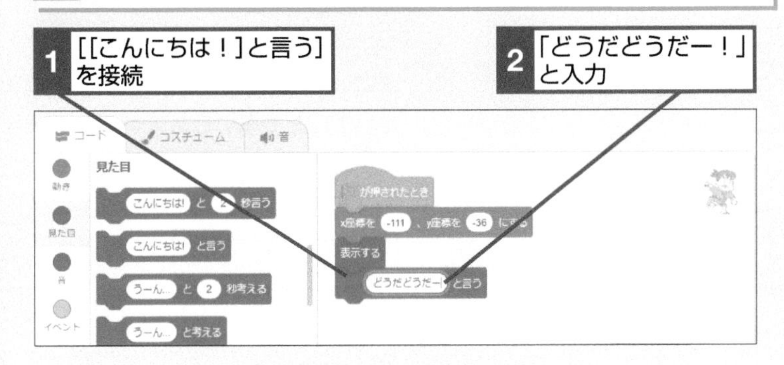

4 子ども1の動きを準備する

1 [制御]カテゴリーをクリック

2 [[10] 回繰り返す]を接続

3 「5」と入力

4 [動き]カテゴリーをクリック

5 [x座標を[10]ずつ変える]をドラッグして接続

ヒント！

セリフが長い場合はあらかじめ入力しておく

ブロックにはある程度の長さの文字しか表示されないため、長い文章を入力するときは、メモ帳などに下書きしておくと便利です。メモ帳からブロックの入力欄にコピー＆ペーストしましょう。スプライトが話すセリフが決まっている場合は、順番通りに用意しておくと効率よくプログラミングできます。

次のページに続く

5 子ども1の動きを作る

1 [制御]カテゴリーをクリック

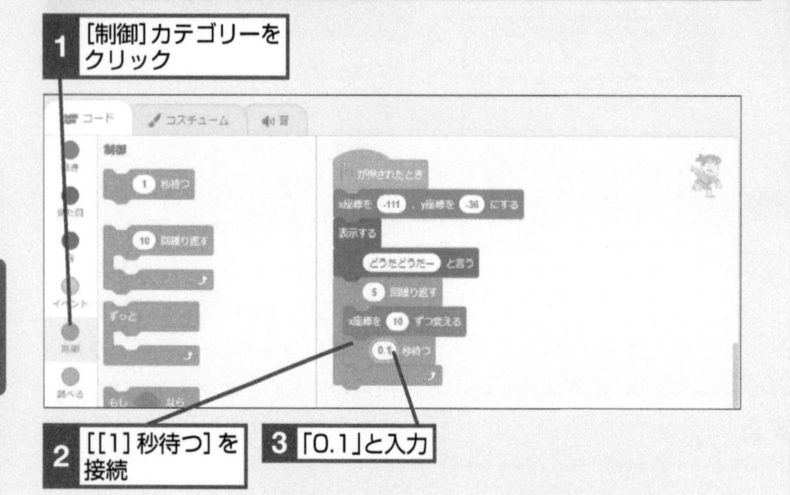

2 [[1]秒待つ]を接続

3 「0.1」と入力

4 ここを右クリック

5 [複製]をクリック

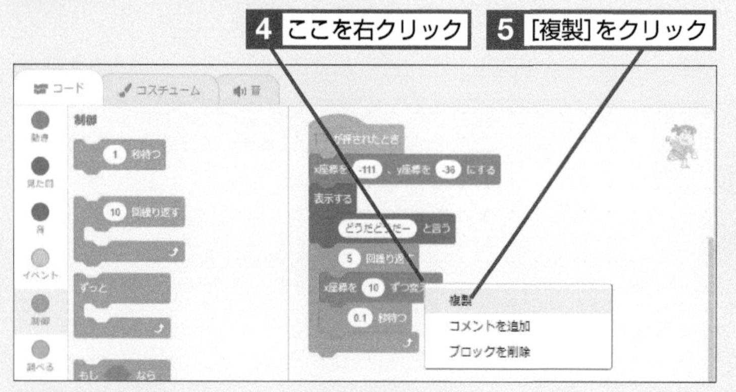

6 ここに接続

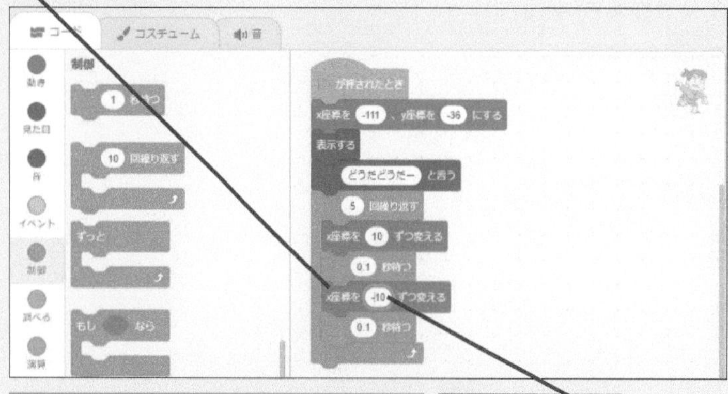

レッスン14を参考に完成したコードをバックパックに入れておく

7 「-10」と入力

ヒント!

子ども1はその場で左右に動かす

子ども1は、かめの上側で左右に動いて、かめをいじめているように見えるようにします。[x座標を［10］ずつ変える］ブロックに［[1］秒待つ］ブロックを組み合わせて、動きがよく分かるようにします。

6 子ども2の動きを作る

1 スプライトリストで[子ども2]をクリック

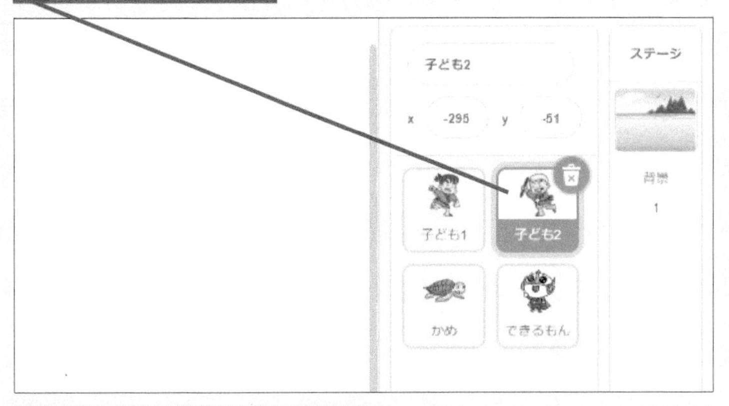

2 バックパックから[子ども1]のコードを移動

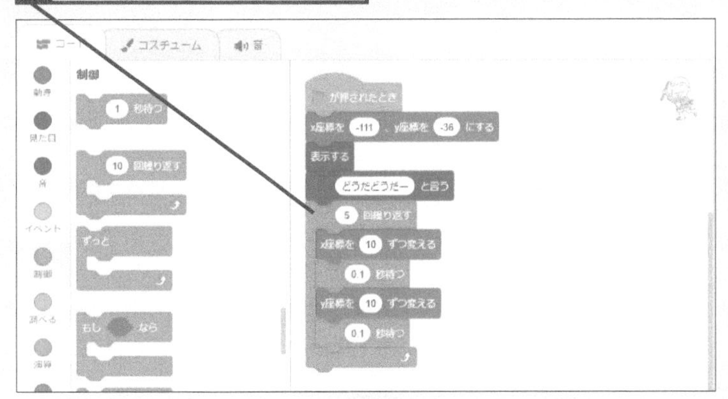

3 「20」と入力

4 「-51」と入力

5 「こうしてやるー！」と入力

> **ヒント！**
>
> **子ども2は子ども1と同時に動く**
>
> 子ども2の動きは、子ども1のブロックを複製して作るためほぼ同じ動きになります。こちらも［[1]秒待つ］ブロックを使って動きがよく分かるようになっています。

テーマ メッセージ

レッスン 34

新規メッセージを作る

このレッスンでは「メッセージ」の作り方を学びます。複数の方法がありますが［[メッセージ1］を送る］ブロックを使う方法がおすすめです。

1 かめの座標を設定する

スプライトリストで「かめ」をクリックしておく

［イベント］カテゴリーをクリックして［緑の旗ボタンが押されたとき］を設置しておく

1 ［動き］カテゴリーをクリック

2 ［x座標を［　］、y座標を［　］にする］を接続

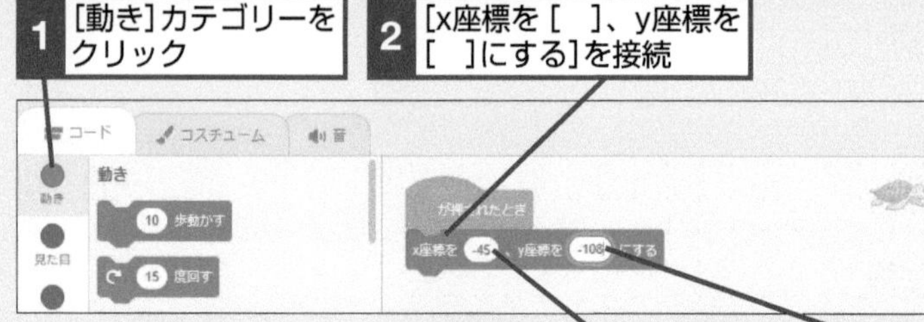

3 「-45」と入力

4 「-108」と入力

2 かめを表示する

1 ［見た目］カテゴリーをクリック

2 ［コスチュームを［　］にする］を接続

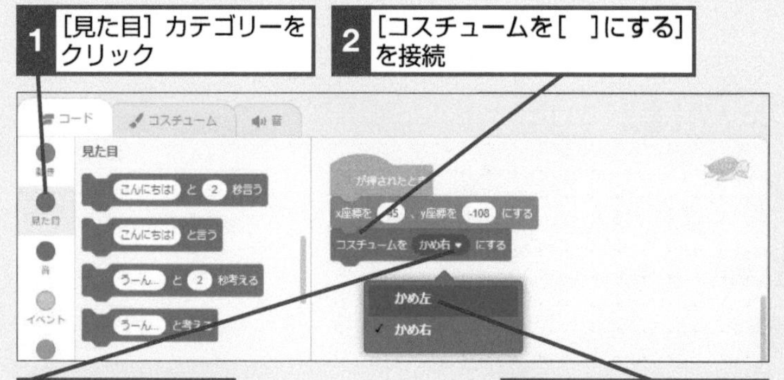

3 ここをクリック

4 ［かめ左］をクリック

5 ［表示する］を接続

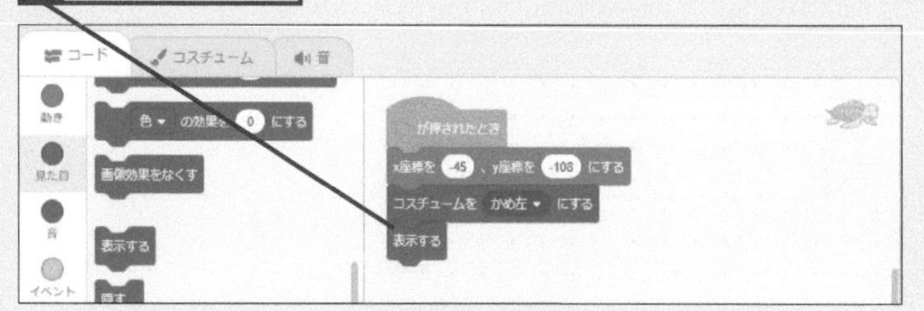

このレッスンで出てくる用語

スプライト	p.280
メッセージ	p.282

レッスンで使う練習用ファイル **レッスン34.sb3**

ヒント!

コスチュームで向きを変えよう

手順2では向きの違うコスチュームを用意して、コスチュームを切り替えることでかめの向きを変えています。向きの違うコスチュームを作りたいときは、コスチュームの編集画面でコスチュームを複製し、すべて選択して左右を反転すると簡単に作れます。

［コスチューム］タブで［左右反転］ボタンをクリックすると絵柄の左右の向きを変更できる

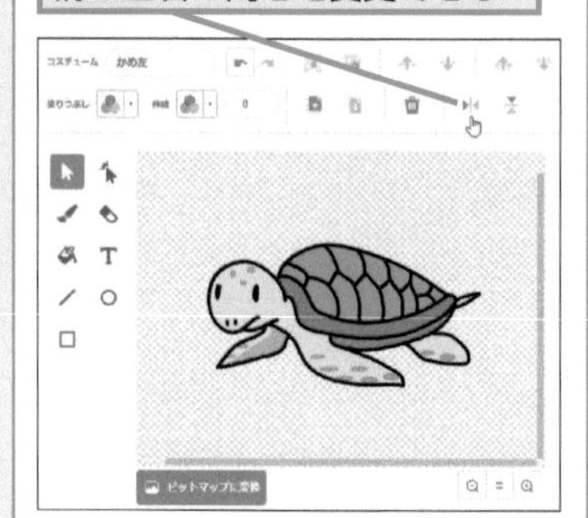

3 新しいメッセージを作る

スプライトリストで［子ども2］をクリックしておく

1 ［イベント］カテゴリーをクリック

2 ［［メッセージ1］を送る］をドラッグして接続

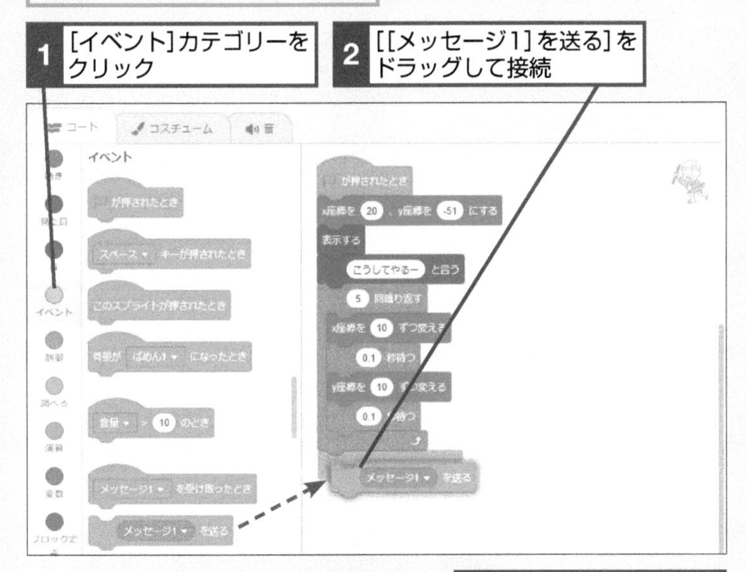

3 ここをクリック

4 ［新しいメッセージ］をクリック

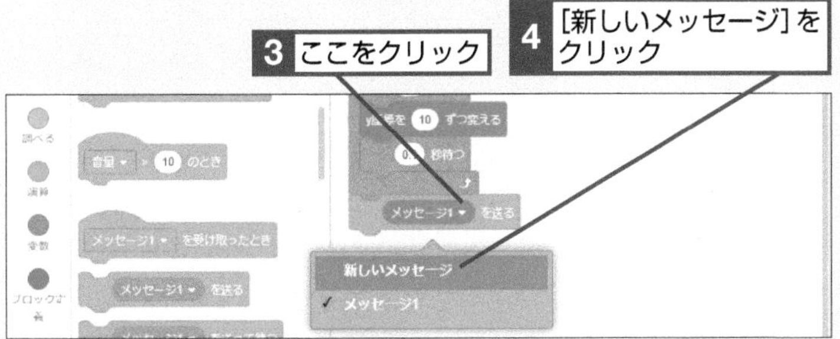

［新しいメッセージ］ウィンドウが表示された

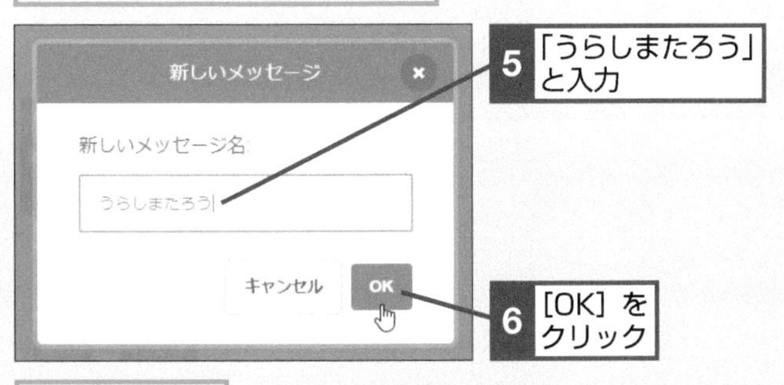

5 「うらしまたろう」と入力

6 ［OK］をクリック

メッセージ名が変更された

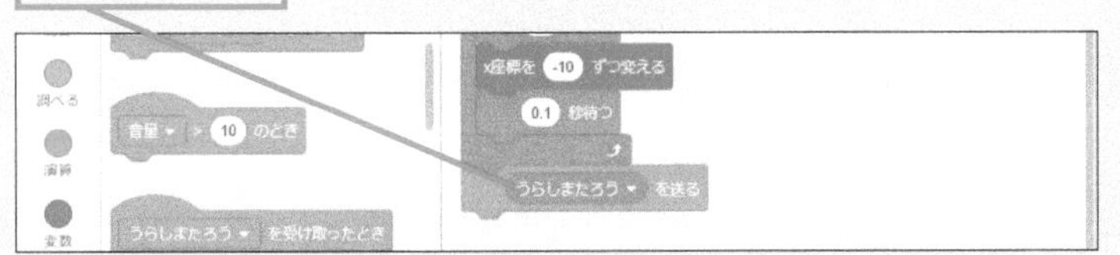

ヒント！

［［メッセージ1］を送る］でメッセージを作る

新しいメッセージは、［イベント］カテゴリーにある最後の3つのブロックのどれを使っても作成できます。コードが進行する順序に沿って、手順3のように［［メッセージ1］を送る］をほかのブロックに接続し、その後に新しいメッセージを作ると分かりやすくなります。

ヒント！

メッセージは分かりやすい名前にする

メッセージはどのような名前を付けてもいいのですが、紛らわしくないものにする必要があります。この章ではスプライトの名前や行動を示すものをメッセージの名前にしましたが、数字などにしても構いません。

テーマ スプライトの登場

新しいスプライトを登場させる

メッセージを使ってできるもんを登場させます。できるもんはこの後、物語の最後まで登場してから隠れる設定にします。

1 できるもんを登場させる

「できるもん」をアップロードしておく

1 [イベント] カテゴリーをクリック

2 [[うらしまたろう] を受け取ったとき]をドラッグして設置

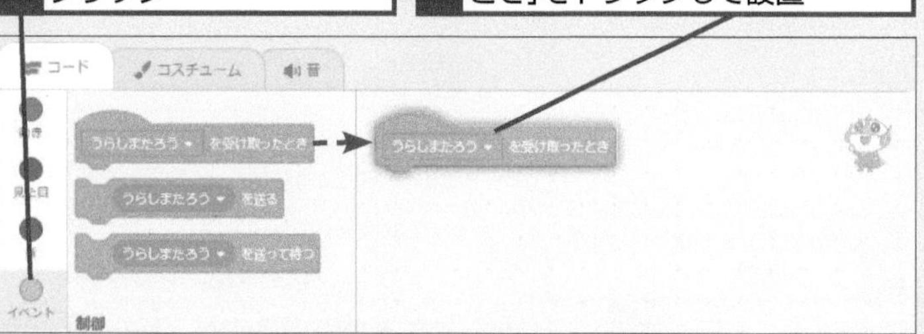

3 [動き] カテゴリーをクリック

4 [x座標を [ ]、y座標を [ ]にする]を接続

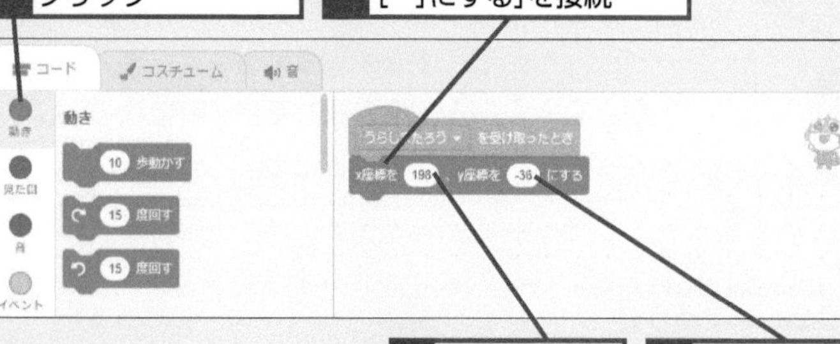

5 「198」と入力

6 「-36」と入力

7 [見た目] カテゴリーをクリック

8 [表示する] を接続

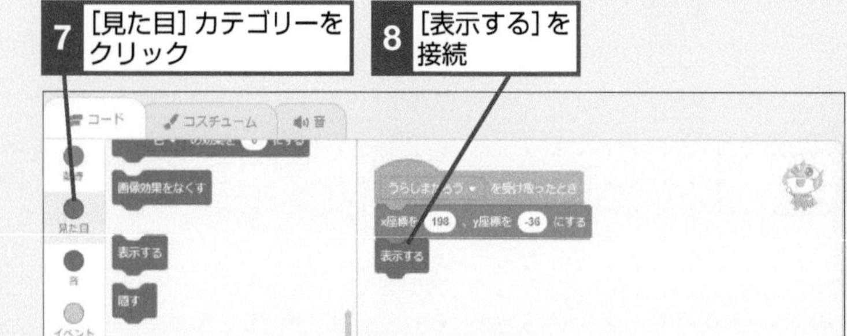

このレッスンで出てくる用語

イベント	p.279
ハットブロック	p.281
メッセージ	p.282

レッスンで使う
練習用ファイル **レッスン35.sb3**

ヒント!

メッセージを受け取るとプログラムが始まる

メッセージを受け取るブロックは、プログラムを始めるための「ハットブロック」になっています。メッセージを受け取ることでコードが開始することを確認しておきましょう。

2 セリフを設定する

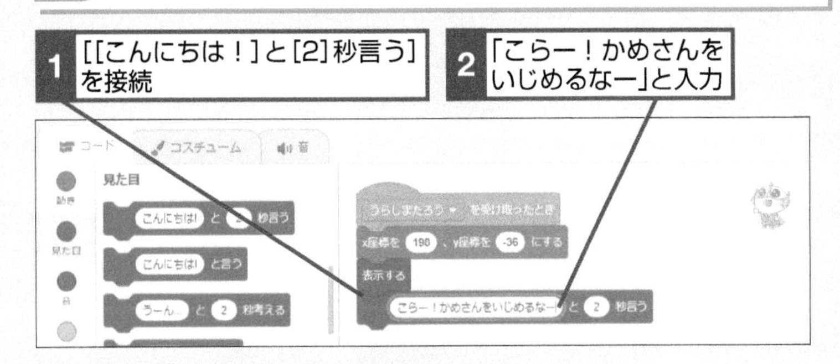

3 新しいメッセージを送る

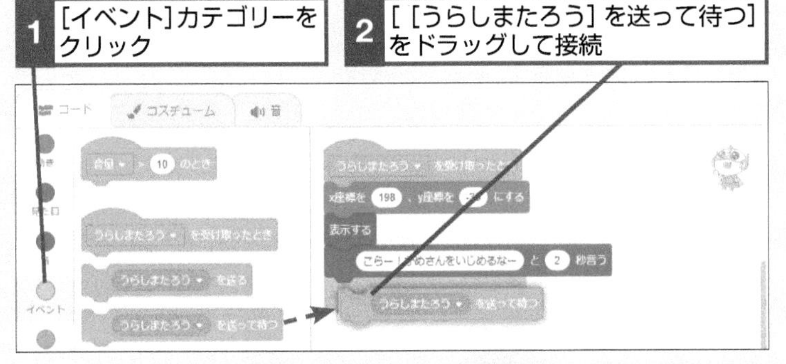

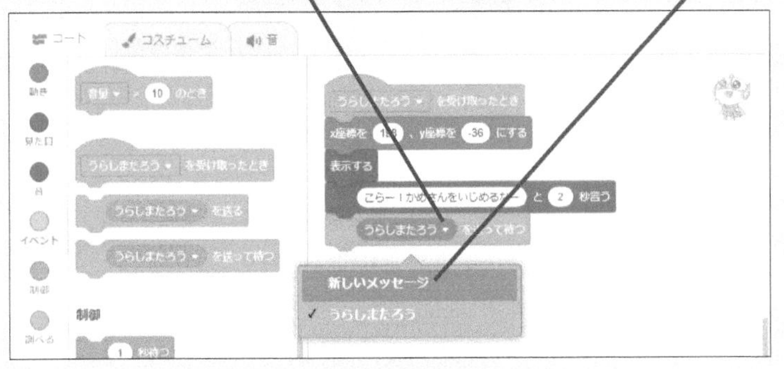

レッスン34と同様の手順で[子どもにげる]のメッセージを作成する

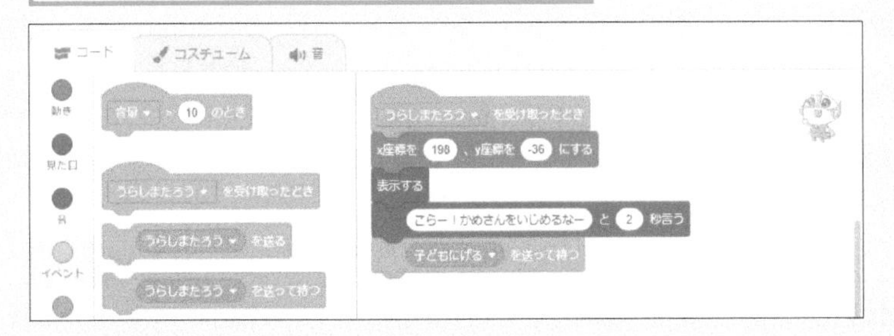

ヒント！

ブロックに表示されるメッセージは一番上だけになる

メッセージを追加していくと、ブロックパレットの中には50音順で先頭にきたものが表示されます。そのほかのメッセージはプルダウンメニューから選べます。

テーマ スプライトの退場

子ども1をステージから退場させる

できるもんにしかられた子どもたちを退場させます。x座標を少しずつ変えて、画面の左端に移動してから隠します。

1 子ども1でメッセージを受け取る

スプライトリストで[子ども1]をクリックしておく

1 [イベント]カテゴリーをクリック

2 [[うらしまたろう]を受け取ったとき]を設置

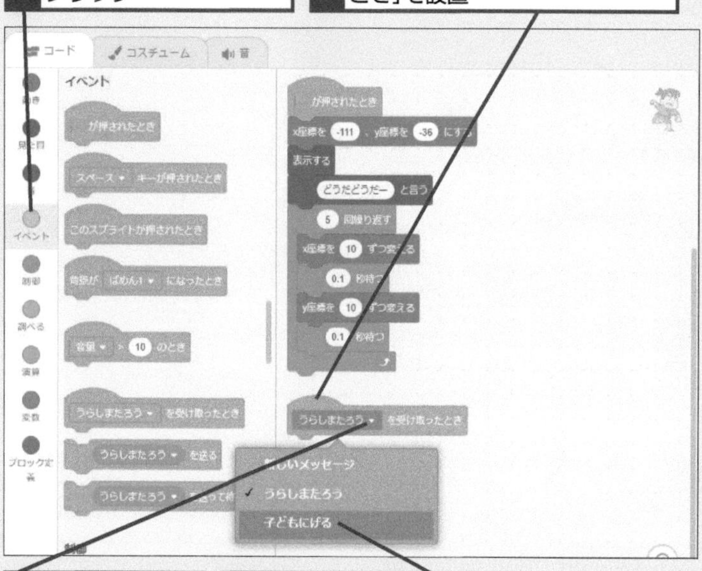

3 ここをクリック

4 [子どもにげる]をクリック

2 セリフを設定する

1 [見た目]カテゴリーをクリック

2 [[こんにちは！]と[2]秒言う]を接続

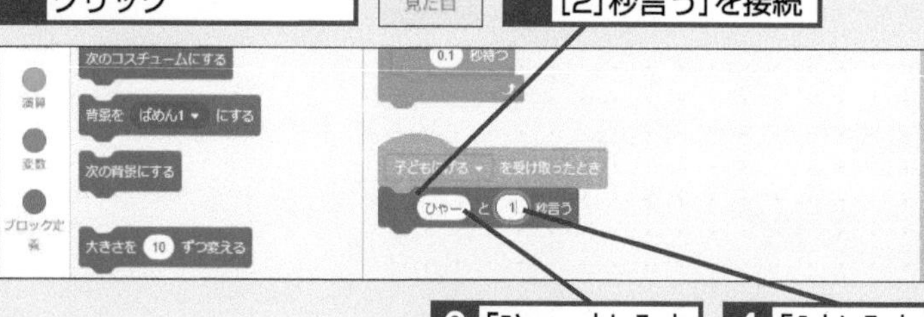

3 「ひゃー」と入力

4 「1」と入力

このレッスンで出てくる用語

イベント	p.278
座標	p.280
メッセージ	p.282

レッスンで使う練習用ファイル **レッスン36.sb3**

ヒント！ [[こんにちは！]と[2]秒言う]は吹き出しが消える

[[こんにちは！]と[2]秒言う]ブロックを使うと、設定した秒数の後に吹き出しが消えます。吹き出しが消えてから次のブロックの処理が行われることに注意しましょう。なお、[[こんにちは！]と言う]の場合は吹き出しは消えず、次のブロックの処理はすぐに行われます。

3 動きを追加する

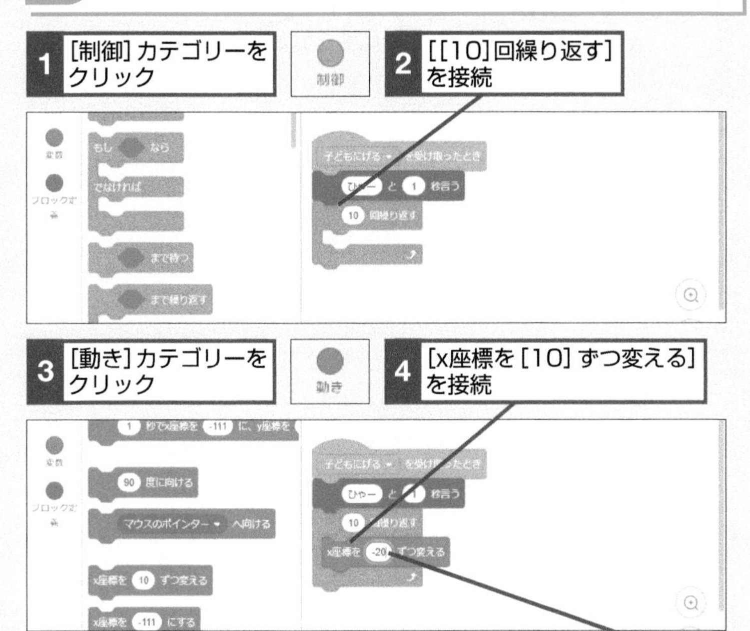

5 「-20」と入力

4 子ども1を非表示にする

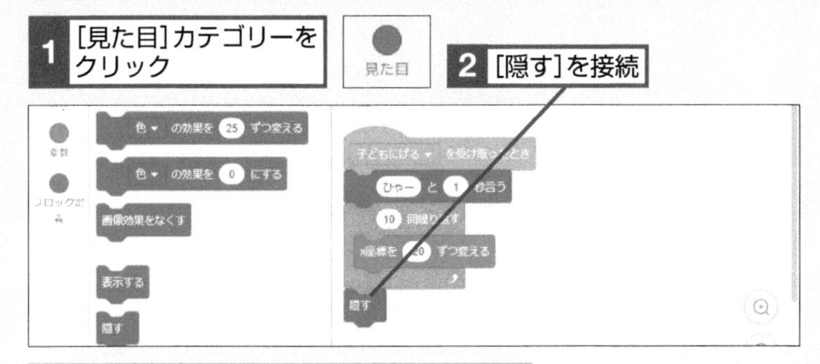

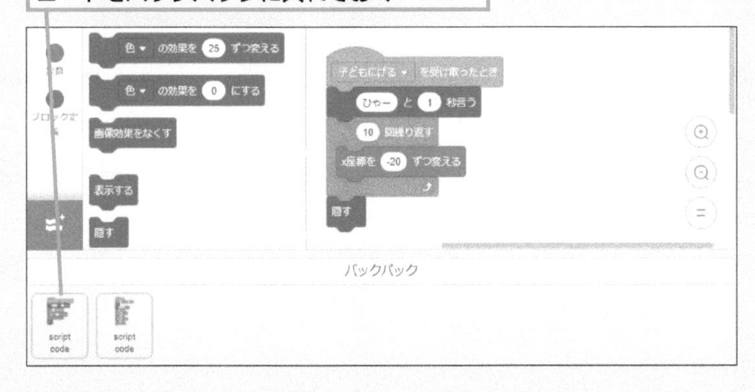

ヒント!

座標から移動距離を計算しよう

手順3では [[10] 回繰り返す] ブロックに [x座標を [10] ずつ変える] ブロックを接続して、子ども1がステージの端まで動くようにしています。子ども1のx座標は「-111」のため、「-20」ずつ10回動くことで十分にステージの端まで到着します。

テーマ スプライトの退場

子ども2をステージから退場させる

子ども1とほぼ同時に、子ども2もステージから退場させます。子ども1のコードを複製して使いましょう。ここまでできたら、一度コードを動かします。

1 子ども2でメッセージを受け取る

スプライトリストで［子ども2］をクリックしておく

1 バックパックを使ってコードを複製

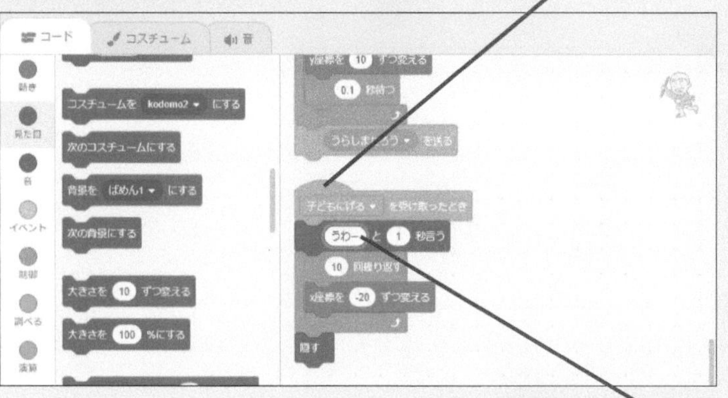

2「うわー」と入力

2 セリフを追加する

1 ［［こんにちは！］と言う］を接続

2「にげろー」と入力

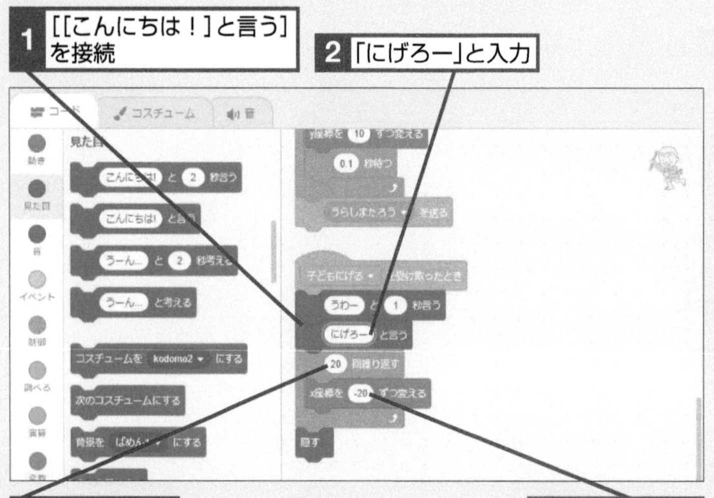

3「20」と入力

4「-20」と入力

このレッスンで出てくる用語

イベント	p.279
スプライト	p.280
メッセージ	p.282

レッスンで使う練習用ファイル　レッスン37.sb3

ヒント！

メッセージは複数のスプライトが同時に受け取る

レッスン35の手順3で、できるもんが「子どもにげる」のメッセージ送りました。このメッセージを子ども1と子ども2が受け取って、次の動作を行います。このように、Scratchのメッセージは複数のスプライトで同時に受け取ることができます。

ヒント！

「にげろー」は表示しながら退場する

［［こんにちは！］と言う］ブロックは吹き出しが消えないため、子ども2は「にげろー」と言いながら退場します。使い分けを工夫して、物語を楽しく見せましょう。

3 できるもんを非表示にする

ステージを拡大しておく

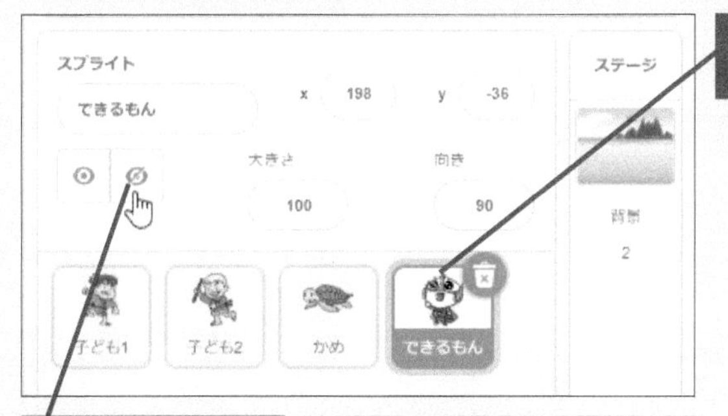

1 [できるもん]をクリック

2 ここをクリック

できるもんが非表示になった

ヒント!

できるもんを非表示にしておく

ここまでのコードを実行する前に、できるもんを非表示にしておきましょう。スプライトリストでできるもんのスプライトをクリックしてから［見た目］カテゴリーの［隠す］ブロックをクリックするか、スプライトの情報の［表示する］の右側のアイコンをクリックしましょう。

4 ここまでの動きを実行する

緑の旗ボタンをクリックしてここまでの動きを確認する

次のレッスンはこの画面から開始する

テーマ メッセージのやり取り

レッスン 38

メッセージをやり取りする

できるもんを少し動かして、かめに話しかけさせます。セリフの秒数を調節して、やりとりが自然に行われるようにします。

1 できるもんを動かす

ステージを縮小しておく

スプライトリストで[できるもん]をクリックしておく

1 [動き]カテゴリーをクリック

2 [[1]秒で[x座標を[ ]に、y座標を[ ]に変える]をドラッグして接続

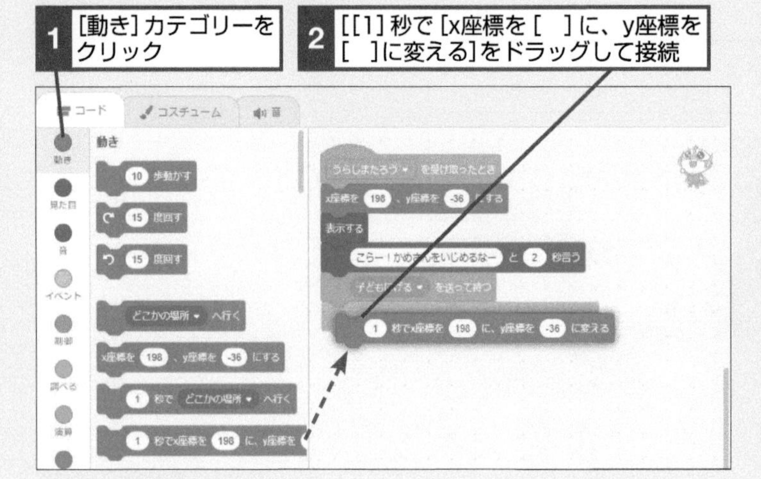

3 「2」と入力

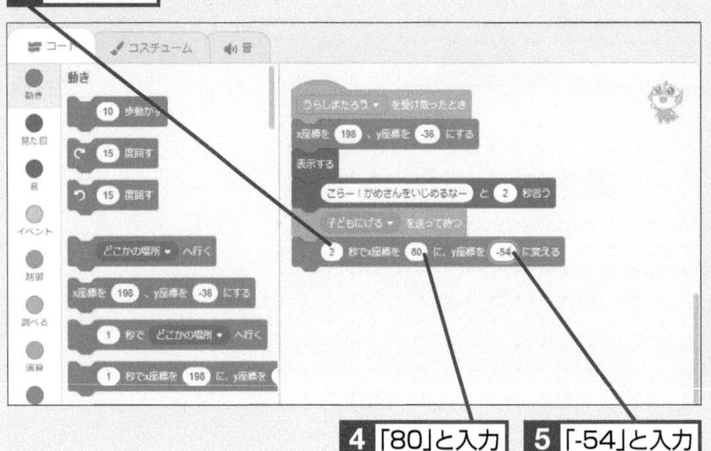

4 「80」と入力

5 「-54」と入力

このレッスンで出てくる用語

イベント	p.279
スプライトリスト	p.280
メッセージ	p.282

レッスンで使う練習用ファイル **レッスン38.sb3**

ヒント！

できるもんがゆっくりとかめに近づく

手順1の操作2の［[1] 秒で［x座標を［ ］に、y座標を［ ］に変える］ブロックを使うと、スプライトを指定した座標に向かわせることができます。ステージで先にスプライトを動かしたい位置にドラッグして、その座標をブロックに入力すると簡単に動きを作れます。

スプライトをドラッグしてから座標を決定する

2 セリフを追加する

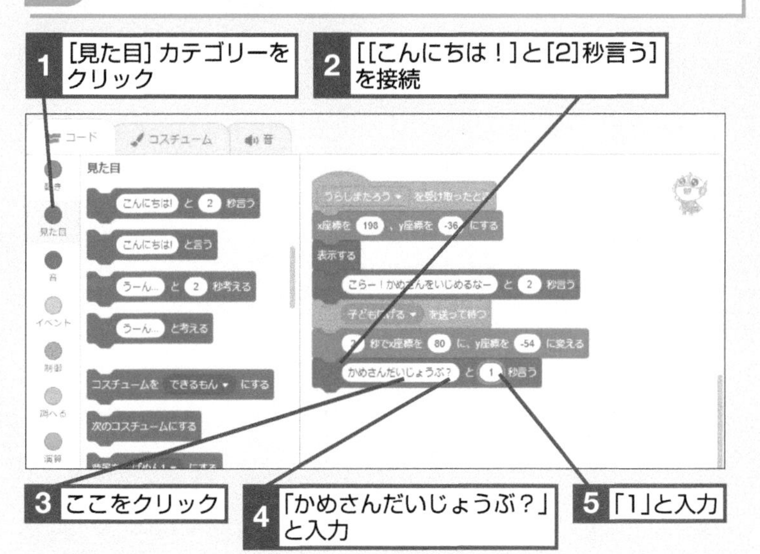

3 新しいメッセージを送る

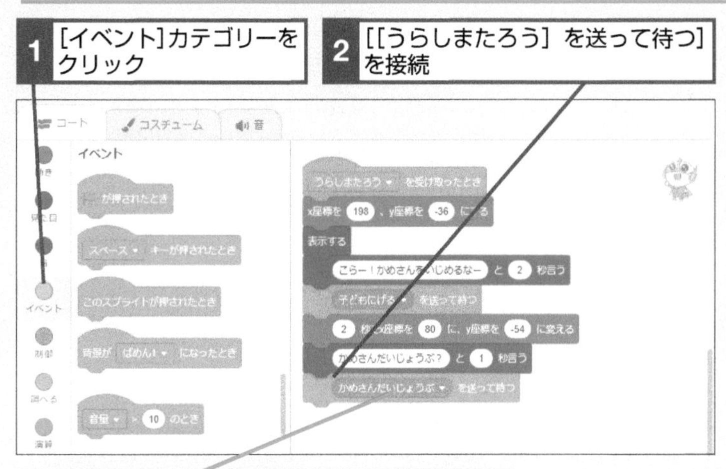

間違った場合は？

このプロジェクトではコードの処理がどの段階か分かるようにスプライトのセリフとメッセージに関連性を持たせていますが、途中で混同してしまうかもしれません。ブロックの色と、そこに入力する内容を確認し、本書と同じ内容になるように直しましょう。

次のページに続く

4 かめの動きを作る

スプライトリストで[かめ]をクリックしておく

1 [イベント] カテゴリーをクリック

2 [[うらしまたろう] を受け取ったとき]を設置

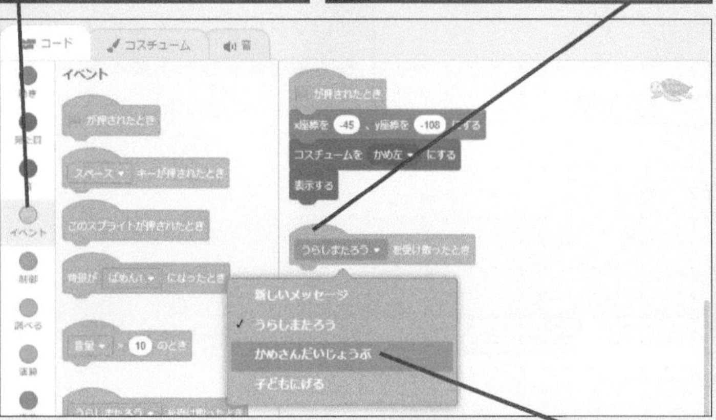

3 [[かめさんだいじょうぶ]を選択

4 [見た目]カテゴリーをクリック

5 [コスチュームを[かめ右]にする]を接続

ヒント！ スプライトとコードの対応に注意しよう

このレッスンではできるもんとかめのスプライトを切り替えながらコードを作っています。どちらのコードを作っているのか、スプライトリストで確認しながら作業を進めましょう。

ヒント！ できるもんはかめのセリフを待っている

手順3で［[かめさんだいじょうぶ］を送って待つ］ブロックをできるもんのコードに追加しました。できるもんは、このメッセージを受け取ったかめがプログラムの処理を終えるまで、次のコードを実行せずに待っています。

5 かめのセリフを作る

1 [[こんにちは！]]と[2]秒言う]を接続

2 「たすけてくれてありがとう！」と入力

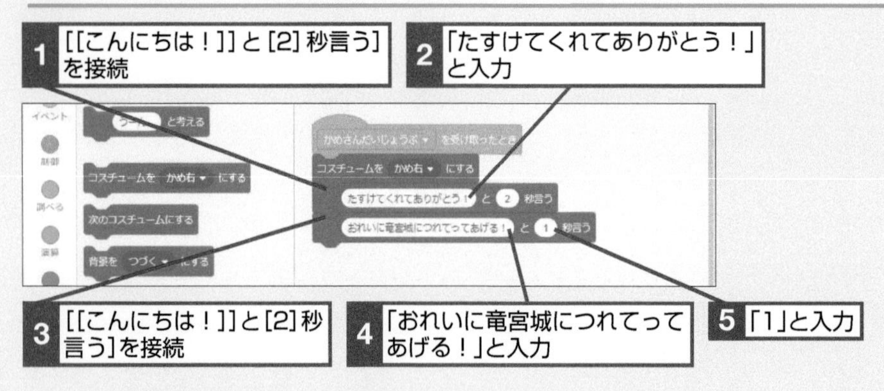

3 [[こんにちは！]]と[2]秒言う]を接続

4 「おれいに竜宮城につれてってあげる！」と入力

5 「1」と入力

6 できるもんのセリフを作る

スプライトリストで[できるもん]をクリックしておく

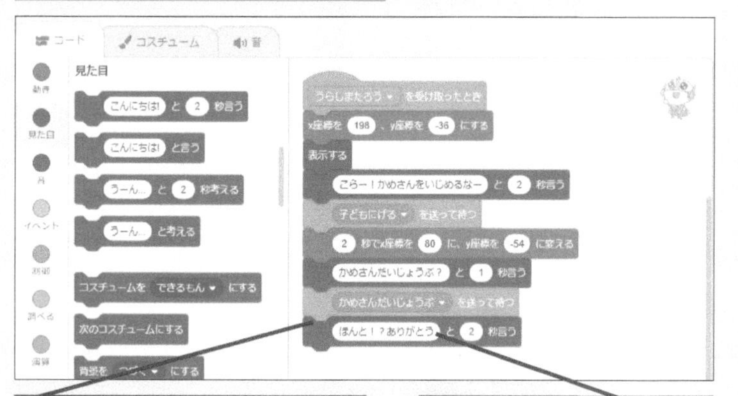

1 [[こんにちは!]と[2]秒言う]を接続

2 「ほんと!?ありがとう」と入力

7 新しいメッセージを送る

1 [イベント]カテゴリーをクリック

2 [[うらしまたろう] を送る]を接続

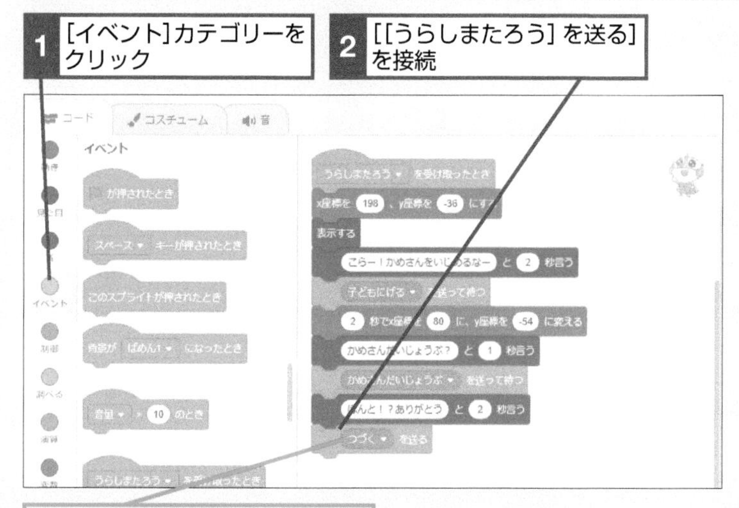

レッスン34を参考に「つづく」のメッセージを作成しておく

3 [見た目]カテゴリーをクリック

4 [隠す]を接続

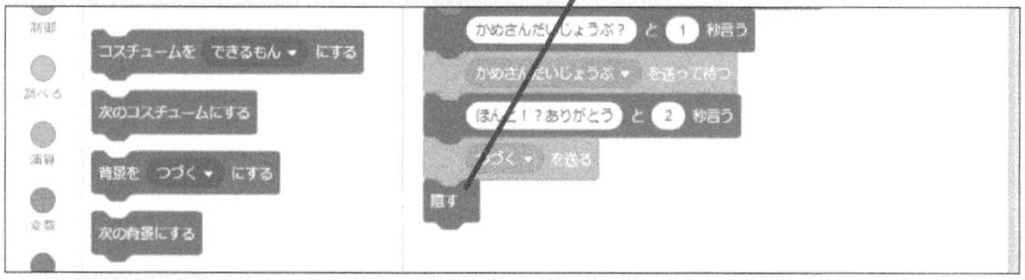

ヒント!

かめのコードが終わったらできるもんがコードを再開する

[かめさんだいじょうぶ] ブロックでメッセージを受け取ったかめは、向きを変えてセリフを2種類しゃべります。このコードが実行された後に、手順6で追加されたコードによって、できるもんが新しいセリフをしゃべります。

テーマ 画面の切り替え

エンディングの設定をする

ステージ上のキャラクターをすべて非表示にして、[つづく] がステージいっぱいに表示されるようにします。[つづく] は背景として設定します。

1 かめを非表示にする

スプライトリストで[かめ]をクリックしておく

1 [イベント] カテゴリーをクリック

2 [[うらしまたろう] を受け取ったとき]を設置

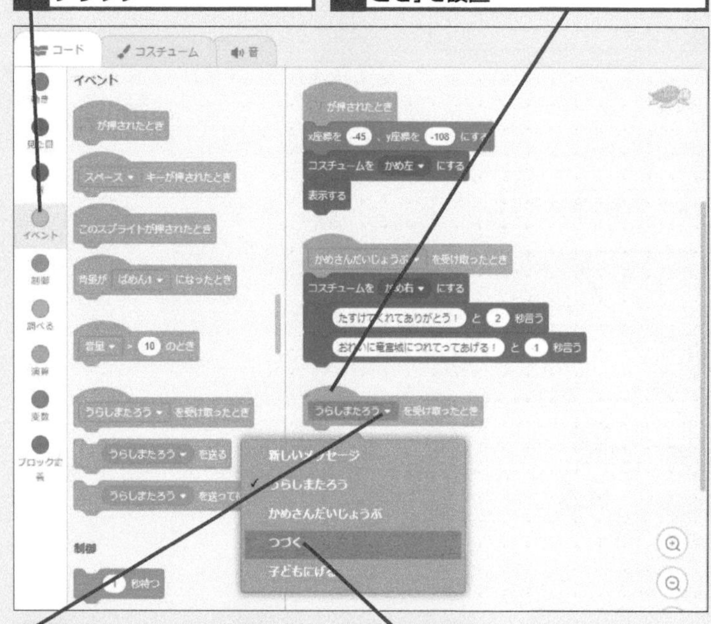

3 ここをクリック

4 [つづく]をクリック

5 [見た目] カテゴリーをクリック

6 [隠す]を接続

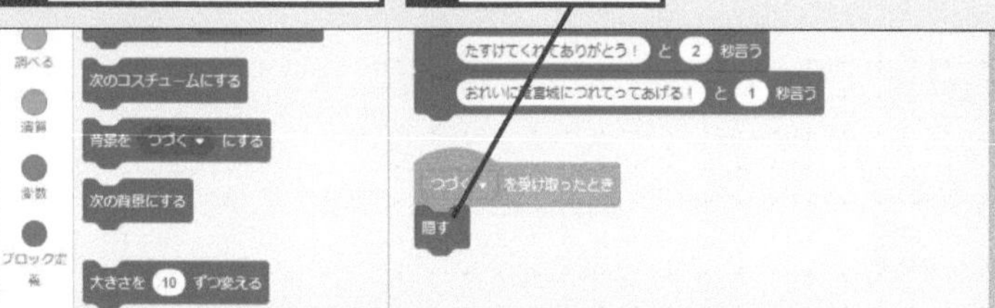

このレッスンで出てくる用語

イベント	p.279
背景	p.281
メッセージ	p.282

レッスンで使う
練習用ファイル **レッスン39.sb3**

ヒント!

できるもんとかめを非表示にする

物語が終わったことを示すために、できるもんとかめは [つづく] ブロックでメッセージを受け取ったら非表示にします。

2 エンディング画面を設定する

レッスン17を参考に「つづく.svg」を背景にアップロードしておく

[コード] タブをクリックしておく

1 [イベント] カテゴリーをクリック

2 [緑の旗ボタンが押されたとき] を設置

3 [見た目] カテゴリーをクリック

4 [背景を [つづく] にする] を接続

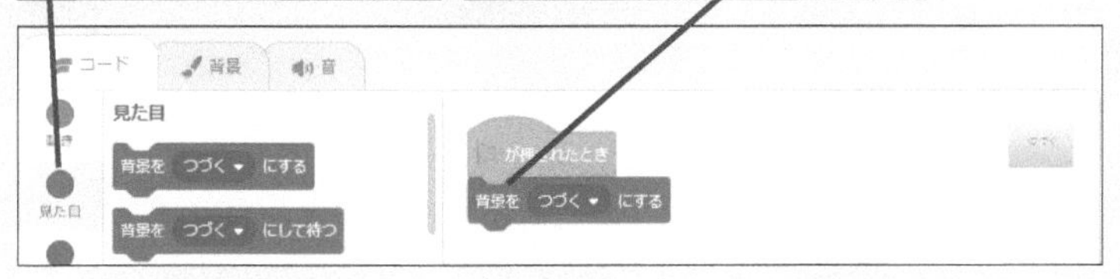

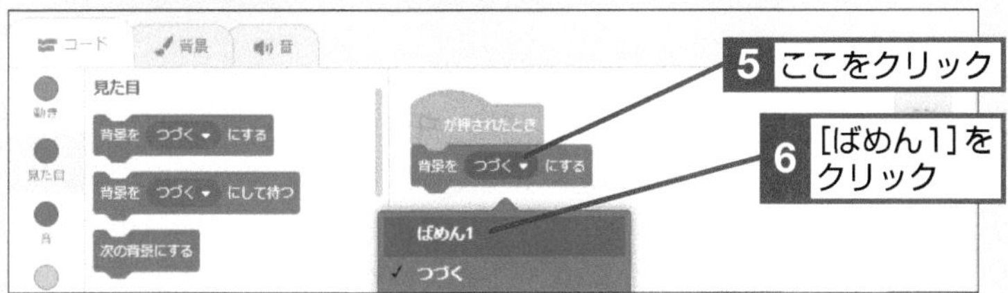

5 ここをクリック

6 [ばめん1] をクリック

7 [イベント] カテゴリーをクリック

8 [[うらしまたろう] を受け取ったとき] を設置

手順1を参考に [つづく] に変更しておく

9 [見た目] カテゴリーをクリック

10 [背景を [つづく] にする] を接続

ヒント！ エンディングの画面はスプライトにもできる

手順2ではエンディングの画面を背景にしましたが、スプライトとして設定することもできます。できるもんと同じように最初は隠しておき、[つづく] ブロックでメッセージを受け取ったときに表示するようにします。その場合は、練習用ファイルから「つづく」のスプライトをアップロードし、以下のようにコードを設定しましょう。

エンディング画面をスプライトとして設定する場合は、スプライトにこのコードを記入する

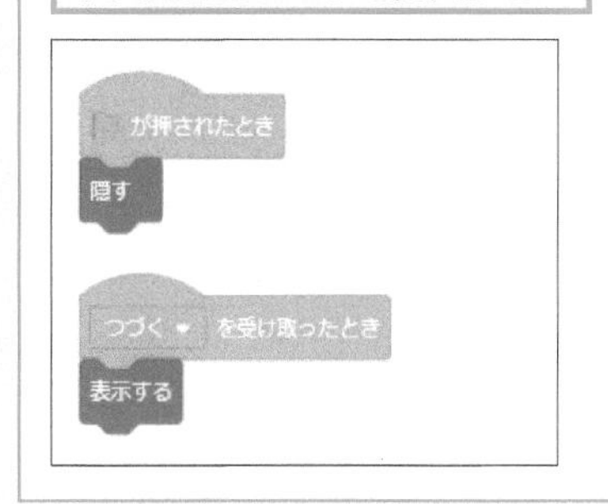

メッセージの使い方を覚えよう

この章では自動で動く紙芝居を作りながら、メッセージ機能について学びました。メッセージ機能は、Scratchでスプライトを連携させるために必須の機能です。また、ほかのプログラミング言語にはそれほど見られない、Scratchに特徴的な機能でもあります。

メッセージを使いこなすと、見やすく理解しやすい、Scratchの特徴を表すようなプログラムを作ることができます。いろいろなプロジェクトでメッセージを利用していきましょう。

オート紙芝居のコード一覧

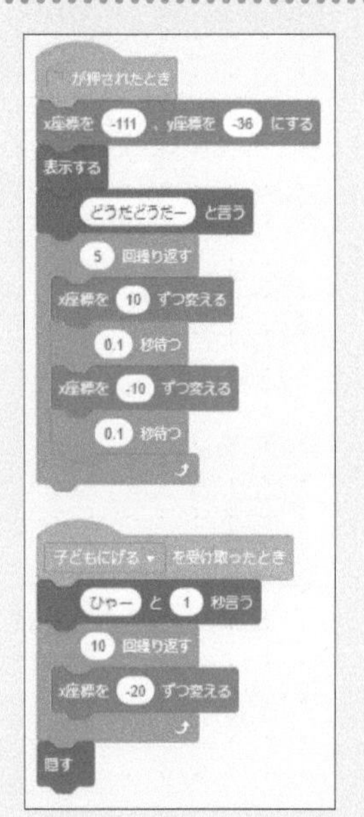

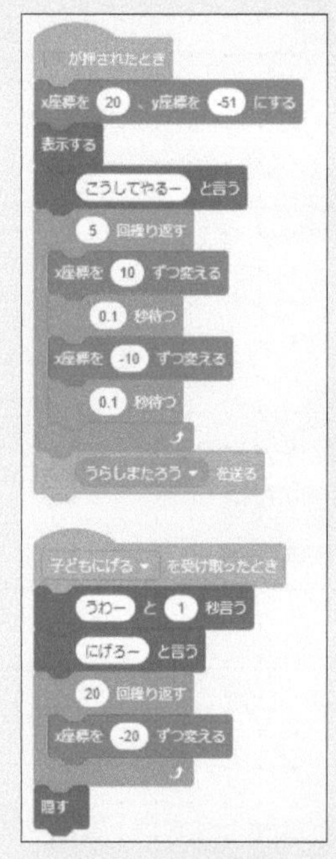

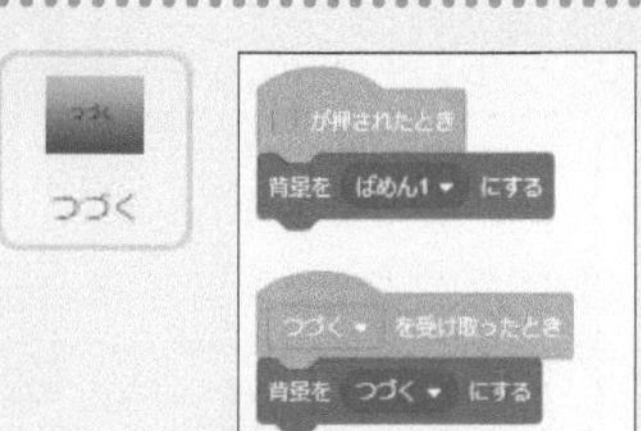

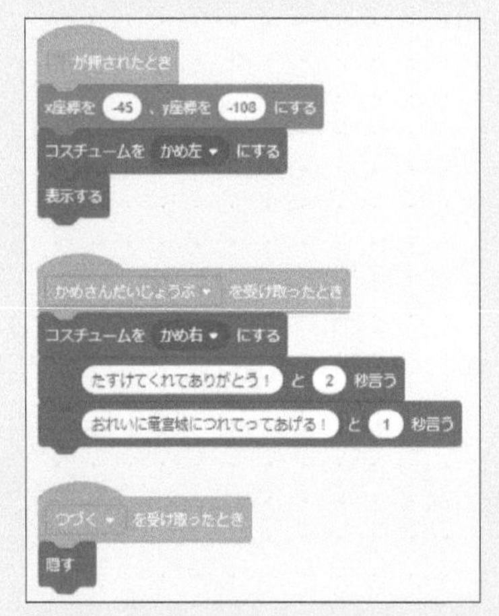

うらしまたろう を受け取ったとき
x座標を 198 、y座標を -36 にする
表示する
こらー！かめさんをいじめるなー と 2 秒言う
子どもにげる を送って待つ
2 秒でx座標を 80 に、y座標を -54 に変える
かめさんだいじょうぶ？ と 1 秒言う
かめさんだいじょうぶ を送って待つ
ほんと！？ありがとう と 2 秒言う
つづく を送る
隠す

練習問題

1.

練習用ファイルから［竜宮城］の背景をアップロードします。最背面に配置して、お話の途中で表示されるようにしましょう。

ヒント レッスン39を参考に新しいメッセージ［竜宮城］が送られたときに表示されるようにします。最初の画面では隠れているように設定しましょう。

2.

［竜宮城］が表示されたら、かめが少し位置を変えて「着いたよ。ここが竜宮城！」と言うようにしましょう。その後、できるもんが「きれいー！」と言って、「つづく」の画面が表示されるようにしましょう。

ヒント レッスン38を参考に、できるもんとかめのやり取りを作ります。メッセージ［竜宮城］を使って、かめがセリフを言い終わるまで、できるもんが待つように設定します。

解答

1.

練習用ファイルから「竜宮城」の背景をアップしておく

「竜宮城」の背景をアップし、以下のコードを追加します。新しいメッセージ［竜宮城］を受け取ったときに表示するようにします。

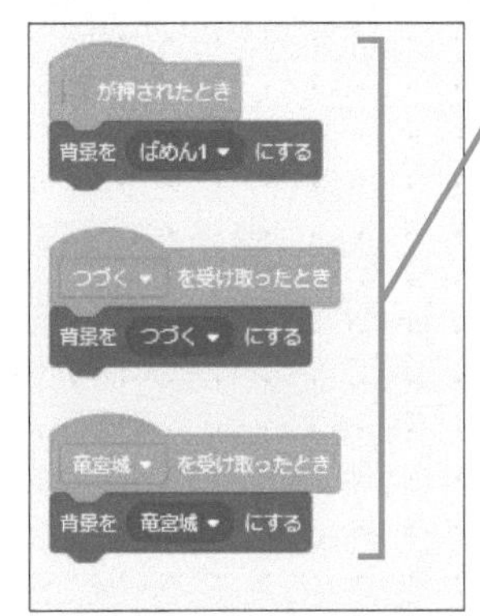

新しいメッセージ［竜宮城］を作って、図のようにブロックを設置する

2.

スプライトリストで［かめ］をクリックしておく

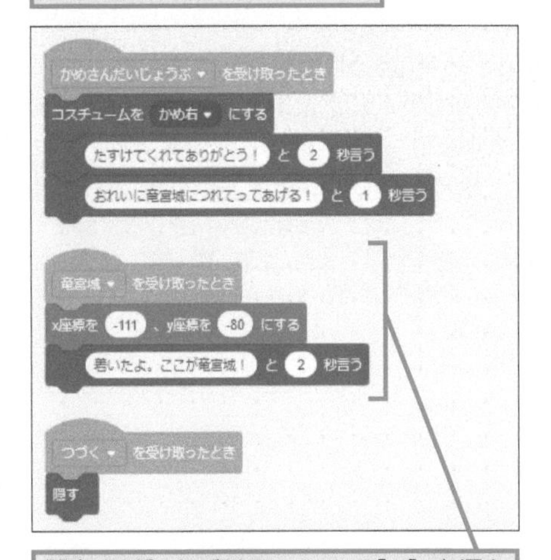

［［竜宮城］を受け取ったとき］［x座標を［-111］、y座標を［-80］にする］［［着いたよ、ここが竜宮城！］と［2］秒言う］ブロックをここに設置する

レッスン38で作った［かめさんだいじょうぶ］メッセージを使ったやり取りと同じようなブロックの組み合わせで、［竜宮城］メッセージを使います。

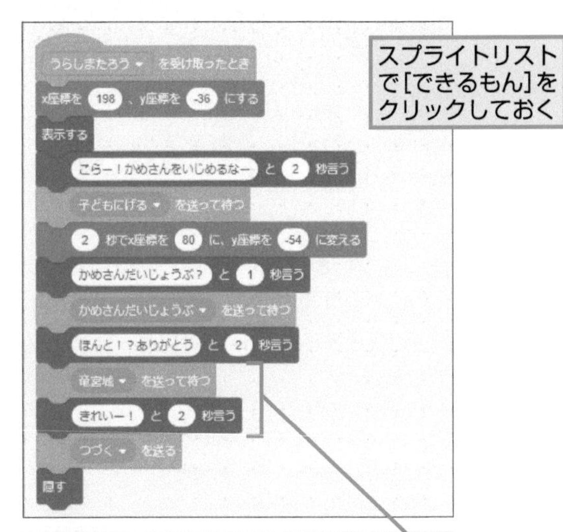

スプライトリストで［できるもん］をクリックしておく

［［竜宮城］を送って待つ］［［きれいー！］と［2］秒言う］ブロックをここに接続する

第8章

幾何学模様を作ろう

繰り返しの中に繰り返しを入れる使い方と、ひとかたまりのコードに名前をつけて再利用する「ブロック定義」について学びます。

この章の内容

この章で作るプログラム ▼

きれいな模様が自動的に完成！

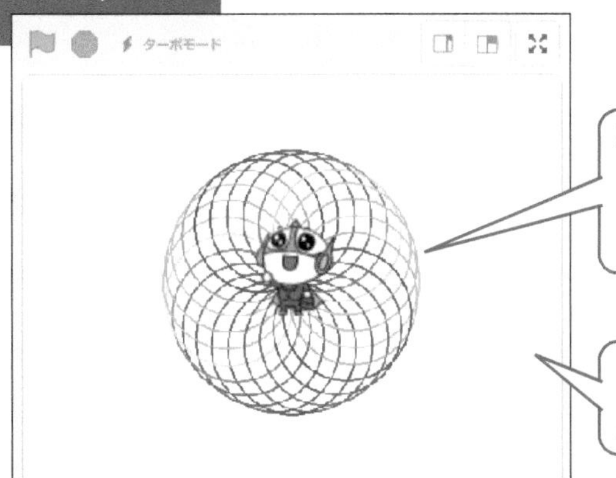

緑の旗ボタンをクリックすると、できるもんがぐるぐる動いてきれいな模様を作るよ！

ブロックを取り替えるだけで違う模様が描けるよ！

公開ページ https://scratch.mit.edu/projects/368533493/

ブロック定義で幾何学模様を描く

スプライトの動きに合わせて軌跡を描く「ペン」の使い方を学びます。一連のコードをまとめる「ブロック定義」を使って、関数の概念も学びます。

美しい幾何学模様を作る

スプライトが動いた跡に線が引かれるペンの機能を使い、三角形や四角形の図形を描きます。作ったコードをまとめて新しいブロックにして、少しずつずらしながら繰り返すことでさらに美しい模様を作成します。

プログラムの動き方

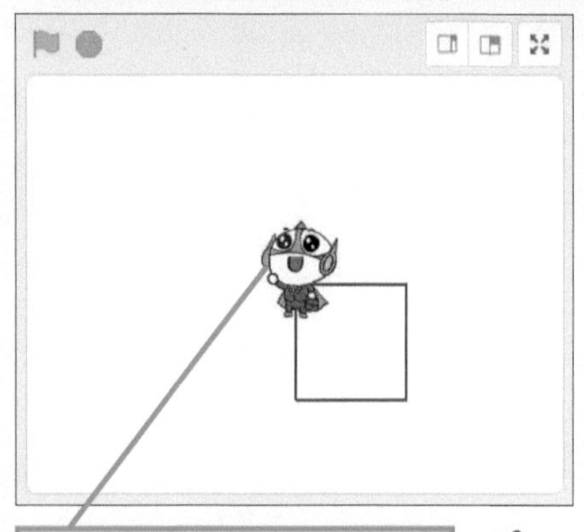

できるもんが四角形を描く
→レッスン40

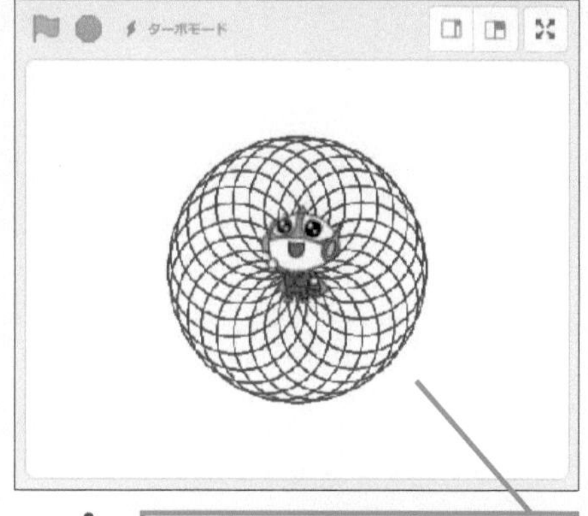

できるもんが幾何学模様を描きながら一周する →レッスン43

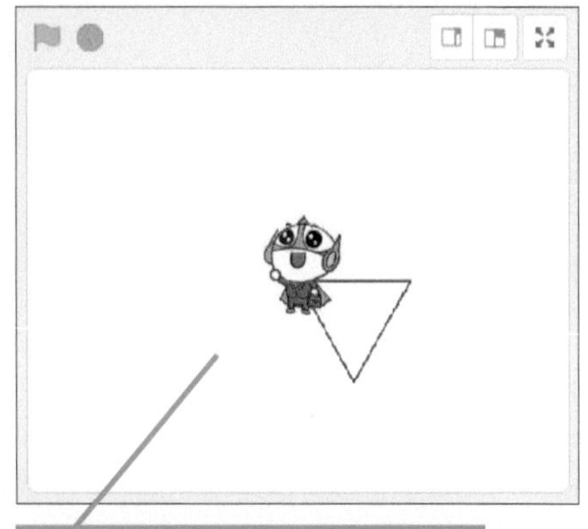

できるもんが三角形や円を描く
→レッスン42

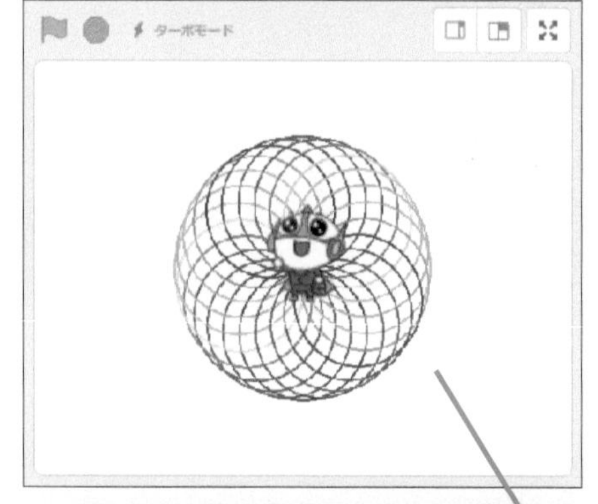

色を変更しながら幾何学模様を描く
→レッスン43

この章で学べること

この章では、繰り返し処理やブロック定義を使って、コードをシンプルにすることを学びます。三角形や四角形も「進む」と「曲がる」を繰り返すだけで書くことができ、少しずつずらしながら繰り返し描くことで、複雑な幾何学模様が描けます。このとき、繰り返し処理を入れ子にすることで、コードを短くまとめられます。
また、ブロック定義を使ってコードをまとめ、新しいブロックにすることでコードが見やすくなることも学びます。ブロック定義はほかのプログラミング言語の「関数」とよく似た便利な機能です。

子どもにブロック定義を教えるには

ブロック定義は、長くなったコードを見やすくするためにある機能です。プログラムが複雑になっていくと、コードはどんどん読みにくくなります。このため、コードをまとめて新しいブロックにするブロック定義は非常に役に立ちます。これは一般的なプログラミング言語の関数に相当する重要な機能です。
ブロック定義の長所は、Scratchに習熟するほど強く実感できるようになります。本書を読み進めている段階では、このような機能があるよ、という紹介にとどめてもよいでしょう。

四角形、三角形、円を描くカスタムブロックを用意する

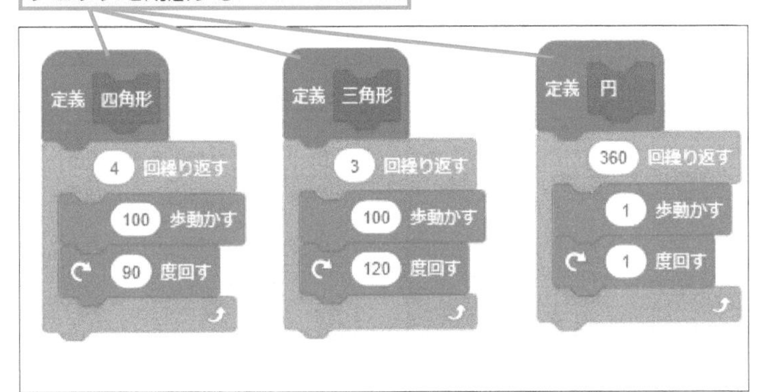

ブロック定義と関数

Scratchのブロック定義は、ほかのプログラミング言語の関数に当たります。関数は「引数」と呼ばれるデータを受け取って何らかの処理を行い、結果を返す仕組みのことです。Scratchの場合は結果を返すことはできませんが、引数を指定することができます。ブロック定義や関数は、コードを見やすくするほかにも、ひとつのコードを複数の場所で実行することを可能にします。複数の場所に同じコードを書くよりも、変更がしやすく、エラーが少なくなります。

関数は引数に処理を実行して、結果を返す

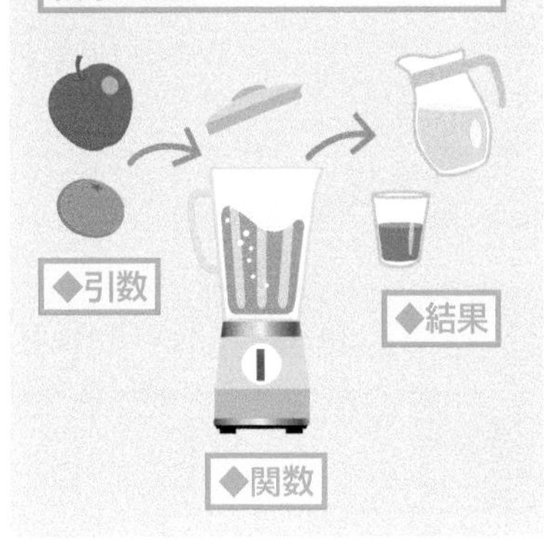

テーマ ペン

四角形を描画する

拡張機能［ペン］を使って、できるもんに四角形を描かせます。できるもんが向きを変えるときの角度と回数に注目しましょう。

1 ペンの設定をする

練習用ファイルから「できるもん」のスプライトをアップロードしておく

［イベント］カテゴリーをクリックして［緑の旗ボタンが押されたとき］を設置しておく

レッスン15を参考に拡張機能［ペン］を追加しておく

1 ［ペンを下ろす］をドラッグして接続

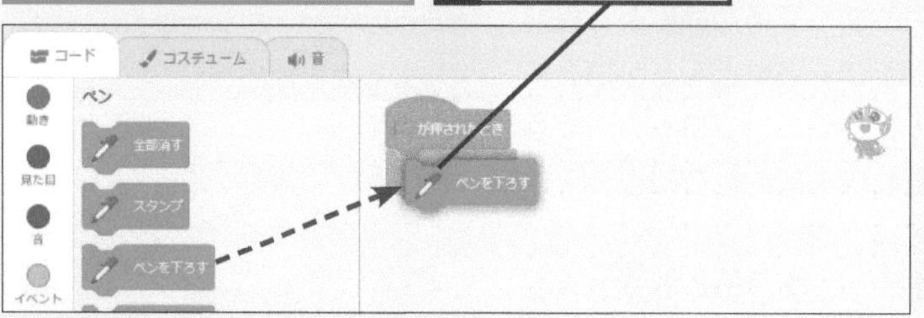

2 1辺を描く動きを作る

1 ［動き］カテゴリーをクリック

2 ［[10] 歩動かす］を接続

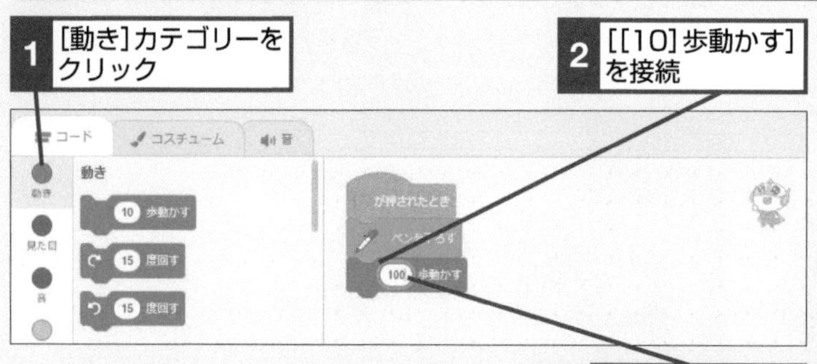

3 「100」と入力

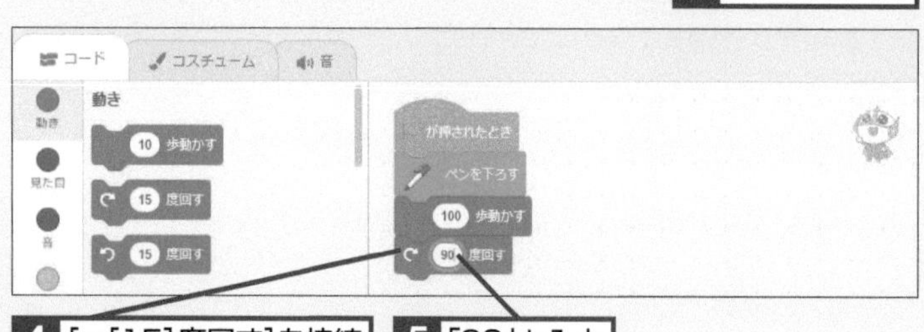

4 ［↷[15]度回す］を接続

5 「90」と入力

このレッスンで出てくる用語

イベント	p.279
スプライト	p.280
ペン	p.282

ヒント!

四角形の作り方を考えよう

手順2のコードを実行すると、できるもんは100歩動いたあとに90度向きを変えます。これを4回繰り返すことで、90×4=360度回って元の場所に戻ります。4回向きを変えて曲がり、元の場所に戻ったので、できるもんの通ったあとは四角形になります。

「90度回す」を4回繰り返して元の場所に戻る

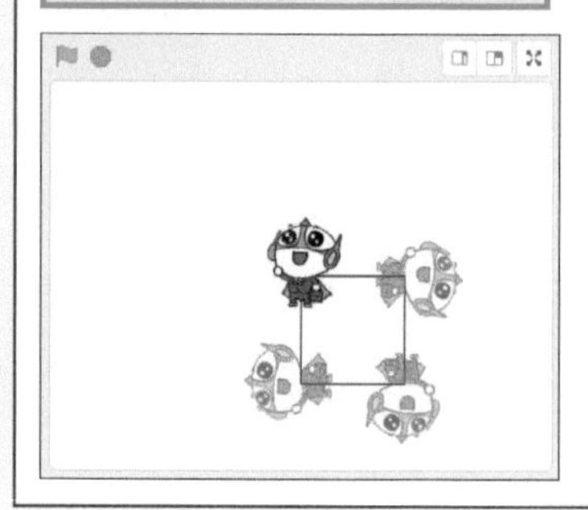

3 繰り返し処理を使う

1 [制御] カテゴリーをクリック

2 [[10] 回繰り返す] を接続

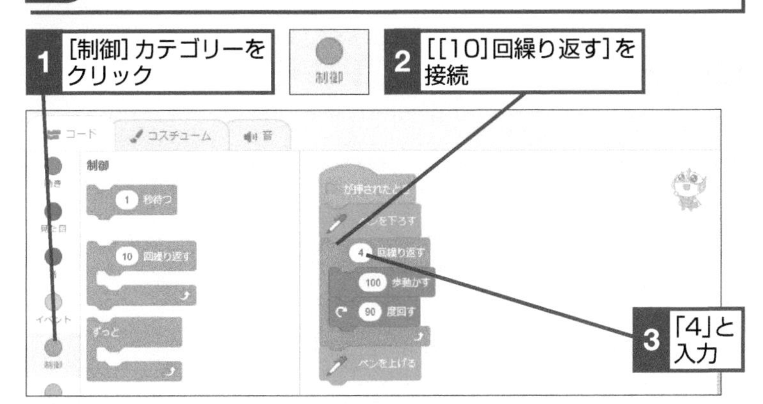

3 「4」と入力

4 四角形を完成させる

1 [ペン] カテゴリーをクリック

2 [ペンを上げる] をドラッグして接続

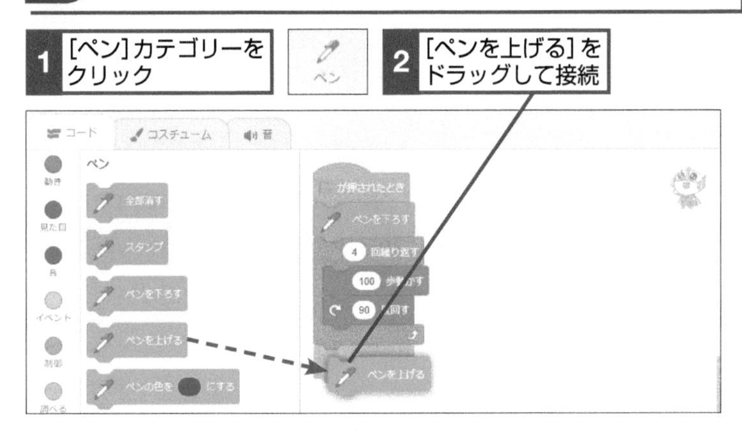

5 コードを実行する

1 緑の旗ボタンをクリック

四角形が描画された

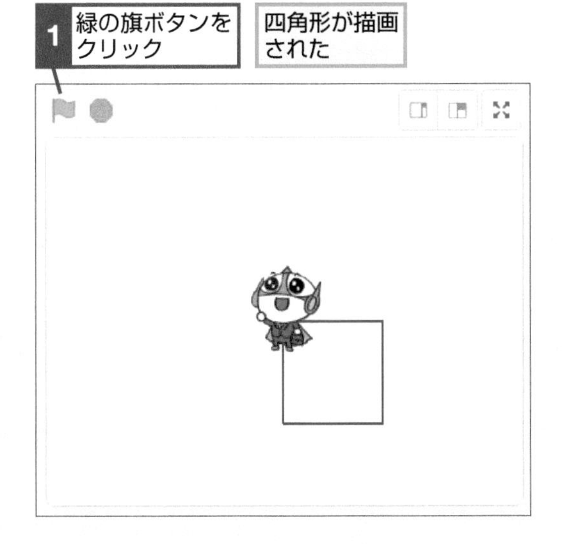

間違った場合は？

ペンの軌跡を消したい場合は、[ペン] カテゴリーの [全部消す] ブロックをクリックすると、ペンの軌跡を消すことができます。できるもんの位置を画面中央に戻したい場合は、[動き] カテゴリーの [x座標を [ ]、y座標を [ ] にする] ブロックに両方とも「0」と入力してクリックし、[[90] 度に向ける] ブロックをクリックしましょう。

[全部消す] をクリックするとペンの軌跡が消える

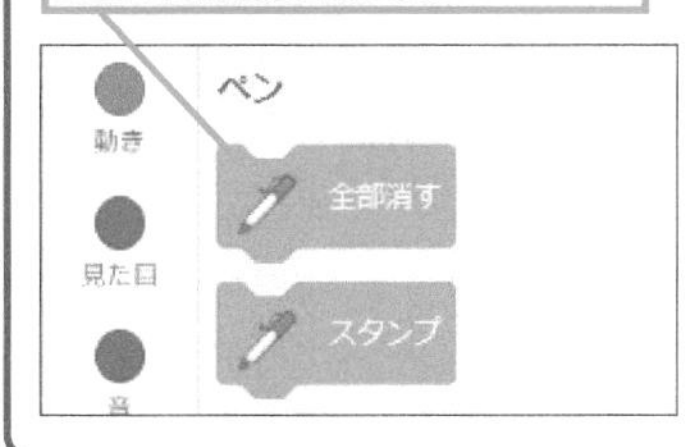

ヒント！

ペンを上げると軌跡を描かなくなる

[ペンを上げる] ブロックを使うと、それ以降のコードを実行しても軌跡を描かなくなります。[ペンを下げる] ブロックと対にして使うようにしましょう。

テーマ　ブロックを作る

カスタムブロックを作る

レッスン40で作った四角形を描くコードを、新しいブロックとしてまとめます。[ブロック定義] の使い方を覚えましょう。

1 カスタムブロックの準備をする

1 [ブロック定義] カテゴリーをクリック

2 [ブロックを作る] をクリック

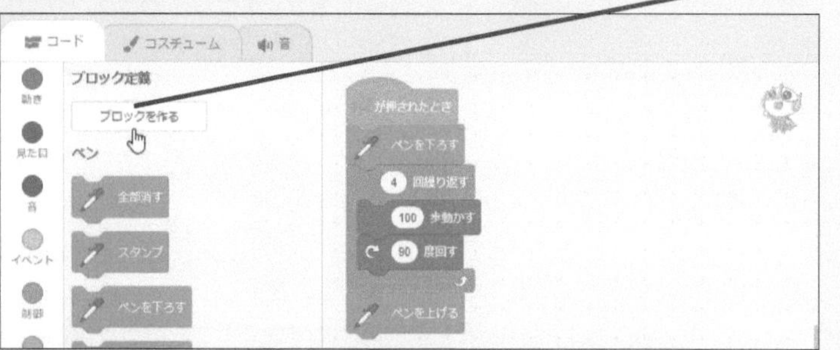

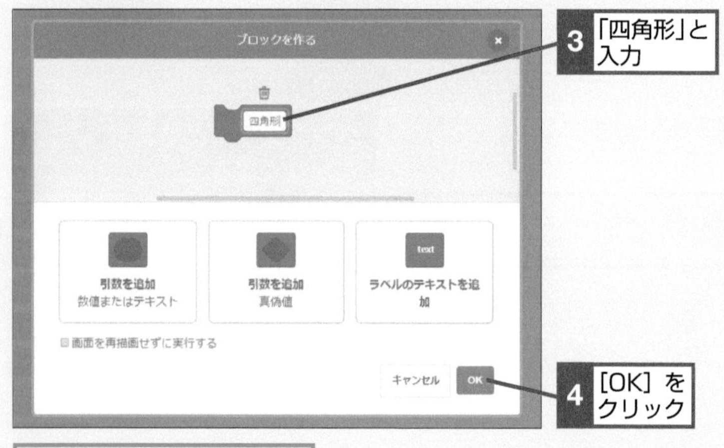

3 「四角形」と入力

4 [OK] をクリック

新しいブロックが作成された

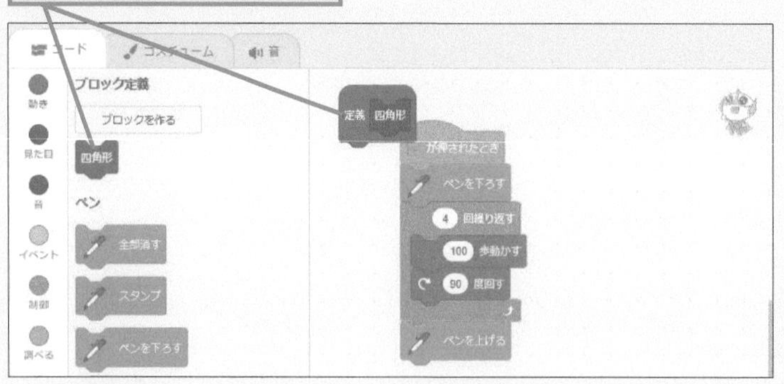

このレッスンで出てくる用語

スタックブロック	p.280
ペン	p.282
変数	p.282

レッスンで使う練習用ファイル　レッスン41.sb3

ヒント！

カスタムブロックはスプライトや背景ごとに作られる

変数やリストとは異なり、カスタムブロックはスプライトや背景ごとに作られます。複数のスプライトで使いたい場合は、通常のブロックと同様に複製して使いましょう。

間違った場合は？

カスタムブロックの名前を間違えてしまった場合は、[定義 [ ]] ブロックか新しく作ったスタックブロックのどちらかを右クリックして、メニューから [編集] を選びます。

2 ブロックを移動する

1 [定義 [四角形]] ブロックをドラッグして移動

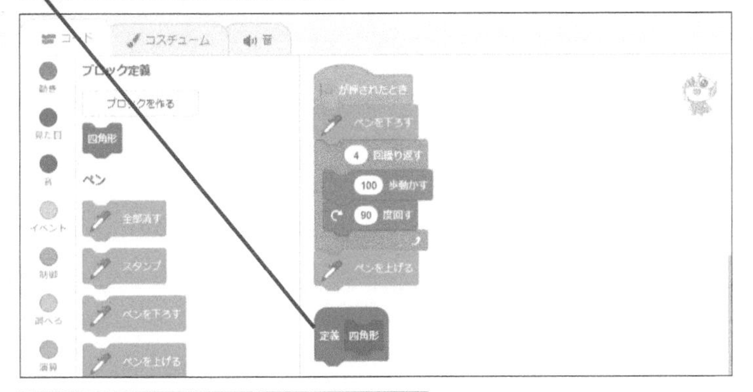

2 [[4] 回繰り返す] 以下のブロックをドラッグして接続

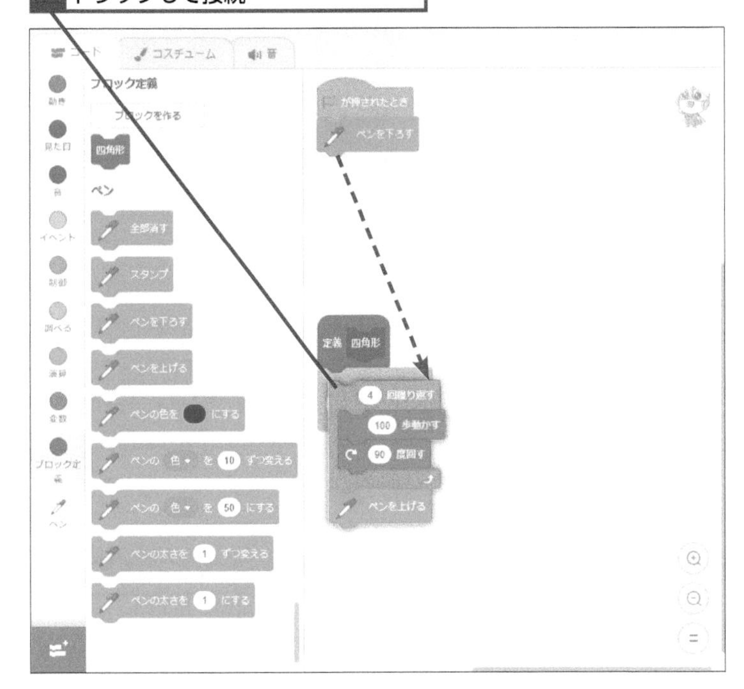

ヒント!

カスタムブロックを削除するには

カスタムブロックを削除する場合は、スタックブロックをすべて削除してから [定義 [ ]] ブロックを右クリックして、メニューから [削除] を選びます。特別な方法になるので注意しましょう。

次のページに続く

3 ブロックを移動する

1 [四角形] ブロックをドラッグして接続

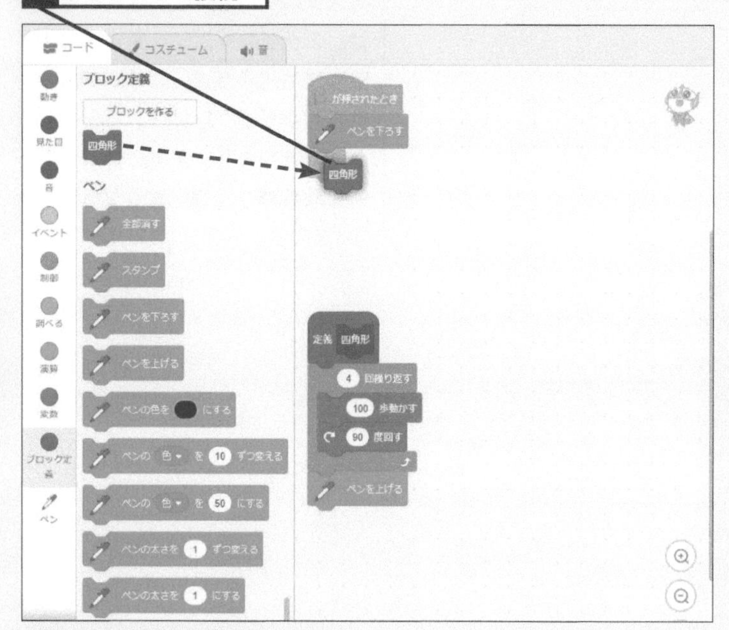

2 [ペンを上げる] ブロックをドラッグして接続

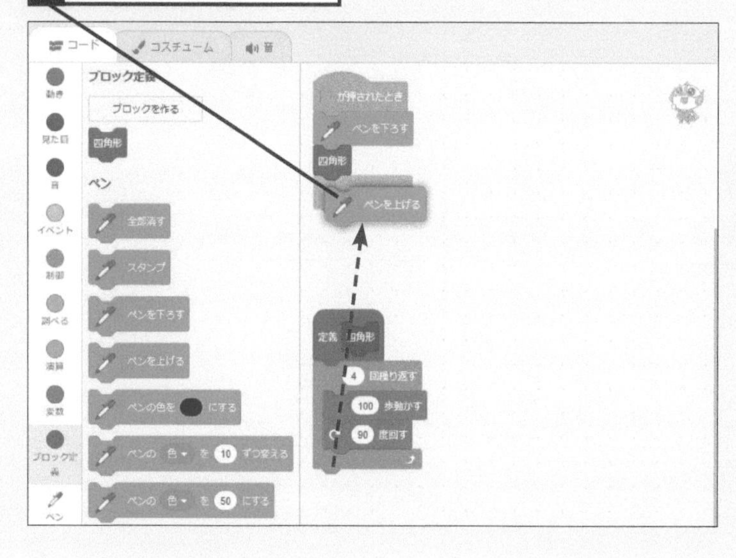

ヒント!

スタックブロックを接続すると定義ブロックの内容が実行される

カスタムブロックは、通常のブロックをまとめる［定義［ ］］ブロックと、それを実行するためのスタックブロックの組み合わせで使います。カスタムブロックは通常のスタックブロックのように使うことができ、1つのコードの固まりの中で複数回使うこともできます。

ヒント!

ペンの上下はカスタムブロックには含めない

手順3で作成するカスタムブロックには、四角形を描くための動きのみを含めます。後のレッスンでいろいろな図形を組み合わせた幾何学模様を描きますが、全体の動きを実行する前にペンを下ろし、すべての幾何学模様を描いた後にペンを上げるようにします。

4 コードを実行する

定義ブロックを使ったコードが完成した

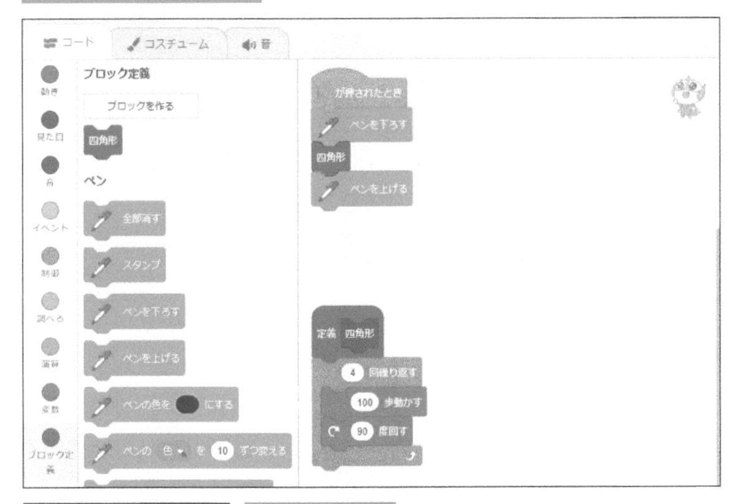

1 緑の旗ボタンをクリック

四角形が描画された

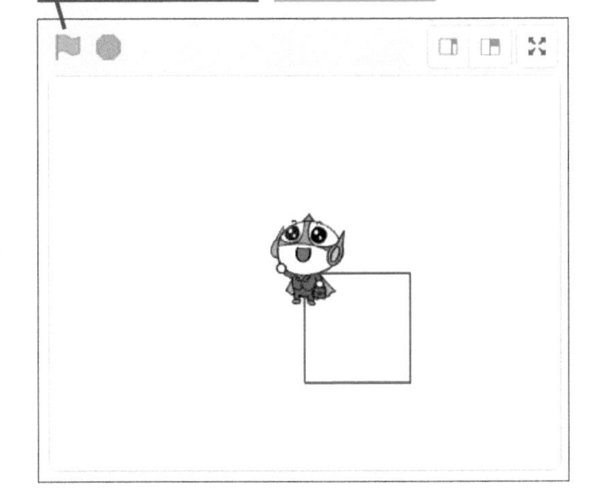

ヒント！

ターボモードを使ってみよう

できるもんの動く距離が増えると、コードの実行に時間がかかるようになります。そのような場合は下記の手順で［ターボモード］を使いましょう。処理のスピードが数倍になり、コードの実行が短時間で終わります。元に戻したい場合は、同じ手順で［ターボモードを解除する］をクリックしましょう。

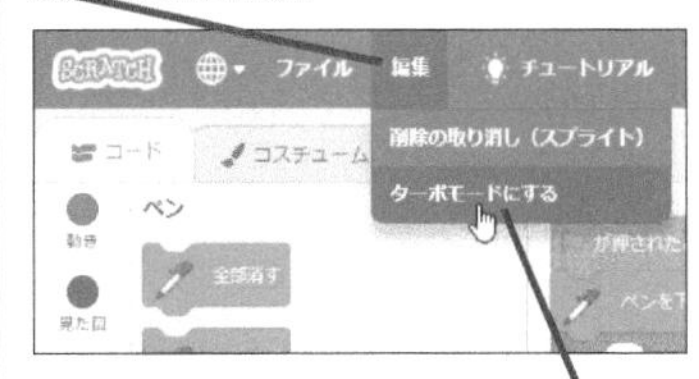

2 [ターボモードにする]をクリック

テーマ ほかの図形を描画する

レッスン 42

三角形と円を作る

レッスン41で作成した四角形のブロックを複製して、三角形と円を描くカスタムブロックをそれぞれ作成します。

1 三角形のブロックを作る

レッスン41を参考に「三角形」のカスタムブロックを作っておく

1 [定義[三角形]]を設置

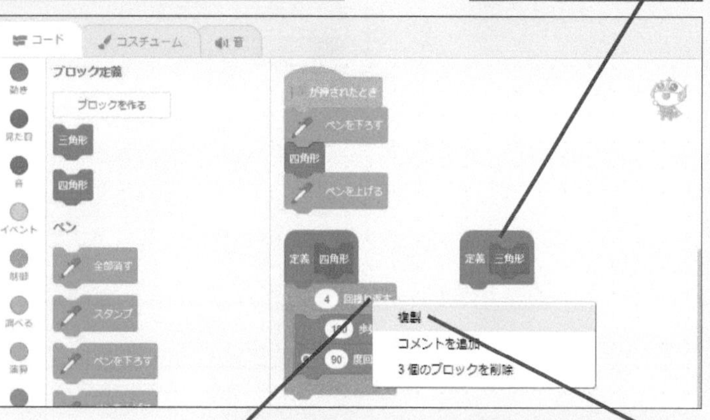

2 ここを右クリック　3 [複製]をクリック

4 ここに接続　5 「3」と入力

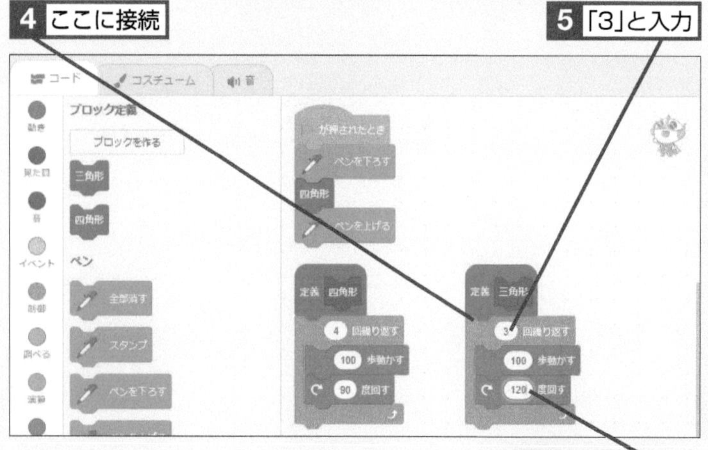

6 「120」と入力

このレッスンで出てくる用語

ペン　p.282

レッスンで使う
練習用ファイル　レッスン42.sb3

ヒント！

まとめたブロックは離れた場所に並べよう

[定義［　]] ブロックでまとめたコードは、メインのコードから離れた場所に配置すると整理しやすくなります。また、この章のようにカスタムブロックを入れ替えて使う場合は、隣に並べておくといいでしょう。

ヒント！

三角形は3回曲がって1周する

三角形を描く場合は、3回だけ曲がって元の位置に戻るようにします。このため、一度に曲がる角度は360÷3＝120度となります。

2 三角形のカスタムブロックを実行する

1 [三角形]ブロックを接続

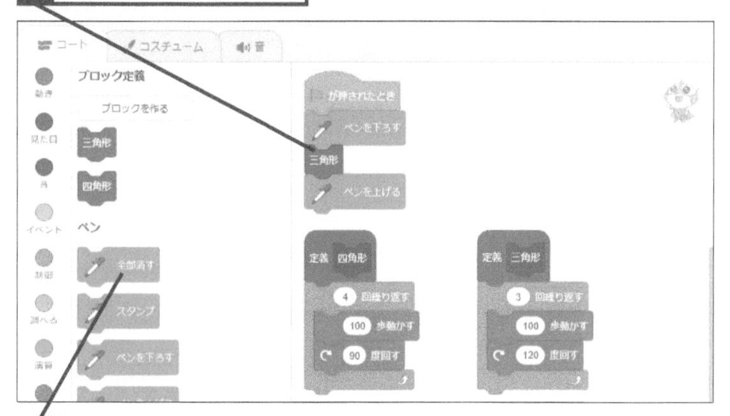

2 [ペン]カテゴリーの[全部消す]ブロックをクリック

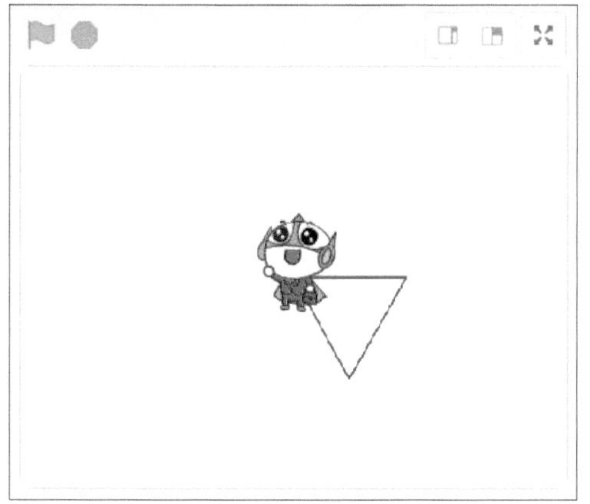

3 緑の旗ボタンをクリック

三角形が描画された

3 円のブロックを作る

手順1を参考に「円」のカスタムブロックを作っておく

1 「360」と入力

2 「1」と入力

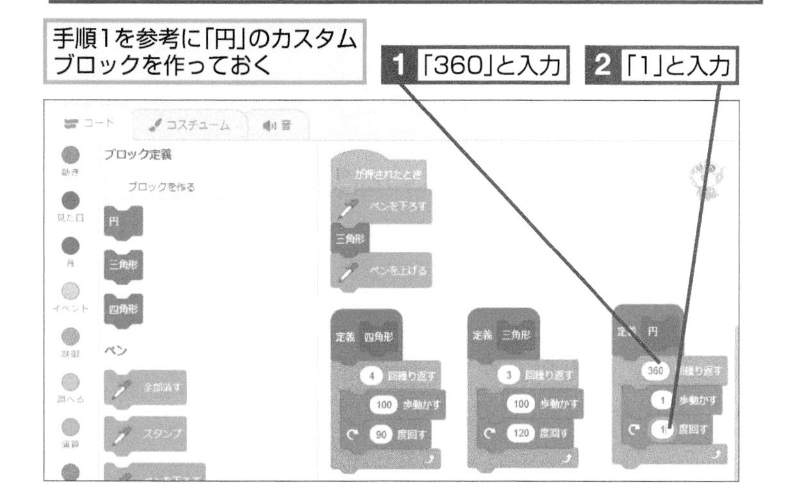

ヒント!

引数を使ってみよう

カスタムブロックを作るときに、下記のような手順で引数の設定ができます。以下のコードのように設定すると、3以上の数値を入力したときに、その数値の多角形を描くことができます。

[ブロックを作る]画面を表示しておく

1 [引数を追加　数値またはテキスト]をクリック

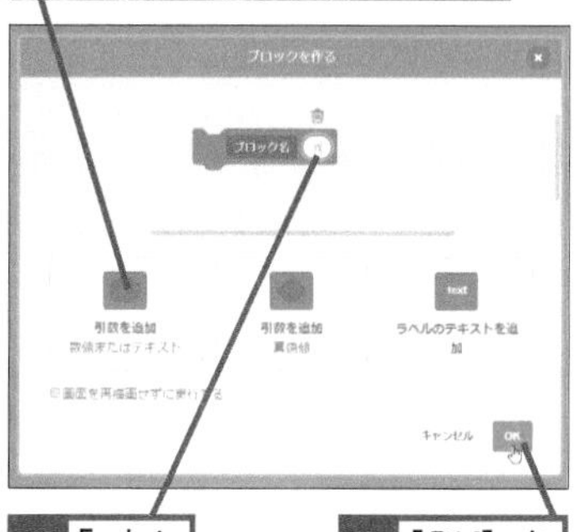

2 「n」と入力

3 [OK]をクリック

以下のように設定すると、カスタムブロックに入力した3以上の数値で多角形を描画できる

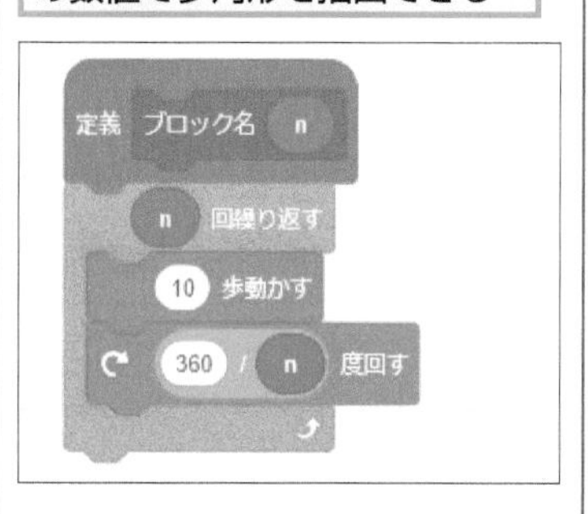

テーマ 入れ子構造

幾何学模様を作る

レッスン42で作った円のカスタムブロックを使って、美しい幾何学模様を作ります。できるもんが円を描きながら、小さく1周するようにコードを作ります。

1 繰り返し円を描く

定義ブロック以外のブロックを削除しておく

[イベント]カテゴリーをクリックして[緑の旗ボタンが押されたとき]を設置しておく

1 [ペン]カテゴリーをクリック

2 [全部消す]を接続

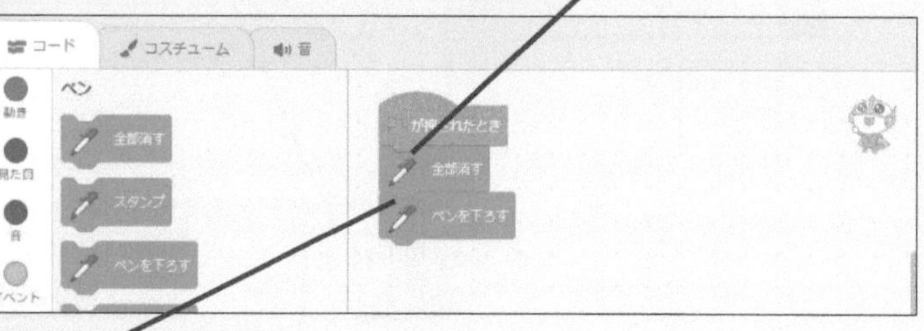

3 [ペンを下ろす]を接続

4 [制御]カテゴリーをクリック

5 [[10] 回繰り返す]を接続

6 「24」と入力

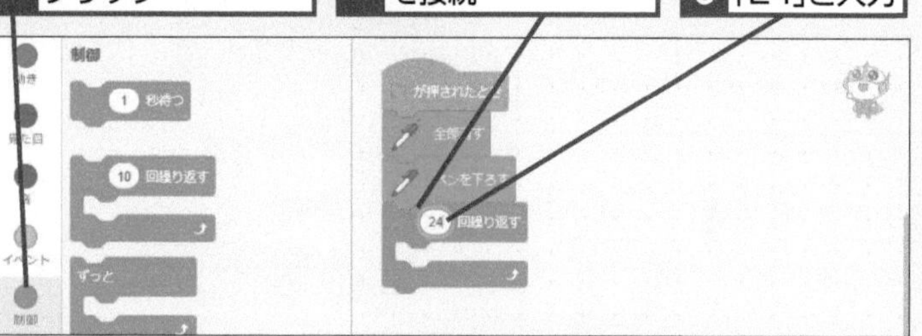

7 [ブロック定義]カテゴリーをクリック

8 [円]を接続

このレッスンで出てくる用語

入れ子構造 p.279

ペン p.282

レッスンで使う
練習用ファイル **レッスン43.sb3**

ヒント!

カスタムブロックを実行していたコードを削除する

このレッスンでは、最初にレッスン41で作ったコードを削除し、新しくコードを作ります。[定義]ブロックにつなげたコードはそのまま使うので、間違って削除しないように注意しましょう。

このブロックのみ削除する

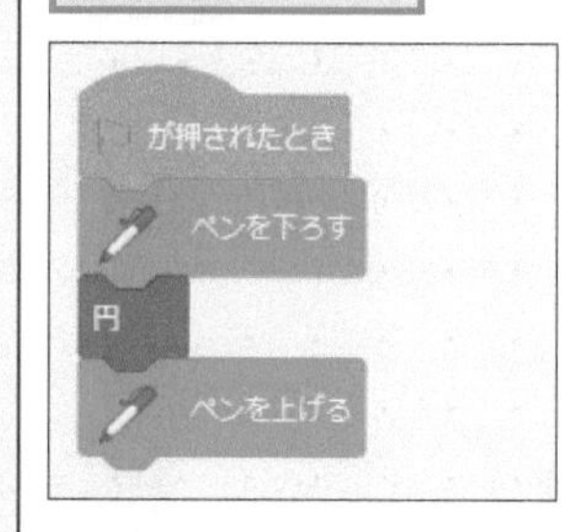

2 幾何学模様を描く

1 [動き]カテゴリーをクリック

2 ↷[[15] 度回す] を接続

3 [ペン]カテゴリーをクリック

4 [ペンを上げる] を接続

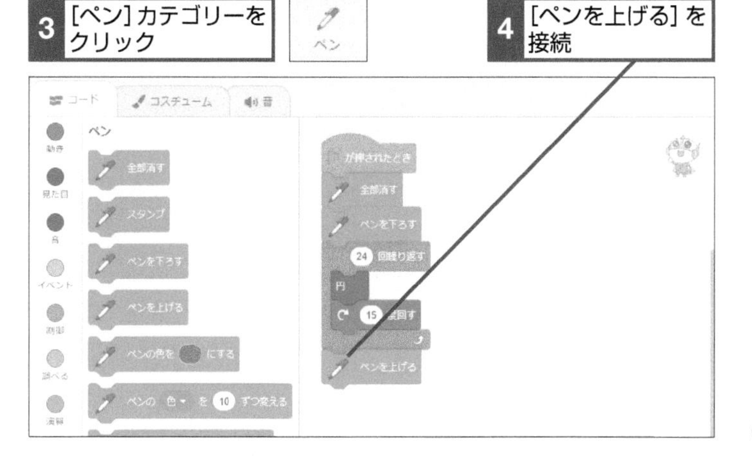

3 ペンの色を変更する

1 [ペンの[色]を[10]ずつ変える] を接続

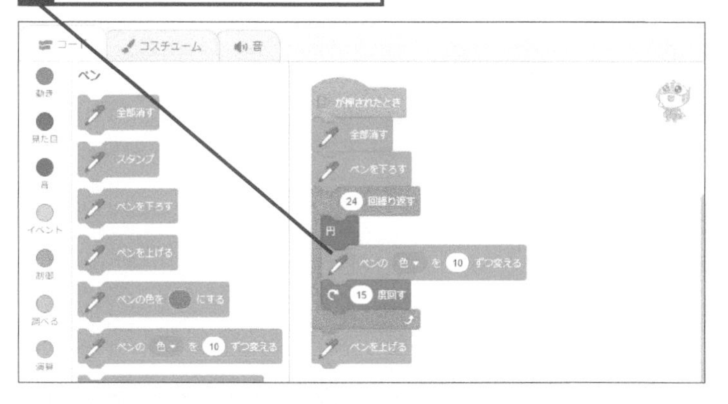

ヒント!

繰り返し処理を二重に行っている

手順2で作ったコードをカスタムブロックを使わずに作ると、以下のような形になります。1つの円を描く[[360] 回繰り返す]ブロックの外側に、さらに [[24] 回繰り返す] ブロックが接続されていることに注目しましょう。このようなコードを「入れ子構造」と呼びます。

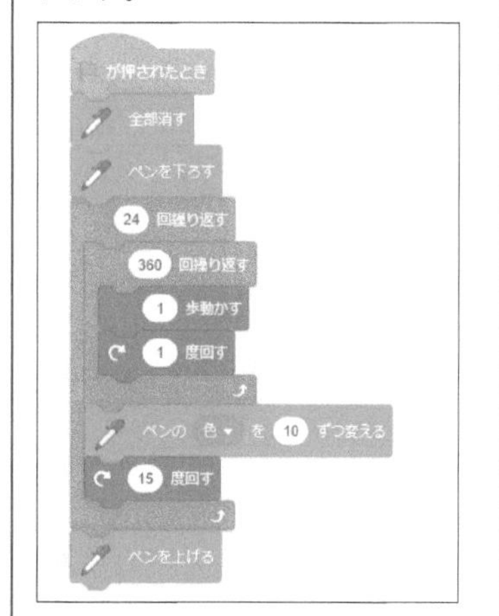

ヒント!

色は200回変化すると元に戻る

Scratchの色の効果は、200回変えると元に戻るように設定されています。このため、幾何学模様をよく見ると同じ色が何度も使われています。

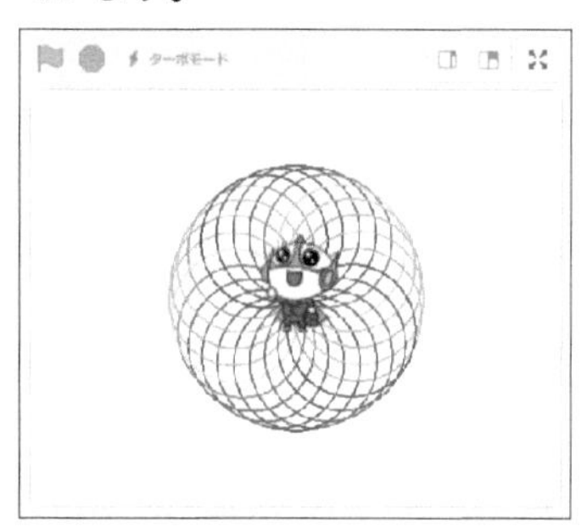

コードを簡潔にしよう

この章では、繰り返しをうまく使うと、短いコードでも複雑な図形が書けることを学びました。繰り返しの中に繰り返しを入れる「入れ子構造」は、慣れればどんなところでも使える強力なアイデアです。また、ブロックのかたまりに名前をつけて再利用する「ブロック定義」も、使いこなせばコード全体を簡潔にできます。自分の書いたプログラムを見返して、分かりづらいなあと感じたら、繰り返しとブロック定義の出番です。プログラムは書いたらそれで終わりではありません。ほかのプロジェクトに引き継ぐことも考えて、どんどんブラッシュアップして見やすくしましょう。

幾何学模様のコード一覧

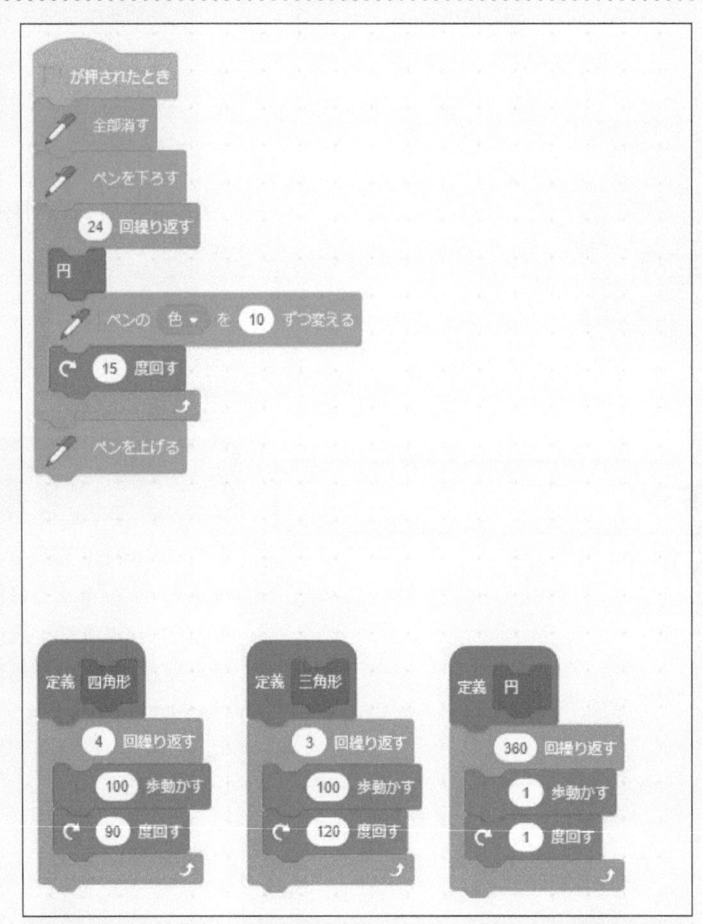

練習問題

1.

五角形のカスタムブロックを作って、コードを実行しましょう。

ヒント [ブロックを作る] で [五角形] のカスタムブロックを作ります。ほかの [定義] ブロックに接続したブロックを複製して、数値を変更しましょう。

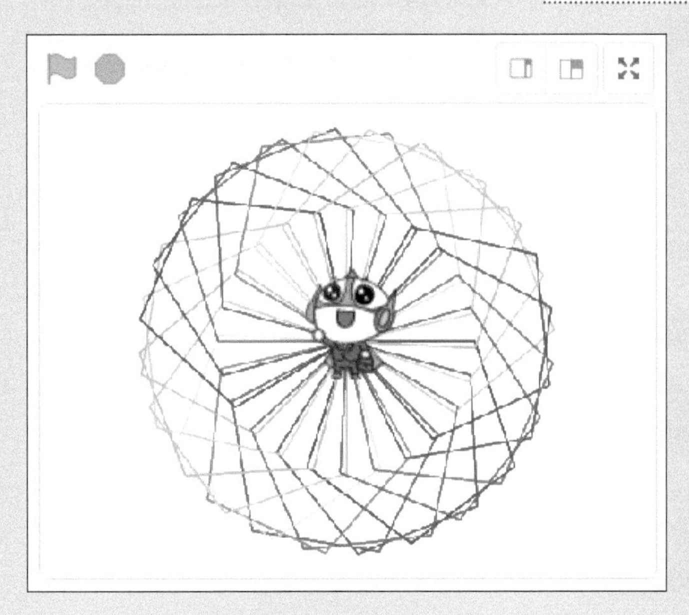

解答

1.

レッスン41を参考にカスタムブロック[五角形]を作っておく

1 ここを右クリック

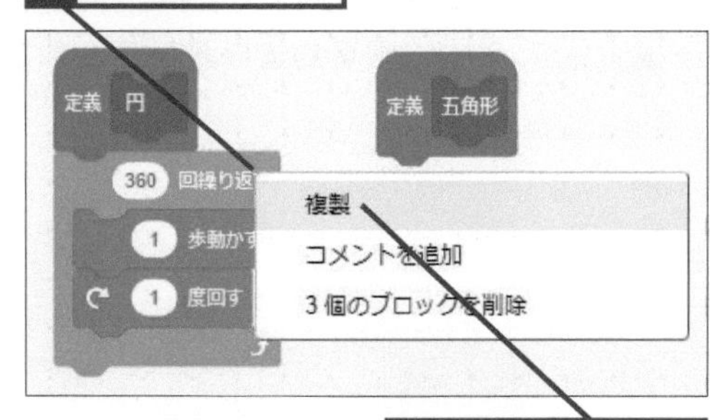

2 [複製]をクリック

3 [定義 [五角形]] ブロックに接続

4 「5」と入力

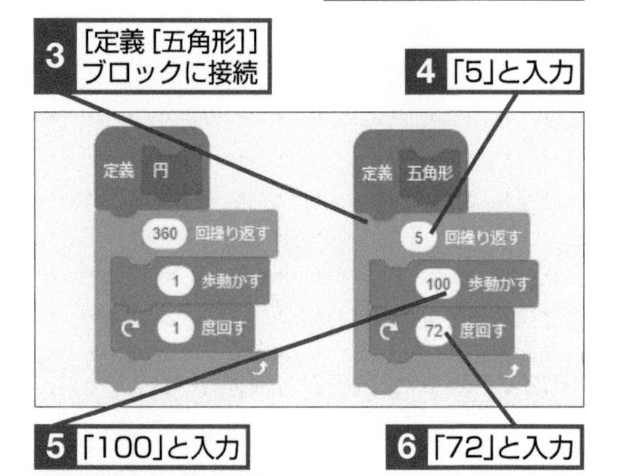

5 「100」と入力

6 「72」と入力

7 [五角形]をここに接続

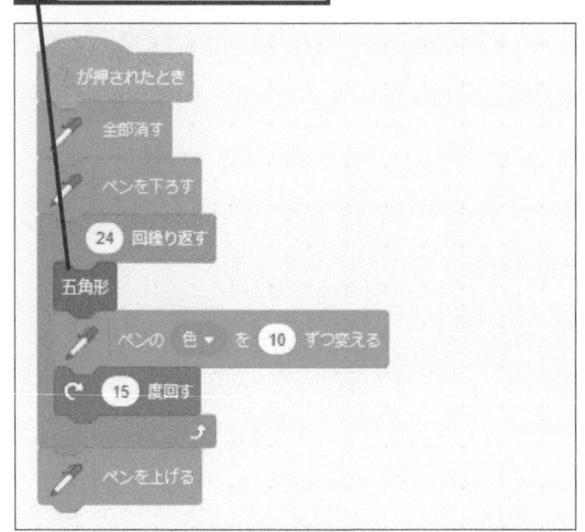

[その他] カテゴリーの [ブロックを作る] をクリックして [五角形] ブロックを作ります。レッスン42で作った [定義 [円]] ブロックを複製して、五角形ができるように数値を入力します。1回ごとに変える角度は360÷5=72で72度となります。

第9章

クイズ！できるもんを作ろう

この章では「リスト」について学びます。リストはたくさんの変数を一度に扱う仕組みです。Scratchでは、変数と同じように専用のブロックを作って設定します。

この章の内容

この章で作るプログラム▼

クイズに答えて得点ゲット！

簡単な問題を3つ出すよ！答えは下の欄に半角の数字で入力してね！

1問正解すると10点ゲット！全部正解できるかな？

公開ページ　https://scratch.mit.edu/projects/368533512/

三択クイズを作ろう

この章ではリストを使ってクイズゲームを作ります。Scratchのリストの機能を使うことで、クイズの問題数と解答数を簡単に増やせるようにします。

クイズ番組のようなプログラムを作る

できるもんが三択クイズを出して、それにキーボードで入力して答えられるようにします。問題文と答えをリストで管理するのがポイントです。スコアを変数で用意し、クイズが終わると得点が発表されるようにします。

プログラムの動き方

緑の旗ボタンをクリックすると、できるもんが問題を出題する
→レッスン44、45、46

解答欄に数字を入力し、正解の場合は得点が入る　→レッスン48、49

不正解の場合はできるもんが正しい答えを言う
→レッスン50

3問すべてに応えると、最後に得点が発表される　→レッスン50

この章で学べること

たくさんの変数をデータとしてまとめて管理する「リスト」について学びます。リストは、ほかのプログラミング言語では「配列」と呼ばれることもあります。リストを使うと、複数のデータを連続的に扱えるので、今回のクイズのように同じ処理を繰り返すときに便利です。また、リストの長さがいくら長くなっても、同じコードで済むというメリットがあります。

子どもにリストを教えるには

子どもにとって、リストの概念自体は理解できても、繰り返し処理と一緒にコードを作るのは難しいようです。本格的なプログラミングを始める際のハードルの1つといっていいでしょう。プログラミングならではの「文法」についての慣れが大きい部分もあるので、子どもがコードを作る方法を理解しづらい場合は、無理をせずに手順をなぞるだけでもよいでしょう。

問題と解答はリスト(配列)で管理するので、追加や変更が簡単

リスト（配列）とは

リスト（配列）は、複数の変数をまとめて扱う考え方です。中身を取り出したり変えたりできるのは変数と一緒ですが、何番目の要素が対象なのかを数字で指定します。例えば、クラスの生徒を変数で管理したとすると、「生徒A」「生徒B」「生徒C」といったように個別に人数分の変数を処理する必要がありますが、リストの場合は「「生徒」の1番目」「「生徒」の2番目」のように、順番で管理できます。

リストには変数がまとめて入る

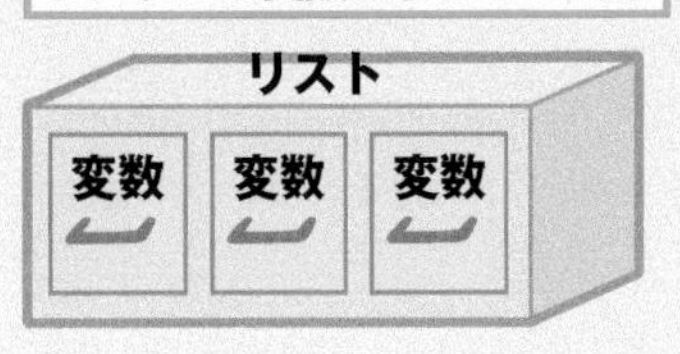

テーマ　リスト

レッスン 44

リストを作る

リストは［変数］カテゴリーの［リストを作る］から作ります。リストを設定すると新しいブロックが追加されます。

1 背景とスプライトを読み込む

レッスン17を参考に、[第10章]フォルダーにあるスプライトと背景をアップロードしておく

1 できるもんをステージの中央にドラッグ

2 問題のリストを作る

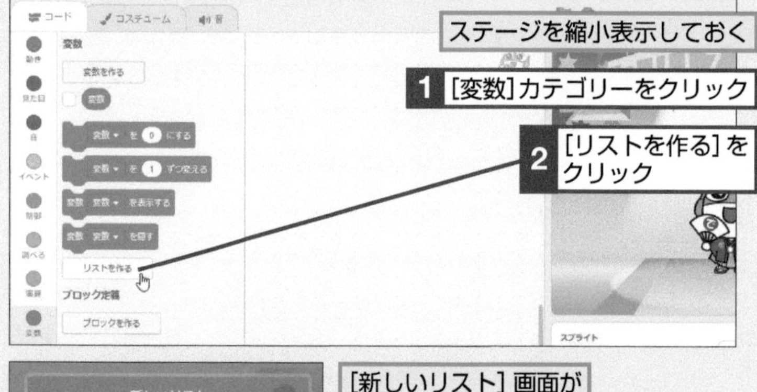

ステージを縮小表示しておく

1 [変数]カテゴリーをクリック

2 [リストを作る]をクリック

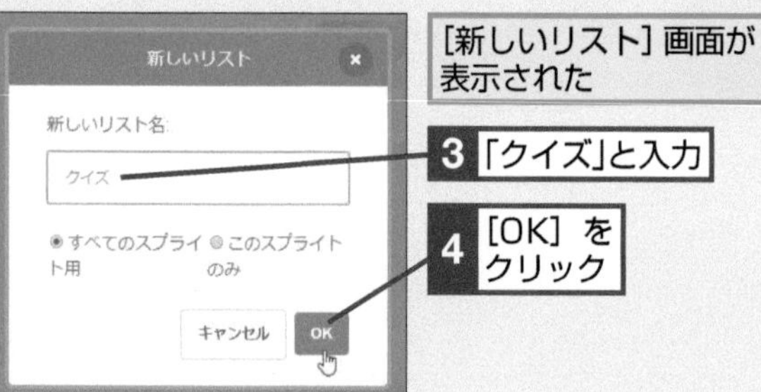

[新しいリスト]画面が表示された

3 「クイズ」と入力

4 [OK]をクリック

このレッスンで出てくる用語

値ブロック	p.279
ステージ	p.280
変数	p.282

ヒント！

リストを追加すると新しいブロックが表示される

リストは変数のようにブロックが表示されておらず、[リストを作る]をクリックして新しいリストを作るとブロックも表示されます。以下のように11個のブロックが追加されるので、どこに何があるか確認しておきましょう。

リストを作ると、以下のブロックが追加される

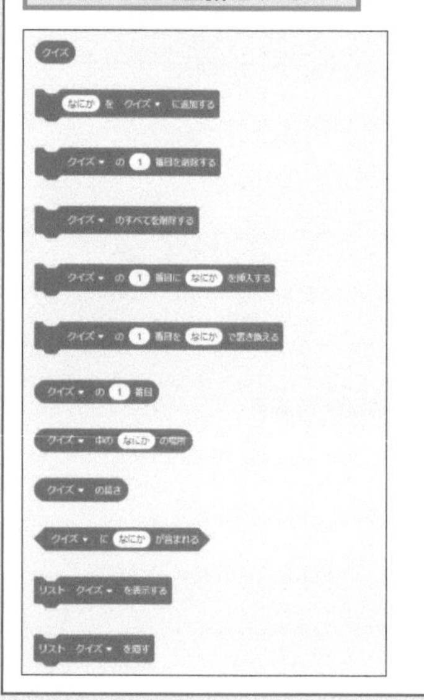

3 解答のリストを作る

リストに使うブロックが自動的に作られた

ステージの左側に問題のリストが表示された

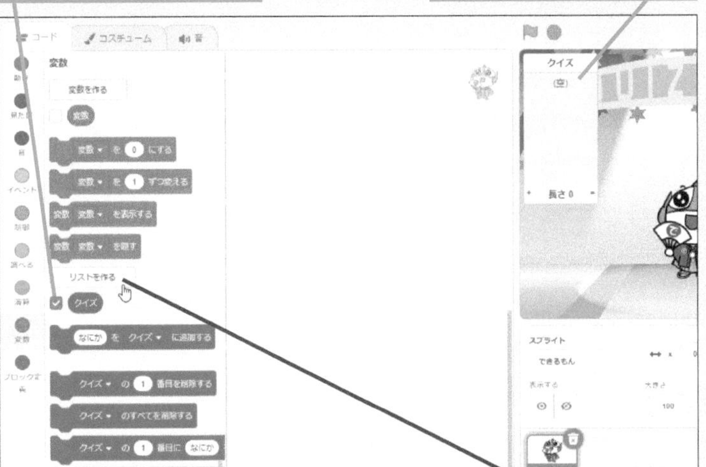

1 [リストを作る] をクリック

新しいリスト

新しいリスト名

答え

すべてのスプライト用　このスプライトのみ

キャンセル　OK

2「答え」と入力

3 [OK] をクリック

[クイズ] ブロックの下に [答え] ブロックが表示された

問題のリストの右側に解答のリストが表示された

ヒント!

ステージにリストを表示しておく

リストを作ると、ステージの左側に空のリストが自動的に表示されます。プログラミング中は表示したまま、内容を確認しながら進めると便利です。プロジェクトが完成したら不要なので非表示にしましょう。

間違った場合は？

Scratch 3のリストは変数と同様に、右クリックで名前を変更できるようになりました。リストの名前を変更したいときは、以下のように操作しましょう。

1 値ブロックを右クリック

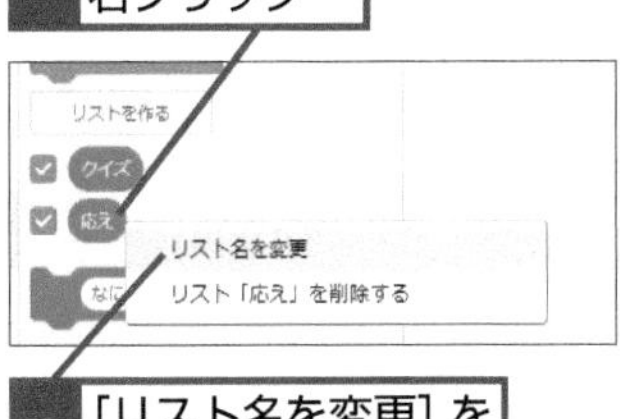

2 [リスト名を変更] をクリック

テーマ リストへの記入

レッスン 45

問題と解答を記入する

レッスン44で作った問題と解答のリストに、内容を3つずつ記入します。緑の旗ボタンがクリックされたときに、自動的に記入されるようにします。

このレッスンで出てくる用語

イベント	p.279
ステージ	p.280
スプライト	p.280

レッスンで使う練習用ファイル　レッスン45.sb3

1 スプライトにイベントブロックを配置する

1 [イベント]カテゴリーをクリック

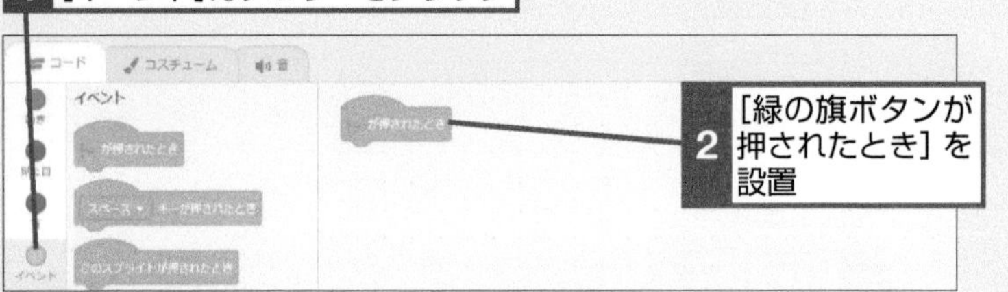

2 [緑の旗ボタンが押されたとき]を設置

2 問題のブロックを追加する

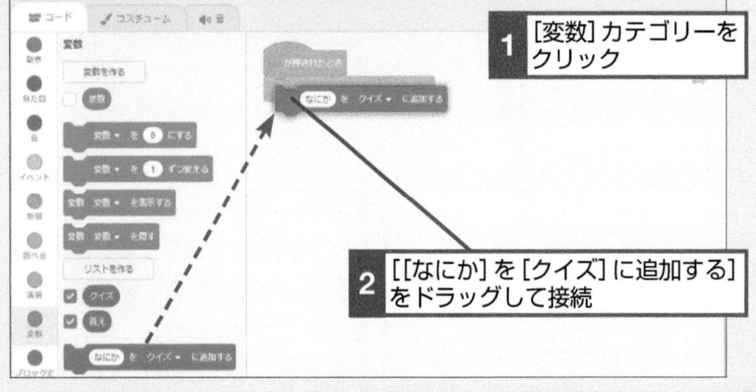

1 [変数]カテゴリーをクリック

2 [[なにか]を[クイズ]に追加する]をドラッグして接続

3 「日本で一番南にある都道府県は？ 1. 東京 2.沖縄 3. 鹿児島」と入力

4 操作2の手順で[[なにか]を[クイズ]に追加する]を接続

5 「電気を通すのは次のうちどれ？ 1. 紙 2. ガラス 3. アルミホイル」と入力

6 「ネコの平熱はどのぐらい？ 1. 約36度 2. 約38度 3.約40度」と入力

3 解答のブロックを追加する

1 [[なにか]を[クイズ]に追加する]を接続

2 ここをクリック

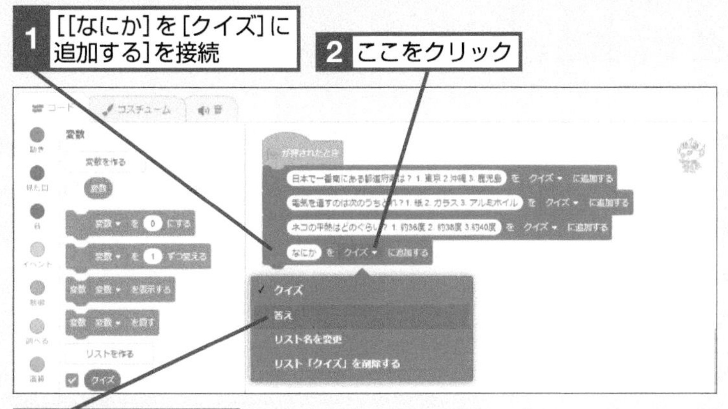

3 [答え]をクリック

操作1の手順で[[なにか]を[答え]に追加する]を2つ接続しておく

4 「1」と入力

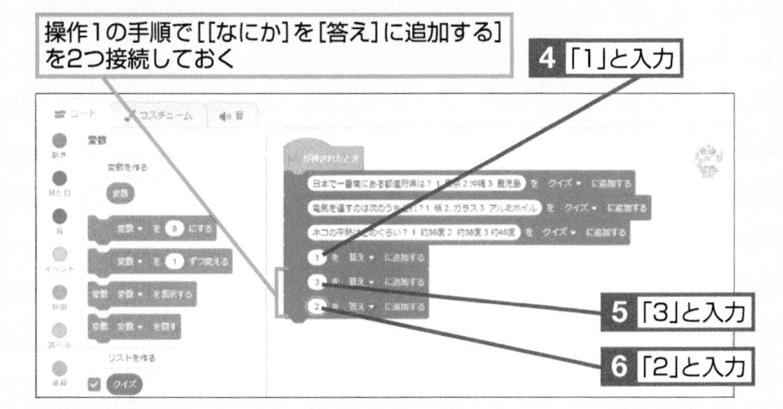

5 「3」と入力

6 「2」と入力

4 リストにデータを追加する

1 緑の旗ボタンをクリック

問題と解答がリストに追加された

ヒント!

ステージ上のリストにも直接入力できる

以下の手順で、リストにデータを直接入力できます。一時的に内容を確認したいときなどに便利です。

1 ここをクリック ＋ 2 ここに入力

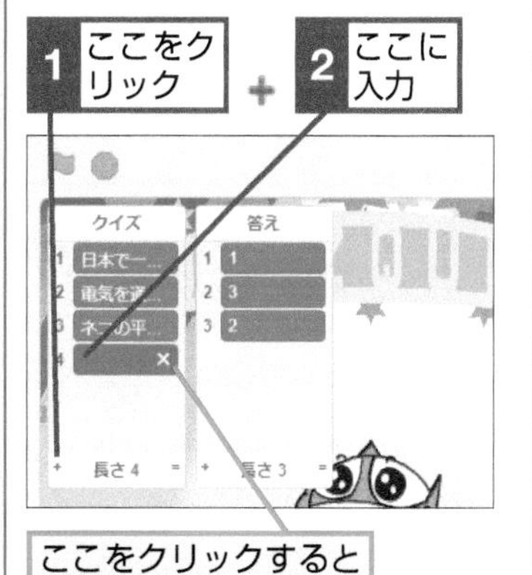

ここをクリックすると削除できる

リストを編集するときは、データが記入されている部分をクリックする

テーマ リストの初期化

レッスン 46

リストを完成させる

緑の旗ボタンをクリックするごとに、リストの内容を初期化するようにします。これにより、リストの内容を毎回更新して不要なデータを削除します。

1 コードを実行する

ここでは緑の旗ボタンをクリックして、プログラムの動作を確認する

1 緑の旗ボタンをクリック

問題と解答がさらに追加された

プログラムを実行するごとに問題と解答が追加されるので、リストが空になるようにする

2 問題をリストから削除する

1 [変数] カテゴリーをクリック

2 [[クイズ] のすべてを削除する] をドラッグして接続

このレッスンで出てくる用語

コード	p.279
スプライト	p.280
プロジェクト	p.281

レッスンで使う
練習用ファイル　レッスン46.sb3

ヒント！ リストの内容は最初に空にする

Scratchでは、リストの内容はコードを使って削除しないとずっと残り続けます。この章のプロジェクトの場合は、問題と解答が残ったままとなります。手順2を参考に、毎回リストを空にしてから追加するようにしましょう。

間違った場合は？

[[　] のすべてを削除する] のブロックを接続する位置を間違えると、リストの中身が空になりません。画面をよく確認して、リストに問題を追加するブロックの直前に接続するようにしましょう。

3 解答(かいとう)をリストから削除(さくじょ)する

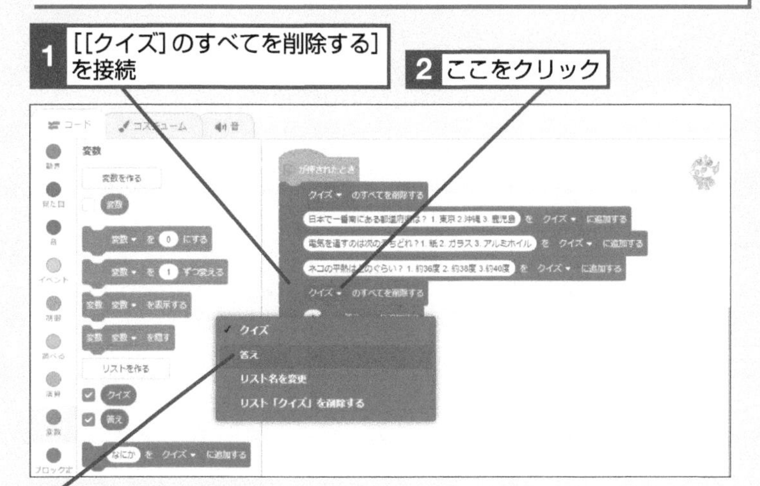

大きいステージモードにしておく

リストの内容が削除され、3つずつ追加された

小さいステージモードにしておく

子どもに教えるときは？

クイズ番組を一緒に作ろう

テレビのクイズ番組のプロデューサーになったつもりで、コードを組み立てていきましょう。クイズの問題と解答を準備して、出来上がったところで司会者のできるもんが出題を始めます。できるもんはクイズの最後まで司会を務めます。

テーマ ［What's your name?］と聞いて待つ

レッスン 47

出題の設定をする

できるもんがクイズを出題するコードを作ります。ここでは、問題を画面に表示する［［What's your name? ］と聞いて待つ］ブロックの使い方を学びます。

1 出題番号の変数を作る

1 レッスン28を参考に、新しい変数「番号」を作成

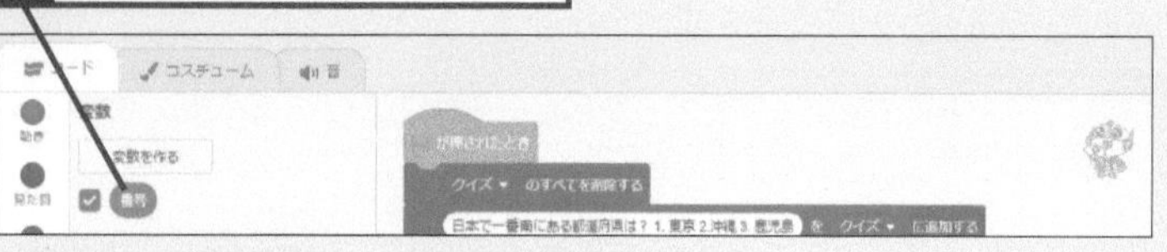

2 出題番号の先頭を設定する

1 ［［番号］を［0］にする］をドラッグして接続

2 「1」と入力

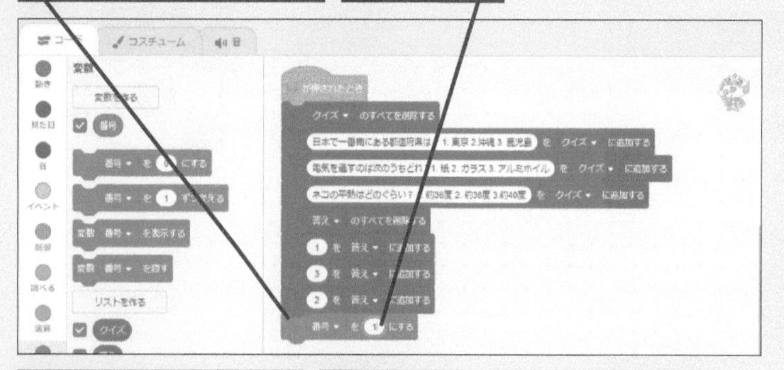

3 ［見た目］カテゴリーをクリック

4 ［［こんにちは！］と［2］秒言う］を接続

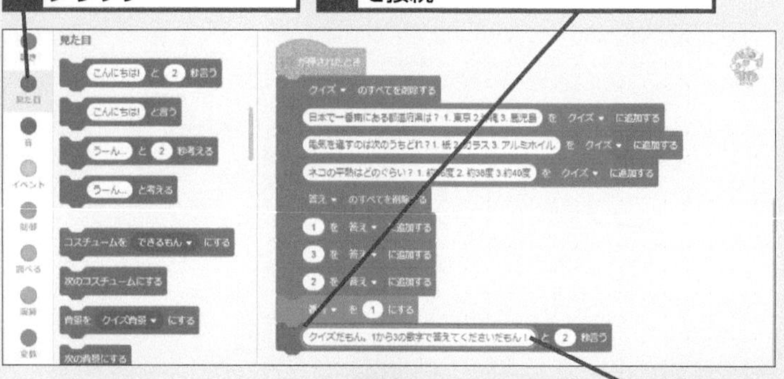

5 「クイズだもん。1から3の数字で答えてくださいだもん！」と入力

このレッスンで出てくる用語

ステージ	p.280
スプライト	p.280
変数	p.282

レッスンで使う
練習用ファイル **レッスン47.sb3**

ヒント！

問題と解答の番号を変数にする

リストに入力した問題と解答を、今回は上から順番に使います。リストを作成する際に、問題と解答がセットになるように設定しておきましょう。問題と解答のリスト内での番号は「番号」という変数で管理し、出題するごとにこれを1つずつ増やしていきます。

3 問題を出題する

1 [調べる] カテゴリーをクリック

2 [[What's your name?] と聞いて待つ] をドラッグして接続

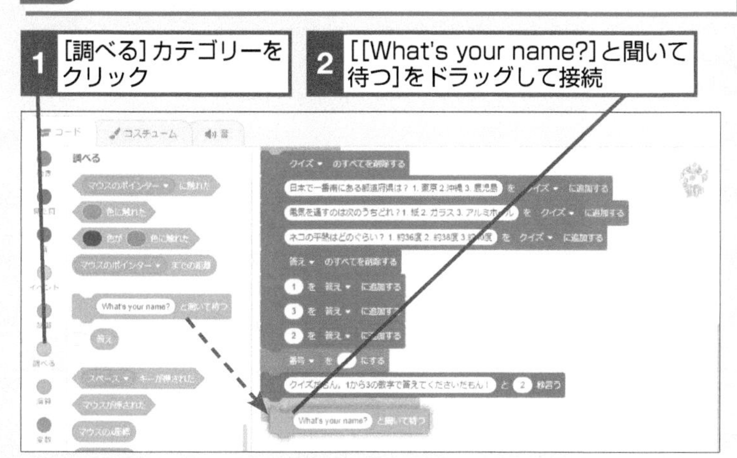

3 [変数] カテゴリーをクリック

4 [クイズの[1]番目] をドラッグして組み込む

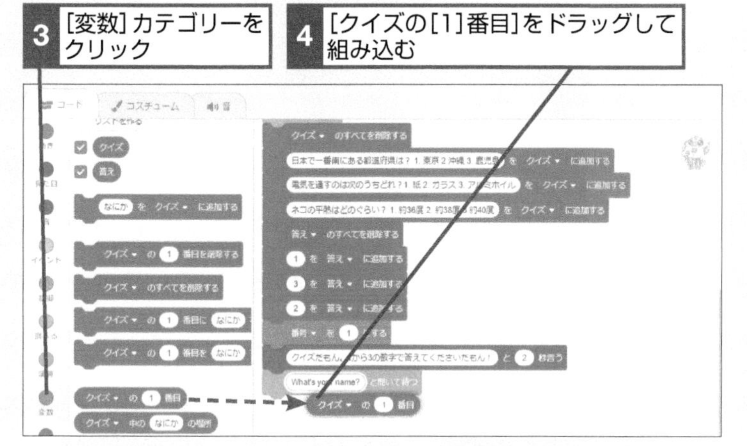

5 [番号] をドラッグして組み込む

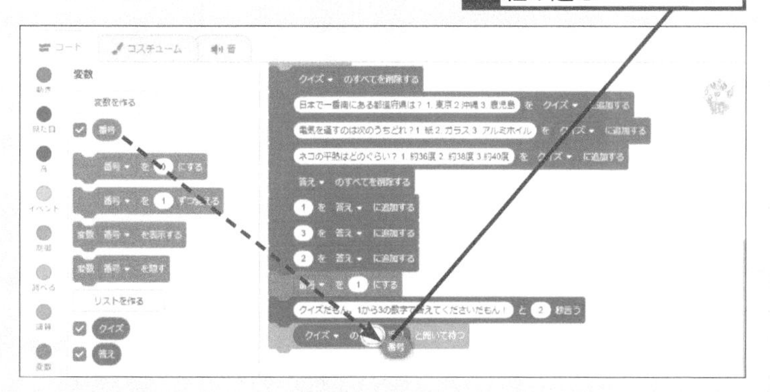

ヒント!

プロジェクト画面に入力できる

[[What's your name?] と聞いて待つ] ブロックをスプライトで実行すると、ステージ上のスプライトの横に吹き出しが表示され、続いて画面の下に入力用の空欄が表示されます。ここに文字や数字を入力して、プログラムに送ることができます。

[What's your name?] と聞いて待つ] ブロックによって吹き出しで対話が促される

文字や数字の入力後は、Enter キーを押すか、右端のチェックボックスをクリックする

テーマ もし［ ］なら、でなければ

動画で見る

レッスン

48 正解かどうかを判定する

このレッスンでは条件分岐の［もし［ ］なら］に［でなければ］という条件が追加できるブロックを使って、解答が正解かどうかを判定するコードを作ります。

1 答えを調べるコードを作る

1 ［制御］カテゴリーをクリック

2 ［もし［ ］なら でなければ］をドラッグして接続

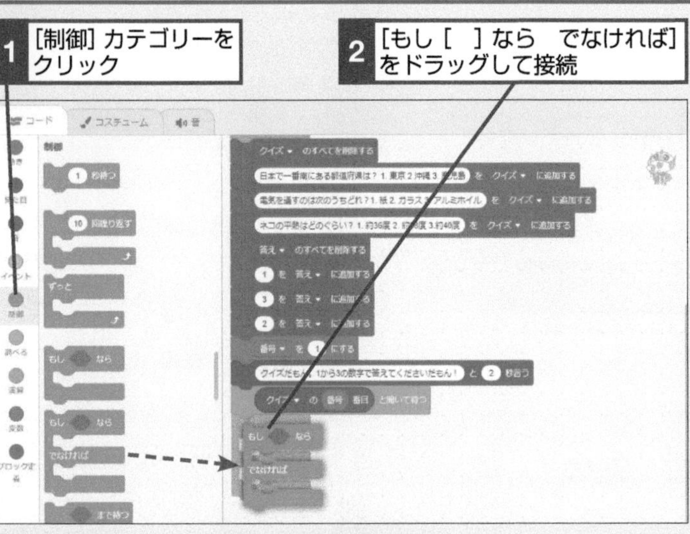

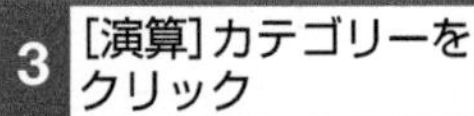

3 ［演算］カテゴリーをクリック

4 ［［ ］=［50］］をドラッグして組み込む

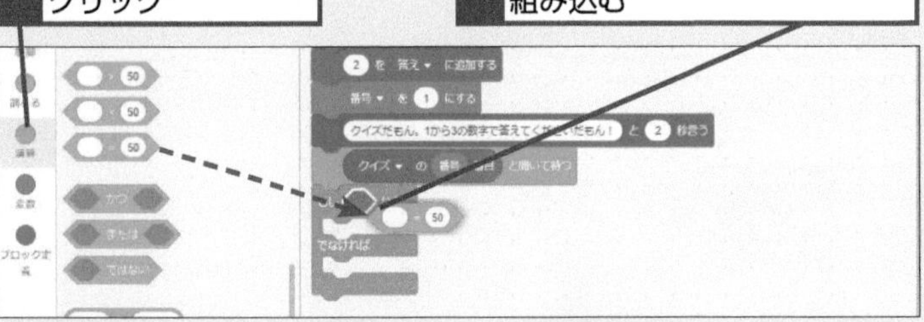

5 ［調べる］カテゴリーをクリック

6 ［答え］をドラッグして組み込む

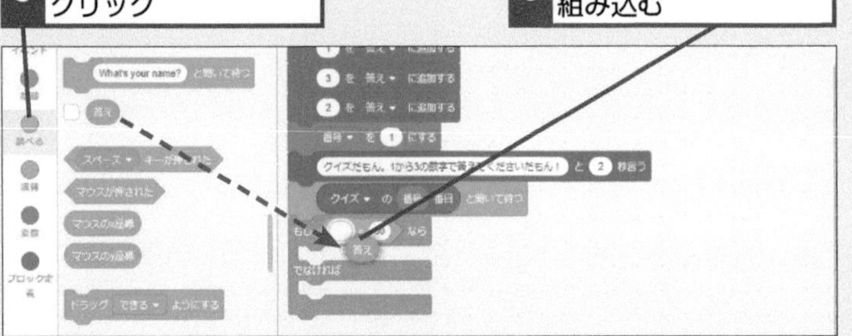

このレッスンで出てくる用語

コード	p.279
条件分岐	p.280
変数	p.282

レッスンで使う
練習用ファイル **レッスン48.sb3**

ヒント！

ブロック2つ分の機能がある

クイズの解答が正解か不正解かによって、できるもんの動作を変えます。手順1で使う［もし［ ］なら でなければ］のブロックは、［もし［ ］なら］2つ分の条件分岐をまとめて設定できます。

2 解答を設定する

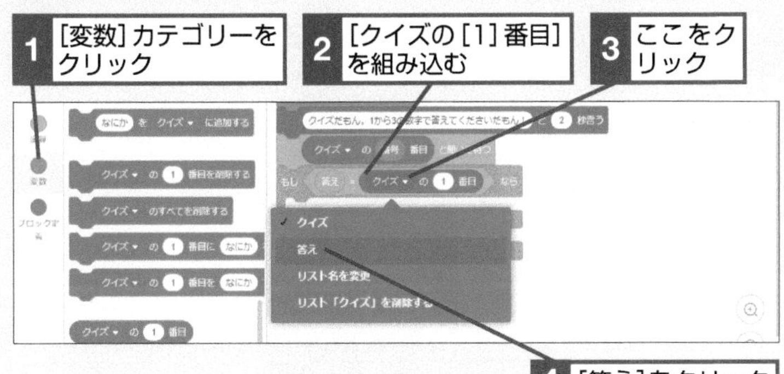

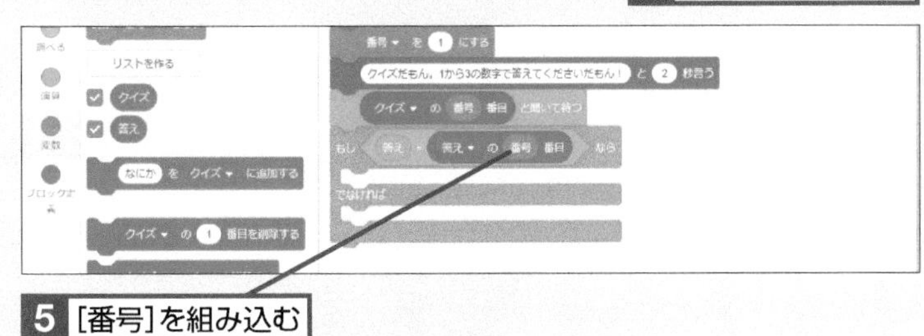

ヒント!
入力した内容を[答え] ブロックで参照できる

手順1で追加した [答え] ブロックは、画面下のウィンドウに入力された内容を参照します。このブロックは [[What's your name?] と聞いて待つ] とセットで使えるように、変数としてScratchにあらかじめ用意されています。

3 正解と不正解時の音を設定する

レッスン27を参考に、[第9章] フォルダーにある[あたり.wav] [はずれ.wav]をアップロードしておく

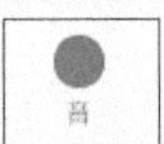

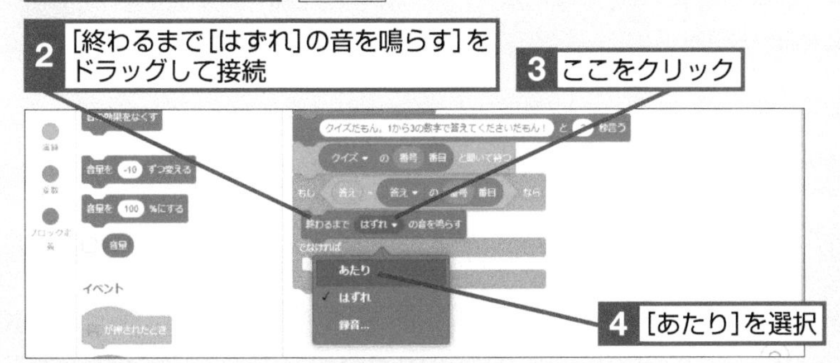

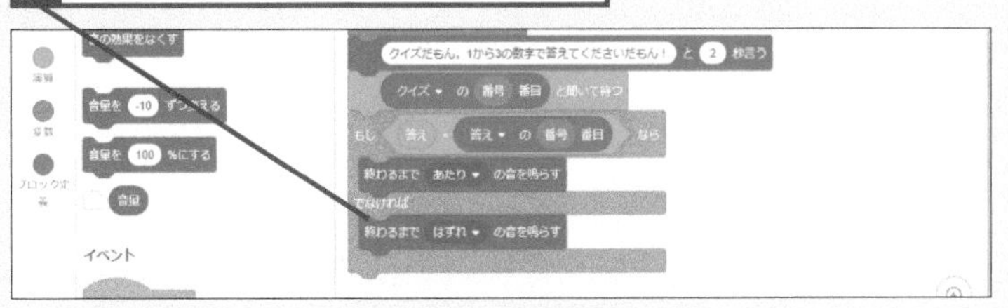

ヒント!
正解と不正解を音で知らせる

手順3のコードは複雑な形になっていますが、文章にすると「入力された答えが問題と同じ番号の解答と同じだったら「あたり」、そうでなければ「はずれ」の音を鳴らす」といった意味になります。条件分岐の内容を整理しておきましょう。

テーマ　リストの長さで繰り返す

問題を最後まで出題する

リストに登録した問題をすべて出題します。繰り返し処理を使って、リストに表示された問題の数と同じだけ出題します。

1 変数を増やす

1 [変数]カテゴリーをクリック

2 [番号]を[1]ずつ変える]をドラッグして接続

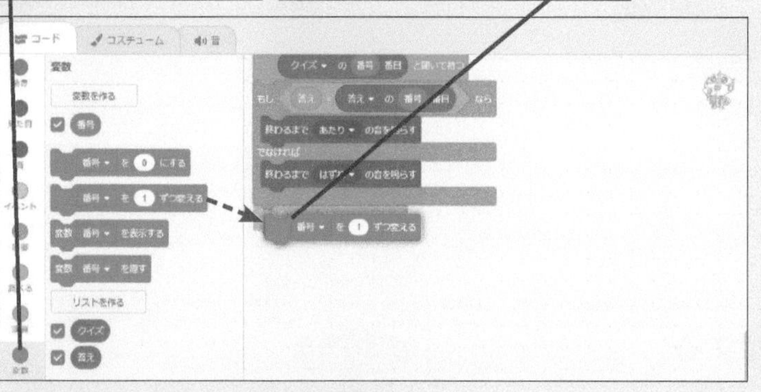

2 繰り返し処理を設定する

1 [制御]カテゴリーをクリック

2 [[10]回繰り返す]を接続

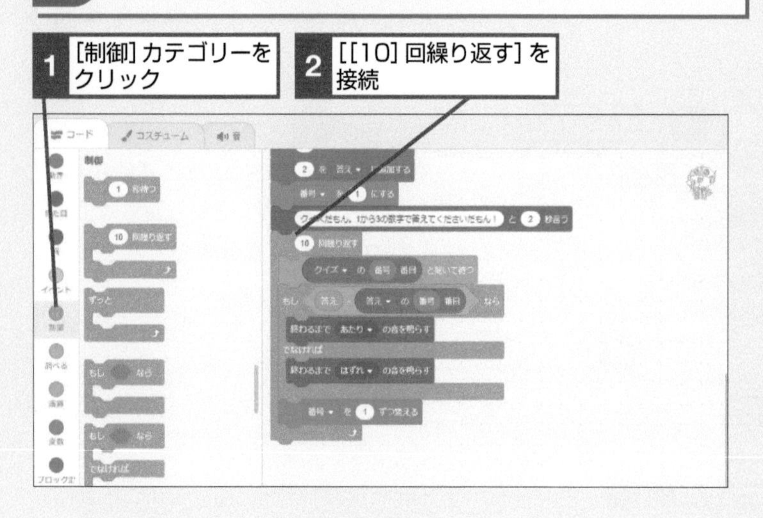

このレッスンで出てくる用語

繰り返し処理	p.279
変数	p.282

レッスンで使う練習用ファイル　レッスン49.sb3

ヒント!

繰り返し処理と変数を組み合わせよう

このレッスンでは、繰り返し処理と変数を組み合わせて、繰り返しの回数を調整しています。Scratch以外のプログラミング言語でもよく使う手法なので、コードの組み合わせ方をよく覚えておきましょう。

3 繰り返しの長さを設定する

1 [変数]カテゴリーをクリック

2 [[クイズ]の長さ]をドラッグして組み込む

ヒント！

リストの項目数に応じて繰り返しの回数が決まる

手順3では［[10] 回繰り返す］ブロックに［[クイズ] の長さ］ブロックを組み込みました。このように、リストの長さを変数として使うと、リストの項目数に応じて繰り返し回数が決まります。便利な使い方なので、ぜひ覚えておきましょう。

4 変数を作成する

レッスン28を参考に新しい変数[得点]を作っておく

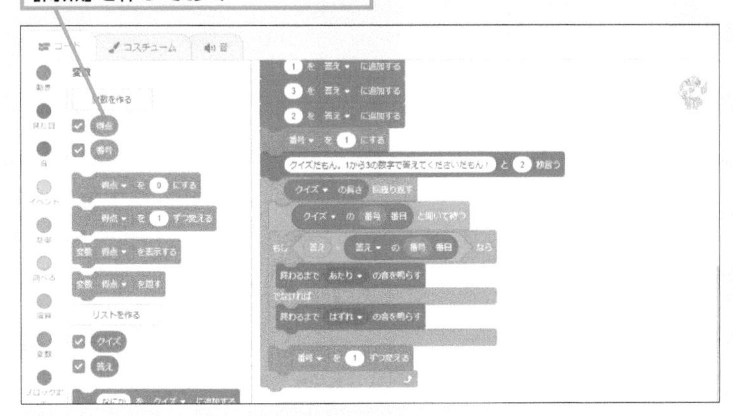

ヒント！

正解したら10ポイント得られる

クイズに正解したときの得点を変数で管理します。これは第6章の「クリックゲーム」と同じ仕組みです。点数は自由につけて大丈夫です。なお不正解の場合に減点するには、以下のようにブロックを追加します。

不正解の場合は10点減点される

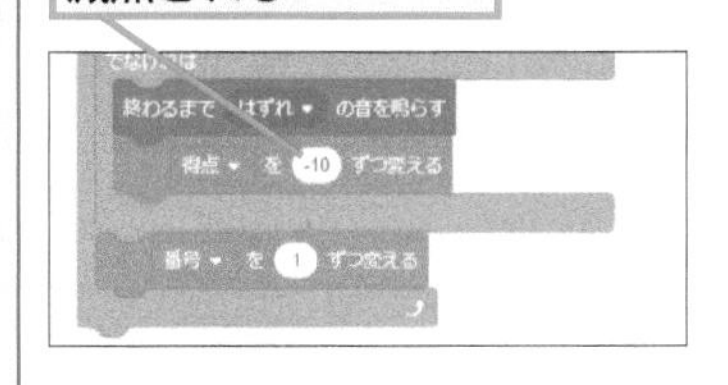

1 [[得点]を[1]ずつ変える]を接続

2 「10」と入力

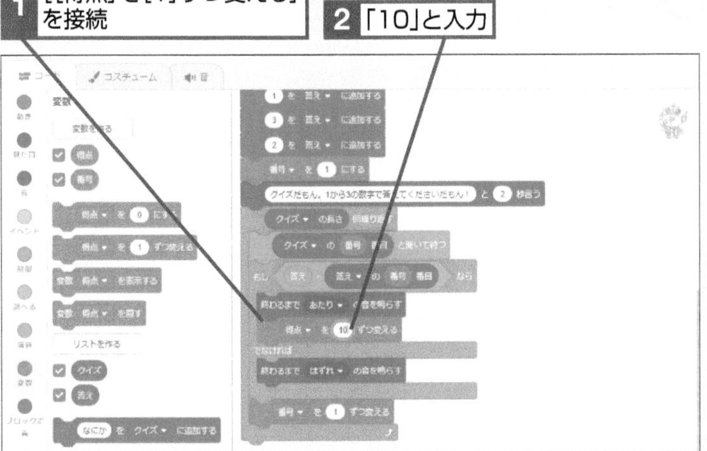

テーマ　スコアの発表

ゲーム終了の設定をする

問題にすべて回答すると、できるもんが得点を発表してゲームが終了するようにします。コードが完成したら、リストは非表示にしましょう。

1 答えを発表する準備をする

1 [見た目] カテゴリーをクリック

2 [[こんにちは！] と [2] 秒言う] を接続

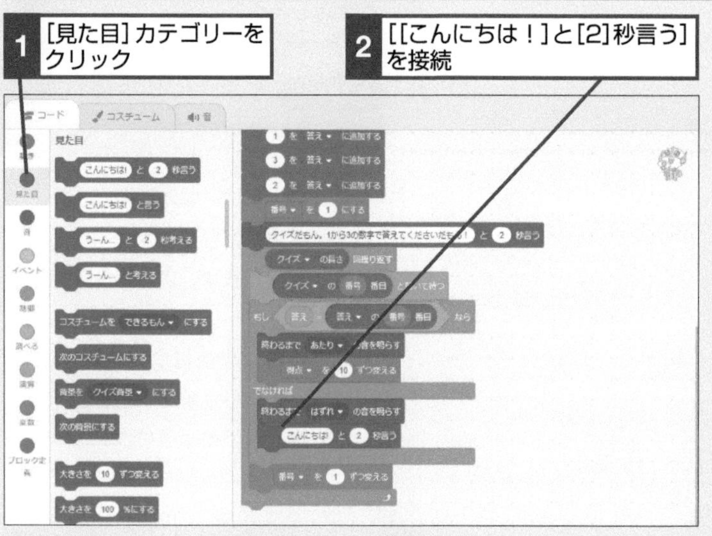

3 [演算] カテゴリーをクリック

4 [[apple] と [banana]] をドラッグして組み込む

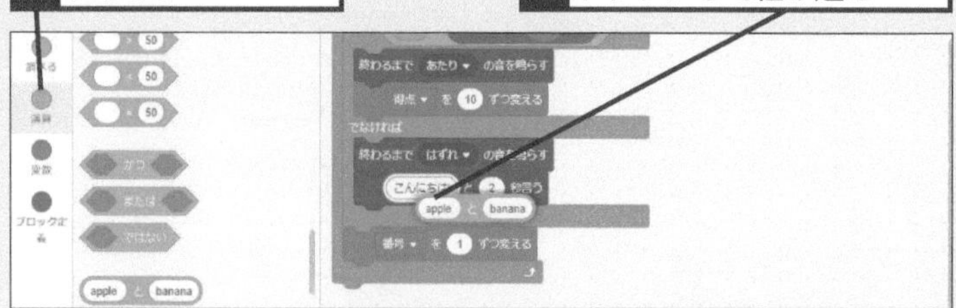

5 「正解は」と入力

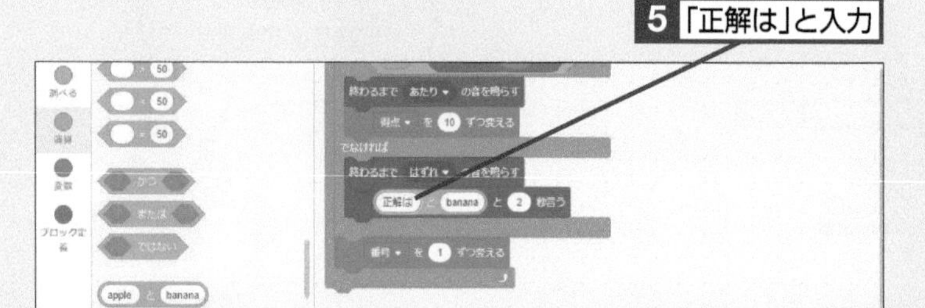

このレッスンで出てくる用語

演算	p.279
コード	p.279
変数	p.282

レッスンで使う練習用ファイル　**レッスン50.sb3**

ヒント！

変数の内容を言うことができる

[[こんにちは！] と言う] ブロックには値ブロックなどを組み込むことができます。ここでは [[apple] と [banana]] ブロックを組み込んで、さらに言える内容を増やします。

2 答えを発表する動きを作る

1 ここを右クリック

2 [複製]をクリック

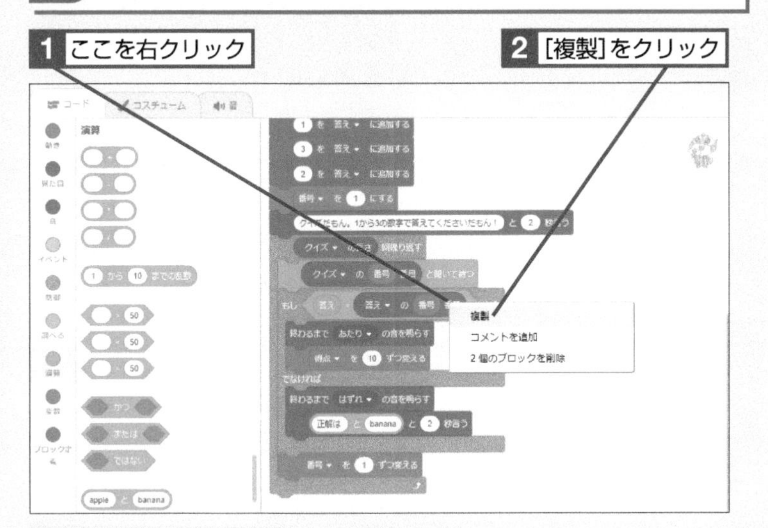

3 ドラッグしてここに組み込む

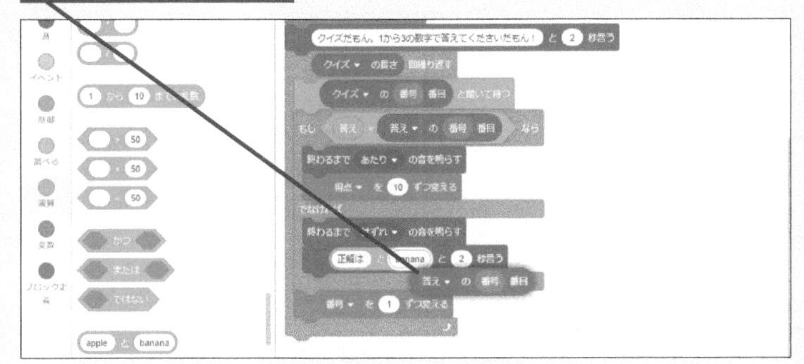

3 得点を発表する準備をする

手順1を参考に[[apple]と[banana]]と[2]秒言う]ブロックの組み合わせを接続しておく

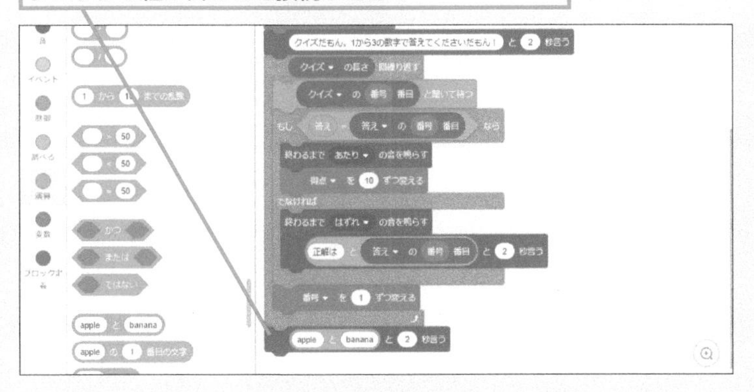

ヒント!

解答が間違っているときはできるもんが正解を言う

手順2では条件分岐の［もし　なら　でなければ］ブロックの結果として、画面に入力された解答がリストと異なる場合に、できるもんが正しい答えを言うようにプログラミングしています。このときの正解はリストから読み込まれたものと一致しますので、[[答え]の［番号］番目］ブロックを複製して使います。

次のページに続く

4 得点を発表する

1 [演算] カテゴリーをクリック

2 [[apple]と[banana]]を組み込む

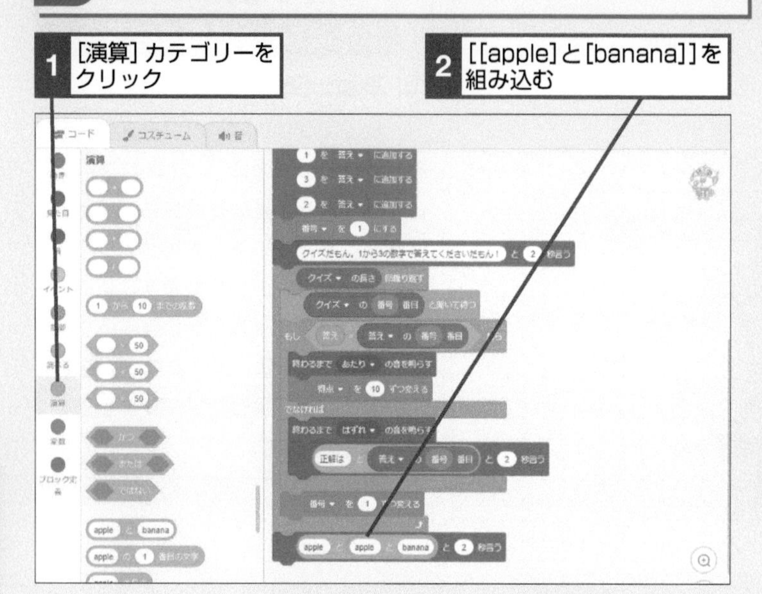

3 「得点は」と入力

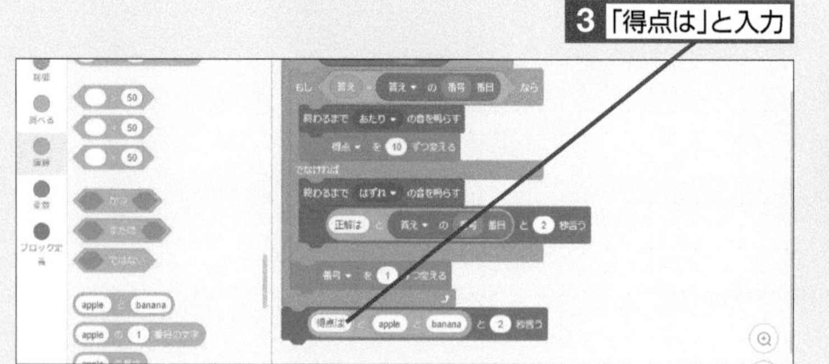

4 [変数] カテゴリーをクリック

5 [得点] を組み込む

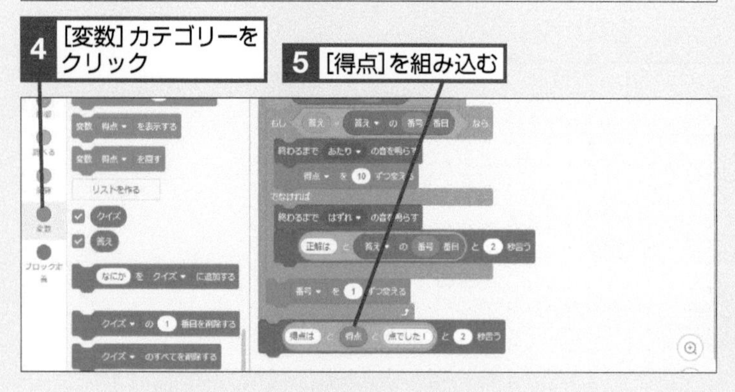

[[apple] と [banana]] ブロックを二重にして使う

手順4では [[apple] と [banana]] ブロックの [banana] の部分にさらに [[apple] と [banana]] ブロックを組み込んでいます。これにより、[[apple] と [banana]] ブロックの項目数を3つに増やしています。

できるもんが言う項目を3つにできる

ヒント！

表示されるときは1つに繋がる

手順4で作ったコードは「得点は」[得点]「点でした！」の間に「と」が入っていますが、実行する際には「得点は30点でした」といった形に繋がって表示されます。

5 得点をリセットする

1 [[得点] を [0] にする] を接続

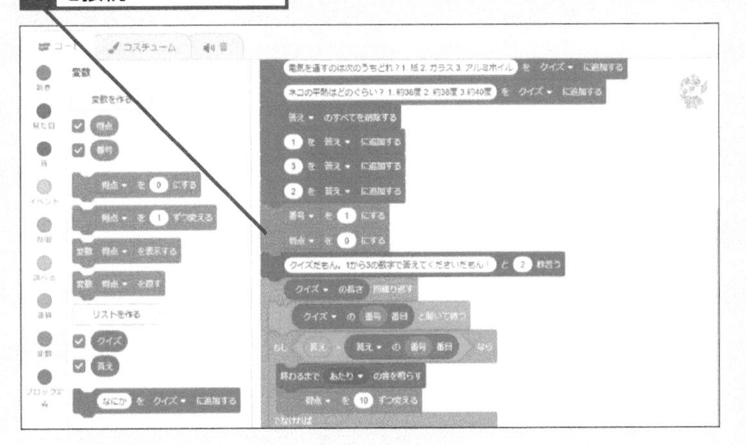

6 得点以外を非表示にする

1 ここをクリックしてチェックマークをはずす

2 ここにドラッグ

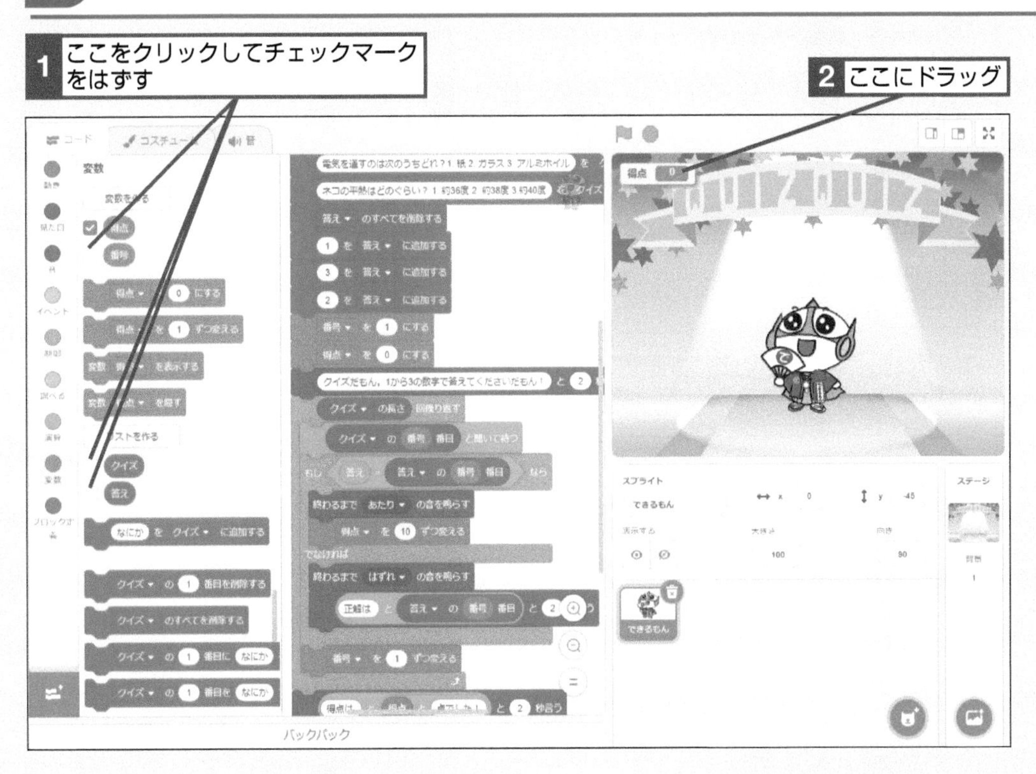

リストの使い方を覚えよう

Scratchに慣れた人でも、リストをあまり使ったことがない人はたくさんいます。数字を使ってリストの要素を使う仕組みが少し分かりにくいからです。でも、この章のクイズのように、リストは実は難しくありません。何より、リストを使うとデータの多いプロジェクトは短いコードで作ることができます。

今までリストを使わずに長いコードを書いていた人は、これを機会にリストを使って書き直してみましょう。ほかのプログラミング言語に挑戦するときにも、きっと役に立ちますよ。

クイズ！できるもんのコード一覧

```
が押されたとき
クイズ▼ のすべてを削除する
日本で一番南にある都道府県は？ 1. 東京 2.沖縄 3. 鹿児島 を クイズ▼ に追加する
電気を通すのは次のうちどれ？1. 紙 2. ガラス 3. アルミホイル を クイズ▼ に追加する
ネコの平熱はどのぐらい？ 1. 約36度 2. 約38度 3.約40度 を クイズ▼ に追加する
答え▼ のすべてを削除する
1 を 答え▼ に追加する
3 を 答え▼ に追加する
2 を 答え▼ に追加する
番号▼ を 1 にする
得点▼ を 0 にする
クイズだもん。1から3の数字で答えてくださいだもん！ と 2 秒言う
クイズ▼ の長さ 回繰り返す
    クイズ▼ の 番号 番目 と聞いて待つ
    もし 答え = 答え▼ の 番号 番目 なら
        終わるまで あたり▼ の音を鳴らす
        得点▼ を 10 ずつ変える
    でなければ
        終わるまで はずれ▼ の音を鳴らす
        正解は と 答え▼ の 番号 番目 と 2 秒言う
    番号▼ を 1 ずつ変える
得点は と 得点 と 点でした！ と 2 秒言う
```

練習問題

1.

4問目の問題として「ぼくの名前は？」、解答に「1.できるもん 2.できもるん 3.できるんも」を追加しましょう。

ヒント [[なにか] を [問題] に追加する] ブロックを2つ使って、問題と解答を追加します。

解答

1.

1 [変数] カテゴリーをクリック

変数

2 [[なにか]を[クイズ]に追加する]を接続

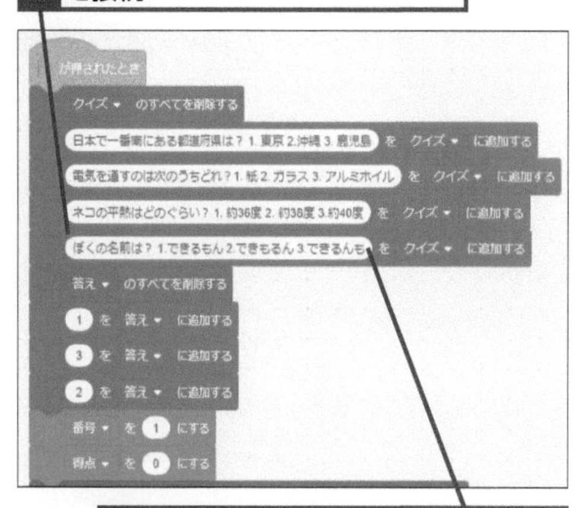

3 「ぼくの名前は？　1.できるもん 2.できもるん 3.できるんも」と入力

[変数(へんすう)] カテゴリーの [[なにか] を [クイズ] に追加(ついか)する] ブロックを使(つか)って、問題(もんだい)と解答(かいとう)をそれぞれ追加(ついか)します。ブロックを接続(せつぞく)する場所(ばしょ)を間違(まちが)えないように注意(ちゅうい)しましょう。

4 [[なにか]を[クイズ]に追加する]を接続

ここをクリックして[答え]に変更しておく

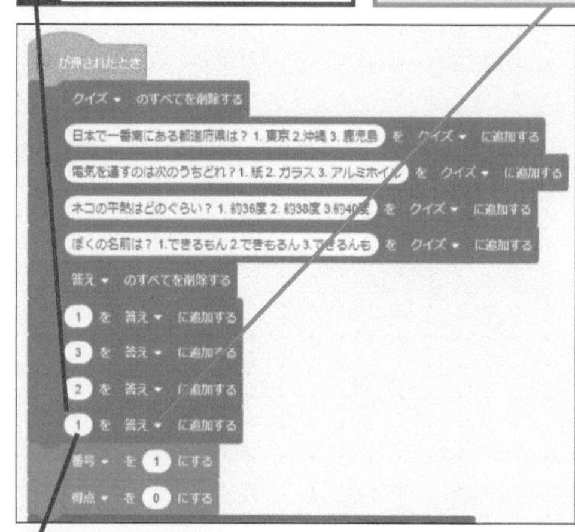

5 「1」と入力

第10章

リズムゲームを作ろう

この章では、スプライトを複製するクローンの機能と、論理演算について学びます。クローンでいろいろなリンゴを次々と画面に表示し、それを切ったときの処理を論理演算で変更します。

この章の内容

この章で作るプログラム

タイミングよくリンゴを切ろう

緑の旗ボタンをクリックすると、画面の右側からリンゴが飛んでくるよ！

タイミングを合わせてスペースキーを押してリンゴを切ろう。切ったリンゴによって得点が変わるよ。

公開ページ https://scratch.mit.edu/projects/368533532/

リズムゲームを作ろう

この章では、飛んでくるリンゴをタイミングよく切るリズムゲームを作ります。クローンの機能を使って、3種類のリンゴを次々と表示します。リンゴを切ったときの得点を論理演算で設定します。

テンポよく進むリズムゲームを作る

画面の端から飛んでくるリンゴを次々と切る、リズムゲームを作ります。リンゴのスプライトは1つだけで、クローンの機能を使って次々と表示します。3種類のコスチューム「赤リンゴ」「どくリンゴ」「ばくだん」のどれかを乱数で表示し、種類で得点が変わるようにします。爆弾を切らなかったときは足元で爆発するようにします。

プログラムの動き方

緑の旗ボタンをクリックするとリンゴが画面の左側から飛んでくる →レッスン52、53、54

どくリンゴを切ると得点が減る →レッスン56

赤リンゴか爆弾を切ると得点が増える →レッスン55

爆弾を切りそこなうと足元で爆発し、得点が減る →レッスン57

この章で学べること

クローンの機能を使うと、スプライトを複製できます。この章のリンゴや、シューティングゲームの敵キャラクターのように、同じものをたくさんステージに出したいときに便利です。
論理演算はコンピューターの原理に深く関係しており、これを理解することはコンピューターそのものの理解に繋がります。Scratchでプログラミングを組む上では、条件を組み合わせて新しい条件を作ることだと考えればよいでしょう。「～かつ～」と「～または～」が代表的な論理演算です。「～ではない」も論理演算に含まれます。「かつ」と「または」に関しては右のようなベン図で理解するとよいでしょう。

子どもに論理演算を教えるには

クローンの機能については、クローンの元になるスプライトと、クローンで複製されたものが違うことを説明しましょう。複製されたものは［クローンされたとき］を使って制御します。論理演算については、右の図のように「サッカーと音楽のどちらが好きか」といった具体的な例を使って説明しましょう。論理演算という概念自体を覚えるのは、ずっと後になってからでも構いません。

論理演算を組み合わせると得点と減点を複雑に設定できる

論理演算とは

論理演算は条件の「計算」といえます。数字の計算の場合は掛け算や引き算があって、その計算で答えが求められます。条件の場合は「かつ」や「または」、「ではない」を使って条件を足し引きし、新しい条件を作ります。「かつ」と「または」については下のようなベン図を作ると条件が分かりやすくなります。「サッカーが好き」と「音楽が好き」の2つの条件の組み合わせで、新しい条件が作られています。

「サッカーが好き」かつ「音楽が好き」

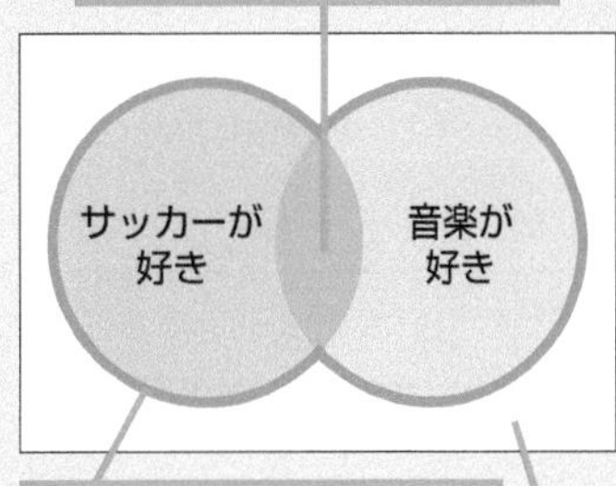

「サッカーが好き」または「音楽が好き」

「サッカーが好き」ではなく、「音楽が好き」でもない

テーマ コスチュームの変更

レッスン 51

ねこさむらいの動きを作る

ねこさむらいのコスチュームを順番に変化させて、アニメーションを作りましょう。4枚のコスチュームで刀を振り下ろす動きを作ります。

1 ねこさむらいのコスチュームを設定する

サンプルファイルの中にある背景とスプライトをアップロードしておく

1 [ねこさむらい]をクリック

2 [イベント]カテゴリーをクリック

3 [[スペース]キーが押されたとき]を接続

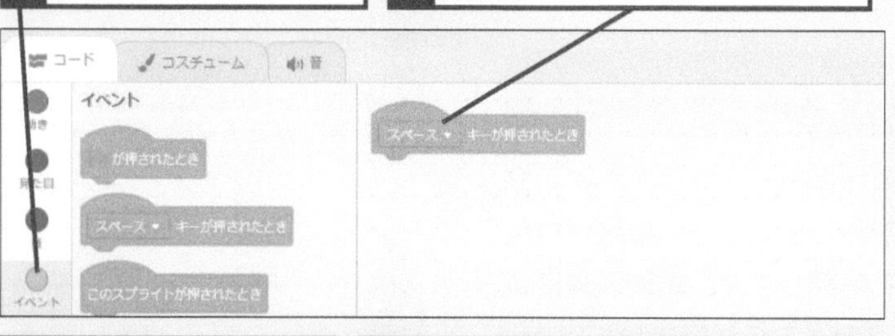

4 [見た目]カテゴリーをクリック

5 [コスチュームを[コスチューム4]にする]を接続

6 ここをクリック

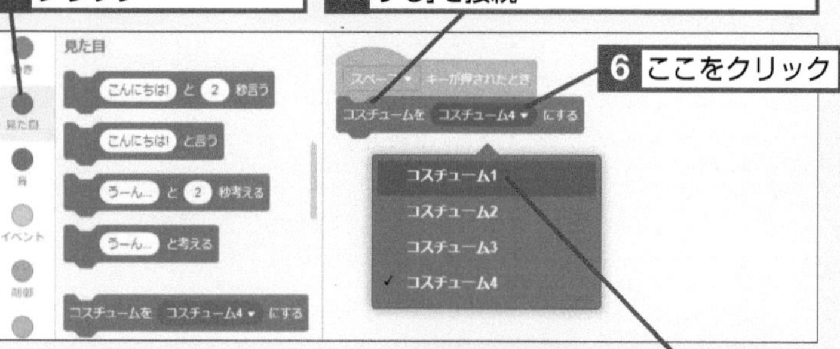

7 [コスチューム1]をクリック

2 ねこさむらいの効果音を設定する

1 [音]カテゴリーをクリック

2 [[刀をふる音] の音を鳴らす]を接続

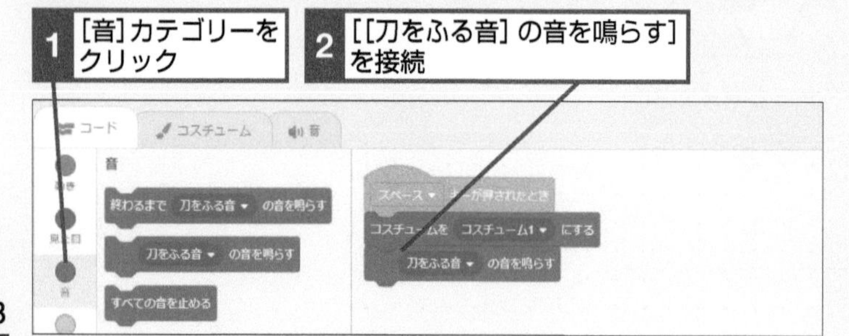

このレッスンで出てくる用語

コスチューム	p.280
スプライト	p.280
背景	p.281

ヒント!

コスチュームを切り替えてアニメーションを作る

テレビや映画のアニメーションは、1秒間に12～24枚ほどの絵を切り替えて動きを表現しています。Scratchでも、コスチュームを複数用意しておき、それを次々に切り替えることでアニメーションのような動きを見せることができます。

4種類のコスチュームを切り替えて動きを作る

3 ねこさむらいの動きを設定する

1 [制御]カテゴリーをクリック

2 [[10] 回繰り返す] を接続

3 「3」と入力

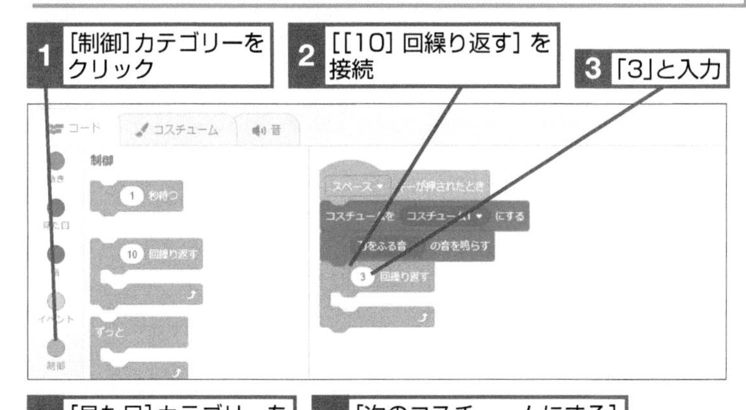

4 [見た目]カテゴリーをクリック

5 [次のコスチュームにする]を接続

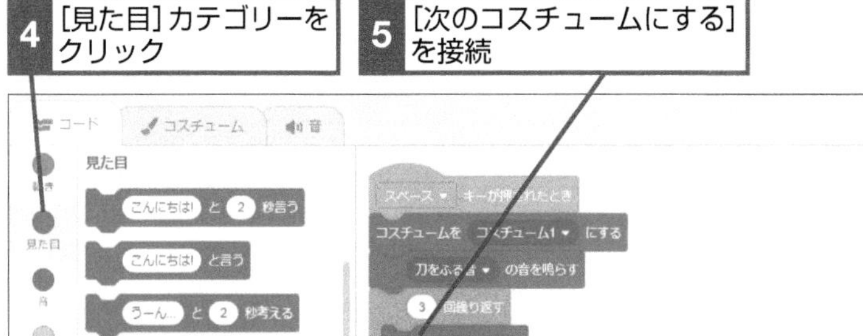

6 [制御]カテゴリーをクリック

7 [[1] 秒待つ]を接続

8 「0」と入力

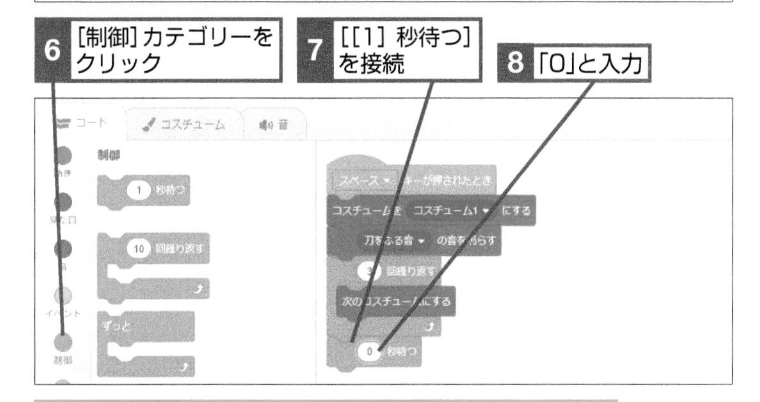

手順1を参考に[コスチュームを[コスチューム1]にする]を接続しておく

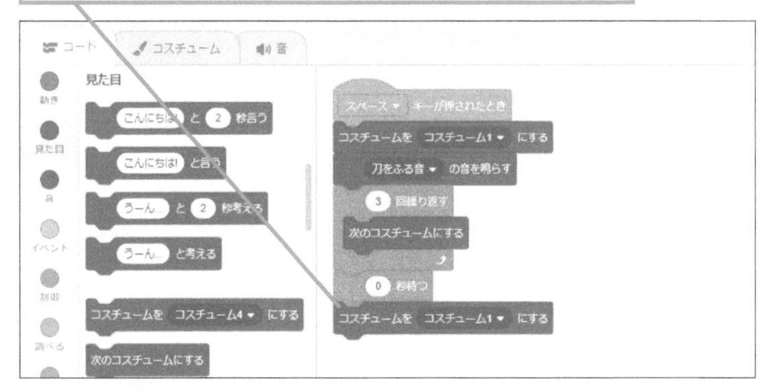

ヒント!

[[0] 秒待つ] ブロックの役割

操作8では [[0] 秒待つ] というブロックを接続しています。Scratchの処理は非常に速いため、このブロックを入れないとアニメーションの最後のコマが見えない場合があります。今回は「0秒」としてもっとも短い待ち時間にしていますが、それでも早いと感じる場合は「0.1秒」などにしてみましょう。

テーマ クローン

リンゴのクローンを作る

ねこさむらいが刀で切るリンゴを、クローン機能を使って次々と画面に表示されるようにします。ここでも［[1] 秒待つ］ブロックで、ちょうどよい間隔を設定します。

1 リンゴの座標を設定する

スプライトリストの［リンゴ］をクリックしておく

1 ［イベント］カテゴリーをクリック

2 ［緑の旗ボタンが押されたとき］を設置

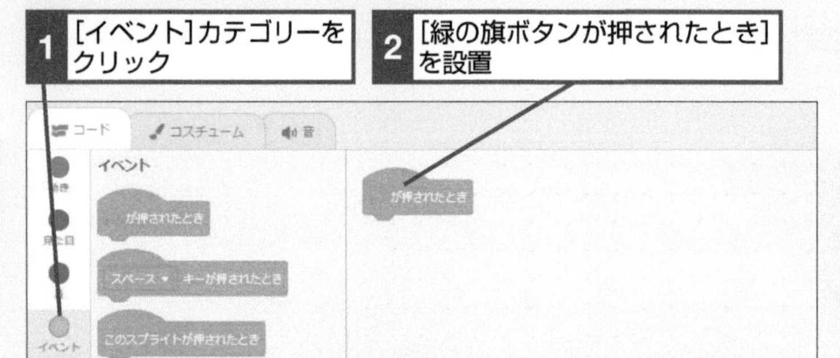

3 ［動き］カテゴリーをクリック

4 ［x座標を［ ］、y座標を［ ］にする］を接続

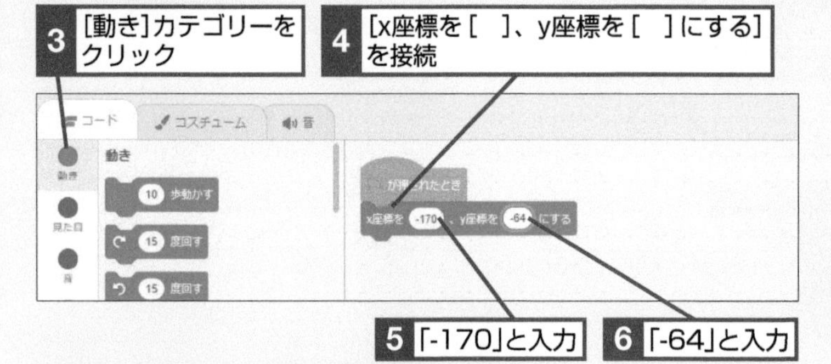

5 「-170」と入力

6 「-64」と入力

2 繰り返し処理の準備をする

1 ［制御］カテゴリーをクリック

2 ［[10] 回繰り返す］を接続

3 「20」と入力

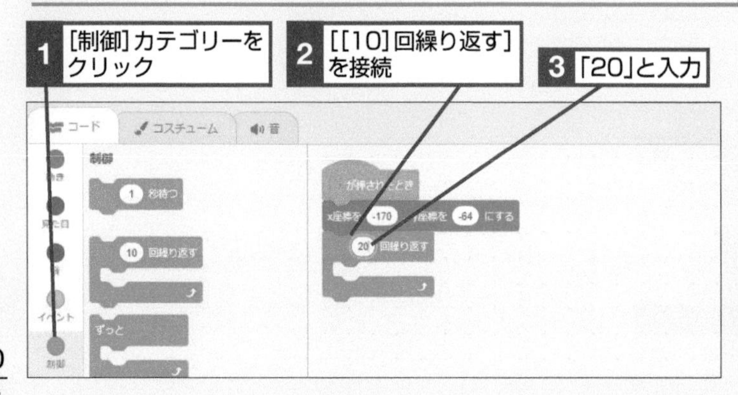

このレッスンで出てくる用語	
クローン	p.279
スプライト	p.280
スプライトリスト	p.280

レッスンで使う
練習用ファイル　**レッスン52.sb3**

ヒント！

リンゴは放物線を描く

リンゴは画面に表示されたあと斜め上に飛び、少しずつ加速しながら落ちてくるようにします。ボールを放り投げたときのようなこの動きを、放物線といいます。リンゴが最初に出現する位置は、画面の半分よりも下にすると自然な動きになります。

3 リンゴのクローンを作る

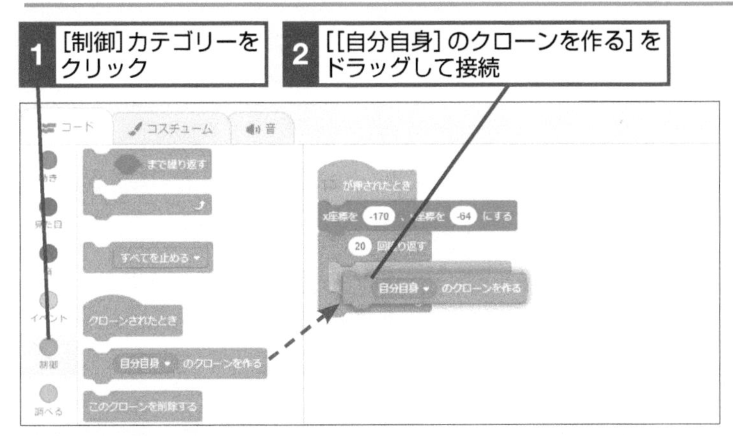

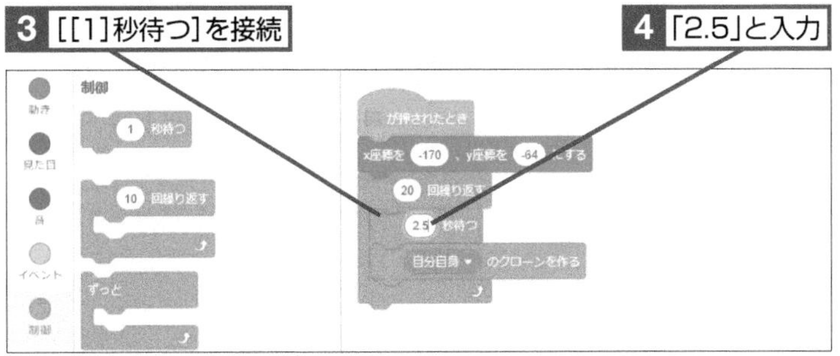

4 クローンが終わったあとの動きを作る

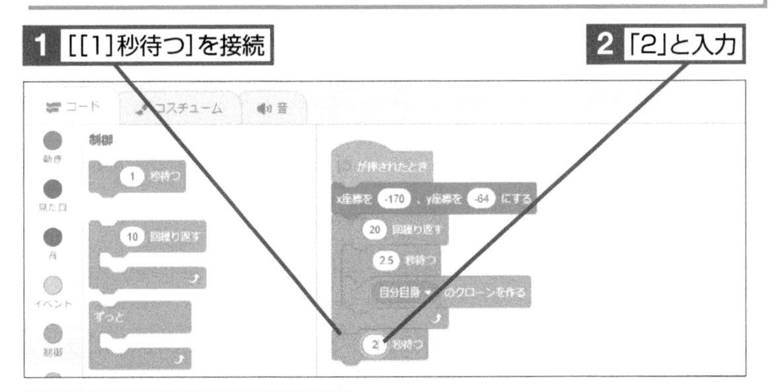

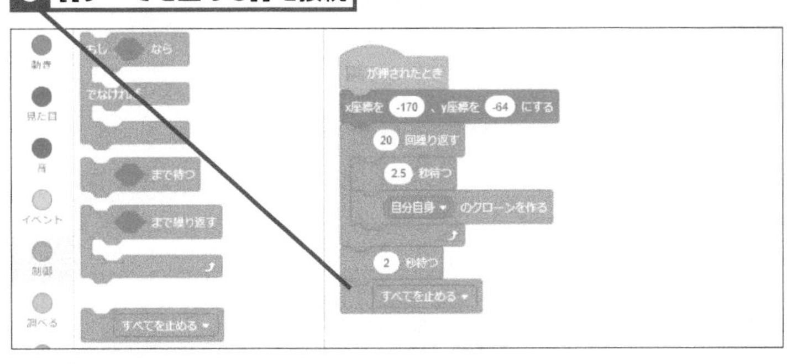

ヒント!

クローン機能を活用しよう

クローン機能を使うと、同じスプライトを大量に増やせます。ここでは、繰り返し処理でクローンを20回作っています。なお、クローンは「自分自身」以外にも、スプライトリストにあるスプライトなら何でも増やせます。

スプライトリストにあるスプライトが一覧に表示される

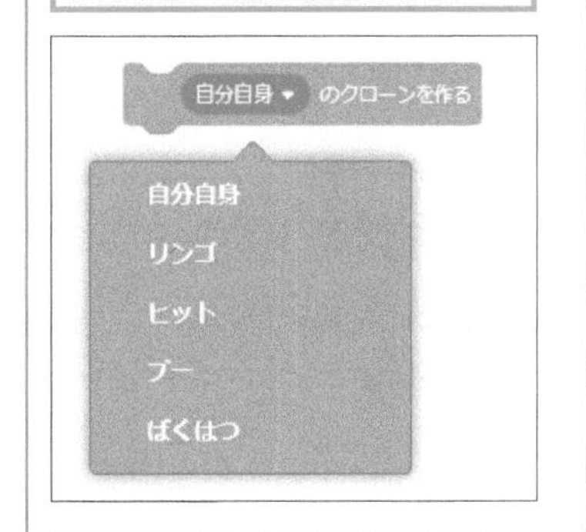

ヒント!

クローンが作られる間隔を調整しよう

手順3では[[2.5]秒待つ]ブロックを使って、リンゴがクローンされるスピードを調整しています。このブロックがないとクローンがすぐに実行され、リンゴが一度にたくさん出てきてしまいます。リンゴの数とスピードでゲームの難易度を調整できますので、プロジェクトが完成してからも調整してみましょう。

テーマ 乱数

クローンの表示を設定する

クローン機能で出現したリンゴを、「赤リンゴ」だけでなく「どくリンゴ」や「ばくだん」にもなるように設定します。コスチュームを乱数で変更しましょう。

1 元のスプライトを非表示にする

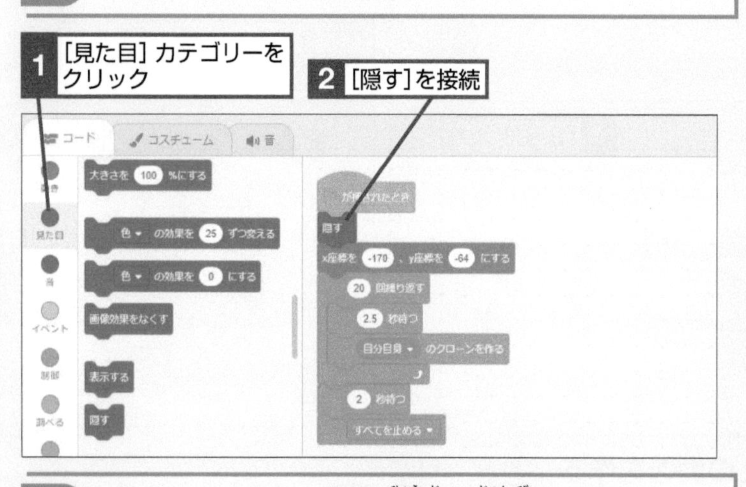

2 クローンされたときの表示の準備をする

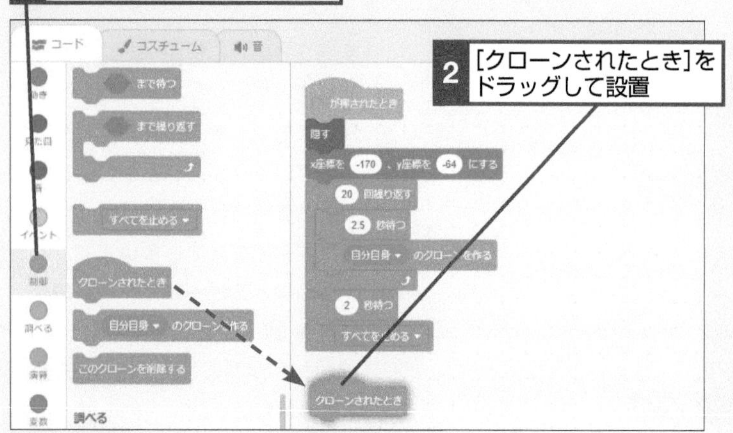

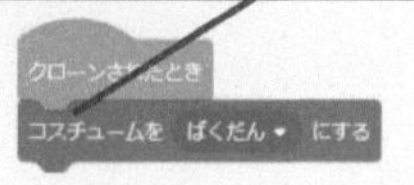

背景を 道場 にする

次の背景にする

クローンされたとき

コスチュームを ばくだん にする

このレッスンで出てくる用語

コスチューム	p.280
スプライト	p.280
ハットブロック	p.281
乱数	p.282

レッスンで使う練習用ファイル **レッスン53.sb3**

ヒント!

[クローンされたとき] ブロックは動作の起点になる

クローンされたスプライトをプログラミングするときは、[クローンされたとき] ブロックを使います。このブロックはハットブロックになっており、クローンに対して必ずこのコードが使われます。このリズムゲームのプロジェクトでは、緑の旗ボタンがクリックされたときに元のスプライトを隠し、クローンされたときに表示されるようにします。こうすると、空中から種類の違うリンゴが次々と現れるようになります。

3 コスチュームを乱数で設定する

1 [演算]カテゴリーをクリック

2 [[1]から[10]までの乱数]を組み込む

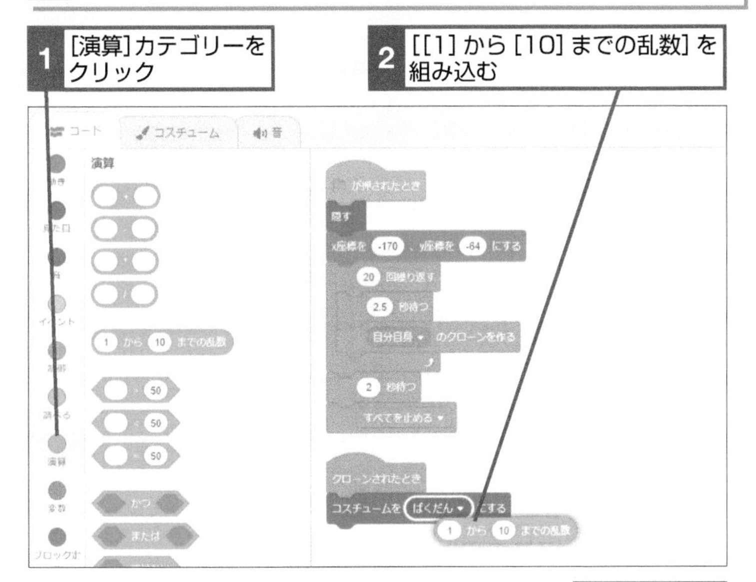

3「3」と入力

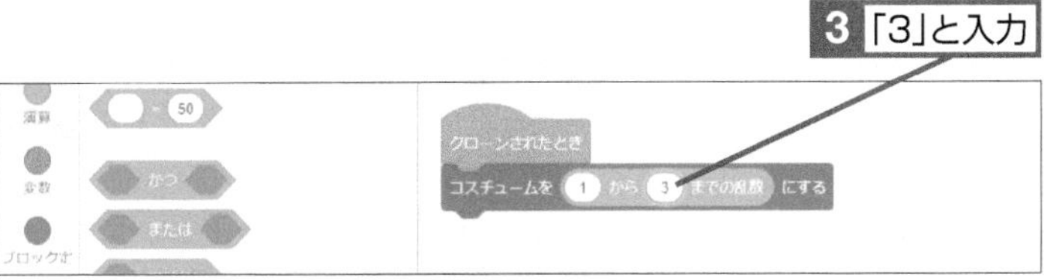

4 クローンを表示する

1 [見た目]カテゴリーをクリック

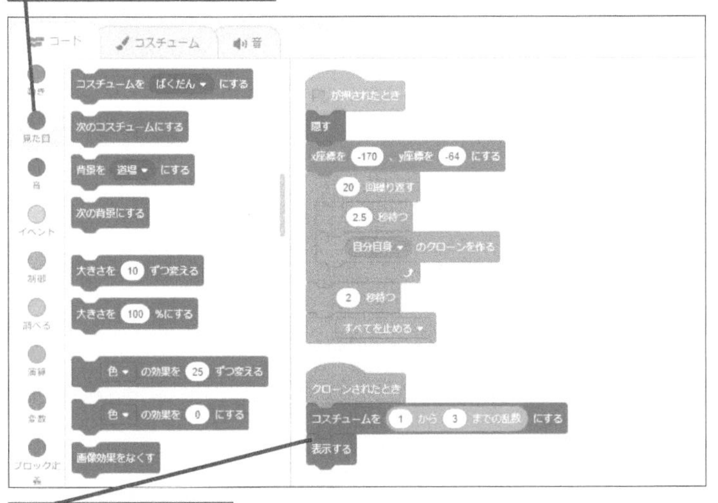

2 [表示する]を接続

ヒント!
乱数でリンゴの種類を変更しよう

リンゴのスプライトには「赤リンゴ」「どくリンゴ」「ばくだん」の3種類のコスチュームがあります。コスチュームの種類は番号で指定できるので、[[1]から[3]までの乱数]ブロックを使って、毎回ランダムにコスチュームが決定されるようにします。「赤リンゴ」と「ばくだん」を切ると得点、「どくリンゴ」を切ると減点されるようにします。また、「ばくだん」を切りそこねて足元で爆発すると減点されるようにします。

テーマ 変数

レッスン 54

クローンの動きを作る

クローンされたリンゴが放物線を描いて飛ぶようにします。横の動きのスピードは変えずに、上下の動きのスピードを変えて作ります。

1 繰り返し処理の準備をする

1 [制御] カテゴリーをクリック

2 [[10] 回繰り返す]を接続

3 「45」と入力

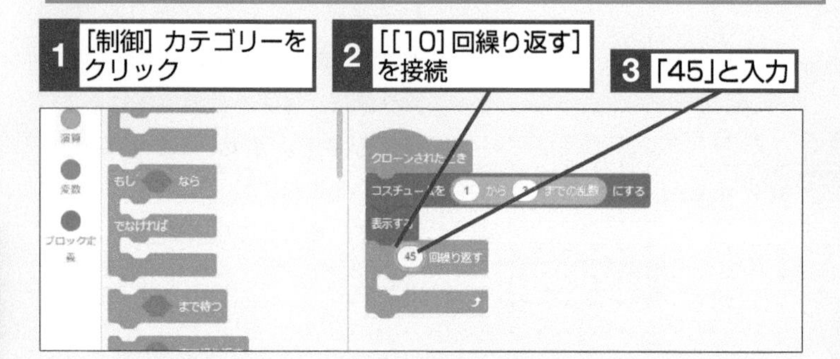

2 座標を使って動かす

1 [動き] カテゴリーをクリック

2 [x座標を[10]ずつ変える]を接続

3 「5」と入力

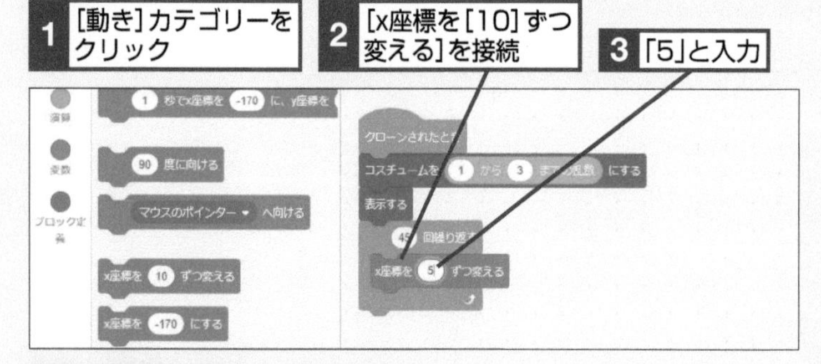

4 [y座標を[10]ずつ変える]を接続

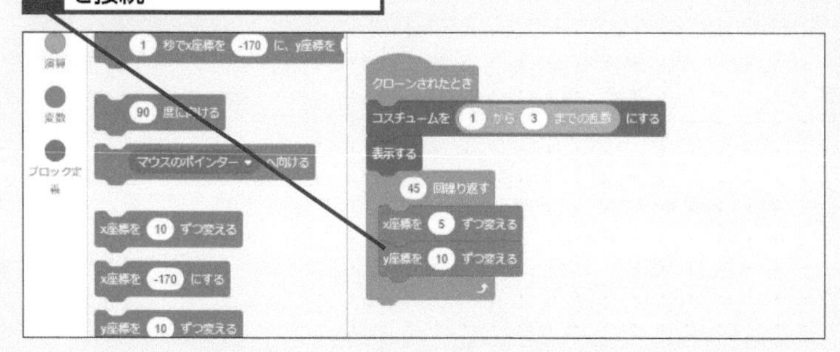

このレッスンで出てくる用語

座標	p.280
ステージ	p.280
ペン	p.282
変数	p.282

レッスンで使う練習用ファイル **レッスン54.sb3**

ヒント!

x座標は同じスピードで進む

放物線を描く物体を観察すると、横に進む速さはほぼ同じように見えます。このため、座標を変化させてリンゴを動かす場合、x座標の動きはずっと同じで構いません。しかし、y座標の動きを同じにすると、リンゴは上昇したまま落ちてこなくなります。このため、次ページの手順4で変数を作り、リンゴが上昇したあと、加速しながら落ちてくるようにします。

3 クローンを削除する

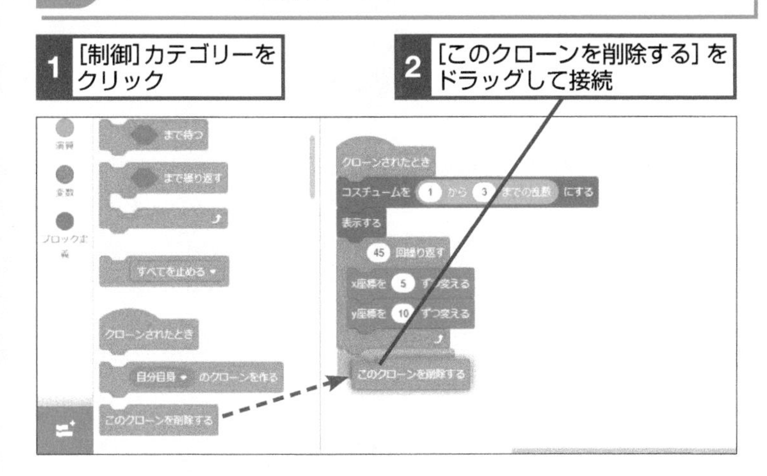

4 上下の早さの変数を作る

レッスン29を参考に変数[上下のはやさ]を作っておく

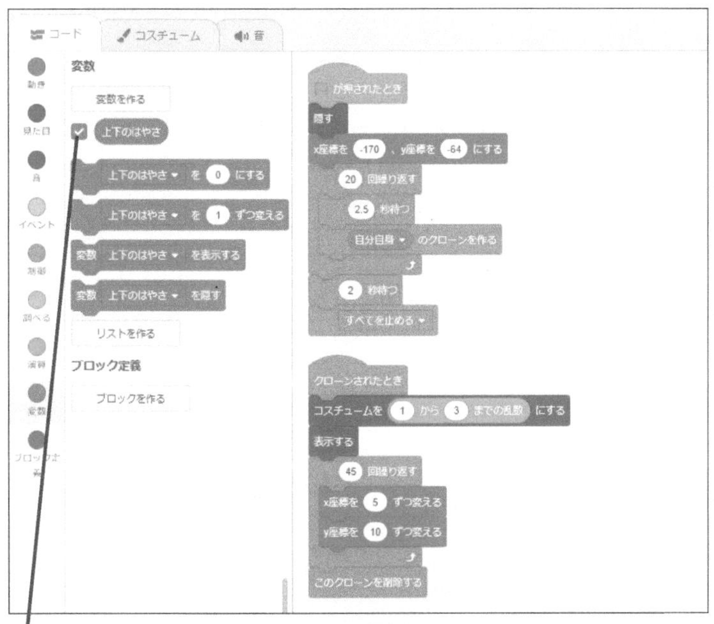

1 ここをクリック

ステージ上の変数が非表示になった

ヒント!

画面の下に着いたクローンは削除する

リンゴのクローンが画面の下まで到達したら、消えるように設定します。手順3では繰り返し処理が終わったあとに［このクローンを削除する］ブロックを使って、クローンを削除しています。繰り返し処理の回数によっては、クローンを削除する前に画面の端に到達する場合があります。そのような場合は、繰り返し処理の回数と、x座標の移動距離を調整してみましょう。

次のページに続く

5 放物線の動きを作る

1 [[上下のはやさ]を[0]にする]を接続

2 「20」と入力

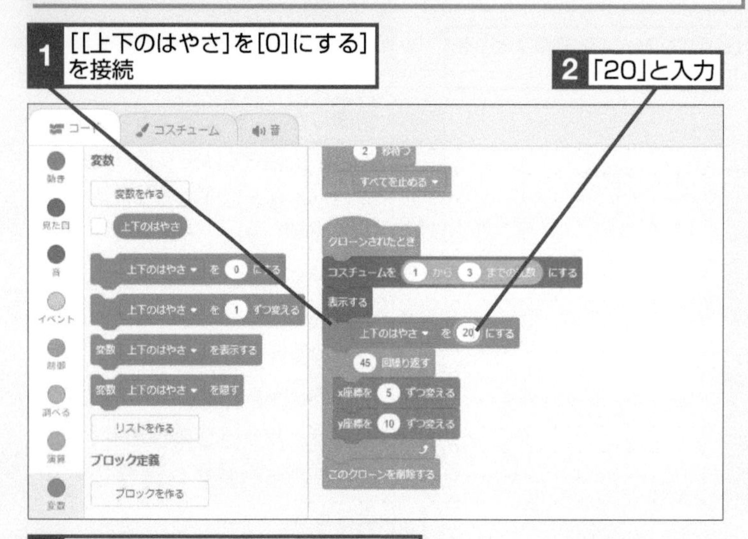

3 [[上下のはやさ]を[1]ずつ変える]を接続

4 「-1」と入力

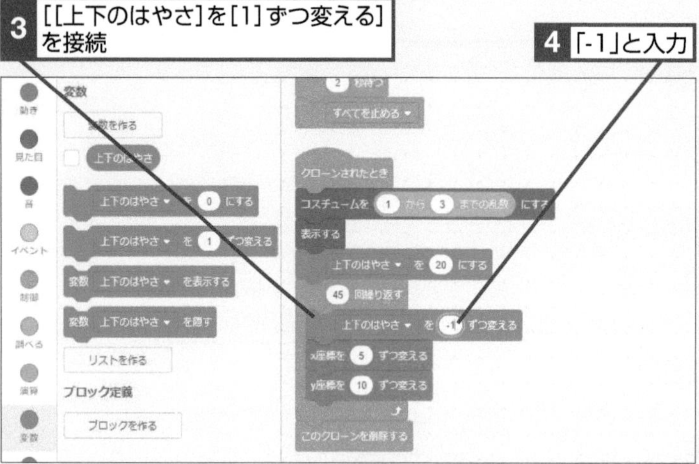

5 [[上下のはやさ]ドラッグして組み込む

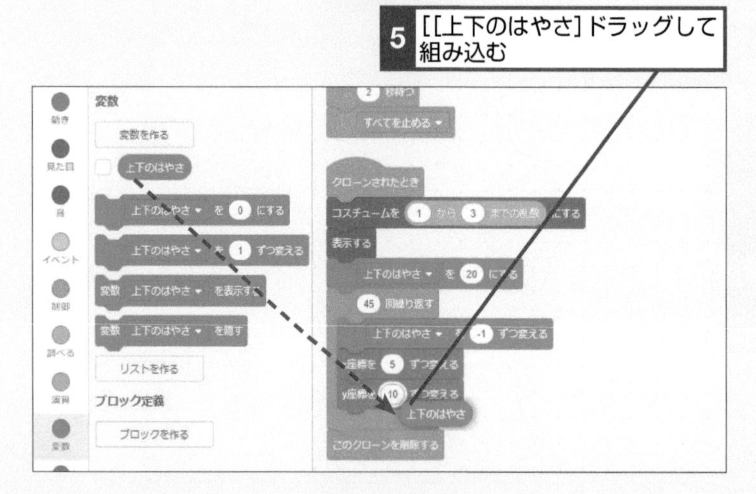

ヒント!

変数は元の数を減らすことにも使える

放物線を描く物体は、最初は上に上がっていき、途中から下に下がっていきます。[y座標を[ ]ずつ変える]ブロックの数字を大きくすると上に上がり、小さくすると下に下がるので、y座標を大きい状態からだんだん減らして、最後はマイナスになるように調整します。手順5のように元々の変数が減っていくようにプログラミングすると、変数がゼロよりも大きいときはリンゴが上昇し、ゼロから小さくなるとリンゴが下降します。変数の変化とリンゴの動きについては、右ページのテクニックも参考にしてください。

6 コードを確認する

1 [緑の旗ボタン]をクリック

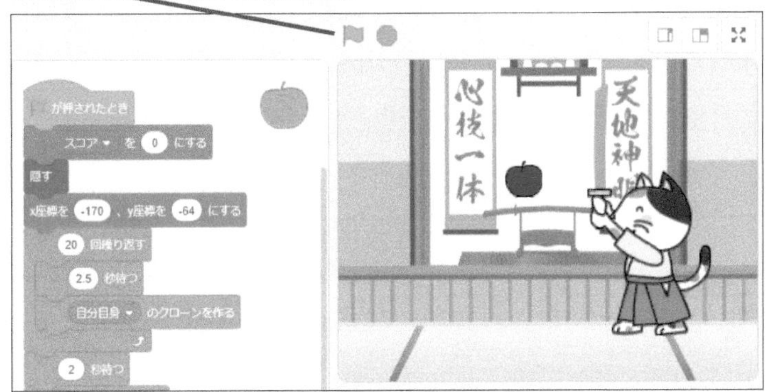

スペースキーを押すとねこさむらいが刀をふる

リンゴが[赤リンゴ][どくリンゴ][ばくだん]のいずれかのコスチュームになって表示される

リンゴが放物線を描いて画面の下に消えていく

7 BGMを設定する

ステージをクリックしておく

レッスン28を参考に「BGM.wav」をアップロードしておく

[イベント]カテゴリーをクリックして[緑の旗ボタンが押されたとき]を設置しておく

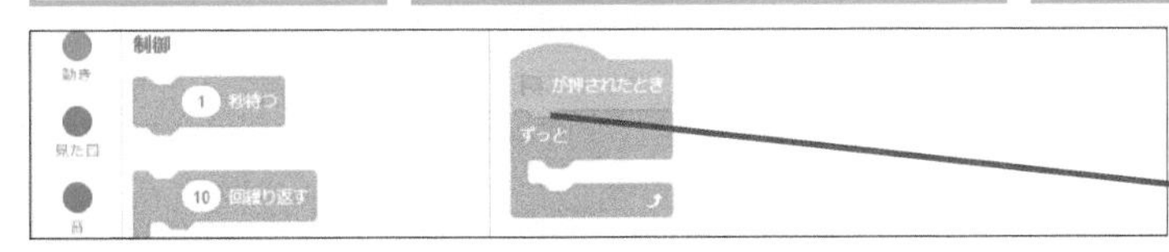

1 [制御]カテゴリーをクリック

2 [ずっと]を接続

3 [音]カテゴリーをクリック

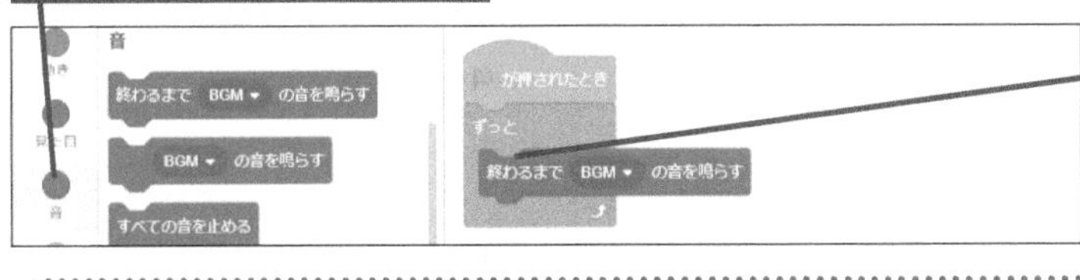

4 [終わるまで[BGM]の音を鳴らす]を接続

テクニック 放物線が描かれる仕組みを観察しよう

放物線の動きは、アクションゲームなどでキャラクターがジャンプする動きにも使えます。放物線を描く物体の座標は、最初はどんどん増えていき、頂点以降はどんどん減ります。なお、第8章で紹介した拡張機能[ペン]の[スタンプ]ブロックを使うと、スプライトの軌跡を表示できます。

放物線はy座標が最初は勢いよく増えて、頂点に達したあとは減っていく

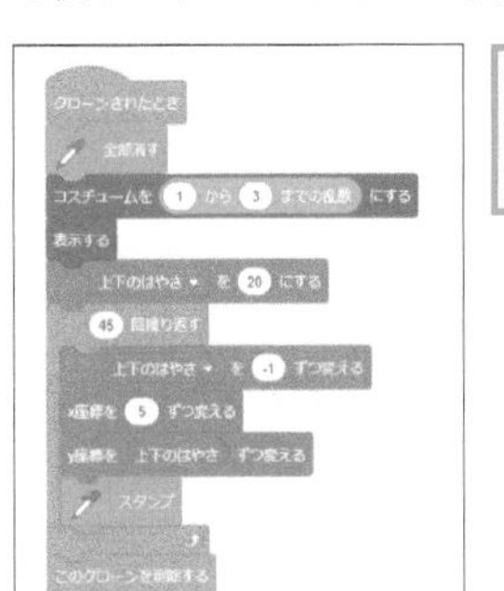

拡張機能[ペン]の[全部消す]と[スタンプ]を利用して画面に表示できる

テーマ andの条件

得点の条件を設定する

変数でスコアを作り、赤リンゴと爆弾を切ると得点が増えるようにします。赤リンゴでも爆弾でも同じ動作になるように［[　]または[　]］ブロックを使います。

1 スコアの変数を作成する

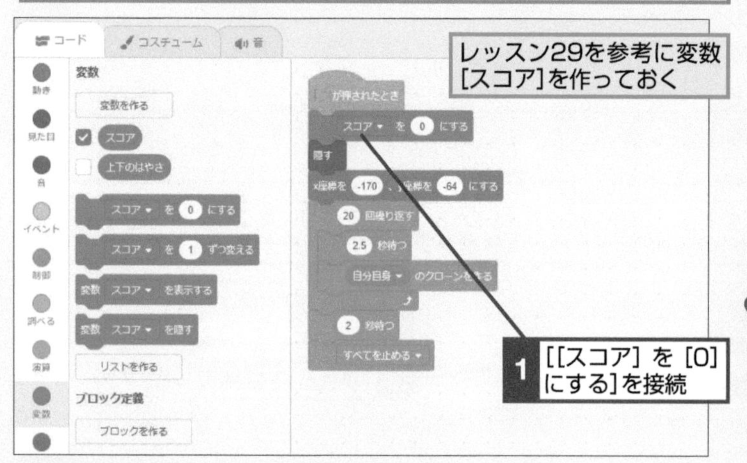

2 繰り返し処理の準備をする

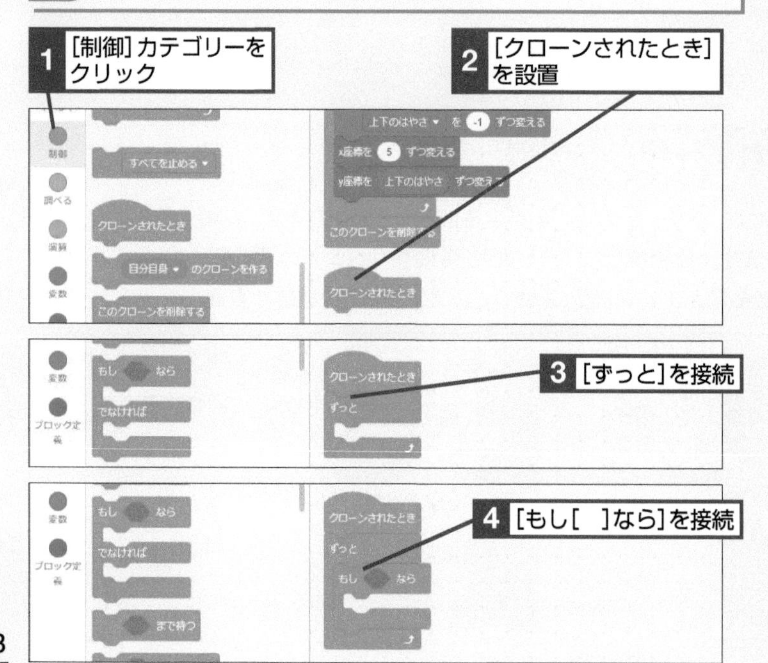

このレッスンで出てくる用語

レッスンで使う練習用ファイル　レッスン55.sb3

ヒント！

得点は画面に表示しておく

手順1で作った変数［スコア］は第6章のクリックゲームと同様に、画面に表示しておきます。なおこのゲームは、タイマーやスコアではなく、リンゴが決められた数だけ登場すると終了します。

3 刀に触れたときの条件を設定する

1 [調べる]カテゴリーをクリック

2 [[ ]色に触れた]を組み込む

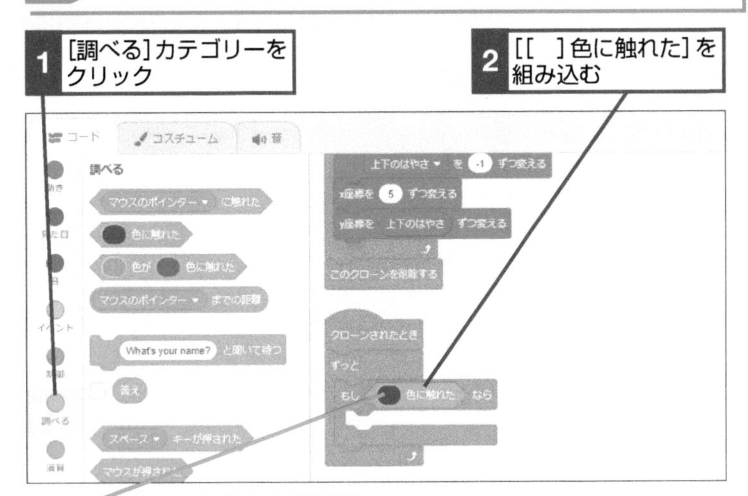

レッスン20を参考に刀の色を設定しておく

4 「または」のブロックを組み込む

1 [制御]カテゴリーをクリック

2 [もし[ ]なら]を接続

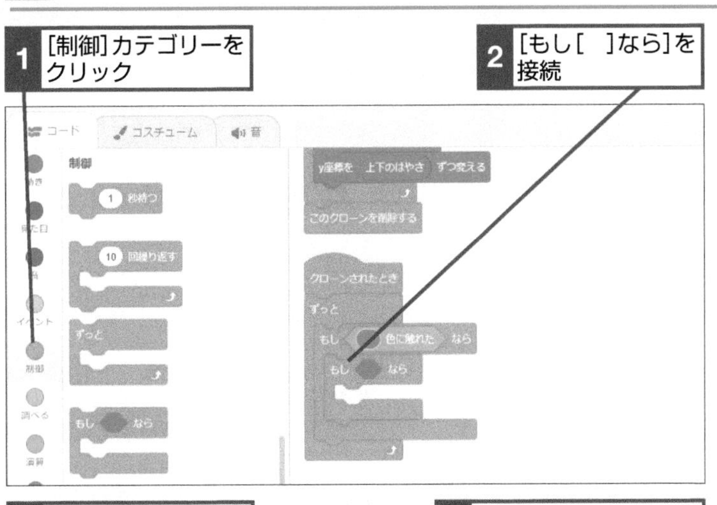

3 [演算]カテゴリーをクリック

4 [[ ]または[ ]]をドラッグして組み込む

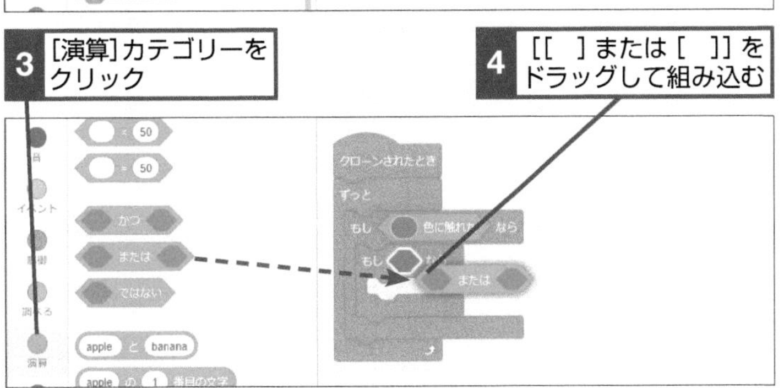

ヒント!

刀の色を設定に使う

リンゴが切られたかどうかを、ねこさむらいの刀の色を元に設定します。ねこさむらいの刀と同じ色が背景やねこさむらいの体にあると、刀以外でもリンゴが切られたという判定になってしまいます。背景などを変更する場合は、刀と同じ色が混ざらないようにしましょう。

刀の色をほかに使わないようにする

次のページに続く

5 コスチュームの種類を設定する

1 [[ ] = [50]]をドラッグして組み込む

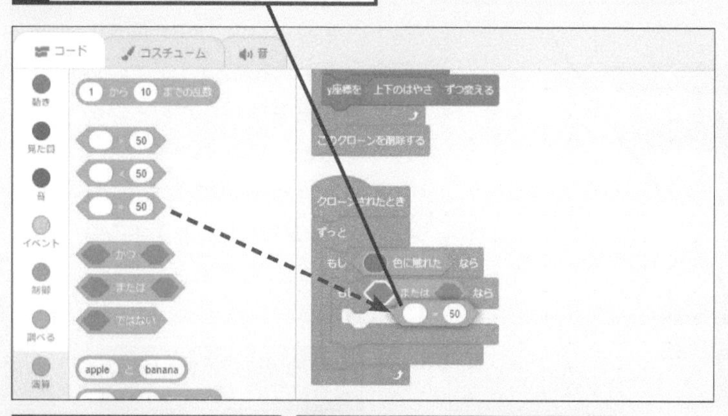

2 [見た目]カテゴリーをクリック

3 [コスチュームの[番号]]をドラッグして組み込む

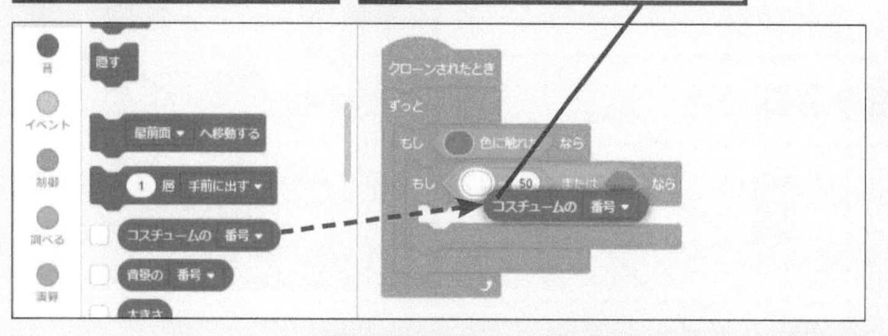

4 ここをクリック

5 [名前]をクリック

6 「赤リンゴ」と入力

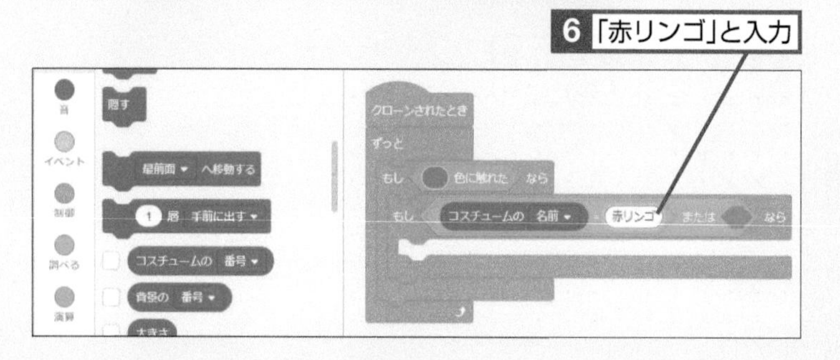

ヒント!

[クローンされたとき] は複数を同時に使える

このレッスンでは [リンゴ] のスプライトに [クローンされたとき] ブロックを2つ使って別々のコードを実行しています。[クローンされたとき] は [緑の旗ボタンを押したとき] などのハットブロックと同様に、ひとつのスプライトに複数設置して別の処理を同時に行うことができます。

ヒント!

[[ ] または [ ]] でコードを短くまとめる

このゲームでは「赤リンゴ」と「ばくだん」を切ったときは同じ点数が入ります。そこで [[ ] または [ ]] ブロックを使って、コスチュームが [赤リンゴ] または [ばくだん] のときに同じ点数が入るように、コードを短くまとめています。

ヒント!

コスチュームの名前で判別する

手順5の操作6のように、スプライトのコスチュームの名前をそのまま条件に使うことができます。コスチュームの番号を使うこともできますが、この章のサンプルのようにコスチュームの種類が大きく異なる場合は、名前を使ったほうがプログラムの内容が分かりやすくなります。

6 もう1つの条件を作る

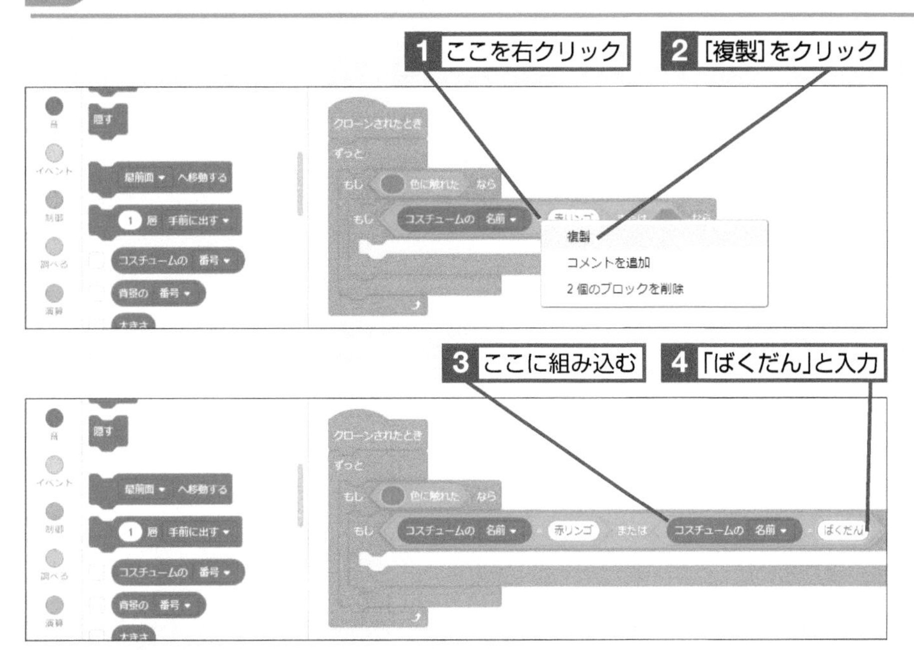

7 得点を増やす

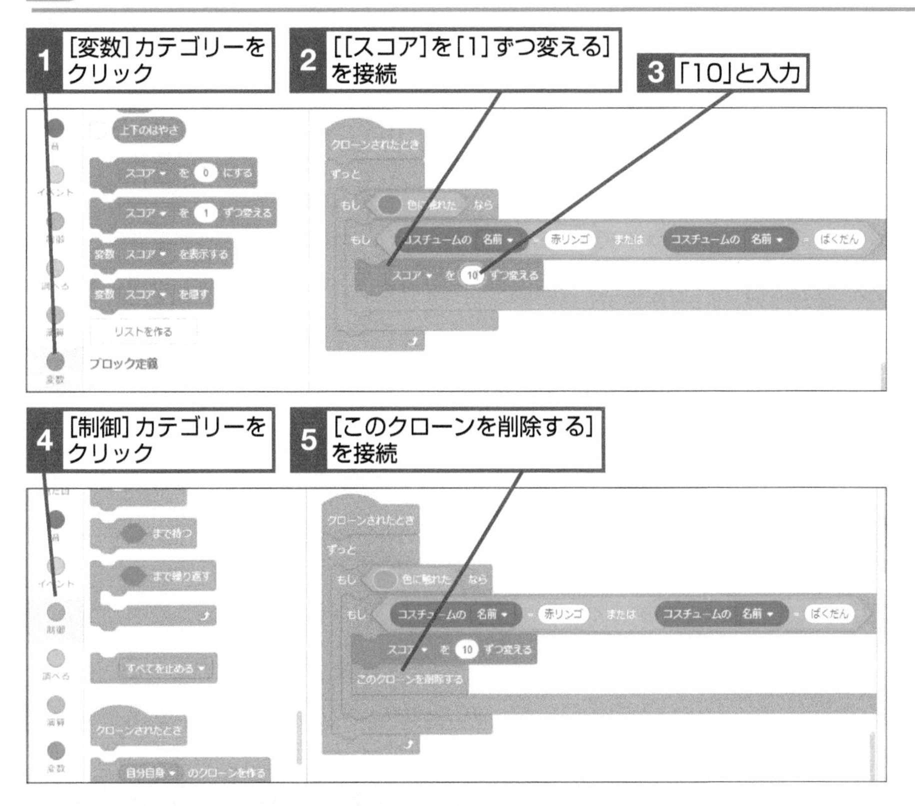

テーマ ブロックの複製

レッスン 56

減点の条件を設定する

「どくリンゴ」を切った場合に点数が減るようにします。レッスン55で作ったブロックを複製して、効率よく作りましょう。

このレッスンで出てくる用語

コスチューム p.280

レッスンで使う練習用ファイル **レッスン56.sb3**

1 条件のブロックを複製する

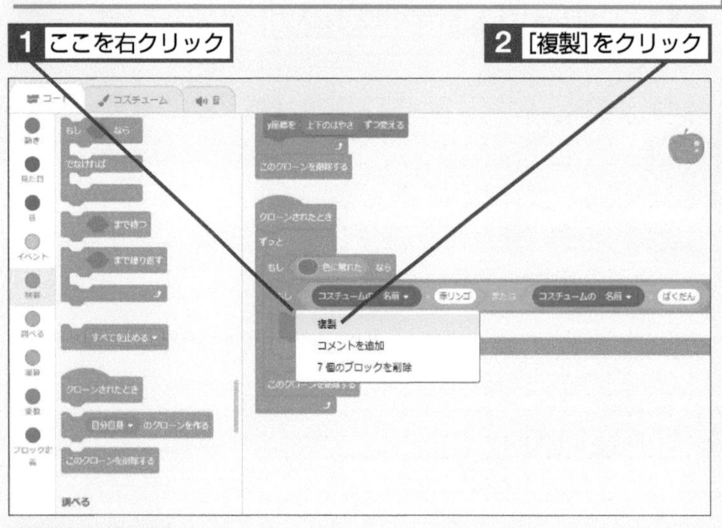

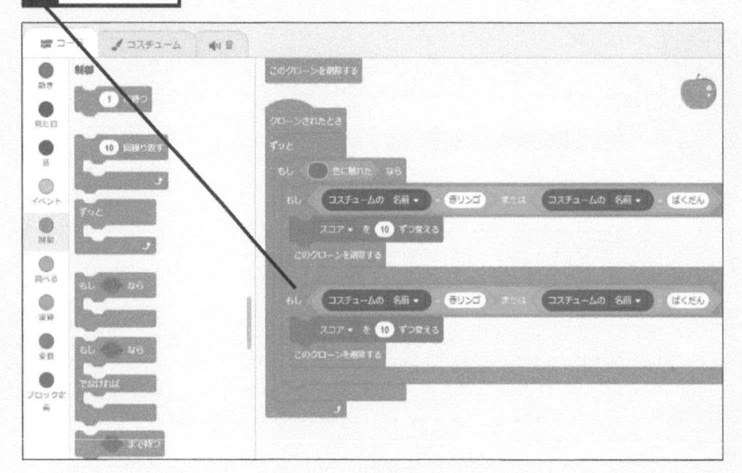

ヒント!

[もし [ ] なら] で囲まれた部分を丸ごと複製する

手順1では[もし[ ]なら]ブロックで囲まれた部分を全て複製し、すぐ下に接続しました。手順2からは、このブロックの中身を変更して新しい条件を作ります。なお、どくリンゴのコスチュームを切った場合の条件も、[もし [[ ] 色に触れた] なら] のブロックの内側に入れることに注意しましょう。

2 ブロックを組み替える

1 ブロックをここにドラッグ

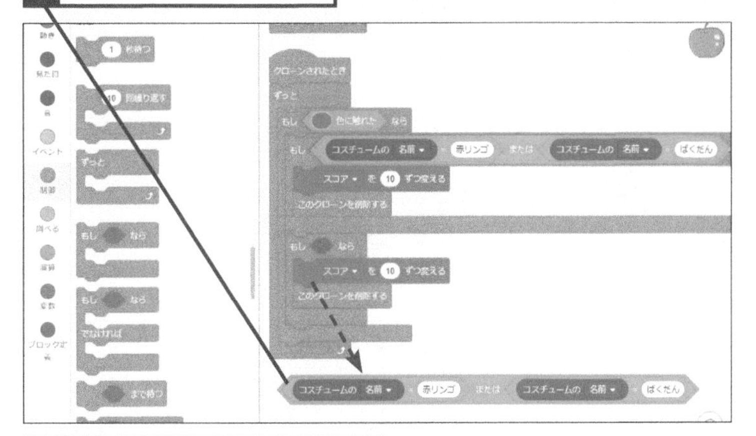

2 ブロックの一部をドラッグして組み込む

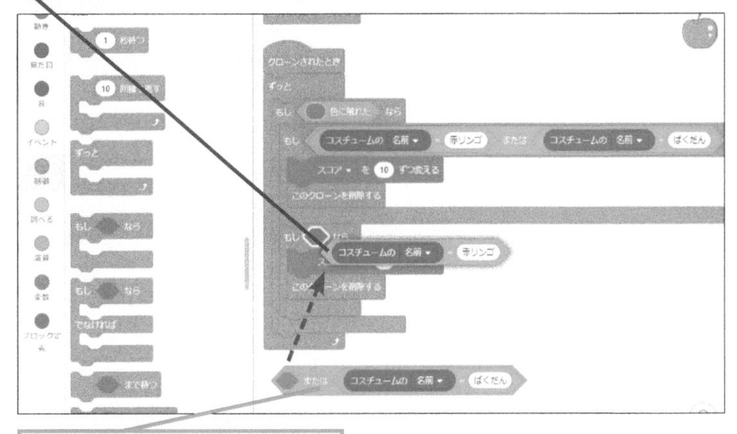

残りのブロックは削除しておく

3 条件を変更する

1 「どくリンゴ」と入力

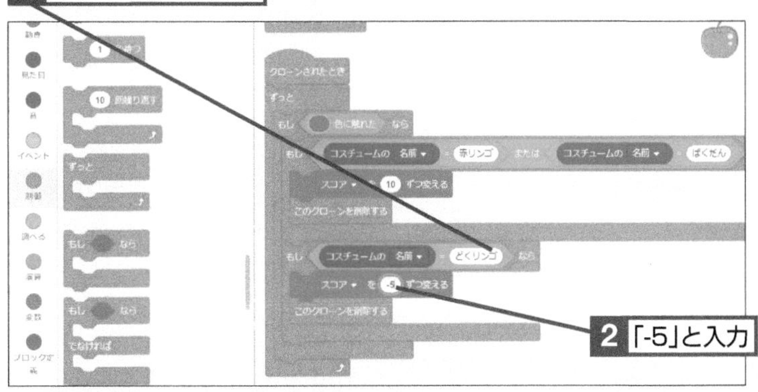

2 「-5」と入力

テーマ orの条件

爆弾が爆発する条件を設定する

爆弾を刀で切りそこなうと、足元に落ちたときに爆発するようにします。[[ ]かつ[ ]]ブロックを使って条件を作ります。

1 条件のブロックを複製する

1 ここを右クリック

2 [複製]をクリック

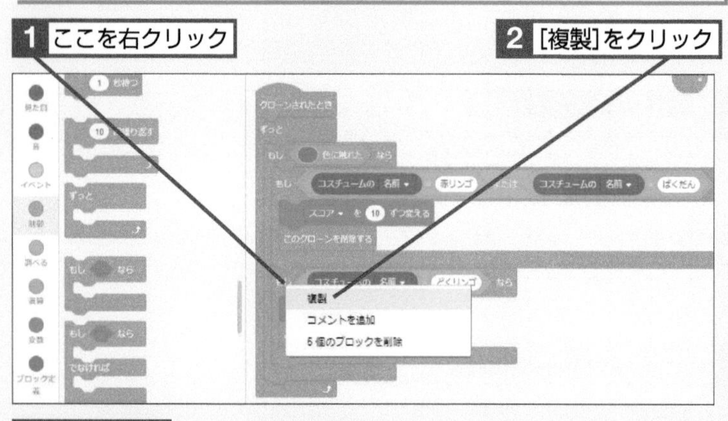

3 ここに接続

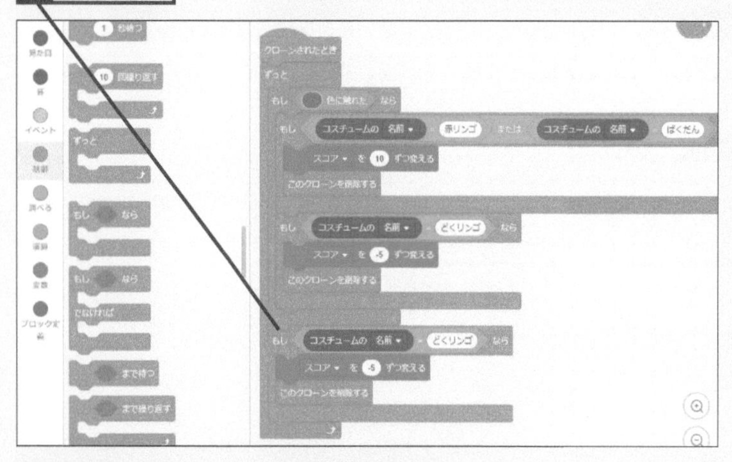

2 「かつ」のブロックを準備する

1 [演算]カテゴリーをクリック

2 [[ ]かつ[ ]]をここにドラッグ

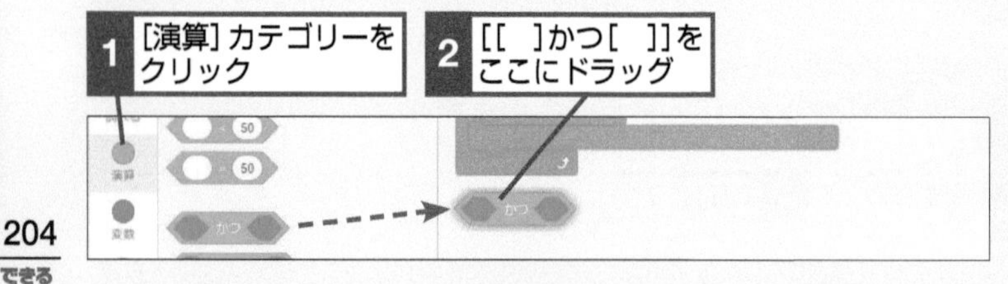

このレッスンで出てくる用語

コスチューム	p.280
条件分岐	p.280
変数	p.282
メッセージ	p.282

レッスンで使う
練習用ファイル **レッスン57.sb3**

ヒント!
[[ ]かつ[ ]]ブロックを使おう

赤リンゴやどくリンゴは足元に落ちても何も起こらず、爆弾が落ちたときだけ爆発するようにします。条件としてはリンゴのコスチュームが[ばくだん]で、かつ「足元に落ちた」ときに爆発することになります。このように2つの条件を同時に成り立たせたいときは[[ ]かつ[ ]]ブロックを使うとコードを短くできます。

3 ブロックを組み替える

1 ここを右クリック

2 [複製]をクリック

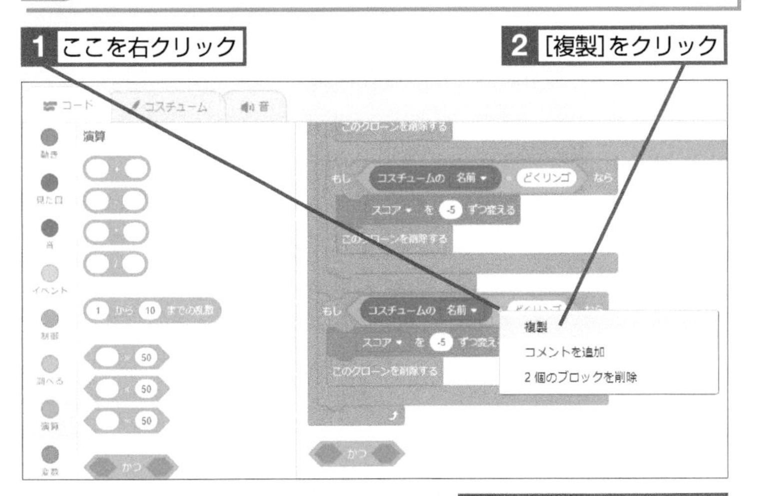

3 ドラッグして組み込む

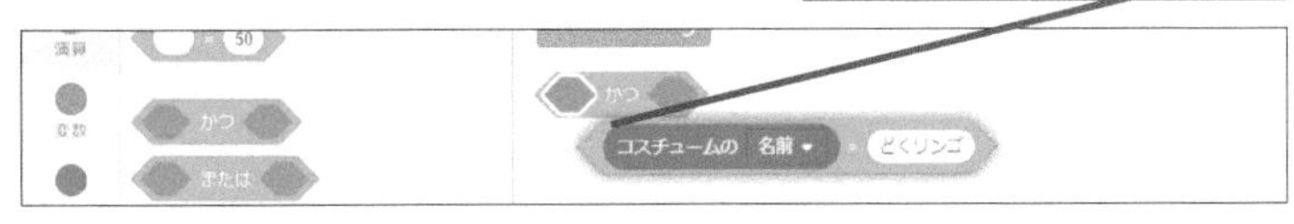

4 コスチュームの名前を変更する

1 「ばくだん」と入力

2 [[ ]<[50]]を組み込む

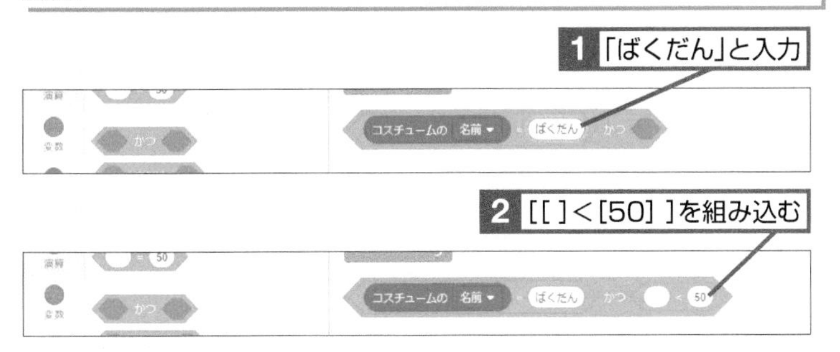

5 座標を設定する

1 [動き]カテゴリーをクリック

動き

2 [y座標]をドラッグして組み込む

3 「-100」と入力

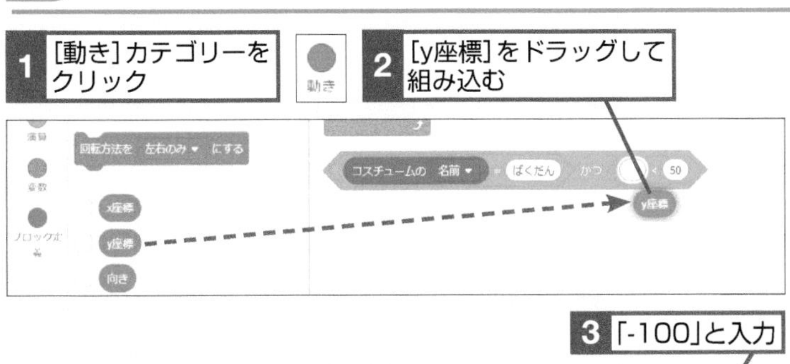

ヒント!

x座標、y座標は変数のように使える

手順5ではリンゴが足元に落ちたかどうかを、リンゴのy座標が「-200」よりも小さいかどうかで判定しています。[x座標] や [y座標] ブロックは [動き] カテゴリーに入っていて、変数のように使えます。

次のページに続く

6 条件のブロックを組み込む

ここのブロックを
削除しておく

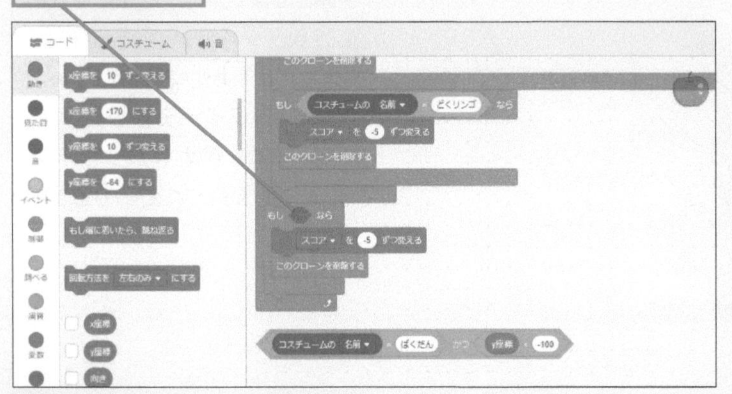

1 ブロックをドラッグして
組み込む

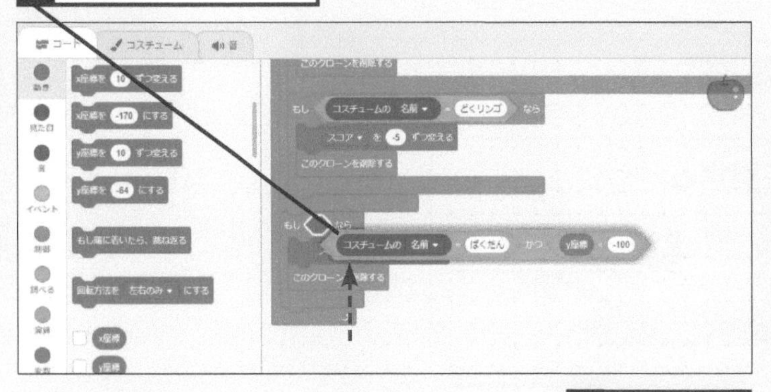

2 「-20」と入力

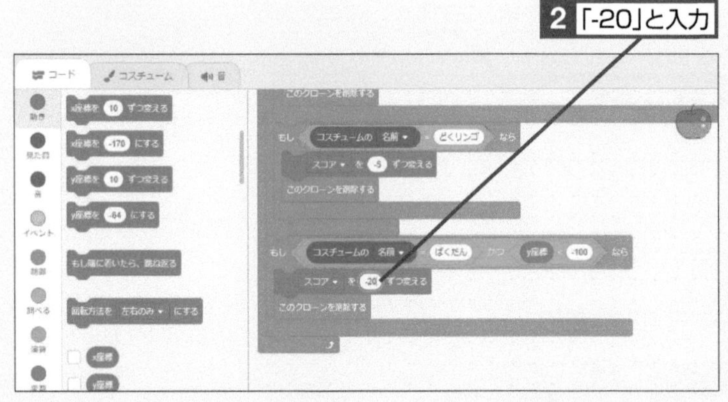

ヒント!

条件をおさらいしておこう

手順6でリンゴのコスチュームによる条件分岐がまとまりました。やや複雑な内容なので、リンゴを切ったときの条件を整理しておきましょう。まずリンゴを切ったときは①［赤リンゴ］か［ばくだん］の場合は点数が入る②［どくリンゴ］の場合は減点される、となります。リンゴを切らなかったときは①［ばくだん］の場合でかつ、足元に落ちると爆発する、ということになります。

7 新しいメッセージを作る

1 [イベント]カテゴリーをクリック

2 [[メッセージ1]を送る]を接続

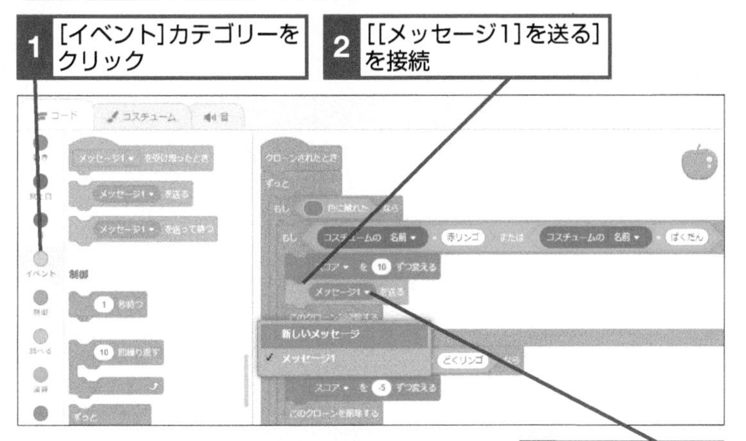

3 ここをクリック

レッスン34を参考にメッセージ[ヒット]を作っておく

同様の手順でメッセージ[ブー]と[ばくはつ]を作って接続しておく

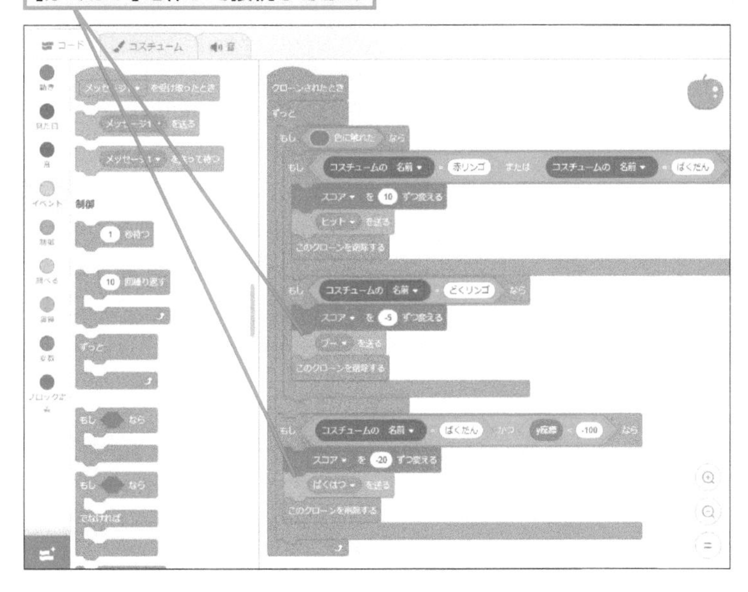

ヒント!

条件に応じてメッセージを送ろう

赤リンゴを切った場合、どくリンゴを切った場合、爆弾が爆発した場合の3つの条件に応じて違った効果のスプライトを表示し、音が鳴るように設定します。メッセージ機能を使ってコードを簡潔にしましょう。メッセージの名前も、それぞれのコスチュームに合わせるとさらに分かりやすくなります。

テーマ　メッセージを受け取る

音の効果を付ける

得点のときは「HIT！」、減点のときは「BOO」、爆弾が爆発したら爆発マークが表示されるようにします。それぞれ別のスプライトを表示して、音の効果も付けます。

1 スプライトを表示する

スプライトリストで[ヒット]をクリックしておく

1 [イベント]カテゴリーをクリック

2 [[ばくはつ]を受け取ったとき]を設置

3 ここをクリック

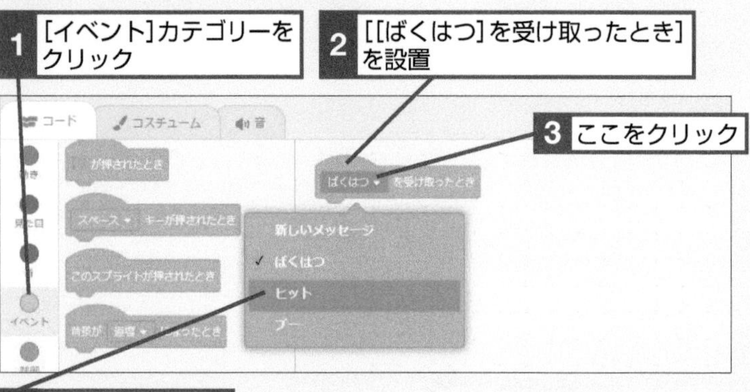

4 ヒットをクリック

5 [見た目]カテゴリーをクリック

6 [表示する]を接続

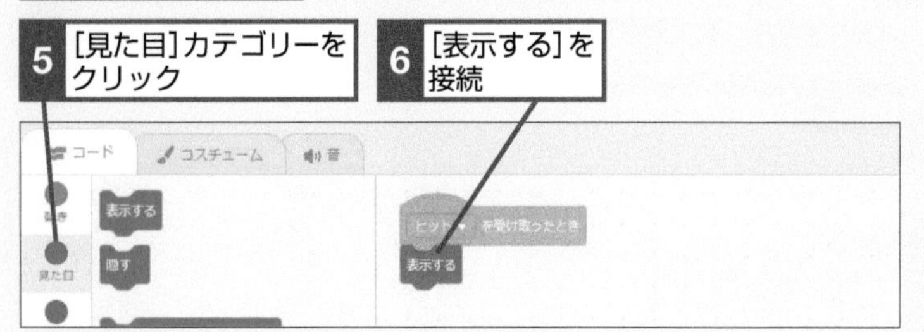

2 音の設定をする

1 [音]カテゴリーをクリック

2 [終わるまで[切った音]の音を鳴らす]を接続

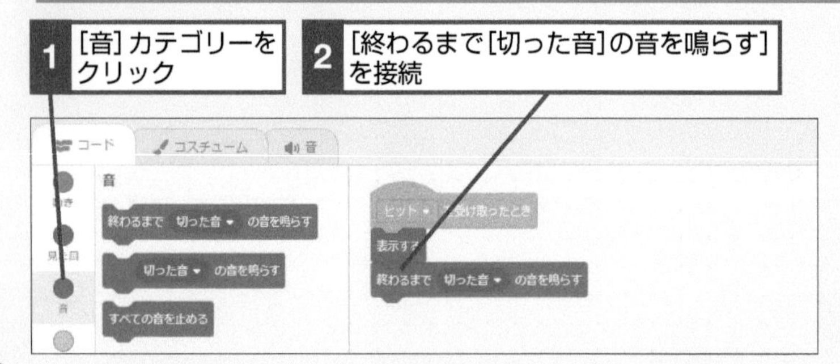

このレッスンで出てくる用語

スプライトリスト	p.280
バックパック	p.281
メッセージ	p.282

レッスンで使う練習用ファイル　レッスン58.sb3

ヒント！

[終わるまで［　］の音を鳴らす］を使う

このレッスンでは、メッセージを受け取ったスプライトを表示し、同時に音を鳴らします。スプライトが一定時間表示されるように、[終わるまで［　］の音を鳴らす]ブロックを使います。

第10章 リズムゲームを作ろう

3 非表示の設定をする

1 [見た目]カテゴリーをクリック

2 [隠す]を接続

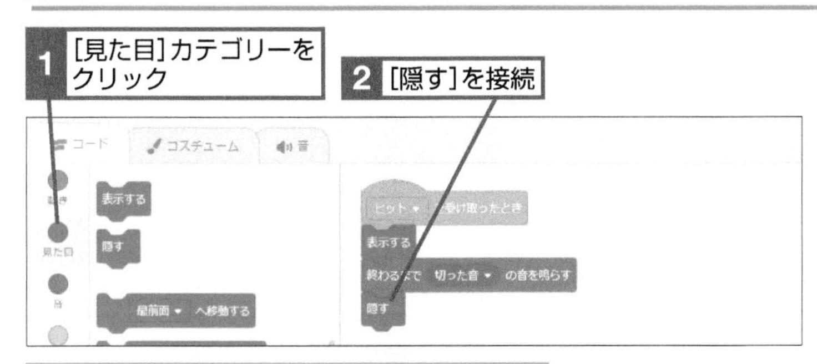

[イベント]カテゴリーをクリックして[緑の旗ボタンが押されたとき]を設置しておく

3 [見た目]カテゴリーをクリック

4 [隠す]を接続

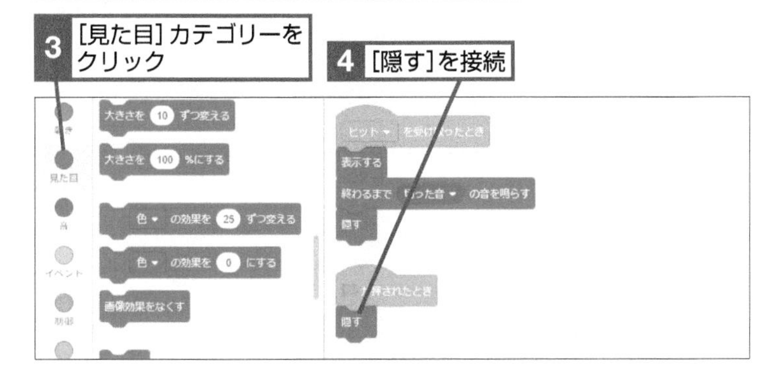

4 残りのスプライトも設定する

同様に[ブー] のコードを以下のように設定する

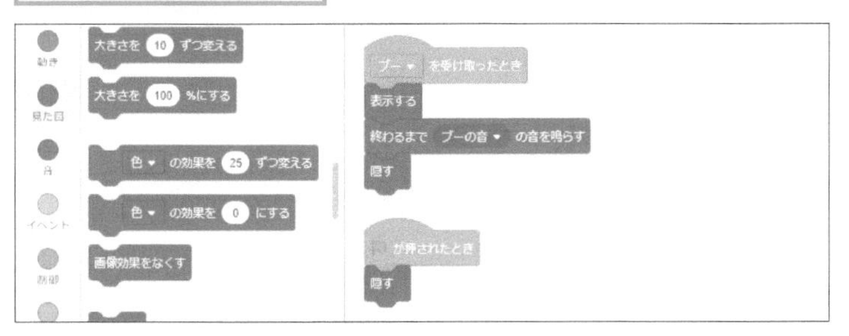

同様に[ばくはつ] のコードを以下のように設定する

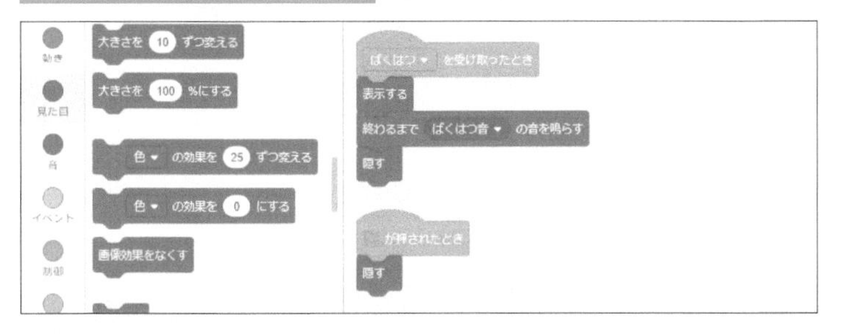

ヒント!

コードを複製して使おう

スプライトの［ヒット］［ブー］［ばくはつ］のコードはどれもほぼ同じ内容なので、手順2までに作った［ヒット］のコードをバックパックに入れるなどして複製すると簡単に作れます。

論理演算について違いを覚えておこう

クローン機能を使うと次々とリンゴが作れることにびっくりした人もいたのではないでしょうか。このように大量に複製するのもコンピューターの得意な操作の1つですから、ぜひ様々なプロジェクトで使ってみましょう。
論理演算については難しく考えずに、コードを組み立てながら考えていくのがよいでしょう。想定した条件式がうまく動かなかったら、別のものを試してみればいいのです。今後、Scratch以外のプログラミング言語に挑戦するときに、さらに本格的な論理演算を扱うことになります。そのときに備えて、感覚を養っておきましょう。

リズムゲームのコード一覧

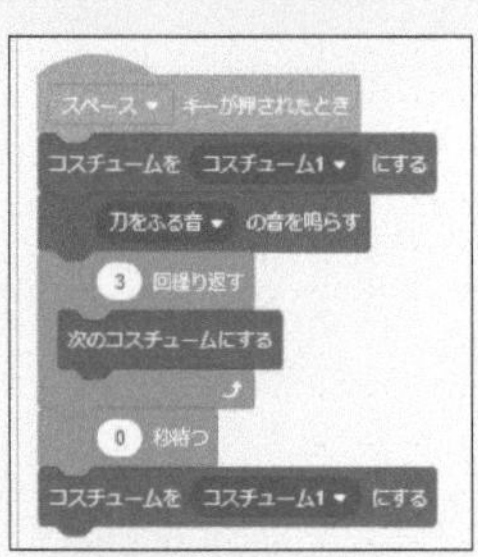
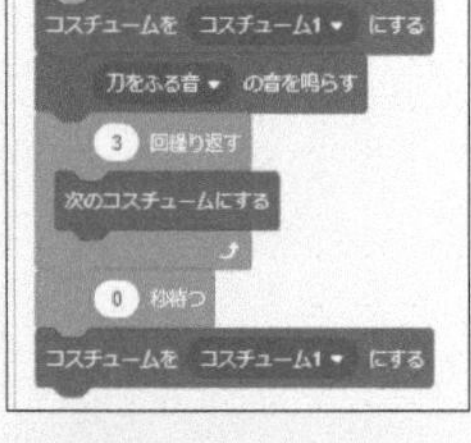

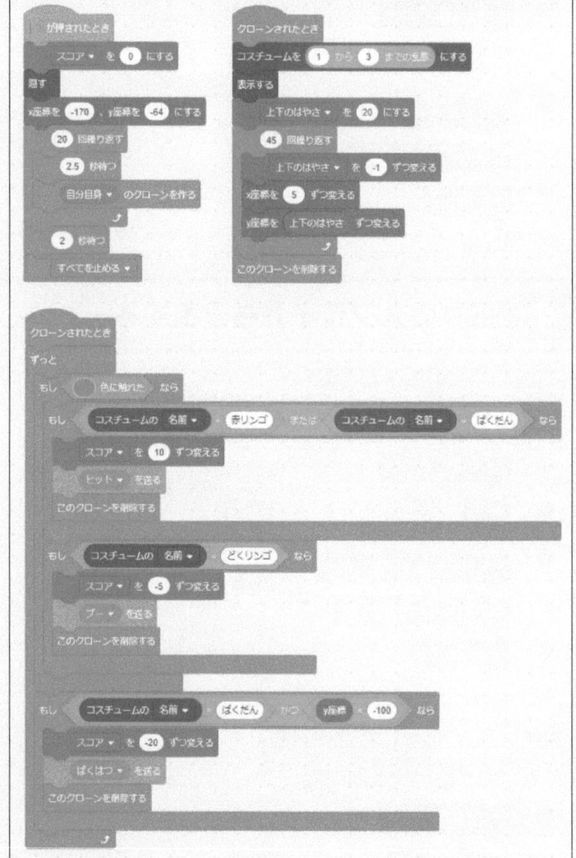

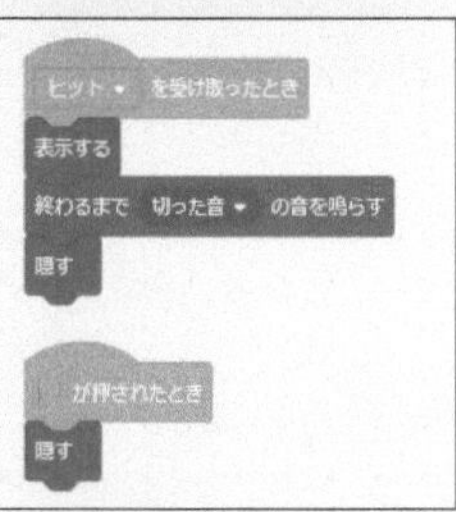

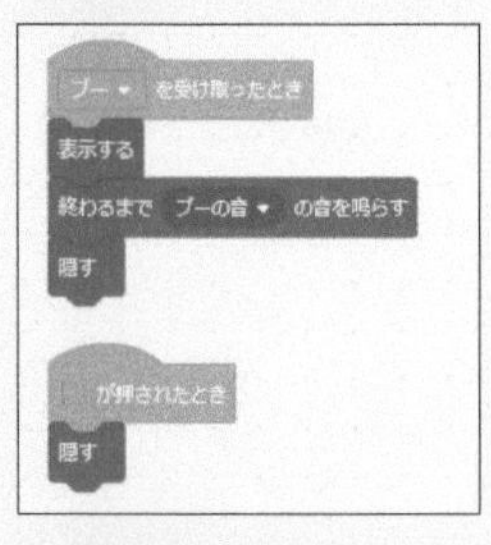

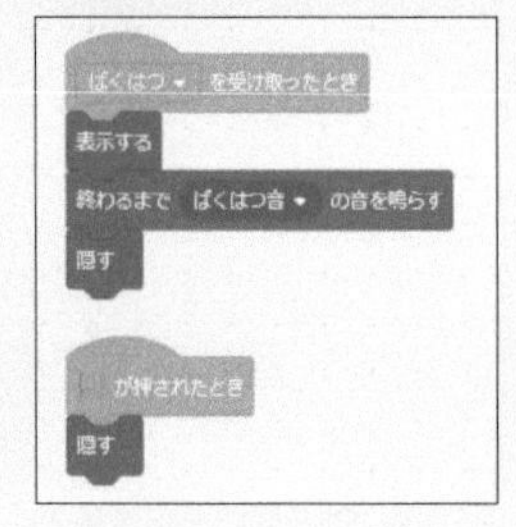

練習問題

1.

リンゴが作られる量を2倍にしましょう。

ヒント リンゴのクローンを作る繰り返し回数を2倍にします。

2.

爆弾が足元で爆発したときに、ねこさむらいが「あちち！」と言うようにしましょう。

ヒント [[ばくはつ] を受け取ったとき] のメッセージブロックをねこさむらいのスプライトに設置して条件を作ります。

解答

1.

スプライトリストで［リンゴ］をクリックしておく

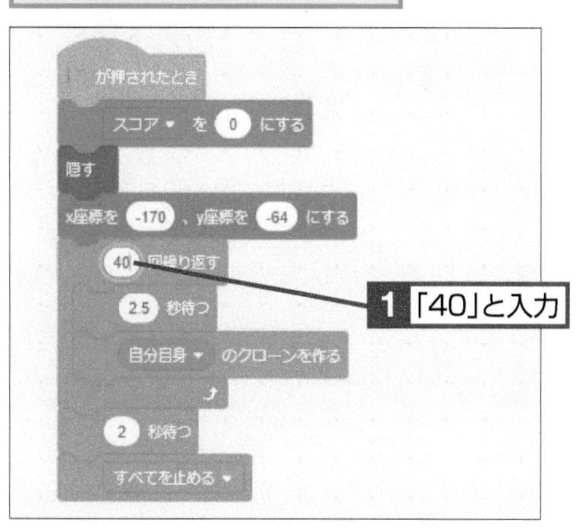

［リンゴ］のスプライトの［緑の旗ボタンが押されたとき］から始まるコードの中にある［[20] 回繰り返す］の数値を「40」に変更します。ゲームの流れは変わりませんが、リンゴが登場する回数は2倍になります。

2.

スプライトリストで［ねこさむらい］をクリックしておく

1 ［イベント］カテゴリーをクリック

2 ［[ばくはつ］を受け取ったとき］を設置

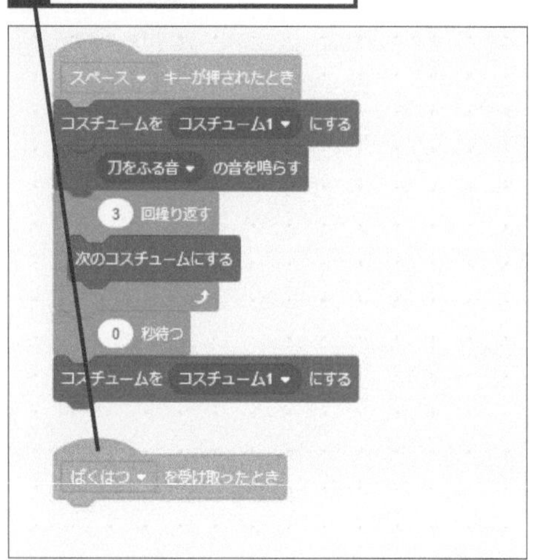

［ねこさむらい］のスプライトに［[ばくはつ］を受け取ったとき］のメッセージブロックを設置して、［見た目］カテゴリーの［[こんにちは！］と［2］秒言う］ブロックを接続します。［[こんにちは！］と言う］ブロックを使うとセリフがずっと残ったままになるので注意しましょう。

3 ［見た目］カテゴリーをクリック

4 ［[こんにちは！］と［2］秒言う］を接続

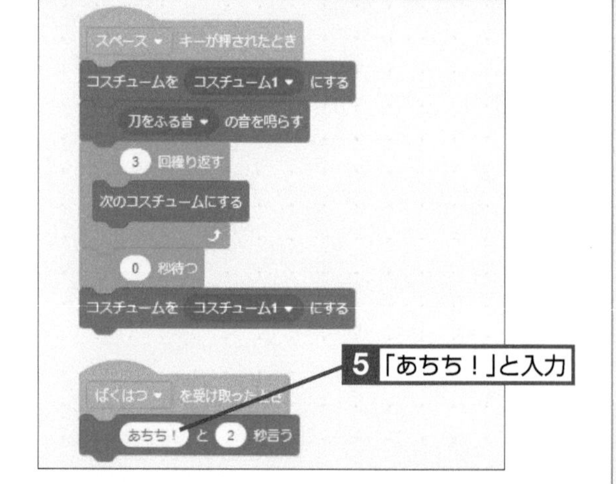

第11章

風船割りゲームを作ろう

この章では拡張機能の「ビデオモーションセンサー」の機能を使って、体で風船を割るゲームを作ります。できあがったら家族や友だちと遊んでみましょう。

この章の内容

注意 この章ではカメラが付いたパソコンが必要になります

この章で作るプログラム

動き回って20個割ろう！

緑の旗ボタンをクリックするとパソコンのカメラが撮影を始めるよ。画面に現れる風船を動いて割ろう。

風船はいろいろなところに現れるよ。20個割ってクリアしよう！

公開ページ https://scratch.mit.edu/projects/368533560/

風船割りゲームを作ろう

拡張機能の［ビデオモーションセンサー］を追加して、ノートパソコンについているカメラを使ったプログラミングをします。センサーの反応を確認しながらコードの数値を調整します。

風船割りゲームを作るには

つぎつぎ画面に現れる風船を、画面にかざした手で割るゲームを作ります。ビデオモーションセンサーの機能拡張を用います。パソコンのカメラを起動し、画面上で風船に触れたときに風船が割れるようにプログラムしましょう。風船を一定の数割ると、クリアとなります。

プログラムの動き方

緑の旗ボタンをクリックすると
パソコンのカメラがオンになる
→レッスン60

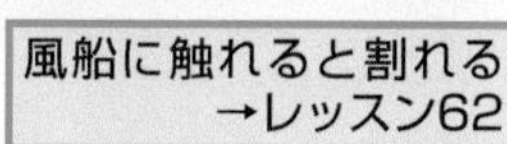

風船に触れると割れる
→レッスン62

風船が画面に次々と出現
する　→レッスン60

20個風船を割るとクリアー画面が
表示される　→レッスン63

この章で学べること

拡張機能の1つ［ビデオモーションセンサー］の使い方を学びます。第3章で登場した［音楽］や、第8章で登場した［ペン］と同様に［拡張機能を追加］から選びますが、パソコンに付いているカメラを使う点が大きく異なります。［ビデオモーションセンサー］を使うと、パソコンのカメラをセンサーとしてプログラミングできます。機能としては画面に映されたものの動きを検知するだけですが、結果を変数として使うことで複雑なコードを作れます。

子どもに「センサープログラミング」を教えるには

センサーの反応はハードウエア（パソコンやタブレットごと）によって差が出ます。そのため、プロジェクトを作成した端末と、実行する端末が異なると反応が異なることもあります。どのくらいの動きでプログラムが反応するか確認しながら作りましょう。また、身の回りの電気製品、設備などには色々なセンサーが使われていますが、どんなセンサーがどのような条件になったら動作するのか、あるいは止まるのか、一緒に想像してみましょう。

カメラから得た情報を元に、背景が変化すると風船が割れる

センサープログラミングとは

光や音、傾き、圧力など、さまざまな状態を検知する部品のことをセンサーといいます。自動ドアやタッチボタンに始まり、最近ではスマートホンや自動車に大量のセンサーが搭載されています。

このセンサーをプログラミングで操作すると、音に反応して開く箱や、暗くなると灯るライトなど現実の世界で動くものを作れます。

テーマ 拡張機能の追加

レッスン59 拡張機能を追加する

拡張機能のひとつ「ビデオモーションセンサー」を追加します。ブロックを追加すると、パソコンのカメラがすぐにオンになります。

1 [拡張機能を選ぶ] 画面を表示する

レッスン11を参考にスプライトを削除しておく

レッスン15を参考に、[拡張機能を選ぶ]画面を表示しておく

1 [ビデオモーションセンサー] をクリック

2 カメラへのアクセスを許可する

カメラへのアクセスを許可する画面が表示された

1 [許可] をクリック

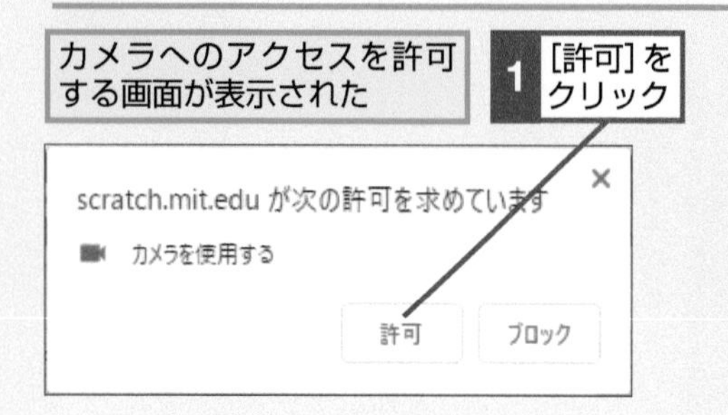

このレッスンで出てくる用語

ステージ	p.280

ヒント!

拡張機能を使うとハードウェアの操作ができる

Scratchの拡張機能には第3章で登場した [音楽]、第8章で登場した [ペン] など、ソフトウェアを操作するもののほかに、この章で紹介する [ビデオモーションセンサー] や付録に収録した [micro:bit] など、ハードウェアを操作するものがあります。ハードウェアを操作することでプログラミングの世界は一段と広がるので、ぜひ挑戦してみてください。

3 追加されたブロックを確認する

[ビデオモーションセンサー] のカテゴリーとブロックが追加された

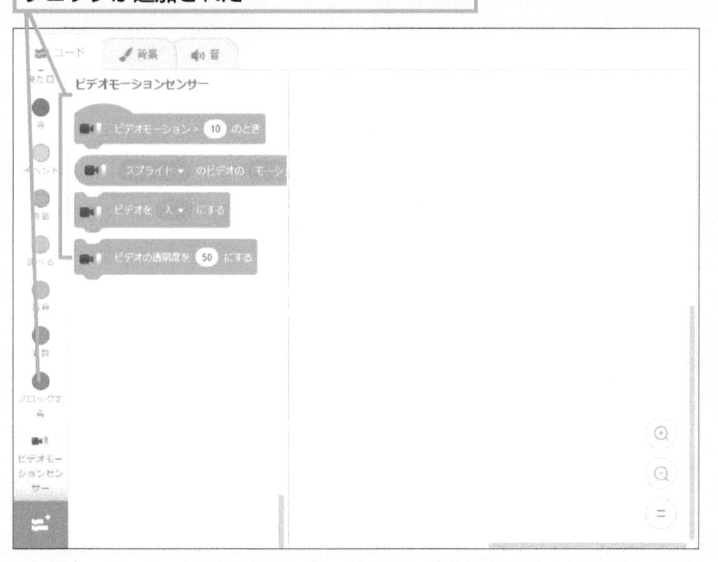

カメラからの画像がステージに映し出された

テクニック パソコンの設定を確認しておこう

Windows 10では、OSの［設定］でアプリからカメラを動かせるかどうかを決定できます。画面右下の［スタート］ボタン→［設定］をクリックして［Windowsの設定］画面を開き、［プライバシー］をクリックします。［全般］画面が表示されたら右側のウィンドウを下にスクロールして［カメラ］をクリックし、［アプリがカメラにアクセスできるようにする］が［オン］になっていることを確認しましょう。

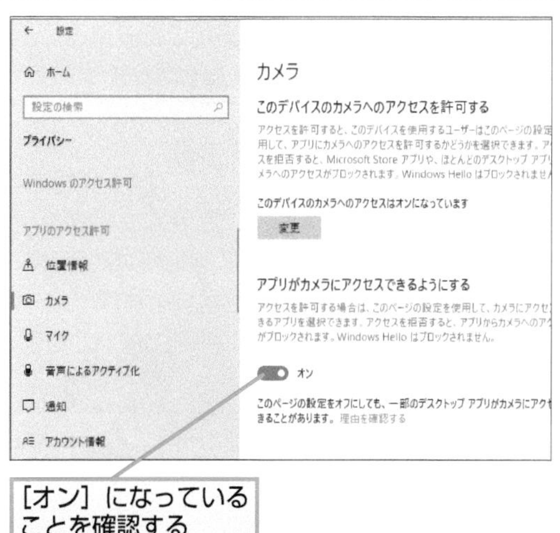

［オン］になっていることを確認する

テーマ クローンを作る

レッスン 60

風船のクローンを作る

第10章で学んだクローン機能を使って風船を画面に登場させます。[ずっと] ブロックや [[1] 秒待つ] ブロックの組み合わせ方など、復習しながら作ってみましょう。

このレッスンで出てくる用語

1 カメラを設定する

レッスン17を参考に [第12章] フォルダーのスプライトをアップロードしておく

レッスン6を参考に [緑の旗ボタンが押されたとき] ブロックを設置しておく

1 [ビデオモーションセンサー] カテゴリーをクリック

2 [ビデオを [入] にする] を接続

3 [ビデオの透明度を [50] にする] を接続

4 「0」と入力

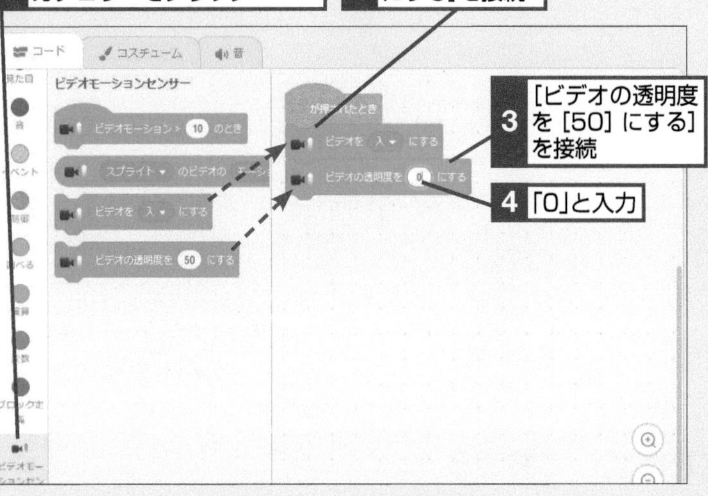

2 [ずっと] ブロックを接続する

1 [制御] カテゴリーをクリック

2 [ずっと] を接続

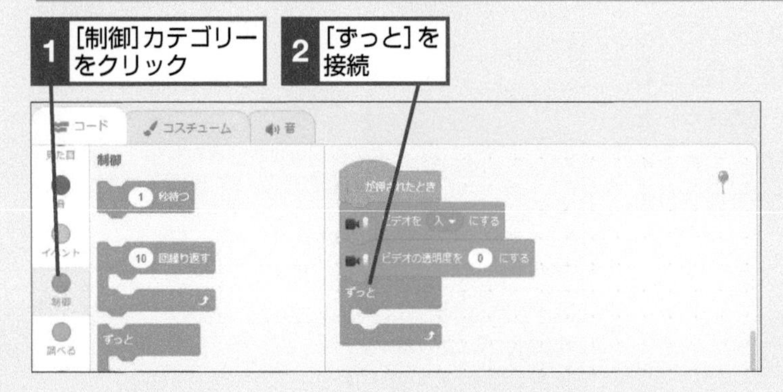

ヒント!

最初の背景を残しておく

この章で作る風船割りゲームでは、プロジェクトに最初から入っている白の背景を使います。削除せずにとっておきましょう。

3 風船のクローンを作る

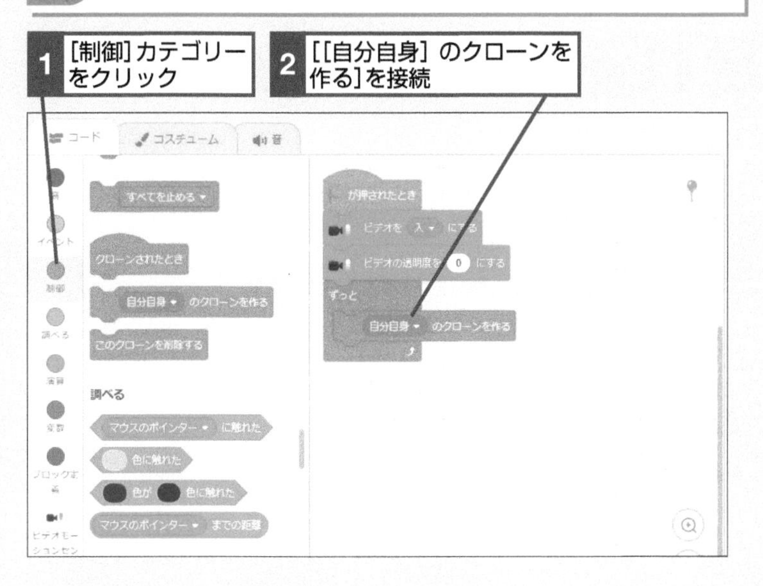

ヒント!

パソコンのカメラをオフにするには

パソコンのカメラがオンになっていると、画面に周囲が写りプログラミングに集中できないことがあります。[ビデオモーションセンサー] カテゴリーの [ビデオを[切] にする] ブロックをクリックしてカメラをオフにしましょう。また [ビデオの透明度を [50] にする] ブロックに「100」と入力してクリックしても、カメラからの映像を非表示にできます。

4 クローンするまでの時間を遅らせる

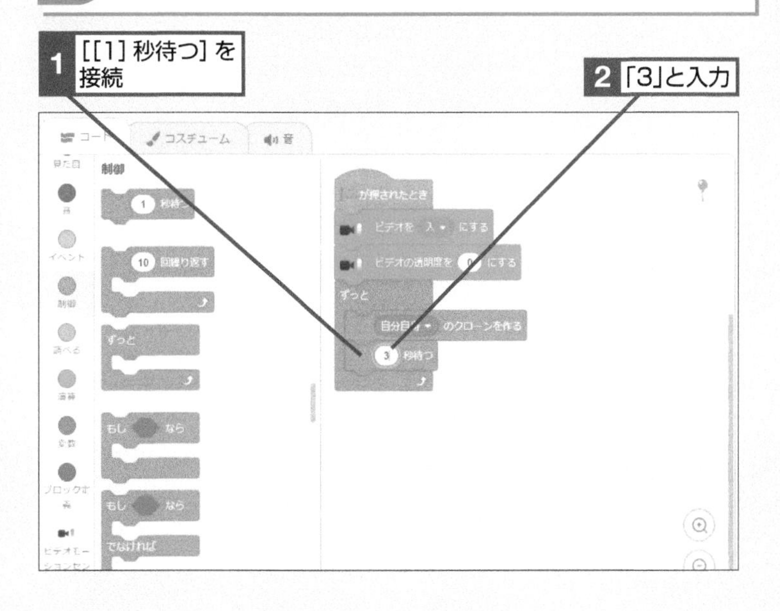

ヒント!

クローンの速度を調整する

レッスン52と同様に、[[1] 秒待つ] のブロックを使って風船を作るタイミングを調整します。ここでは3秒に設定しましたが、数字を変更して好みのタイミングを探してみましょう。

テーマ [どこかの場所] へ行く

レッスン 61

風船が現れる動作を作る

クローンされた風船が画面のあらゆるところから出現するようにします。クローンの元となった風船は隠します。

このレッスンで出てくる用語

クローン	p.279
コード	p.279
スプライト	p.280

レッスンで使う練習用ファイル レッスン61.sb3

1 イベントを追加する

1 [制御] カテゴリーをクリック

2 [クローンされたとき] を設置

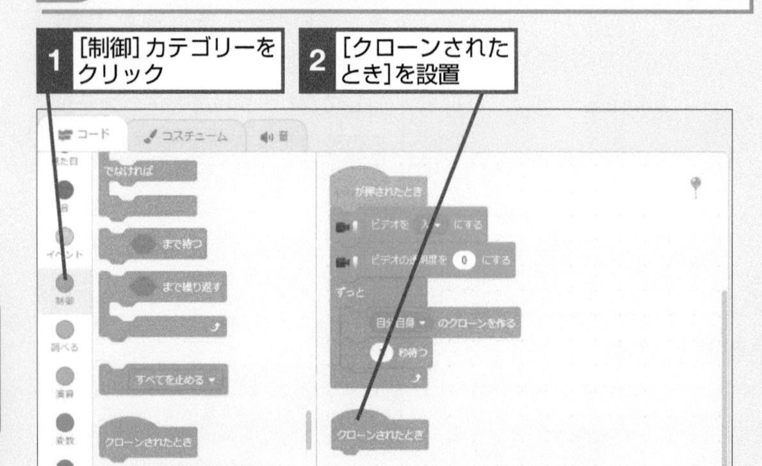

2 [[どこかの場所] へ行く] を接続する

1 [動き] カテゴリーをクリック

2 [[どこかの場所] へ行く] を接続

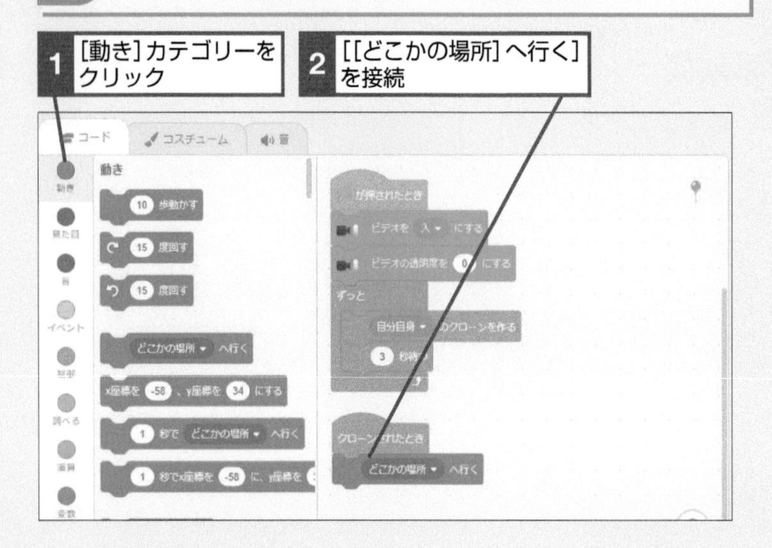

ヒント!

座標などを指定せずに場所を設定できる

[[どこかの場所] へ行く] ブロックを使うと、ステージ上のあらゆるところにスプライトを出現させることができます。このブロックは [マウスのポインター] や [スプライト1] に行先を設定することもできます。ゲームを作るときに便利に使えるので、覚えておきましょう。

3 風船が出現する動作を作る

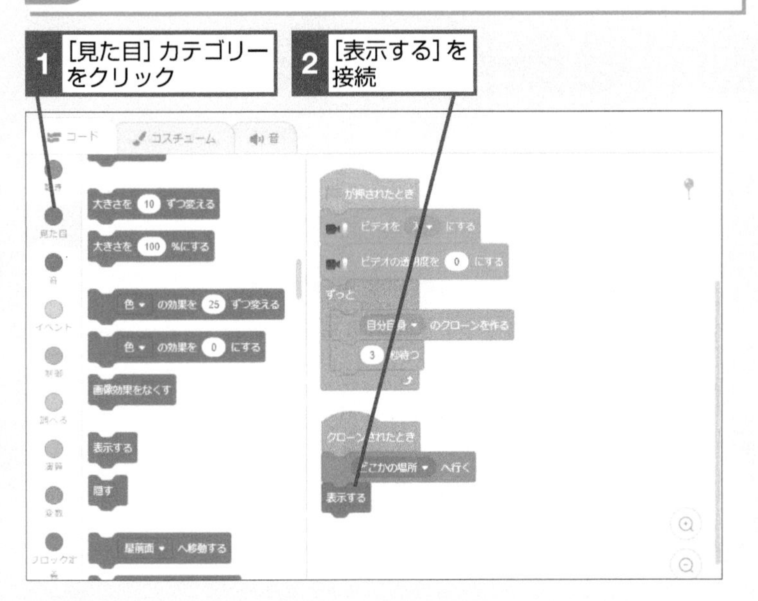

ヒント！

クローン前のスプライトは割れないので隠す

クローンの元になるスプライトを表示したままにすると、いつも決まった場所に最初の風船が表示されるようになります。この風船は色は元のスプライトの色で、割ることができません。クローンしたスプライトと同様に割るためのコードを追加することもできますが、全体に長くなってしまうので［隠す］ブロックを使って非表示にしましょう。

4 元の風船を隠す

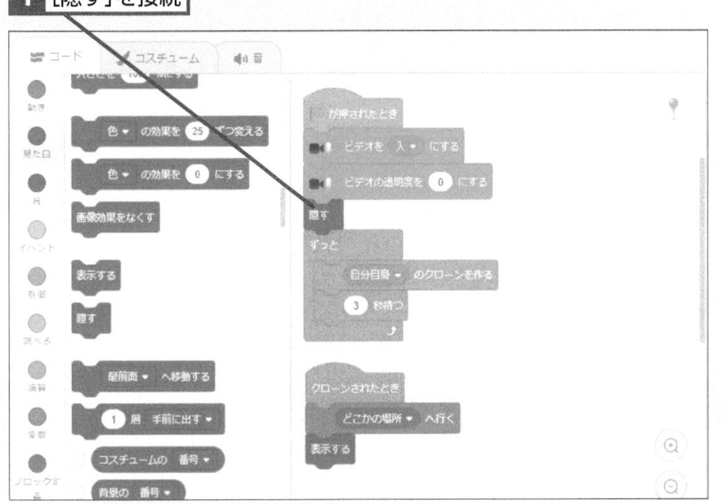

レッスン 62

風船が割れる条件を作る

風船が割れる条件を条件分岐を使って設定します。[ずっと] と [もし [ ] なら] のブロックを組み合わせて、数値や不等号の向きなどを確認しながら作っていきましょう。

1 条件分岐の準備をする

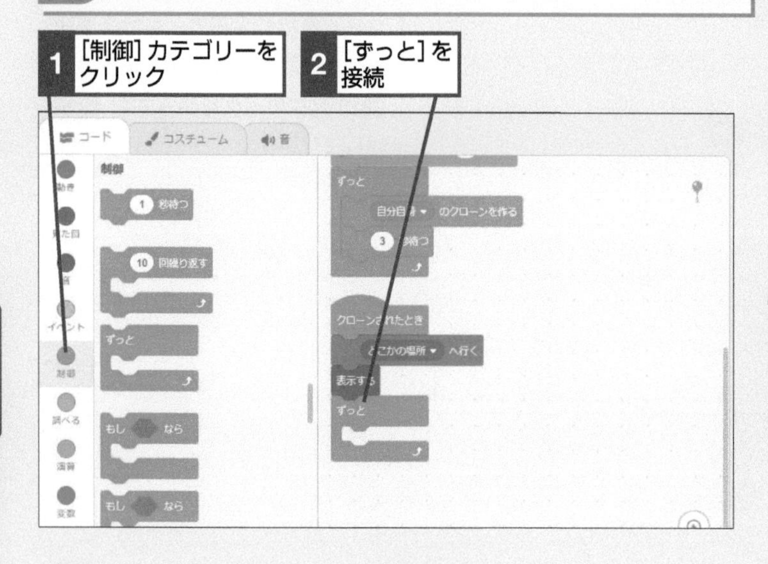

2 [もし [ ] なら] を接続する

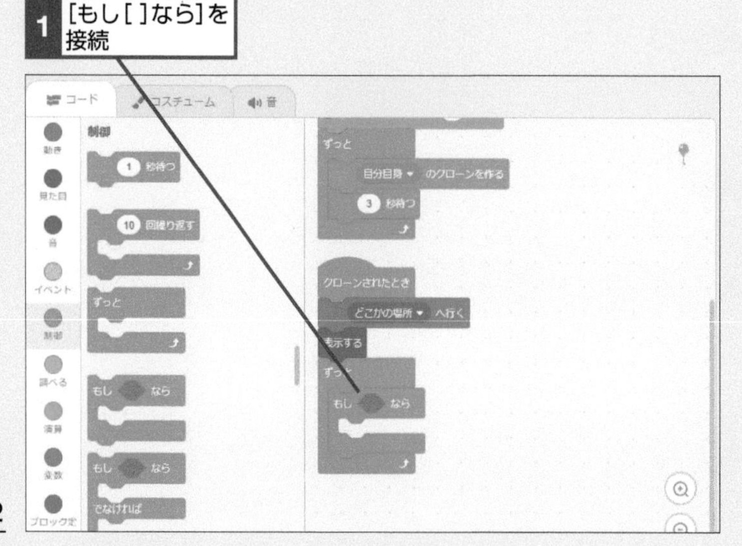

このレッスンで出てくる用語

クローン	p.279
条件分岐	p.280
乱数	p.286

レッスンで使う練習用ファイル **レッスン62.sb3**

ヒント!

[ずっと] ブロックの位置に注意しよう

クローンされた風船が表示された後に、風船が割れる条件を追加します。ここでの [ずっと] ブロックは風船が割れる条件にのみ使うので、[[どこかの場所] へ行く] や [表示する] ブロックを含める必要はありません。

3 風船が割れる条件を作る

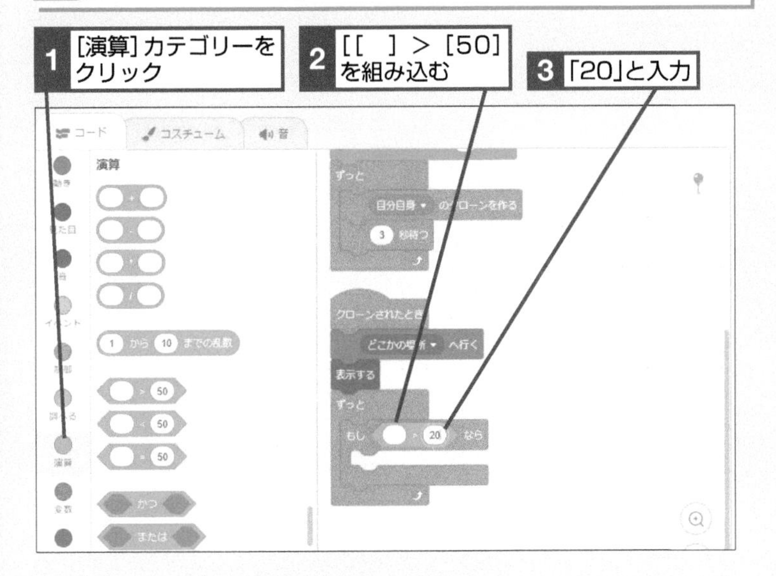

4 画面の変化を条件に加える

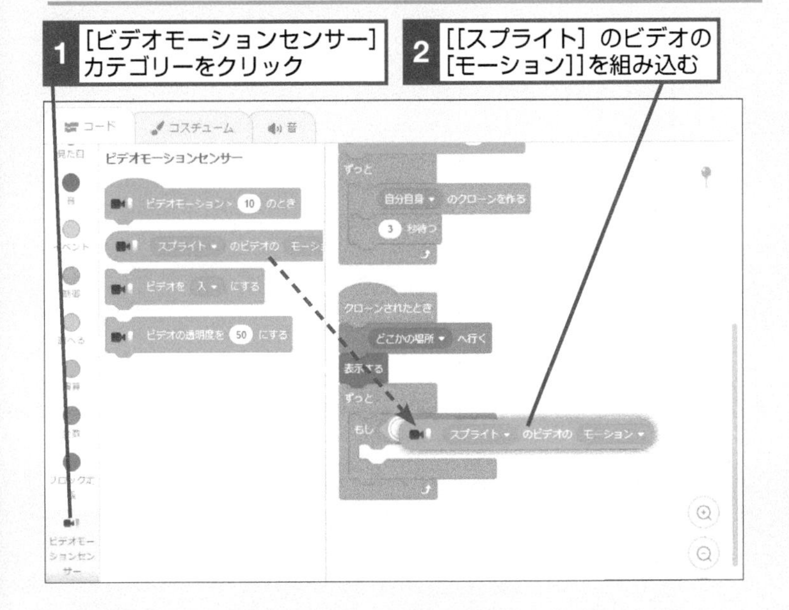

ヒント!

数値を調整しよう

手順4では風船が割れる条件として[[スプライト]のビデオの[モーション]] ブロックの数値が「20」よりも大きいという設定を行いました。数値を小さくするほど、画面内の小さな動きにも反応するようになります。ここでは「20」としましたが、コードが完成したら実行してみて、お使いのパソコンのカメラに合わせて調整しましょう。

次のページに続く

5 音を鳴らす

1 [音] カテゴリーをクリック

2 [[ ] の音を鳴らす] を接続

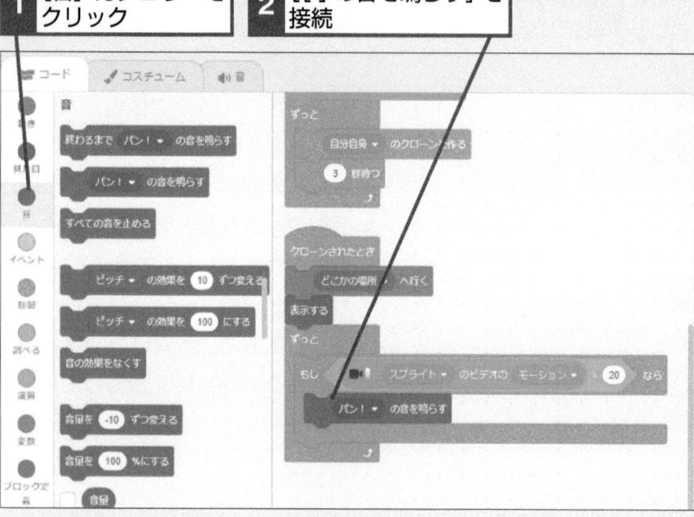

6 風船を割る

1 [制御] カテゴリーをクリック

2 [このクローンを削除する] を接続

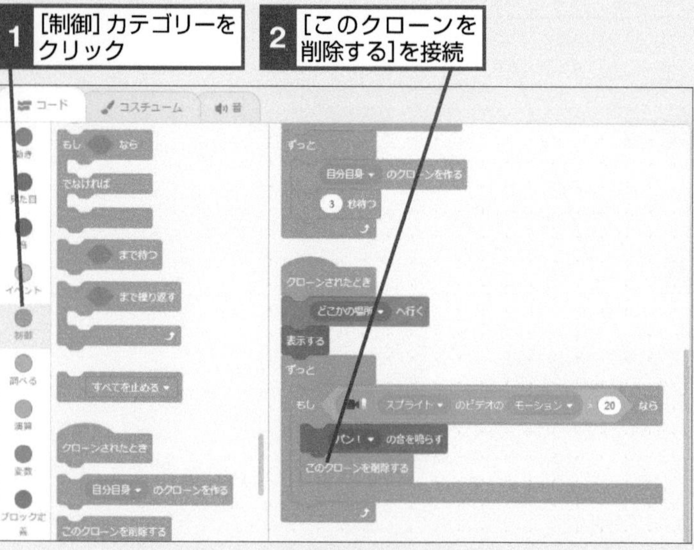

ヒント!

「終わるまで～を鳴らす」と「～を鳴らす」の違い

[[ ] の音を鳴らす] のブロックを [終わるまで [ ] の音を鳴らす] にすると、音が鳴り終わるまで次の処理に進まず、風船が割れる音が鳴り始めてしばらくたってから風船が消えるようになってしまいます。この違いに注意しましょう。

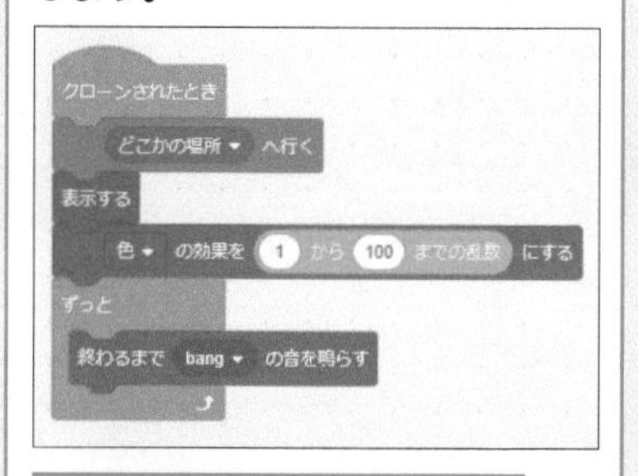

音が鳴り終わるまで風船が消えなくなる

7 風船が現れるときの色を変える

1 [見た目]カテゴリーをクリック

2 [[色]効果を[0]にする]を接続

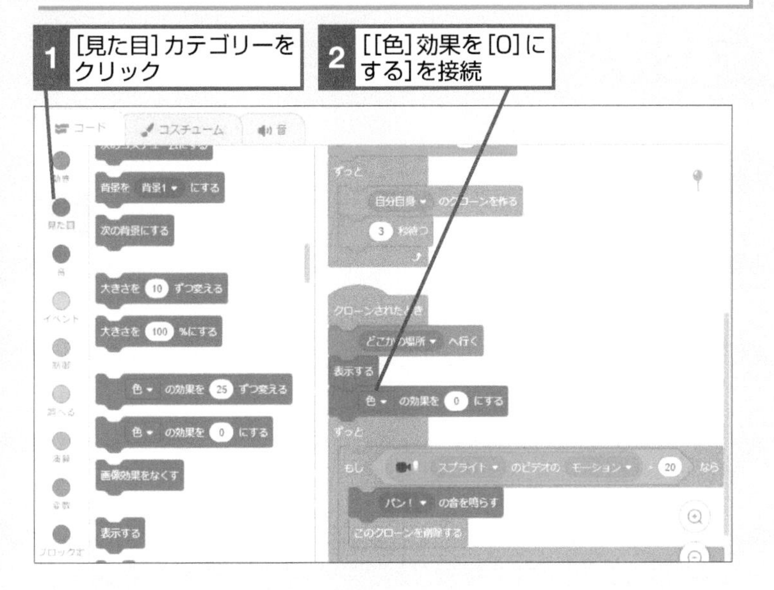

8 乱数を組み込む

1 [演算]カテゴリーをクリック

2 [[1]から[10]までの乱数]を組み込む

3 「100」と入力

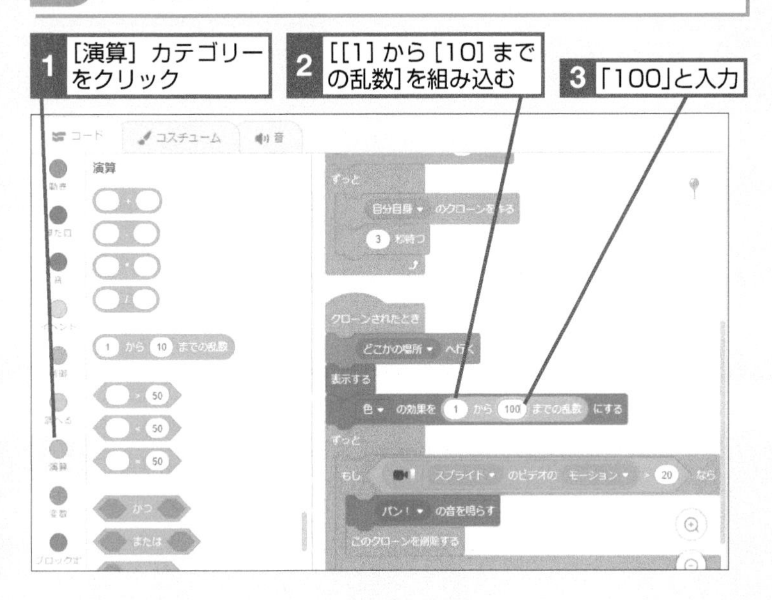

ヒント!

センサーを活かしたコードも作ってみよう

[ビデオモーションセンサー]カテゴリーのブロックを使うと、「パソコンの画面の前を人が通りかかったときに音を鳴らす」プログラムを作ることができます。センサーを使ったプログラムをほかにも考えてみましょう。

風船のスプライトを画面に設置しておく

ブロックを組み合わせて下のようなコードを作る

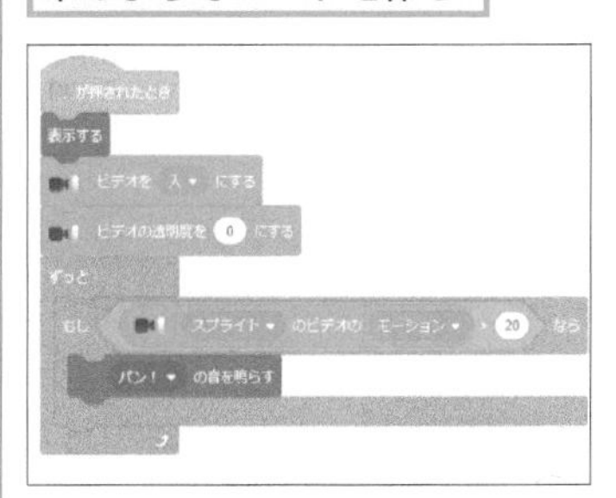

カメラの前を通った人が風船に触れると音が鳴る

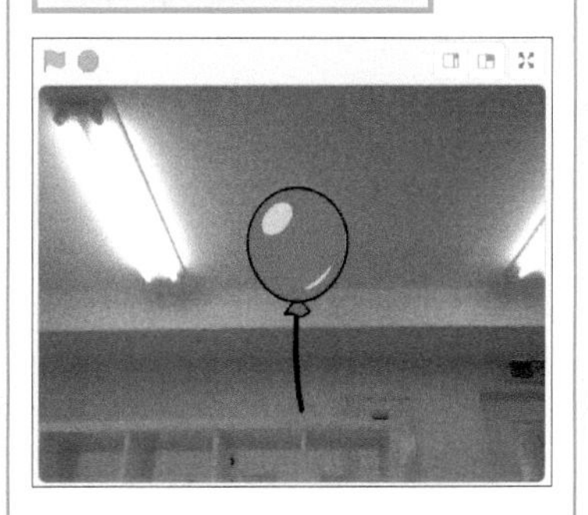

レッスン 63

テーマ 変数

動画で見る

ゲームクリアーを設定する

風船が割れた個数によってゲームクリアーを設定します。第6章の「クリックゲーム」と同様に変数を使って個数を数えます。

1 風船が割れたらカウンターを増やす

レッスン29を参考に、変数[カウンター]を作っておく

1 [[カウンター]を[1]ずつ変える]を接続

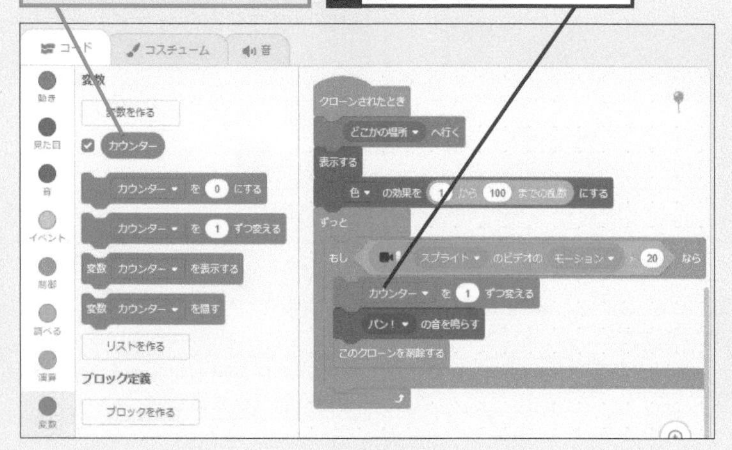

2 カウンターを初期化する

1 [[カウンター]を[0]にする]を接続

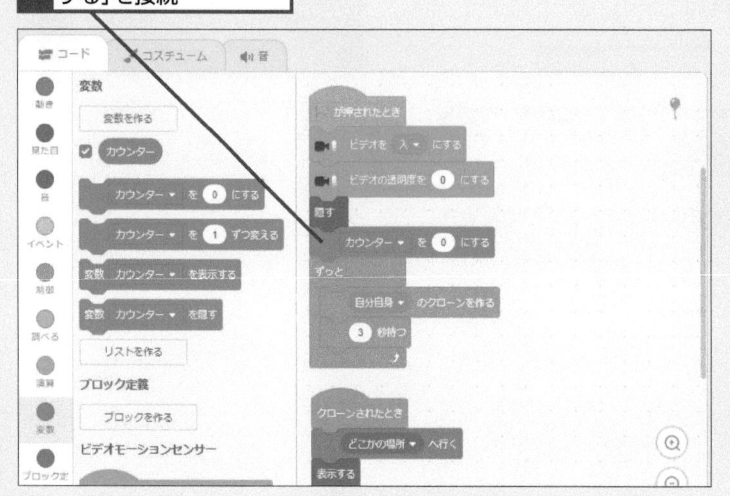

このレッスンで出てくる用語

背景	p.271
ブロックパレット	p.282
乱数	p.282

レッスンで使う練習用ファイル レッスン63.sb3

ヒント!

変数を初期化しよう

変数を使うときには、変数を使う前にまず値を決めてしまうことが多いです。これを変数の初期化と呼びます。このプログラムの場合は、変数「カウンター」を初期化して「0」にしておかないと、次回にゲームを始めたときにカウンターが0よりも大きい状態でスタートしてしまいます。

3 繰り返し処理を変更する

1 [[自分自身] のクローンを作る]をドラッグ

ブロックがはずれた

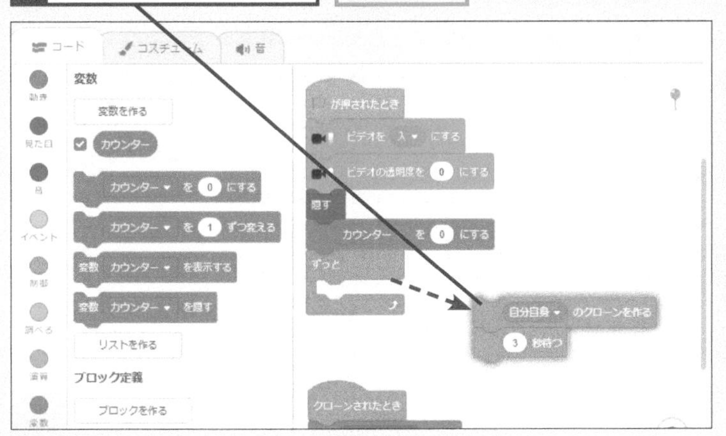

2 [ずっと]をブロックパレットにドラッグ

ブロックが削除された

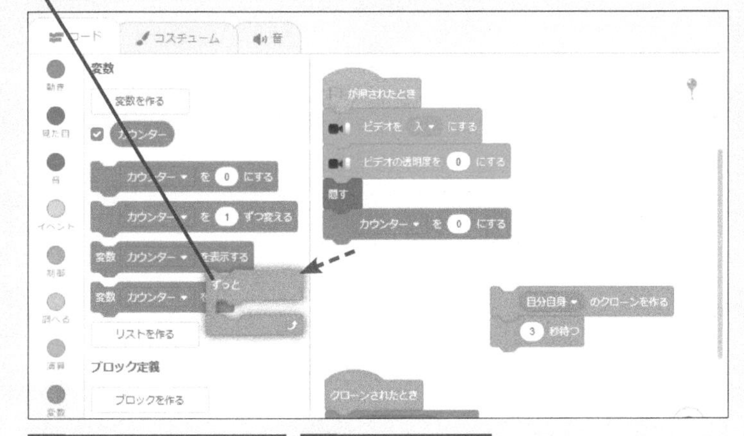

3 [制御] カテゴリーをクリック

4 [[ ] まで繰り返す]を接続

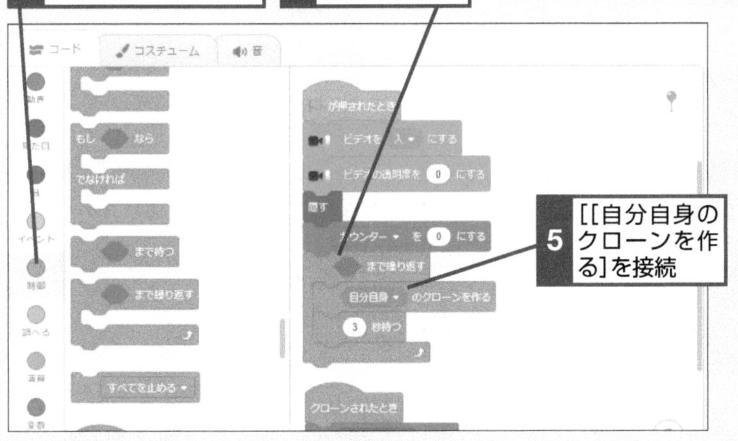

ヒント!

[ずっと] のブロックだけ削除しよう

操作3ではブロックの一部を外して [ずっと] のブロックのみを削除します。間違えて [[自分自身] のクローンを作る] や [[3] 秒待つ] ブロックを削除しないように気を付けましょう。操作がしづらい場合は、[ずっと] ブロックから下を全部外して、中に入れたブロックを外してから [ずっと] ブロックのみ削除しましょう。

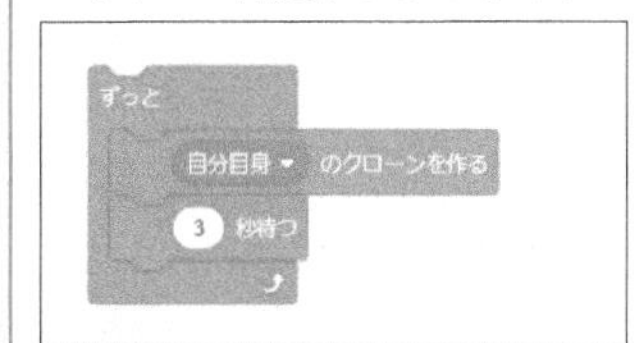

[ずっと] から下を全部外してもいい

次のページに続く

4 風船の個数を条件にする

1 [演算] カテゴリーをクリック

2 [[ ] >50] を組み込む

3 「19」と入力

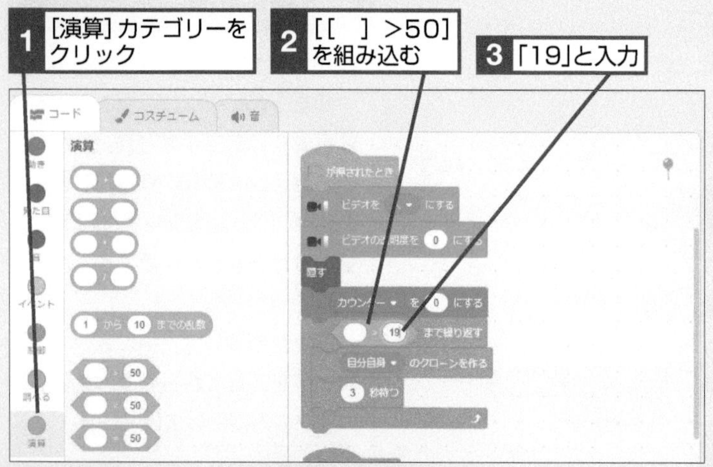

4 [変数] カテゴリーをクリック

5 [カウンター] を組み込む

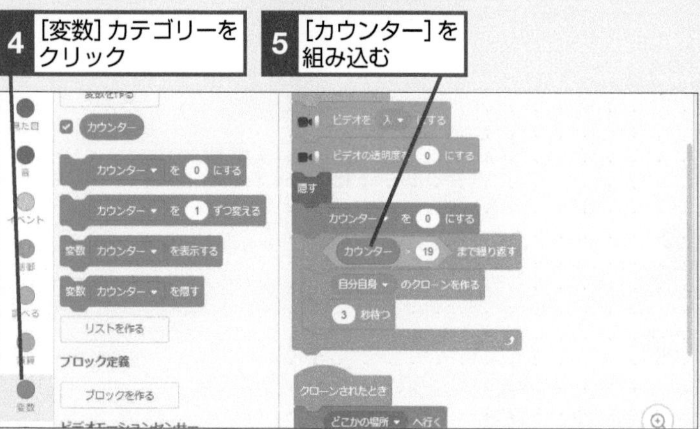

5 背景を設定する

1 [見た目] カテゴリーをクリック

2 [背景を［背景1］にする] を接続

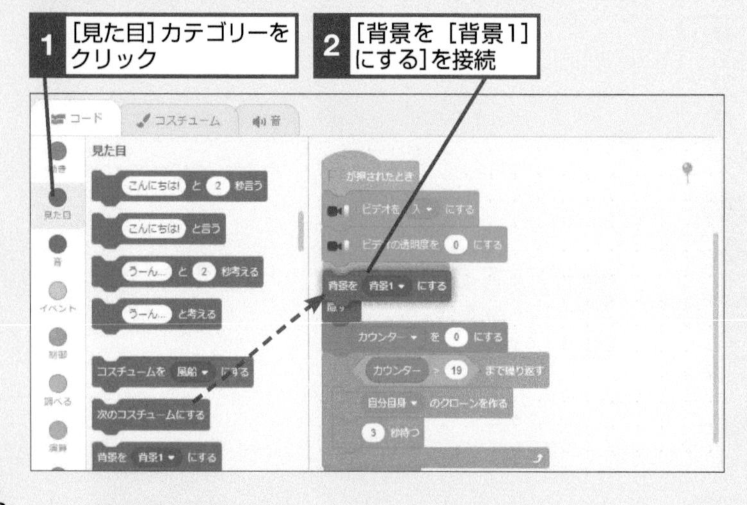

ヒント!

19個よりも多いときに条件を満たす

手順4では割れた風船が19個よりも多いときに、ゲームクリアーできるように設定しました。このプログラムでは画面上に風船を何個かためておき、一度に割ることでゲームをクリアーできます。[[ ]=[ ]]ブロックを使って条件を設定すると、風船を割った個数が一瞬で21や30になったときにゲームをクリアーできなくなるので注意しましょう。

6 ビデオの透明度を変更する

レッスン17を参考に背景に[クリア]をアップロードしておく

1 [ビデオモーションセンサー]カテゴリーをクリック

2 [ビデオを[入]にする]を接続

3 ここをクリック

4 [切]を選択

7 クリアー画面を表示する

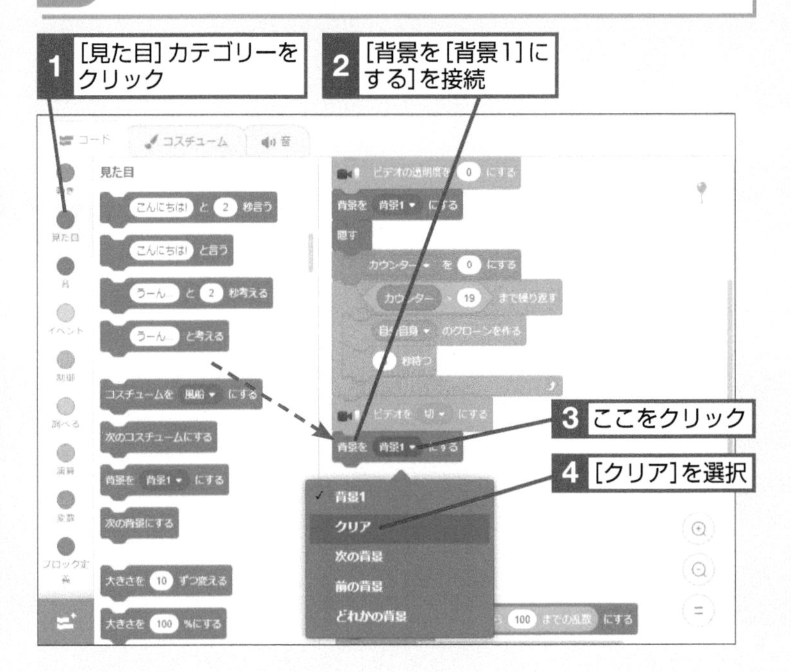

ヒント!

透明度を変えて背景を表示する

ゲームクリアーの画面は背景を切り替えて表示します。[ビデオを[切]にする]ブロックを接続して、カメラからの映像をオフにします。このゲームをクリアーすると、下のような画面が表示されます。

ゲームをクリアーすると、以下のような画面が表示される

センサーを使ったプログラミングに慣れよう

この章では、モーションセンサーを使ったプログラミングを学びました。これまでは画面の中だけのプログラミングでしたが、モーションセンサーを使うと画面の外の手の動きや、景色の変化を利用することができます。

拡張機能を使うと、ほかのセンサーを使うことができます。たとえば、付録で紹介するmicro:bitを使うと、傾きセンサーが使えます。ぜひ、センサーを使って「画面外」のプログラミングにも挑戦してみましょう。

風船割りゲームのコード一覧

```
が押されたとき
ビデオを 入 にする
ビデオの透明度を 0 にする
背景を 背景1 にする
隠す
カウンター を 0 にする
カウンター > 19 まで繰り返す
  自分自身 のクローンを作る
  3 秒待つ
ビデオを 切 にする
背景を クリア にする

クローンされたとき
どこかの場所 へ行く
表示する
色 の効果を 1 から 100 までの乱数 にする
ずっと
  もし スプライト のビデオの モーション > 20 なら
    カウンター を 1 ずつ変える
    パン! の音を鳴らす
    このクローンを削除する
```

第12章

本格インベーダーゲームを作ろう

今までに学んだことを活かして、インベーダーゲームを作ります。各章で学んだ内容を復習しながら進めましょう。

この章の内容

この章で作るプログラム

ビームでインベーダーを倒そう

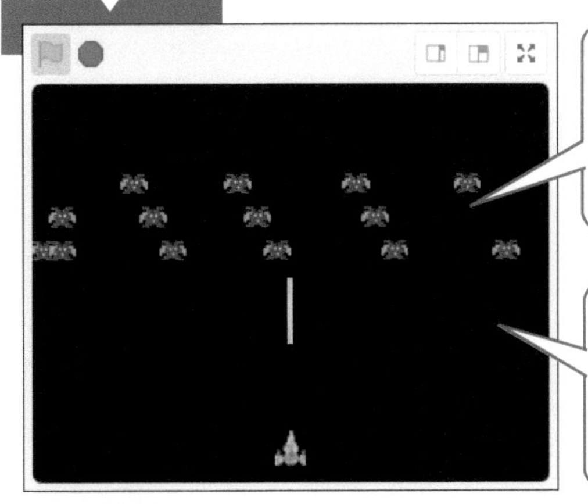

緑の旗ボタンをクリックしてスタート！ ファイターを←→キーで左右に動かして、Spaceキーでビームを撃とう。

インベーダーを全部倒すとゲームクリア。インベーダーにぶつかるとゲームオーバーだよ！

公開ページ https://scratch.mit.edu/projects/377343729/

本格的なゲームを作ろう

この本で学んできたことの総仕上げとして「インベーダーゲーム」を作ります。クローン機能、2重ループ、メッセージなどさまざまな要素を用います。分からないところがあったら、前の章を参考にしましょう。

子どもから大人まで遊べるゲーム

画面下側に表示されたファイターを左右に動かして、ビームを撃ってインベーダーを倒します。インベーダーをすべて倒すとゲームクリア、インベーダーに触れるとゲームオーバーです。インベーダーは画面を左右に往復しながら下に降りてきます。このインベーダーをクローン機能と2重ループできれいに並べます。

プログラムの動き方

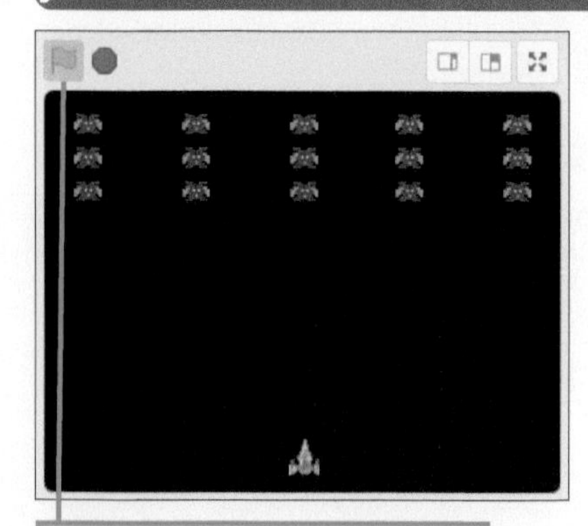

緑の旗ボタンをクリックしてスタート。インベーダー5体が3行並ぶ　→レッスン68、69

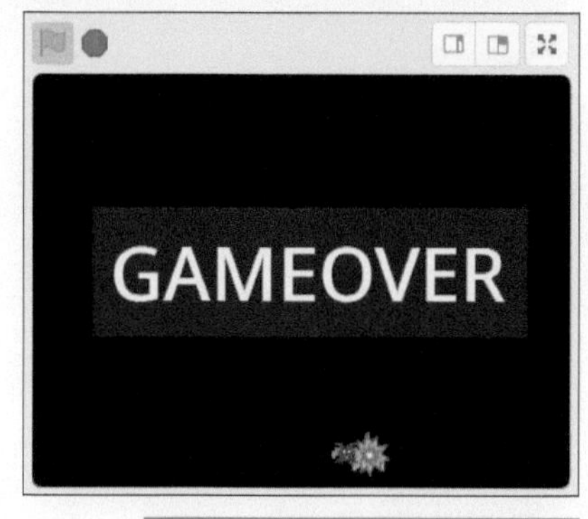

インベーダーに触れるとゲームオーバーとなり、BGMが流れる　→レッスン72、74

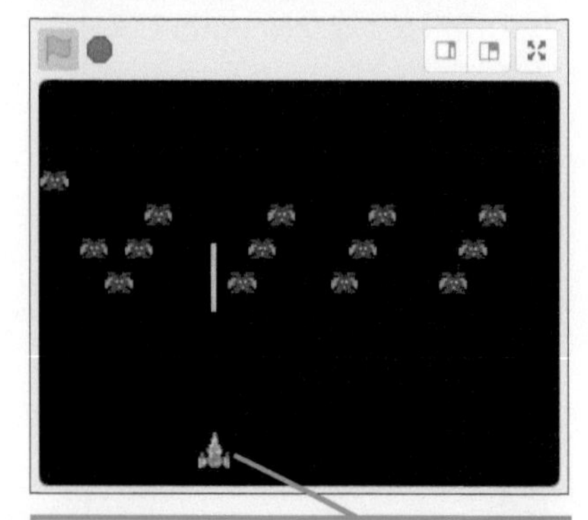

ファイターでビームを撃ってインベーダーを倒す。ビームは画面の端まで飛んで消える　→レッスン66、67

インベーダーをすべて倒すとゲームクリアーとなり、BGMが流れる　→レッスン73、74

この章で学べること

このプロジェクトはいままでの総集編として、たくさんの要素を盛り込みました。変数、繰り返し処理、イベント処理、メッセージ機能、クローン機能など各章で学んだ内容が登場します。
さらに繰り返し処理では、2重ループを扱います。8章の「幾何学模様」でも繰り返し処理を入れ子状態にしたものとして登場しましたが、このプロジェクトではさらに複雑なものを紹介します。また、ゲームクリアーは変数、ゲームオーバーはメッセージ機能を使ってそれぞれコードを簡潔にしています。

子どもに教えるには

コードの量が多くなりますが、順序良くブロックを組み立てていけば完成します。ひとつひとつのコードはほかの章で登場しており、それが集まっていることを子どもと確かめていきましょう。知っているコードを組み合わせて何かを作っていくという経験は、自分で考えたオリジナルのプロジェクトを作るときにもきっと役に立つでしょう。

ゲームクリアだけではなく、ゲームオーバーの条件も入っている

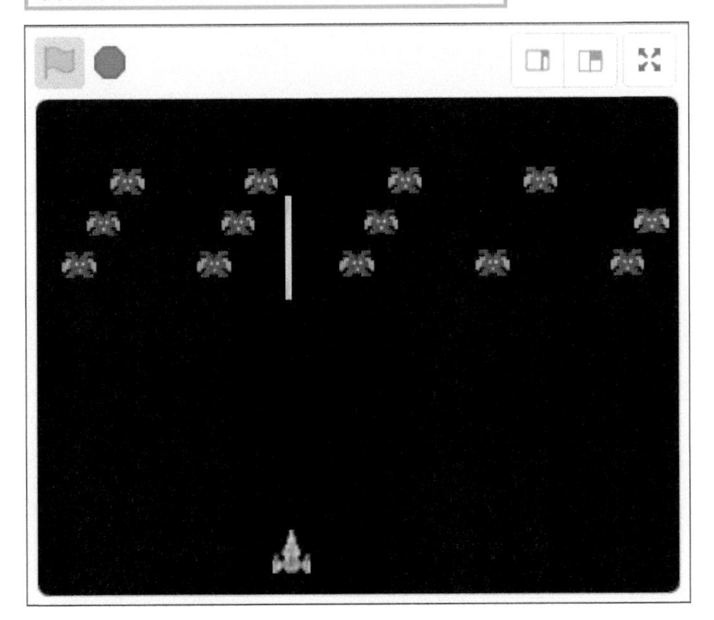

2重ループとは

8章の幾何学模様にも使いましたが、繰り返し処理の中に繰り返し処理を入れることを「2重ループ」と呼びます。「ループ」とは「繰り返し」のことです。コードをどんどん「入れ子」にして全体を短縮できるのは、プログラミング言語の非常にすぐれた特徴のひとつです。

繰り返し処理が2重に行われる

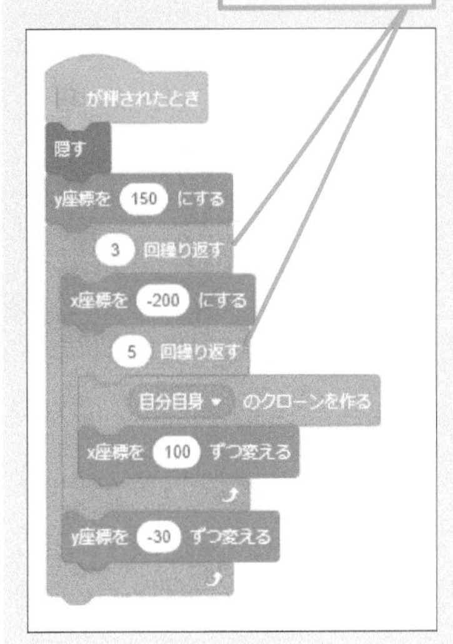

テーマ 動き

レッスン 64

ファイターの動きを設定する

ステージの下側で自分が操作するファイターを作ります。座標やコスチュームを設定して、方向キーで左右に動けるようにします。

1 スプライトをアップする

サンプルファイルの中にあるスプライトをアップロードしておく

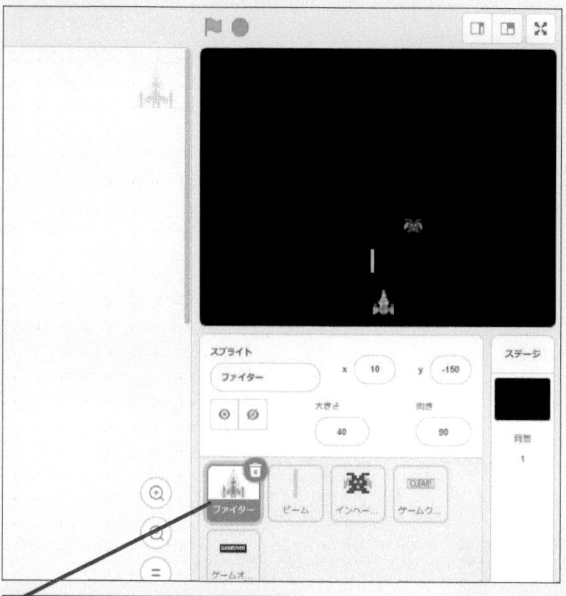

1 [ファイター]をクリック

2 ファイターの座標を決める

[イベント]カテゴリーをクリックして[緑の旗ボタンが押されたとき]を設置しておく

1 [動き] カテゴリーをクリック

2 [x座標を[ ]、y座標を[ ]にする]を接続

3 「0」と入力

4 「-150」と入力

このレッスンで出てくる用語

コスチューム	p.280
座標	p.280
スプライト	p.280

ヒント! ファイターの位置を座標で決める

ファイターの最初の位置は、第4章「もぐらパトロール」と同様に座標で決定します。画面下側の左右中央に位置するようにして、ここから左右に動いてビームを撃ちます。

3 ファイターのコスチュームを決める

1 [見た目]カテゴリーをクリック

2 [コスチュームを[ばくはつ]にする]を接続

3 ここをクリック

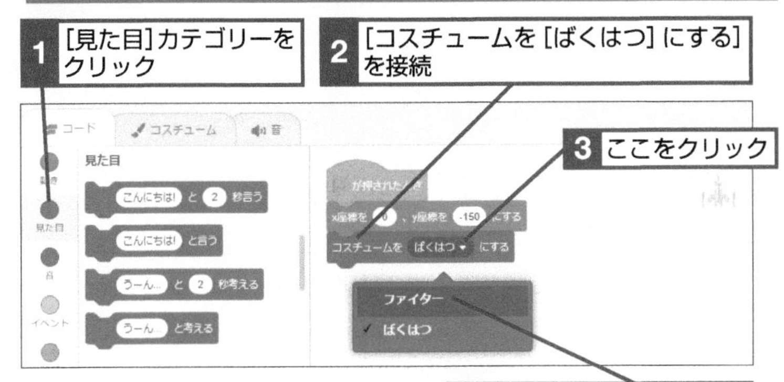

4 [ファイター]をクリック

5 [表示する]を接続

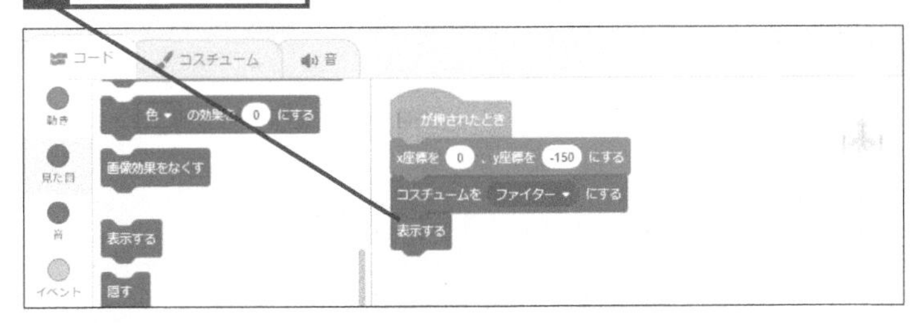

4 動きを作る準備をする

1 [制御]カテゴリーをクリック

2 [ずっと]を接続

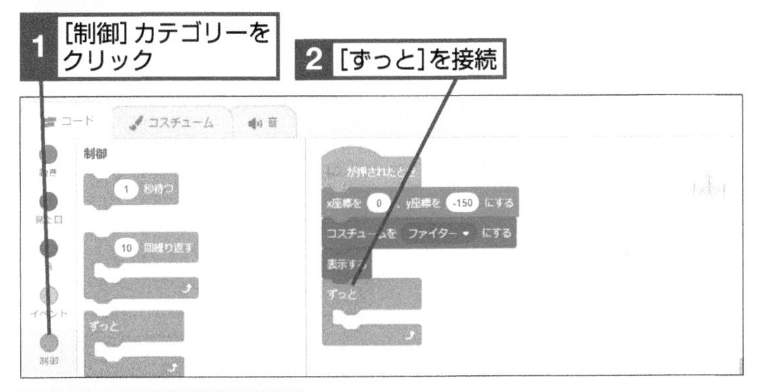

3 [もし[　]なら]を接続

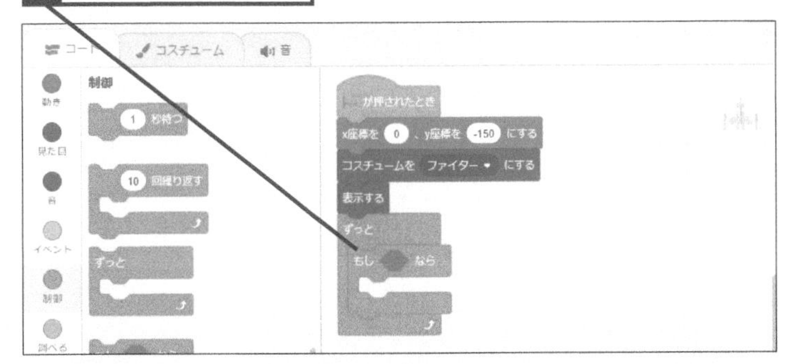

ヒント!

コスチュームを設定する

ファイターの絵柄は第2章「ネコ歩き」のようにコスチュームを使って決定します。次に接続する[表示する]ブロックとの順序を間違えないようにしましょう。

次のページに続く

5 ファイターの動きを作る

1 [調べる]カテゴリーをクリック

2 [[スペース]キーが押された]をドラッグして組み込む

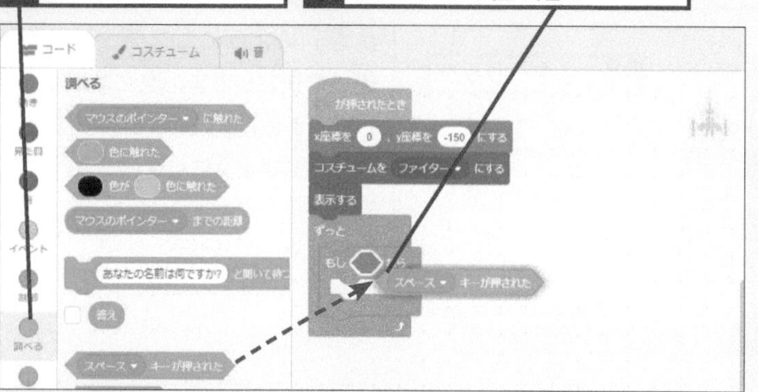

3 ここをクリック

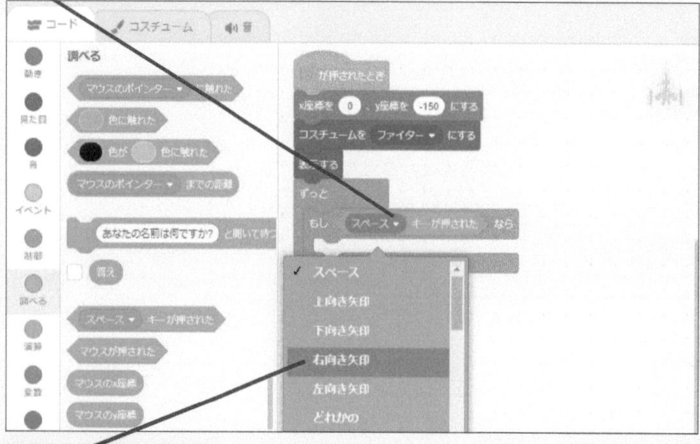

4 [右向き矢印]をクリック

5 [動き]カテゴリーをクリック

6 [x座標を[10]ずつ変える]を接続

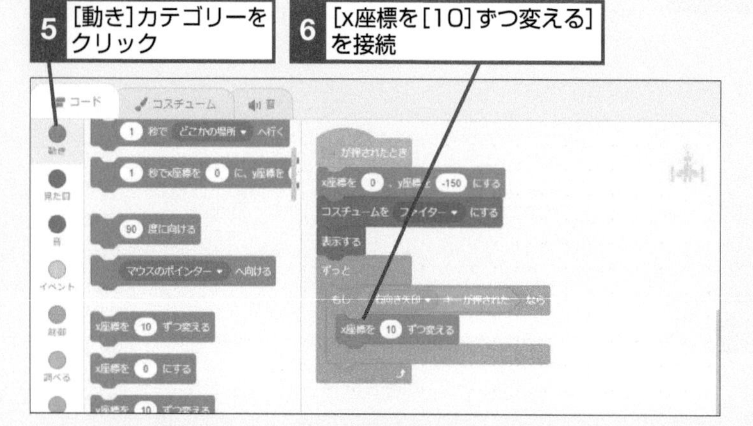

ヒント!

矢印キーでファイターを左右に動かす

←→のキーを押したときにファイターが左右に動くように設定します。第5章の「アクションゲーム」でも同様の動きを作りましたが、手順5では［緑の旗ボタンが押されたとき］ブロックと［ずっと］ブロックの組み合わせで作ります。「アクションゲーム」のように［[スペース]キーが押されたとき］ブロックを使うと、キーボードを押したときにいつでもファイターが動きますが、手順5のようにすると緑の旗ボタンをクリックしたときだけファイターが動くという違いがあります。

6 ブロックを複製する

1 ここを右クリック

2 [複製]をクリック

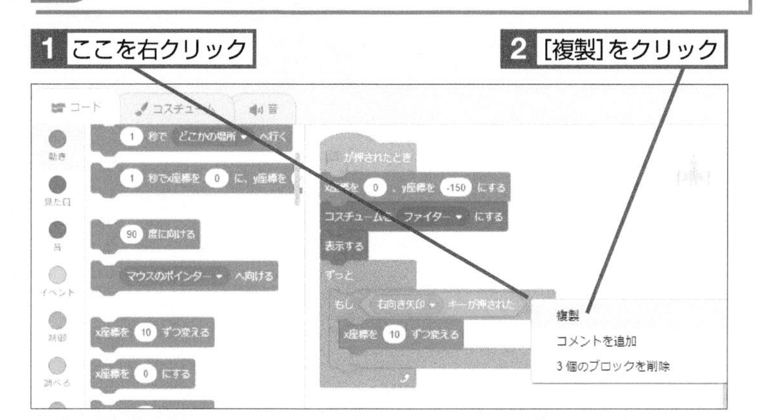

3 ここに接続

4 ここをクリック

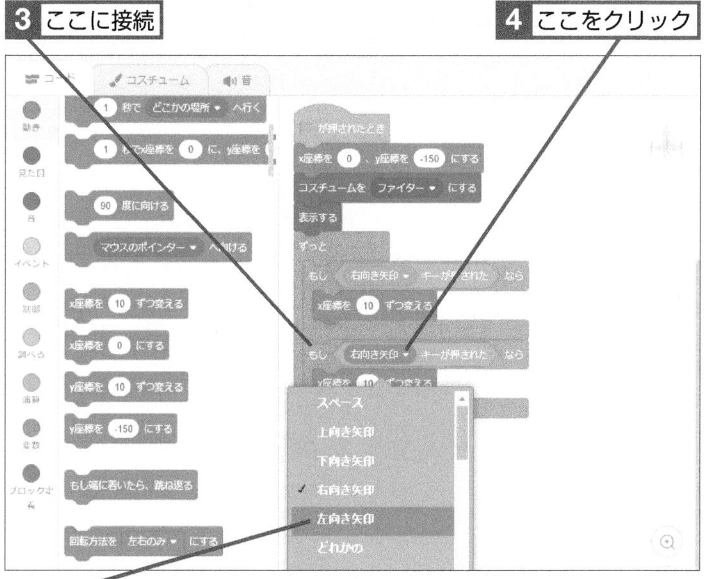

5 [左向き矢印]をクリック

7 逆側の動きを作る

6 「-10」と入力

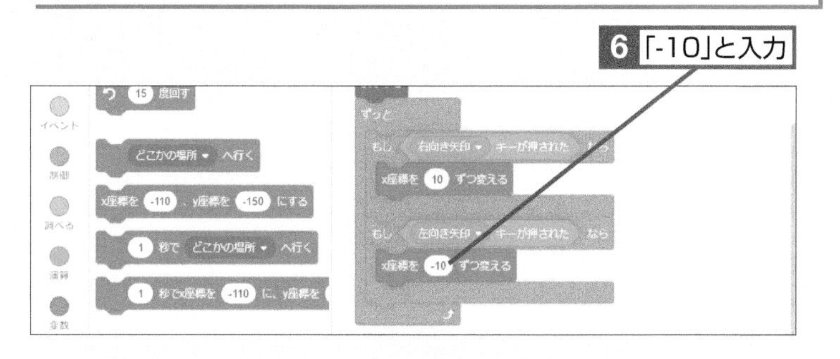

ヒント!

移動するスピードは変えられる

手順5、手順7で最後に入力した数字を変更すると、ファイターが一度に移動する量を変更することができます。数字を変更して、ちょうどいいスピードになるように調整してみましょう。

復習しながら作ってくもん!

テーマ　クローン

レッスン 65

ビームの動きを設定する

このレッスンではビームの動きを作ります。ビームはファイターから発射されるので、キーを押したときにファイターの位置に移動するようにします。

1 ビームの初期設定をする

スプライトリストの[ビーム]をクリックしておく

[イベント]カテゴリーをクリックして[緑の旗ボタンが押されたとき]を設置しておく

1 [制御]カテゴリーをクリック

2 [ずっと]を接続

3 [もし[　]なら]を接続

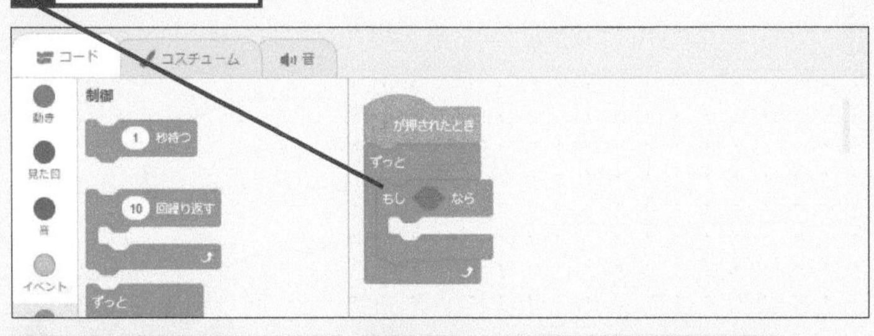

4 [調べる]カテゴリーをクリック

5 [[スペース]キーが押された]を組み込む

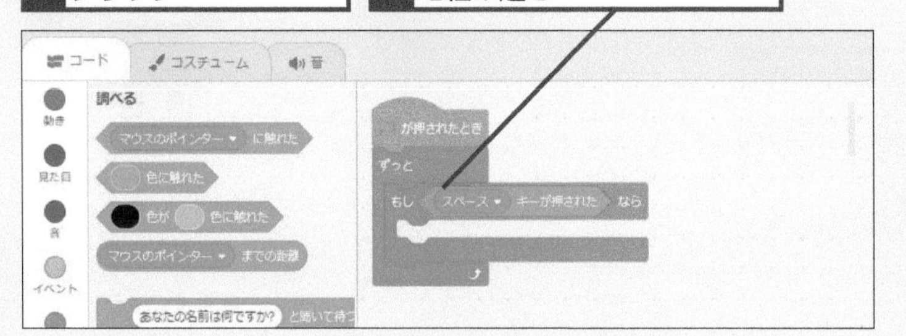

このレッスンで出てくる用語

クローン	p.279
スプライト	p.280

レッスンで使う練習用ファイル　レッスン65.sb3

ヒント!

ファイターの動きと同じように作る

手順1ではビームの動きを作りました。レッスン64で作ったファイターの動きと同じく、[緑の旗ボタンが押されたとき]ブロックに[ずっと]ブロックを接続して作ります。これにより、緑の旗ボタンを押していない場合はビームも撃てないようにしています。

第12章　本格インベーダーゲームを作ろう

2 ビームをファイターから発射する

1 [動き]カテゴリーをクリック

2 [[どこかの場所]へ行く]をドラッグして接続

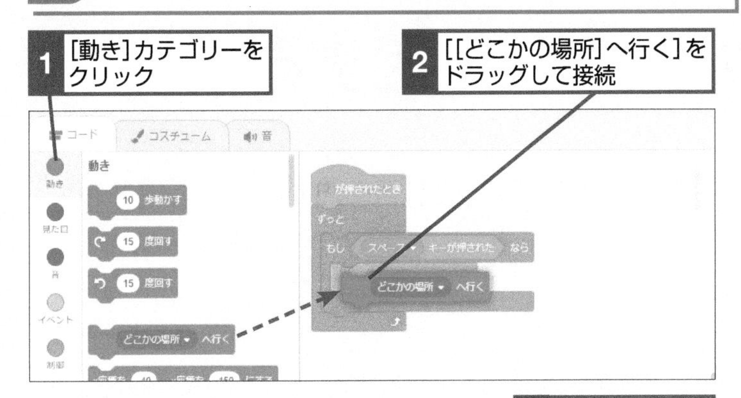

3 ここをクリック

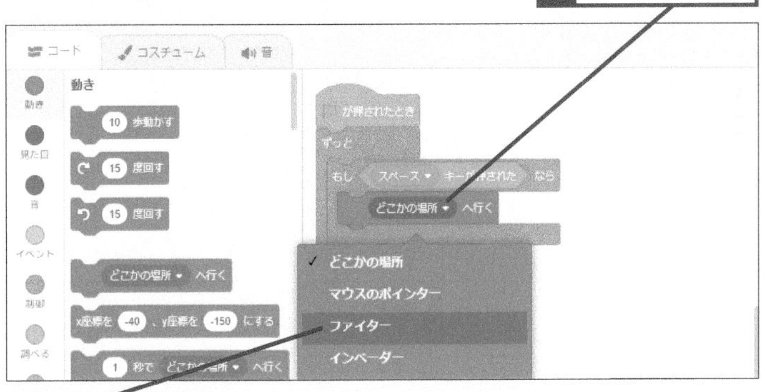

4 [ファイター]をクリック

3 ビームのクローンを作る

1 [制御]カテゴリーをクリック

2 [[自分自身]のクローンを作る]を接続

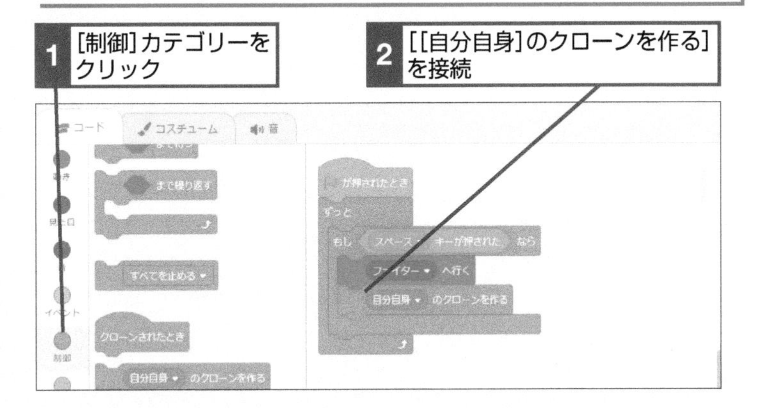

ヒント!

[[どこかの場所] へ行く] ブロックを活用しよう

ビームはファイターから発射されるので、常にファイターのある位置に移動してから表示する必要があります。[[どこかの場所] へ行く] ブロックを使うと、プロジェクト内のスプライトを指定することができ、コードを簡潔にできます。ほかにもステージ内のランダムな場所や、マウスポインターのある位置にスプライトを移動させることもできます。

ヒント!

ビームは次々に発射できるようにする

Space キーを押すとビームが発射されますが、連続して撃ちたいときはクローン機能を使いましょう。第10章の「リズムゲーム」でリンゴを次々と飛ばしたように、ビームもクローンを使って複製します。

テーマ スプライトの重なり

レッスン 66

ビームの表示を設定する

ビームがファイターから発射されたように見えるように、スプライトの重なり順を調整します。[[最前面] へ移動する] ブロックを使います。

1 ビームを最背面に移動する

1 [見た目]カテゴリーをクリック

2 [隠す]を接続

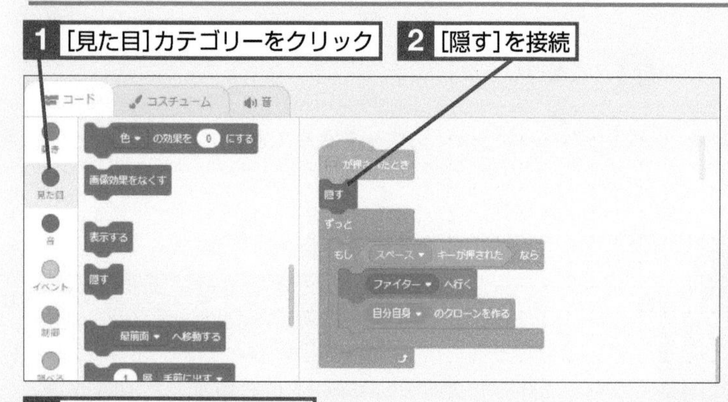

3 [[最前面]へ移動する]をドラッグして接続

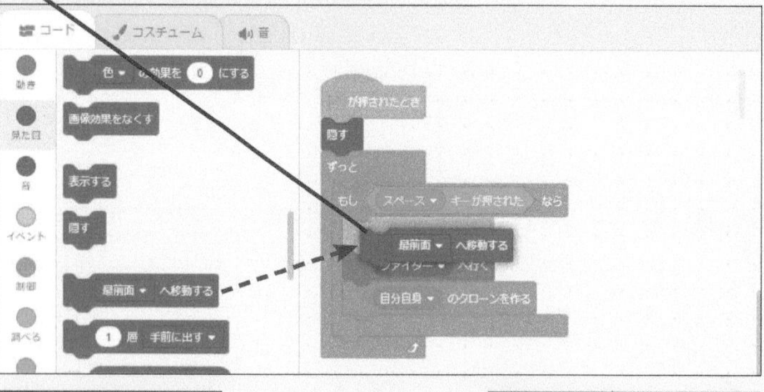

4 ここをクリック

5 [最背面]をクリック

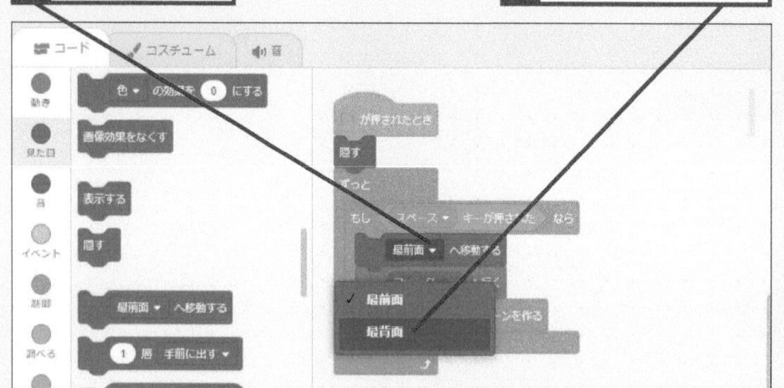

このレッスンで出てくる用語

クローン	p.279
ステージ	p.280
スプライト	p.280

レッスンで使う練習用ファイル **レッスン66.sb3**

ヒント!

スプライトの重なり順は調整ができる

第7章「オート紙芝居」で紹介したように、スプライトには重なり順があり、あとから表示されたものが上になります。ビームはファイターよりも後に表示されるので、撃つときに常にファイターに重なります。そこで、手順1のように[[最背面]へ移動する]ブロックを使ってファイターの上に重ならないようにしましょう。

2 クローンされたときの準備をする

1 [制御]カテゴリーをクリック

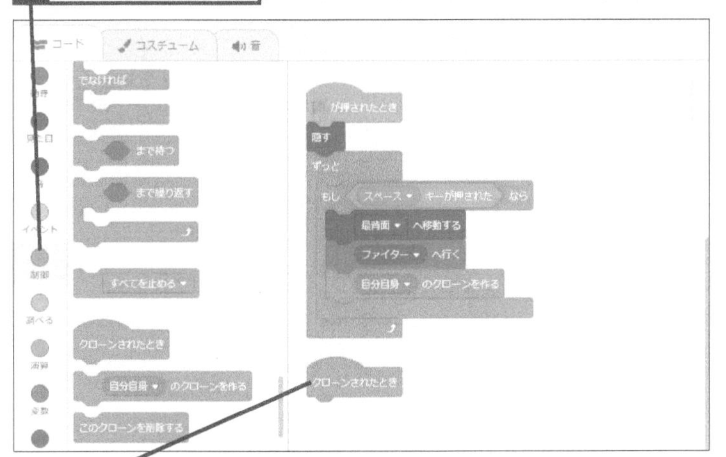

2 [クローンされたとき]を設置

3 クローンしたビームを表示する

1 [見た目]カテゴリーをクリック

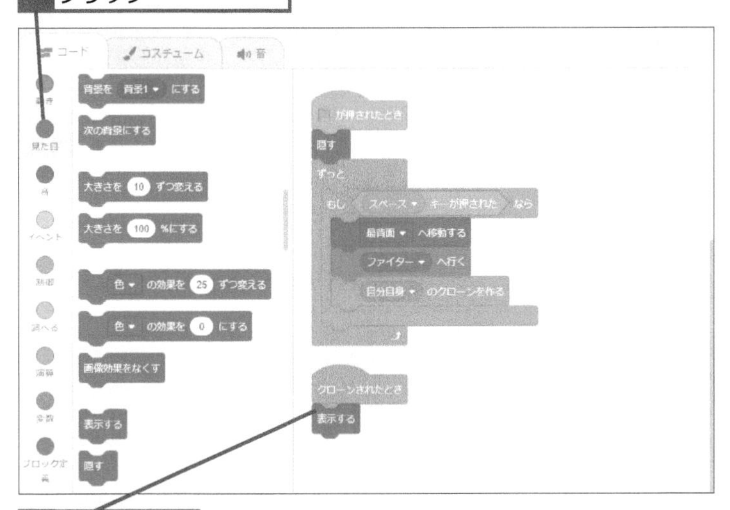

2 [表示する]を接続

ヒント!

ビームはクローンを作ってから表示する

第10章の「リズムゲーム」と同様に、ビームの元のスプライトは隠しておき、クローンを表示するようにします。元のスプライトを表示したままにすると、ファイターが移動したあともステージに表示されてしまうので注意しましょう。

テーマ 繰り返し処理

レッスン 67

ビームを画面の端まで飛ばす

発射されたビームがステージの一番上まで飛ぶようにします。[[　] まで繰り返す] ブロックを使うと簡潔なプログラムを作れます。

1 ビームの動きを作る準備をする

1 [制御] カテゴリーをクリック

2 [[　]まで繰り返す] を接続

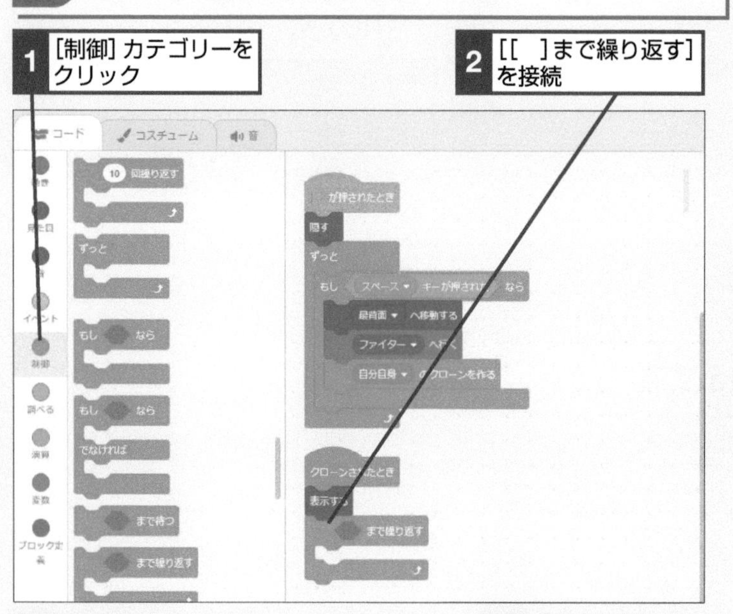

3 [演算] カテゴリーをクリック

4 [[　]＞[50]] を組み込む

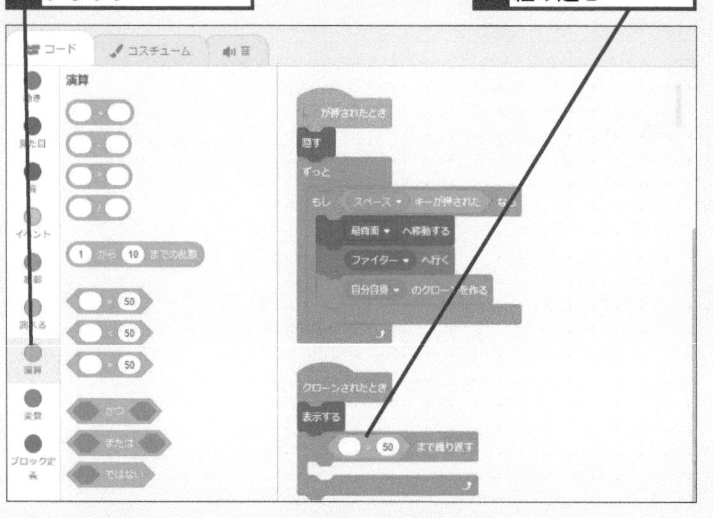

このレッスンで出てくる用語

繰り返し処理	p.279
座標	p.280
条件分岐	p.280

レッスンで使う練習用ファイル　レッスン67.sb3

ヒント！

[[　] まで繰り返す] ブロックを使う

発射されたビームが画面の上に向かって飛ぶようにします。ビームが画面の上までずっと移動するのを繰り返す、と考えるといいでしょう。このような場合は [[　] まで繰り返す] ブロックを使うと便利です。

2 ビームを動かす

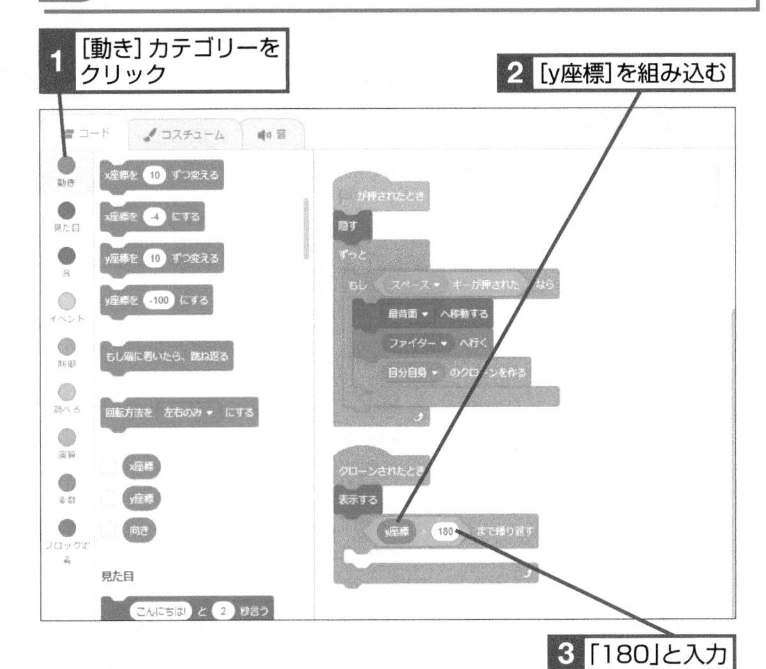

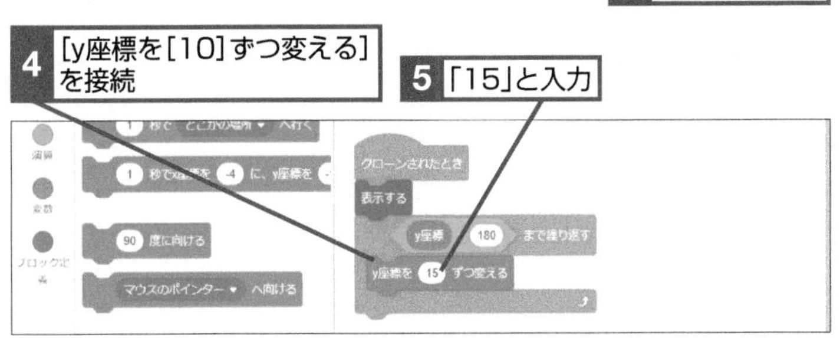

3 ビームを画面の端で削除する

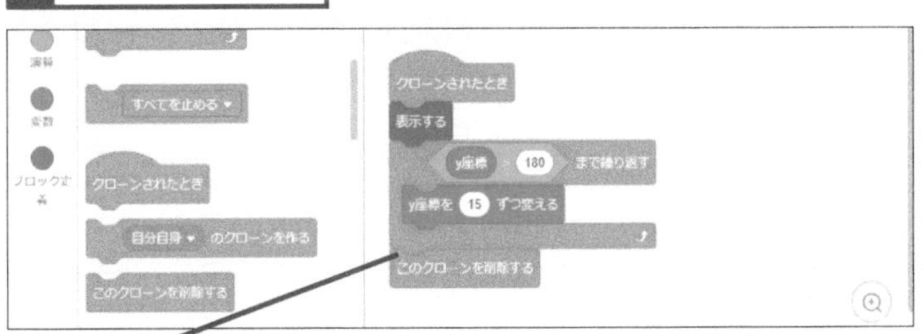

ヒント!

y座標の値ブロックを使う

手順2では[[y座標]＞[180]]になるまで繰り返す、という条件を作りました。第10章の「リズムゲーム」のレッスン57を参考に、[動き]カテゴリーの[y座標]ブロックを使いましょう。

ヒント!

[ずっと]ブロックと[もし[ ]なら]ブロックでも作れる

手順2のコードは[ずっと]ブロックと[もし[ ]なら]ブロックを組み合わせても作れます。以下のように組み合わせてみましょう。

条件分岐と繰り返し処理でも作れる

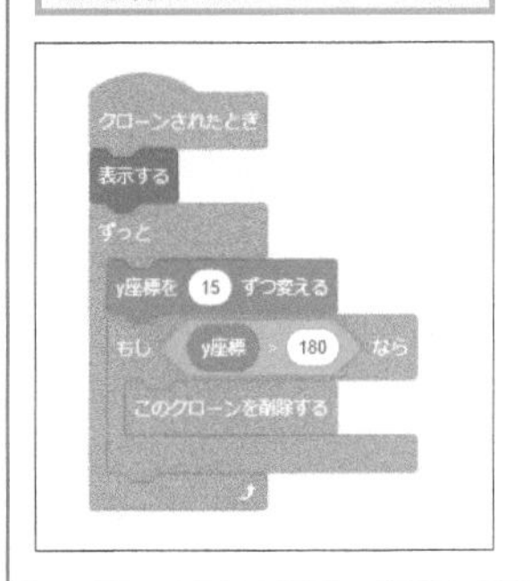

テーマ クローン

レッスン 68

インベーダーを1行並べる

インベーダーの初期の位置を座標で設定して、クローン機能で1行分を作ります。x座標とy座標で別々のブロックを使うのがポイントです。

1 インベーダーの初期の座標を設定する

スプライトリストの[インベーダー]をクリックしておく

1 [イベント]カテゴリーをクリック

2 [[緑の旗ボタンが押されたとき]を設置

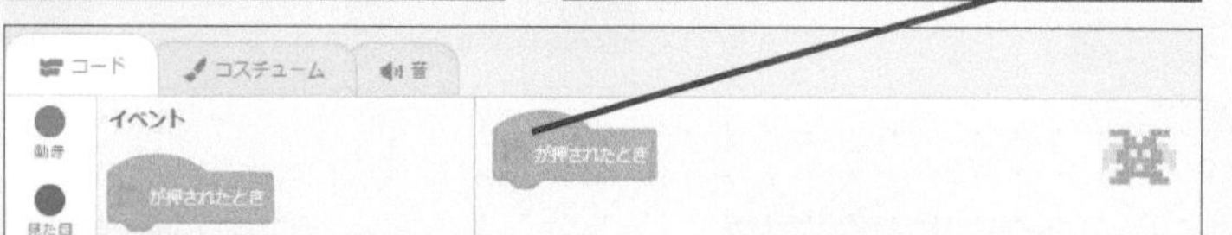

3 [動き]カテゴリーをクリック

4 [y座標を[ ]にする]を接続

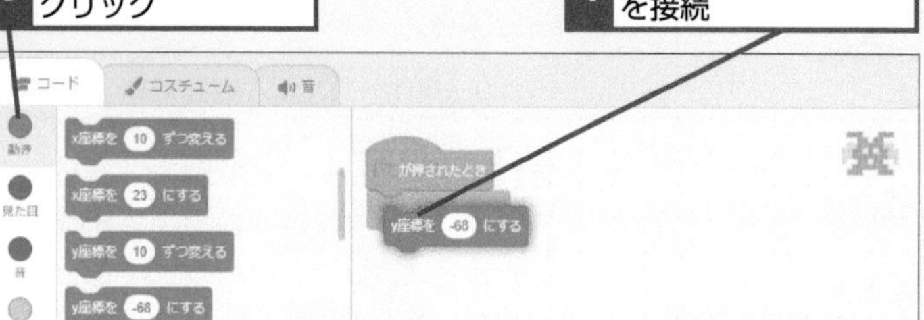

5 「150」と入力

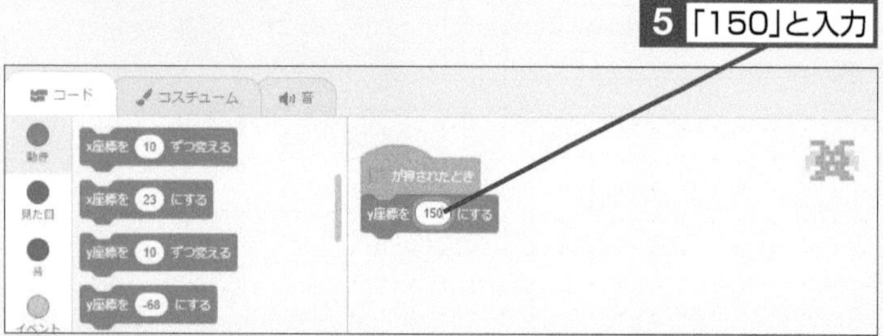

6 [x座標を[ ]にする]を接続

7 「-200」と入力

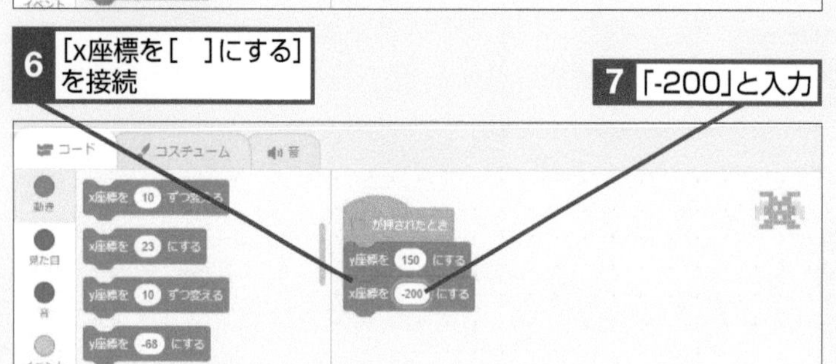

このレッスンで出てくる用語

クローン	p.279
座標	p.280

レッスンで使う練習用ファイル **レッスン68.sb3**

ヒント!

x座標とy座標を別々のブロックで設定する

座標の設定は[x座標を[ ]、y座標を[ ]にする]ブロック以外にも、座標ごとに別々のブロックで設定することができます。このレッスンではインベーダーをx座標方向に移動させながらクローンを作るので、x座標とy座標のブロックを別々に設定します。

ヒント!

インベーダーを最初の位置に移動しておこう

手順1でインベーダーの座標を決めたら、緑の旗ボタンをクリックしてコードを実行してみましょう。このレッスンではステージの左上を基準として、ここから右に移動しながらインベーダーを増やします。

2 インベーダーのクローンを作る

1 [制御]カテゴリーをクリック

2 [[10]回繰り返す]を接続

3 「5」と入力

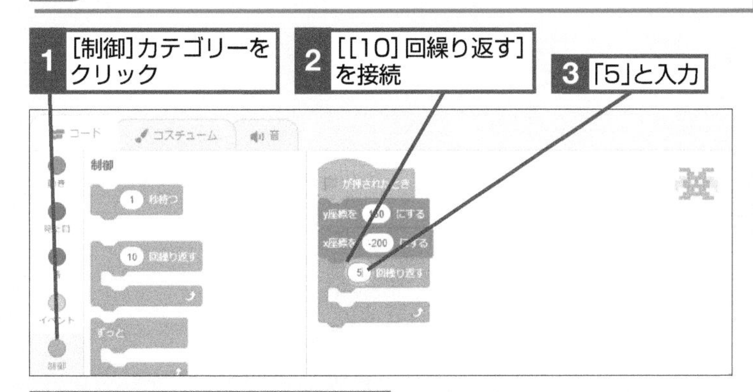

4 [[自分自身]のクローンを作る]を接続

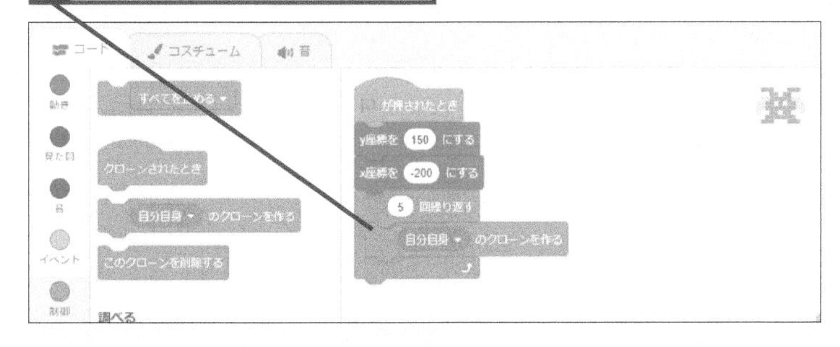

3 クローンを1列並べる

1 [動き]カテゴリーをクリック

2 [x座標を[10]ずつ変える]を接続

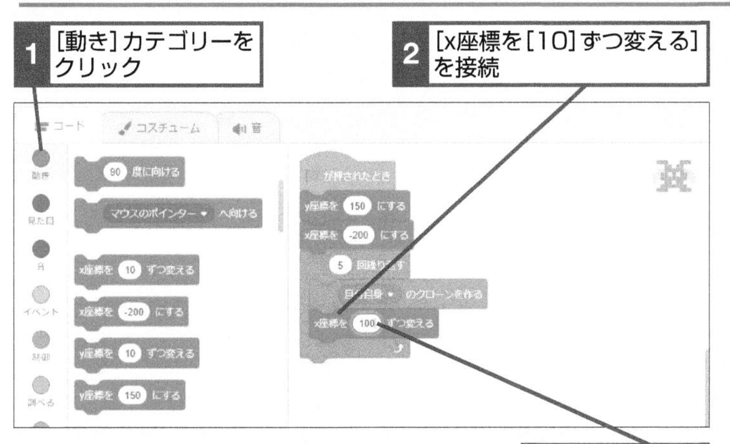

3 「100」と入力

ヒント! x座標を100ずつ移動して等間隔に並べる

手順3でx座標を100ずつ増やして、インベーダーをステージの右側に移動しながらクローンしました。クローンのx座標は左から順に「-200」「-100」「0」「100」「200」となって、ステージの左右中央を基準に対称的に並んでいます。もっとインベーダーを増やしたいときは、繰り返しの回数を増やして、x座標の数値を小さくしましょう。

ヒント! クローンが正確に並ぶか試してみよう

手順3までの操作が終わったら、緑の旗ボタンをクリックしてコードを実行してみましょう。インベーダーのクローンが5体並んだら成功です。画面の右端に元のインベーダーが表示されているので、次のレッスンで隠します。

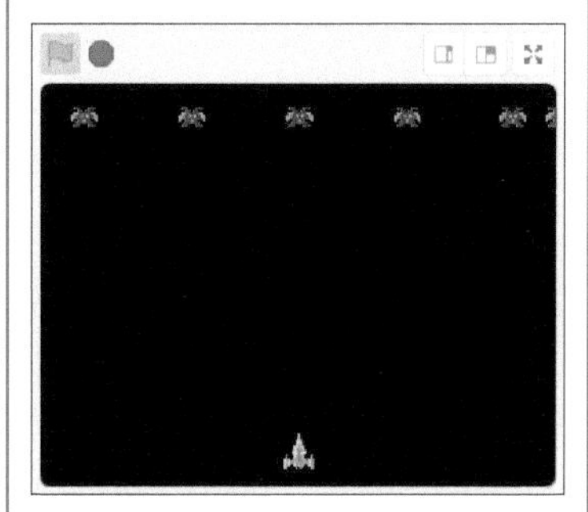

テーマ 二重ループ

インベーダーを3行にする

インベーダーのクローンを3行に増やします。1行並べるコードを複製して作ります。また、クローンの元にするインベーダーは非表示にします。

1 クローン以外のインベーダーを隠す

1 [見た目] カテゴリーをクリック

2 [隠す]を接続

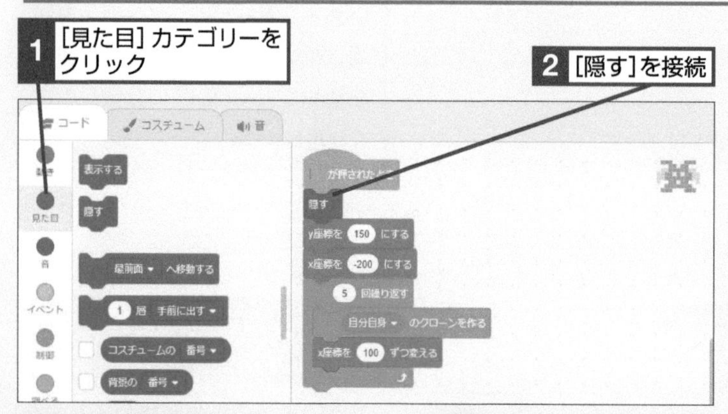

3 [制御] カテゴリーをクリック

4 [クローンされたとき]を設置

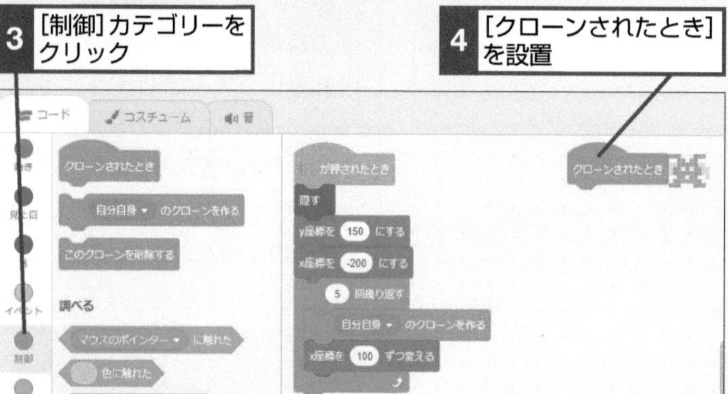

5 [見た目] カテゴリーをクリック

6 [表示する]を接続

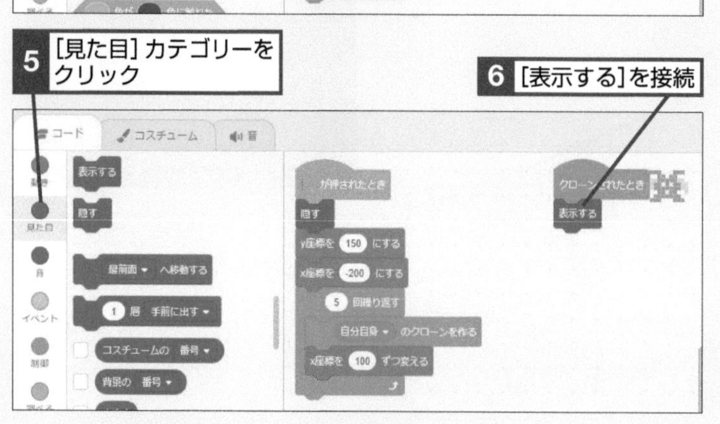

このレッスンで出てくる用語

入れ子構造	p.279
クローン	p.279
スプライト	p.280

レッスンで使う
練習用ファイル　レッスン69.sb3

ヒント！

元のインベーダーが隠れることを確認しよう

手順1の操作を終えたら緑の旗ボタンをクリックして、コードを確認しましょう。画面右端にあったインベーダーが非表示になり、全部で5体が等間隔に1行並べば成功です。

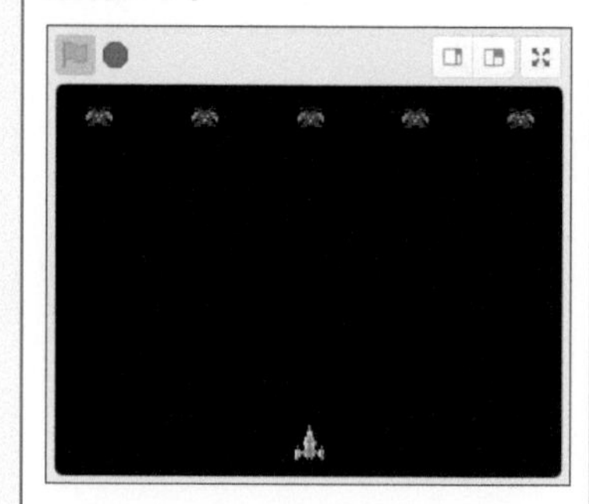

第12章　本格インベーダーゲームを作ろう

2 クローンを1行増やす

1 ここを右クリック

2 [複製]をクリック

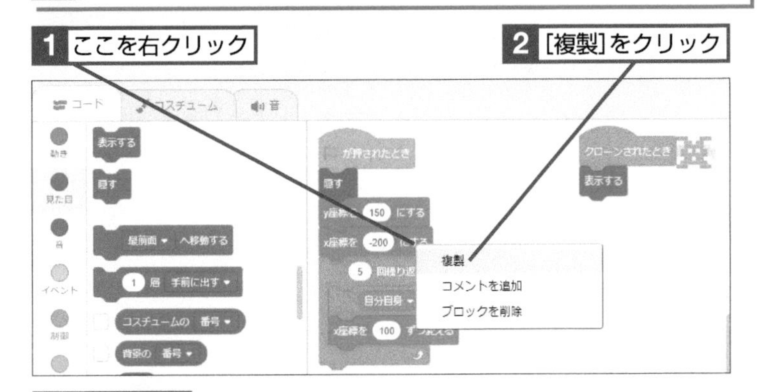

3 ここに接続

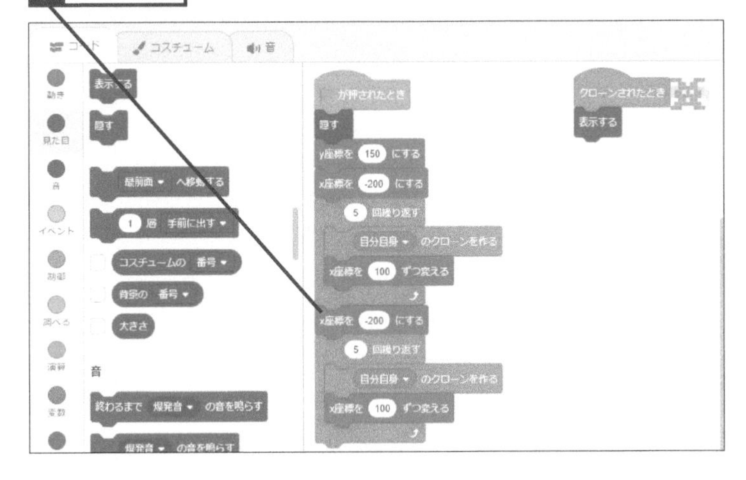

3 増やした行の座標を変更する

1 [動き]カテゴリーをクリック

2 [y座標を[10]ずつ変える]を接続

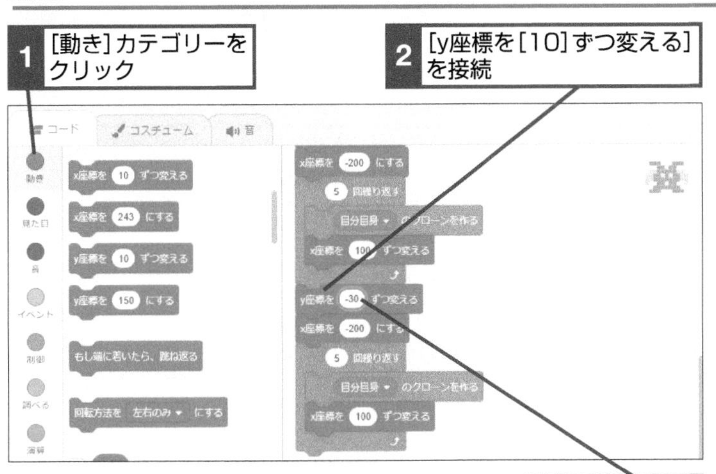

3 「-30」と入力

ヒント!

複製するブロックに注意しよう

手順2では、クローンをもう1列増やすために、手順1までに作ったコードを複製して使います。このとき、[x座標を [-200] にする] ブロックも含めて、その下に接続されたブロックをすべて複製することに注意しましょう。

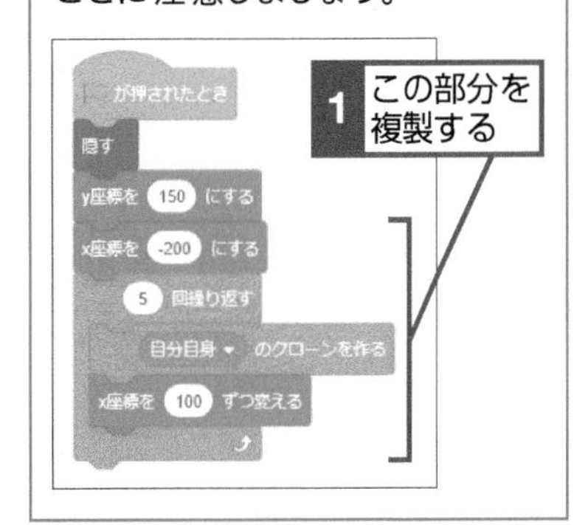

ヒント!

2列目は1行目よりも下に並べる

クローンの2行目は、1行目よりもステージの下側に並べます。このため、クローンする前に元のスプライトのy座標を小さくする必要があります。

次のページに続く

4 クローンをもう1列増やす

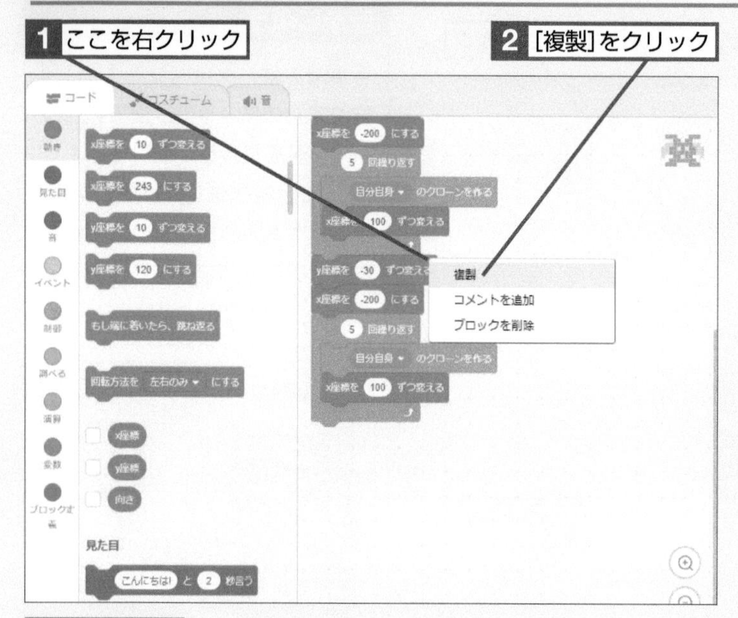

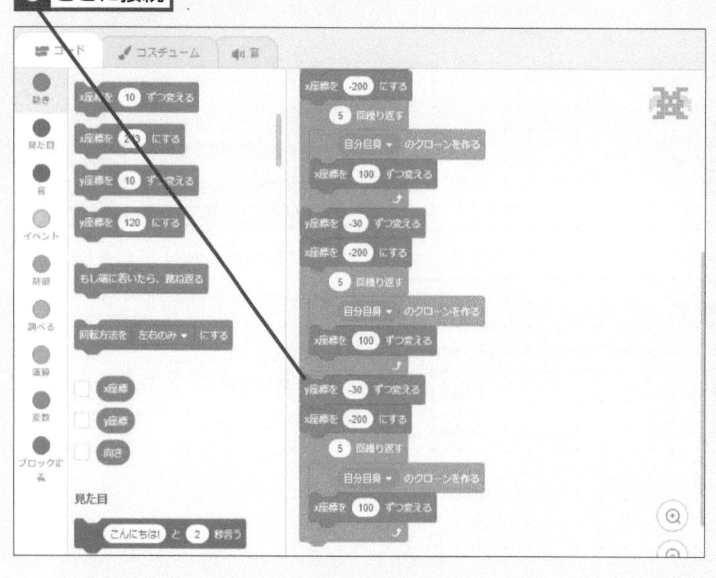

ヒント!

3行目のコードも複製して作る

手順3ではクローンの3行目を並べるコードを作ります。2行目を作ったコードを複製するだけで作れます。

ヒント!

ここまでのコードを実行してみよう

緑の旗ボタンをクリックして、手順4までに作ったコードを実行してみましょう。インベーダー5体が3行に並べば完成です。うまく並ばなかった場合は、複製したブロックの種類や複製した数などを確認しましょう。

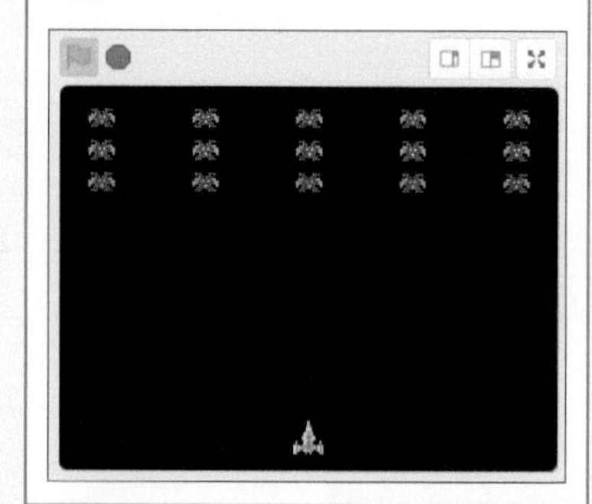

5 繰り返しブロックを接続する

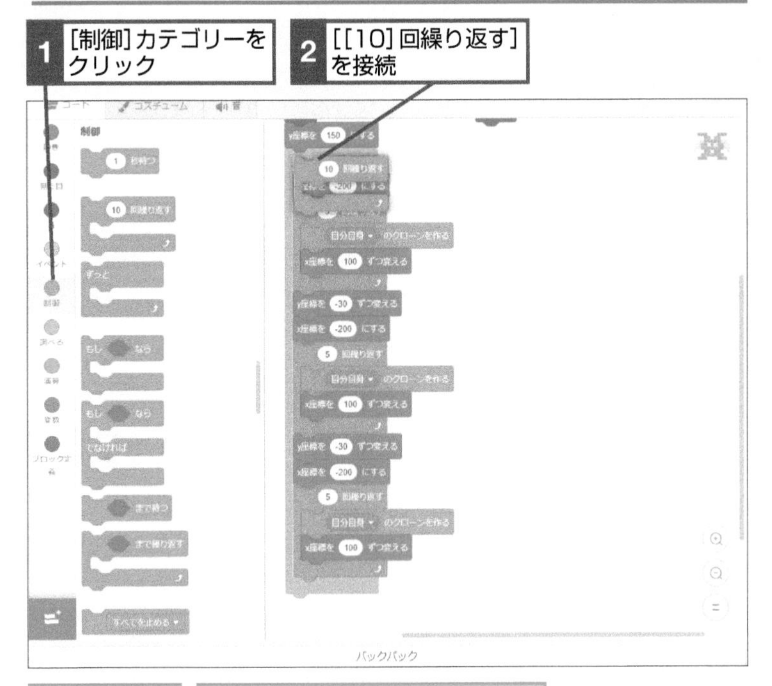

全体の処理が繰り返される

次ページからの手順で繰り返しの内容と回数を設定する

ヒント！ 同じブロックの繰り返しをまとめよう

手順3までに作ったコードは、下の図のように同じブロックの固まりを3回繰り返しています。これを[[ ]回繰り返す]ブロックを使ってまとめます。

同じブロックの繰り返しをまとめる

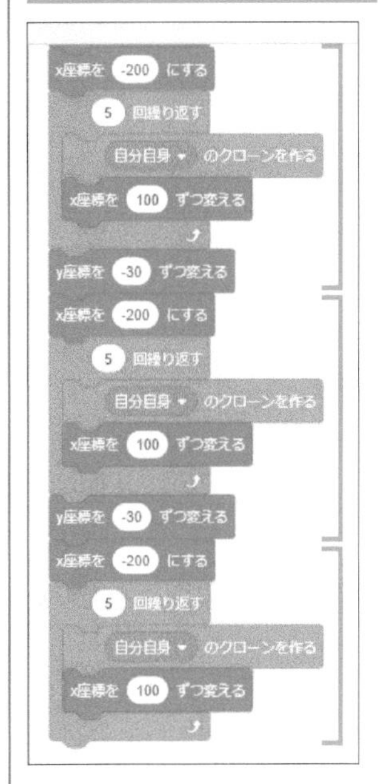

次のページに続く

6 重複するブロックを削除する

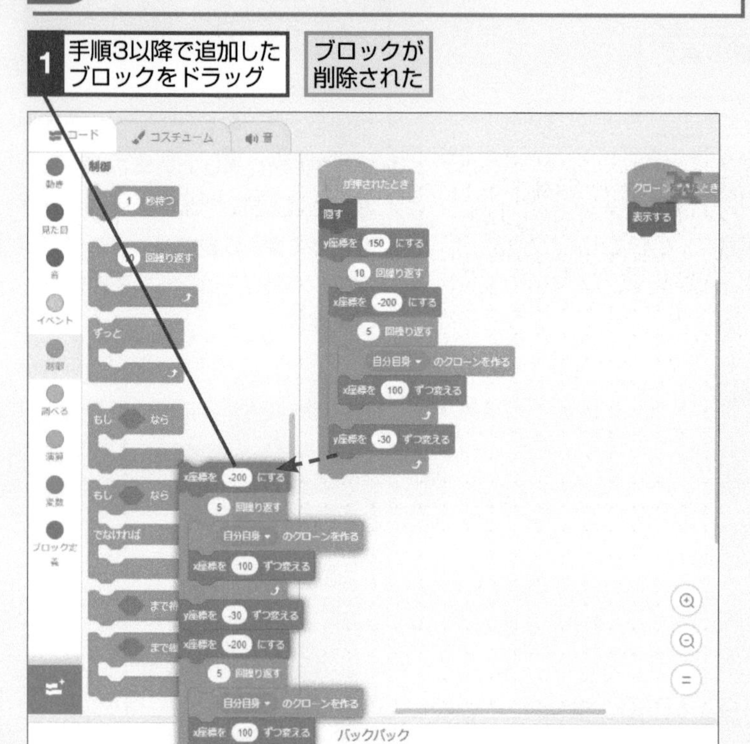

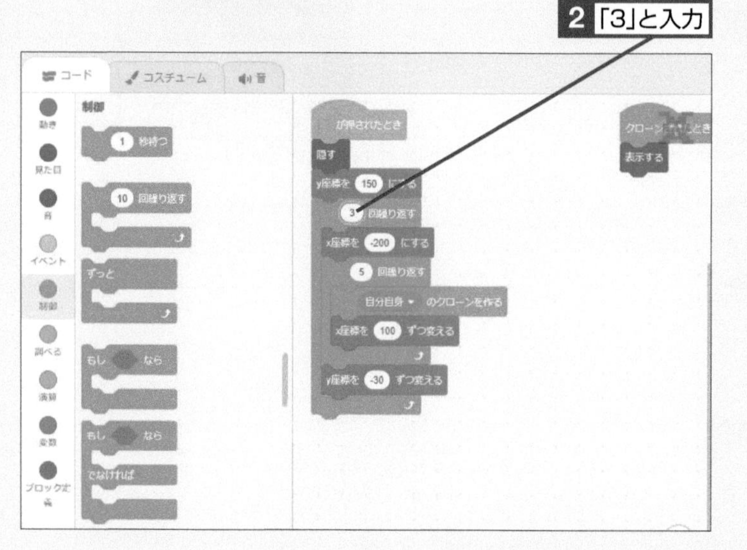

間違った場合は？

スプライトがきれいに並ばない場合は、手順5の完成形を見てコードを確認しましょう。分からなくなった場合は、手順5を見ながら上から順に組み立てなおしても構いません。

ヒント！

2重ループの構造を理解しよう

このレッスンでは一度作ったコードを入れ子の構造に整理しなおすことで、2重ループの作り方を学びました。手順5の完成形をいきなり作ることは難しいので、慣れるまではすべてのコードを順番に作り、入れ子にできる部分を見つけて2重ループを作るといいでしょう。

7 コードを実行する

1 [緑の旗ボタン] をクリック

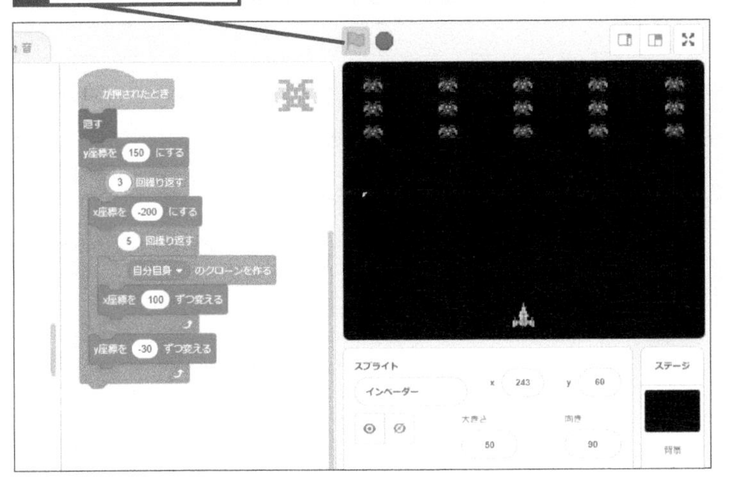

インベーダーが3行に並んだ

8 コードの位置を変更する

1 [クローンされたとき] ブロックをここに移動

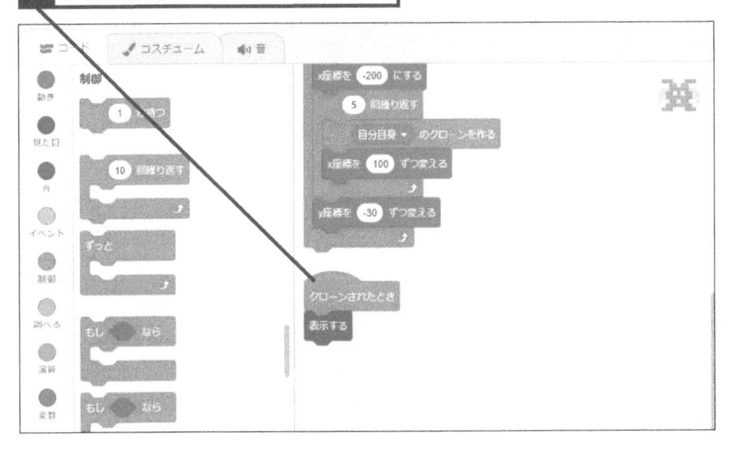

ヒント!

ブロックを元の位置に戻しておく

二重ループを作ることでコードが短縮できたので、手順7で［クローンされたとき］のブロックを元の位置に戻しました。次のレッスンからは、このブロックを使ってインベーダーの動きを作ります。

テーマ 変数

レッスン 70 インベーダーの動きを作る

インベーダーはステージを左右に往復しながら、少しずつ下に降りてくるようにします。[向き]のブロックを使って、画面の端で折り返す動きを作ります。

1 インベーダーを動かす

1 [動き]カテゴリーをクリック

2 [回転方向を[左右のみ]にする]を接続

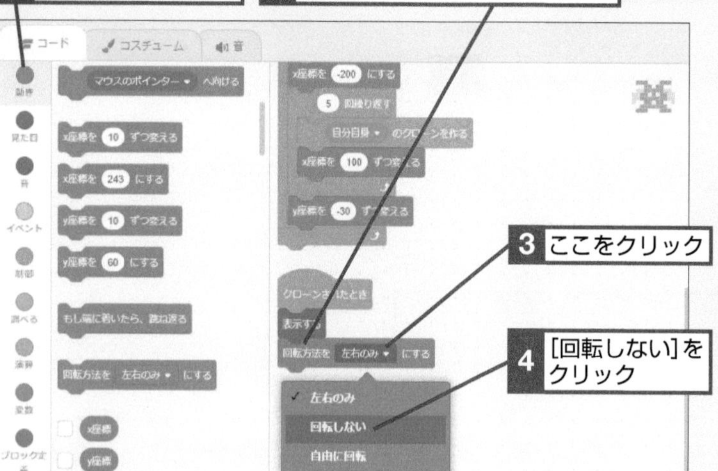

5 [制御]カテゴリーをクリック

6 [ずっと]を接続

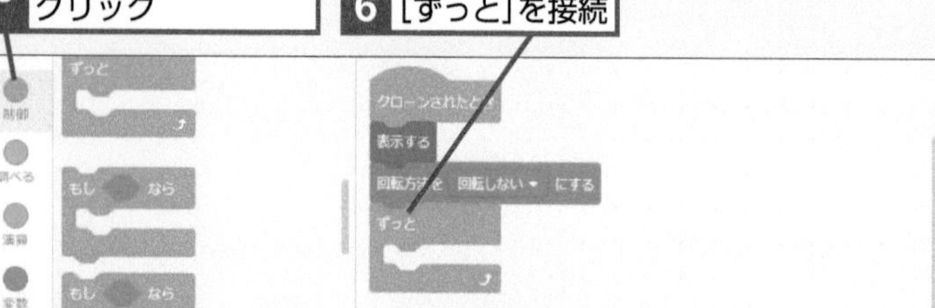

7 [動き]カテゴリーをクリック

8 [[10]歩動かす]を接続

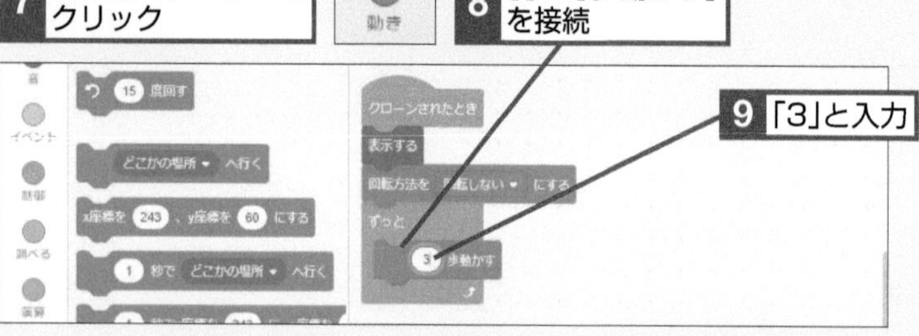

このレッスンで出てくる用語

コスチューム	p.280
ステージ	p.280
スプライト	p.280

レッスンで使う練習用ファイル レッスン70.sb3

ヒント!

インベーダーがひっくり返らないようにする

インベーダーは画面を左右に往復しながら下に動きますが、このとき向きを変えるとコスチュームの上下が逆になってしまいます。第2章「ネコ歩き」のように[回転方向を[回転しない]にする]ブロックを使って、コスチュームが回転しないようにしましょう。

第12章 本格インベーダーゲームを作ろう

2 条件分岐の準備をする

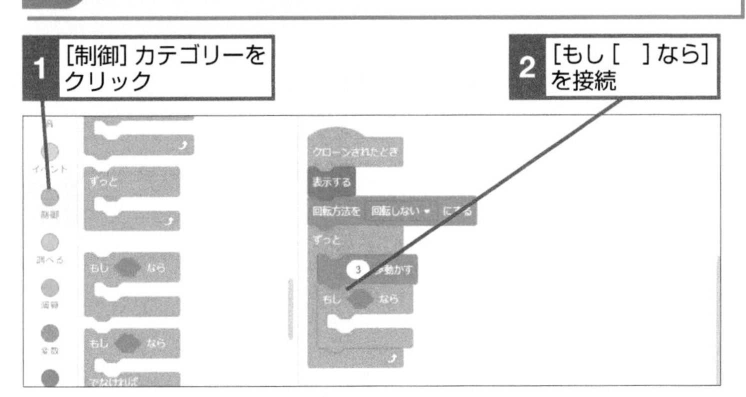

3 端に触れたときの条件を作る

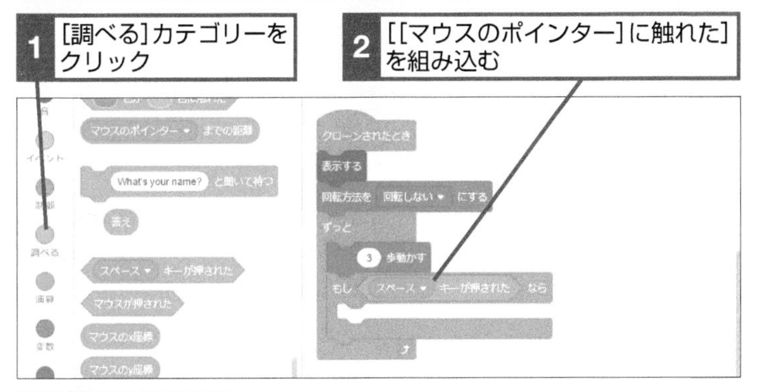

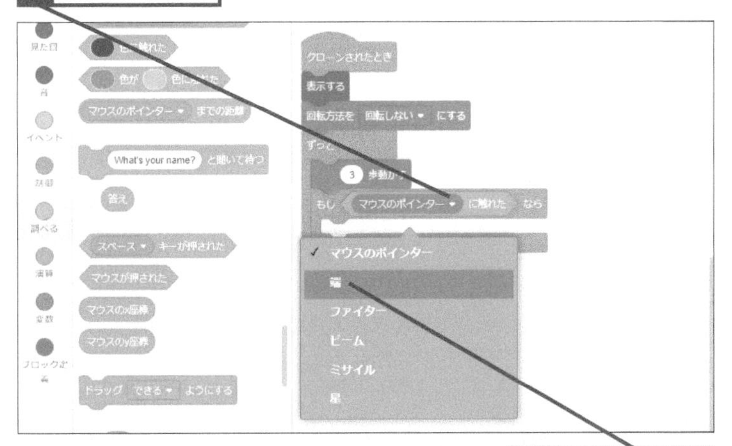

ヒント!

[[端] に触れた] ブロックを使おう

第2章「ネコ歩き」では［もし端に着いたら、跳ね返る］ブロックを使ってネコが画面の端で折り返すようにしました。今回のインベーダーは、画面の端で折り返しながら下に進みます。このため［[端] に触れた］ブロックを使って細かく設定します。

次のページに続く

4 インベーダーの向きを設定する

1 [動き]カテゴリーをクリック

2 [[90]度に向ける]をドラッグして接続

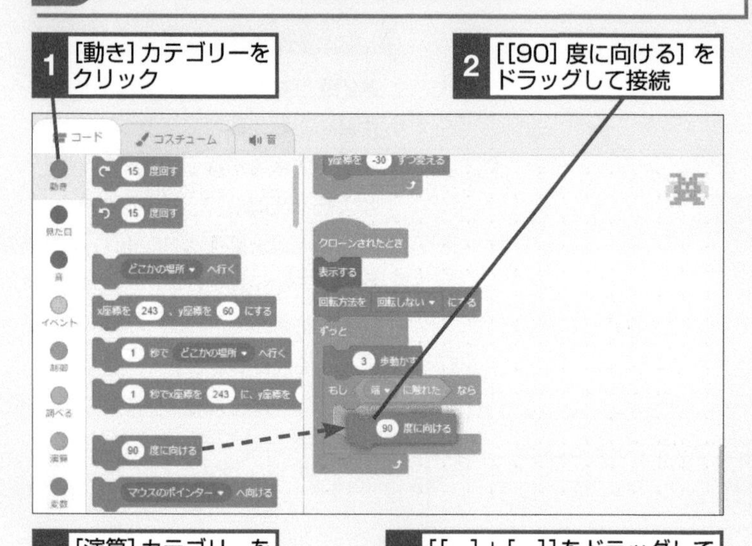

3 [演算]カテゴリーをクリック

4 [[ ]+[ ]]をドラッグして組み込む

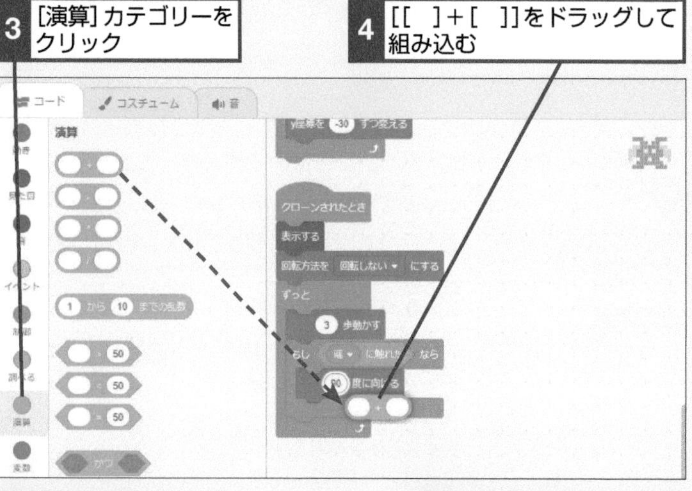

5 [動き]カテゴリーをクリック

6 [向き]をドラッグして組み込む

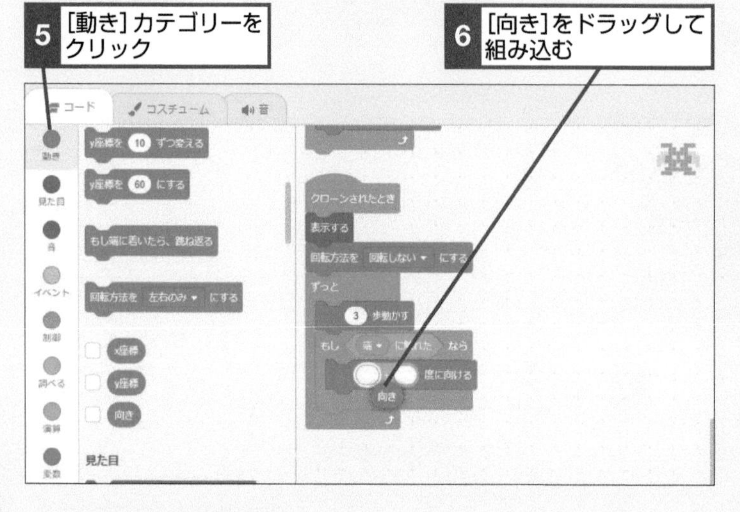

ヒント!

インベーダーの向きをブロックで設定できる

手順3の操作2で接続した[[90]度に向ける]ブロックを使うと、スプライトの向きを設定できます。ここでは演算カテゴリーのブロックを追加して、反対側を向かせるコードを作ります。

ヒント!

スプライトの向きは変数でも変えられる

手順3の操作6では[向き]ブロックを組み込んで使っています。[[90]度に向ける]ブロックには、数値を直接入力するほかにも変数などを入れることができます。ここではスプライトの現在の向きを取り出して、それを逆向きにするように調整します。

5 インベーダーを反転させる

1 「180」と入力

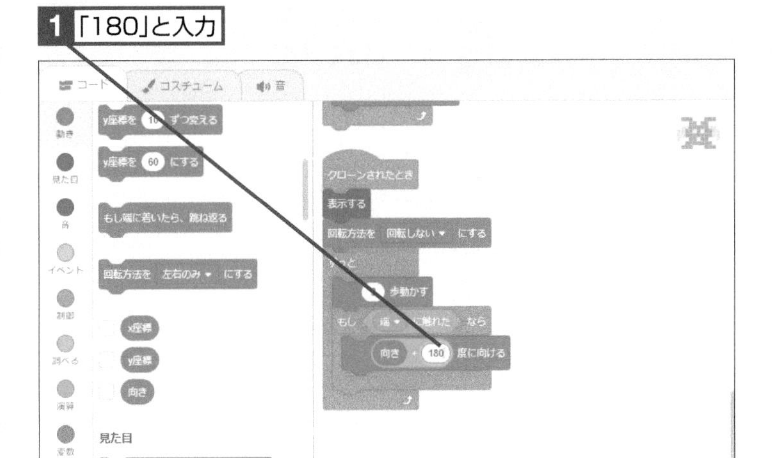

6 インベーダーの動きを設定する

1 [y座標を[10]ずつ変える]を接続

2 「-30」と入力

ヒント!

180度を足すと向きが反転する

手順4ではインベーダーの向きに「180」（度）を追加しました。1周が360度なので、「180」を追加すると反転して逆側を向きます。また、続く手順でインベーダーを下に移動しました。これにより、インベーダーがステージを左右に往復しながら、画面の端で下に降りる動きが完成しました。

テーマ メッセージ

レッスン 71

インベーダーを倒す設定をする

ビームが当たったインベーダーが消えるように設定します。また、ステージの下まで来たインベーダーがファイターに当たるとゲームオーバーになるようにします。

1 ビームに当たったときの条件を設定する

1 [制御] カテゴリーをクリック

2 [もし[ ]なら] を接続

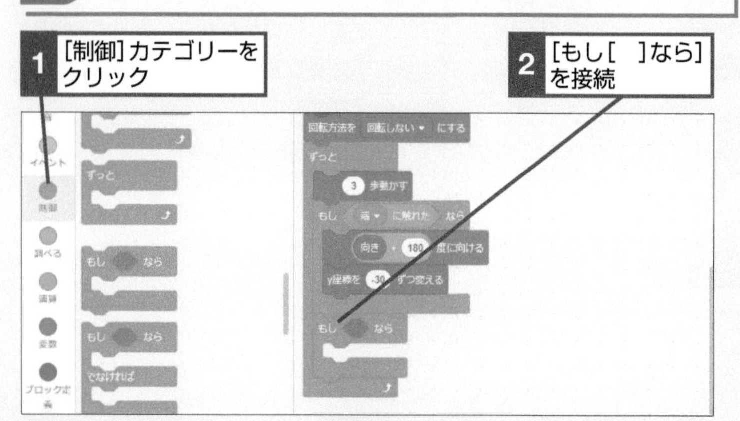

3 [調べる] カテゴリーをクリック

4 [[マウスのポインター] に触れた] を組み込む

5 ここをクリック

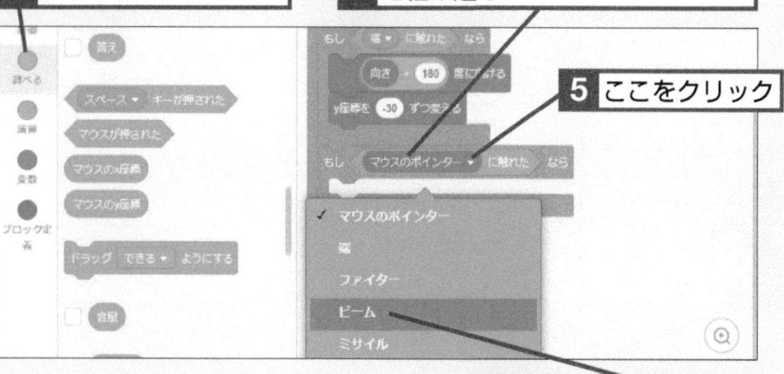

6 [ビーム]をクリック

7 [制御] カテゴリーをクリック

8 [このクローンを削除する] を接続

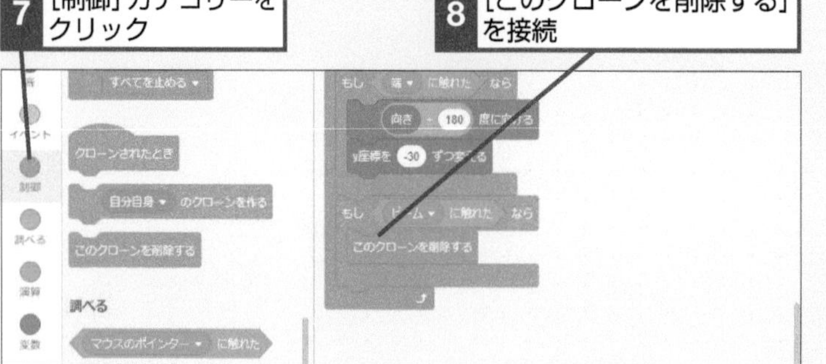

このレッスンで出てくる用語

クローン	p.279
ステージ	p.280
メッセージ	p.282

レッスンで使う
練習用ファイル **レッスン71.sb3**

ヒント!

インベーダーがビームに触れたら消えるようにする

レッスン70から引き続き、[クローンされたとき] ブロックの [ずっと] ブロックの中に条件を作ります。クローンは全部で15体作られますが、どのクローンにビームが触れた場合でも、消えるようにコードが実行されます。

ヒント!

クローンを削除する

ビームに触れたクローンは [このクローンを削除する] ブロックで削除します。第10章の「リズムゲーム」と同じく、削除しない場合は処理が重くなっていくので注意しましょう。

2 ファイターに当たったときの条件を設定する

1 [もし[　]なら]を接続

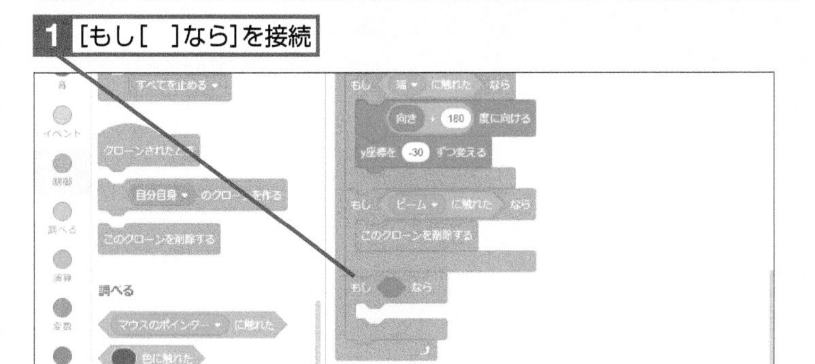

2 [調べる]カテゴリーをクリック

3 [[マウスのポインター]に触れた]を組み込む

4 ここをクリック

5 [ファイター]をクリック

3 メッセージを送る

1 [イベント]カテゴリーをクリック

2 [[メッセージ1]を送る]を接続

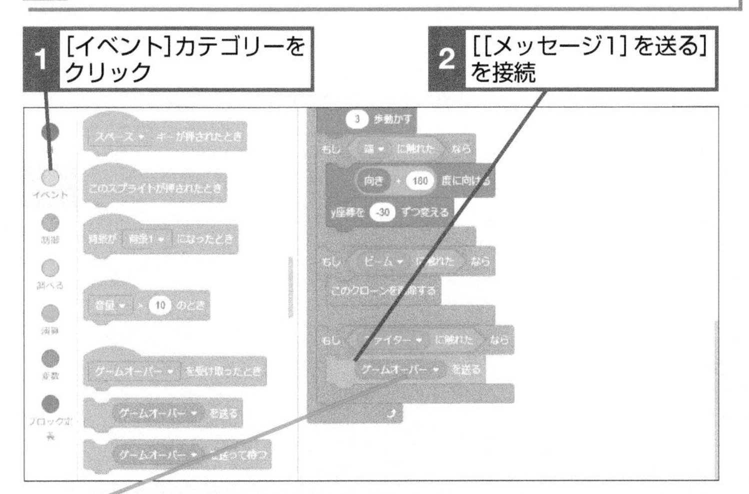

レッスン34を参考にメッセージ「ゲームオーバー」を作っておく

ヒント!

インベーダーがファイターに触れたらゲームオーバー

インベーダーがビームに触れたときと同じように、ファイターに触れたときのコードを追加します。ファイターに触れたときはファイターが爆発し、ゲームが終了します。いくつかの処理を同時に行うので、メッセージ機能を使いましょう。

テーマ ほかのスプライトを止める

ファイターがやられる設定をする

ファイターがインベーダーに当たると爆発して、ゲームオーバーになるようにします。コスチュームを変更してからファイターの動きを止めます。

1 ファイターがやられる設定をする

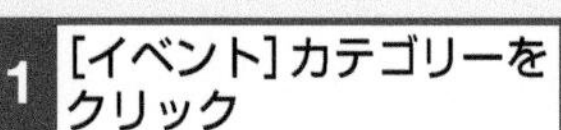

1 [イベント]カテゴリーをクリック

2 [[ゲームオーバー] を受け取ったとき]を設置

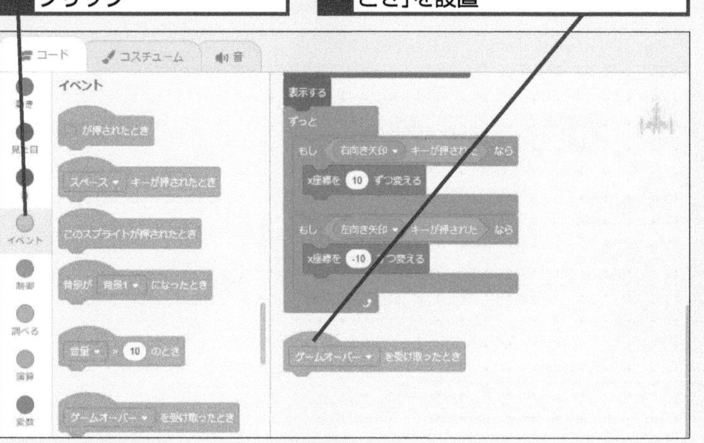

3 [見た目]カテゴリーをクリック

4 [コスチュームを[ばくはつ]にする]を接続

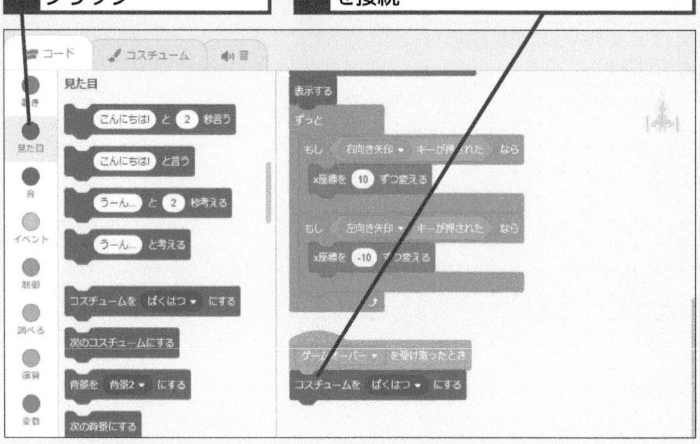

このレッスンで出てくる用語

コスチューム	p.280
スプライト	p.280
メッセージ	p.282

レッスンで使う練習用ファイル レッスン72.sb3

ヒント!

スプライトでメッセージを受け取る

インベーダーがファイターに触れると、ファイターが爆発してゲームオーバーとなります。このとき[ゲームオーバー]のスプライトにメッセージを送って処理をします。メッセージを受け取ったスプライトは、すぐに処理を行います。メッセージの仕組みは第7章の「オート紙芝居」を参照してください。

2 ゲームを終了させる

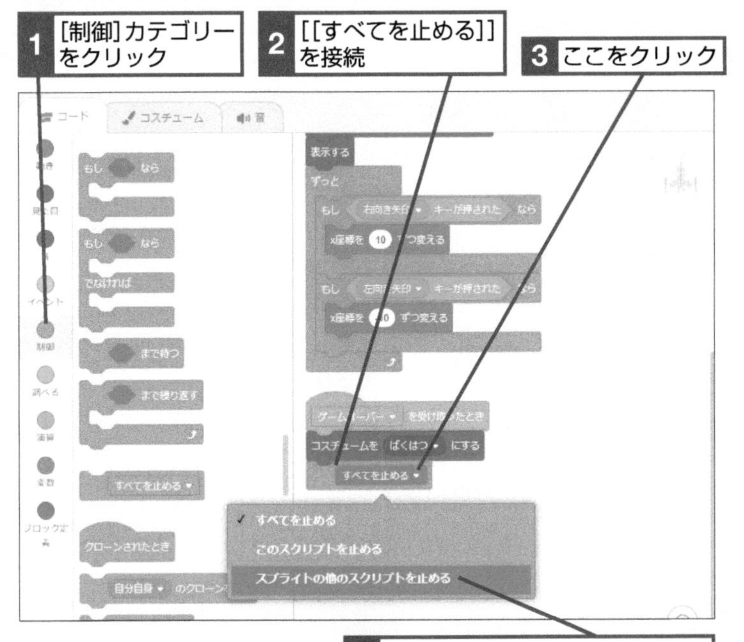

3 ファイターを隠す

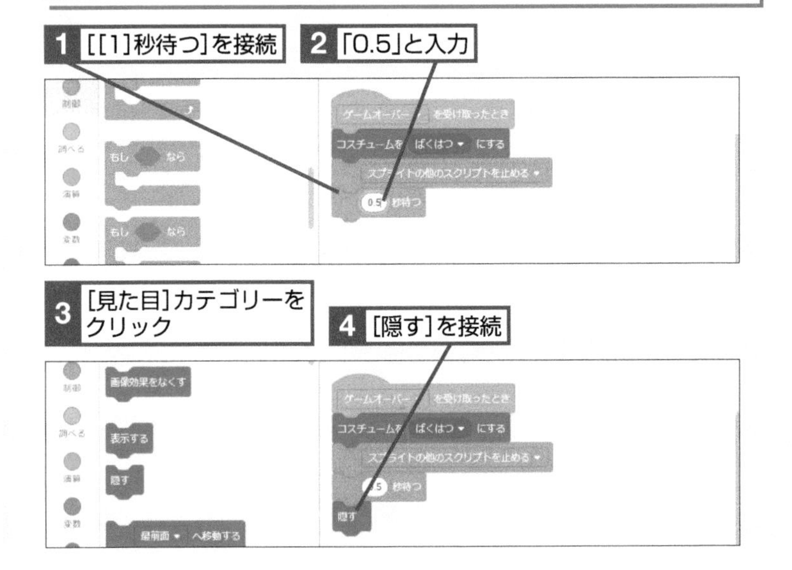

ヒント！

ほかのスクリプトを止める

[すべてを止める] ブロックのメニューには [スプライトの他のスクリプトを止める] というものがあります。手順1ではまずファイターのコスチュームを [ばくはつ] に変更してから、ファイターが移動するためのスクリプトを止めています。その後、ファイターを隠して非表示にしています。[すべてを止める] ブロックを使うとゲームオーバーの表示、BGMなども止まってしまうので注意しましょう。

テーマ 変数

レッスン 73

ゲームを終了させる

すべてのインベーダーを倒すか、ファイターがインベーダーに当たるとゲームが終了します。ゲームクリアとゲームオーバーのコードを作ります。

1 新しい変数を作る

スプライトリストの[インベーダー]をクリックしておく

レッスン29を参考に変数「得点」を作っておく

1 ここをクリックしてチェックマークをはずす

2 [[得点]を[1]ずつ変える]を接続

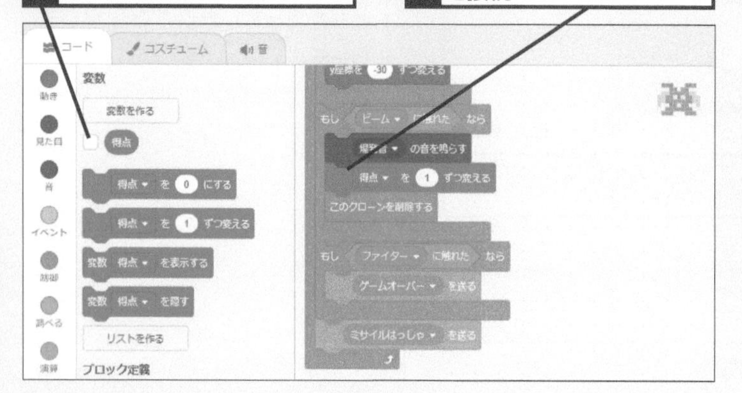

2 得点をリセットする

スプライトリストの[ゲームクリアー]をクリックしておく

[イベント]カテゴリーをクリックして[緑の旗ボタンが押されたとき]を設置しておく

1 [変数]カテゴリーをクリック

2 [[得点]を[0]にする]を接続

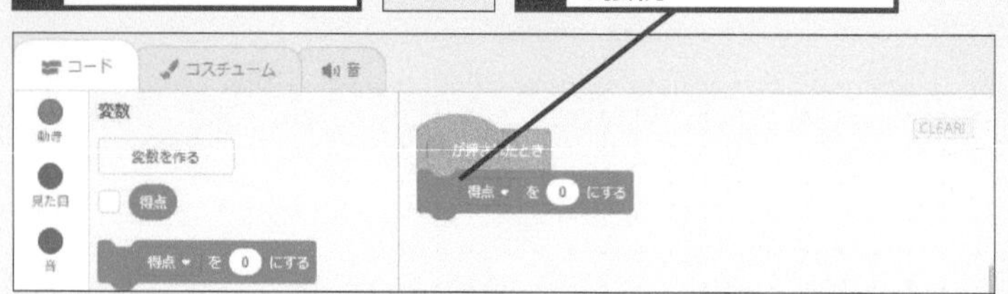

このレッスンで出てくる用語

座標	p.280
スプライトリスト	p.280
変数	p.282

レッスンで使う練習用ファイル　レッスン73.sb3

ヒント！

インベーダーを倒した数を数える

インベーダーを全て倒したかどうかを数えるために変数を使います。全て倒すとゲームクリア、インベーダーに当たるとゲームオーバーなので、得点はステージに表示しなくても構いません。

3 ゲームクリアーを非表示にする

1 [見た目]カテゴリーをクリック

2 [隠す]を接続

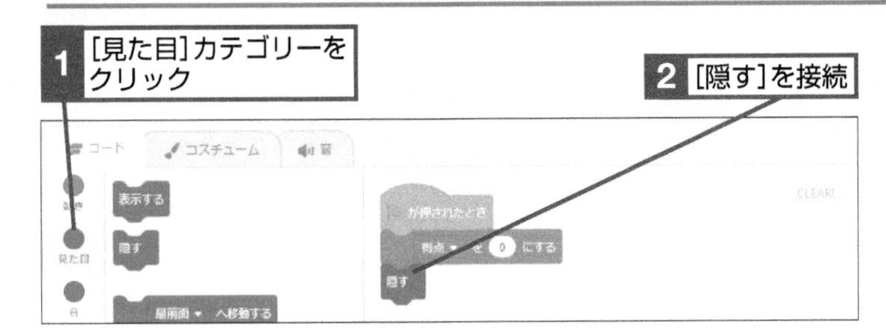

4 得点の上限を決める

1 [制御]カテゴリーをクリック

2 [[　]まで待つ]をドラッグして接続

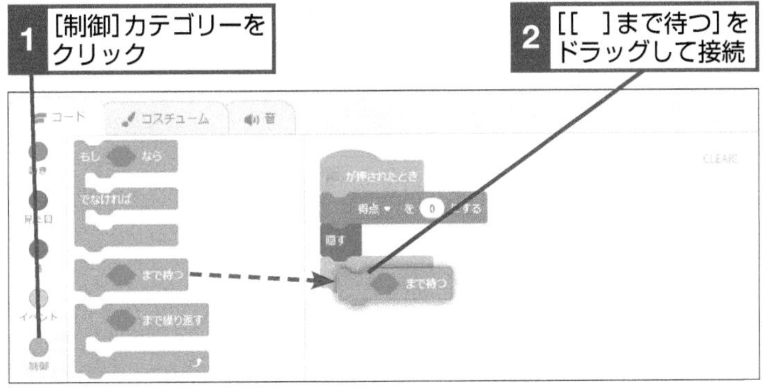

3 [演算]カテゴリーをクリック

4 [[　] = [50]]を組み込む

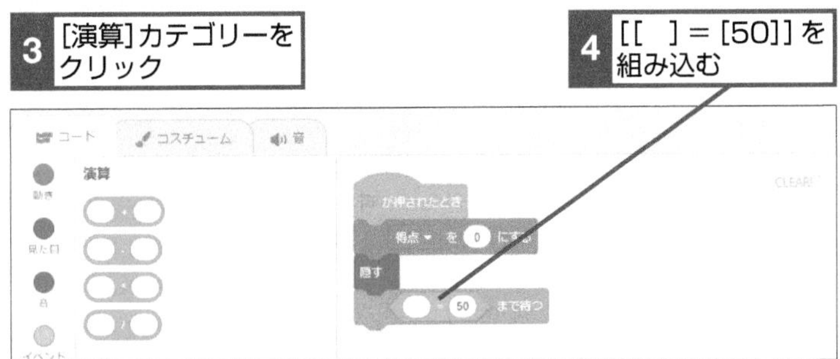

5 [変数]カテゴリーをクリック

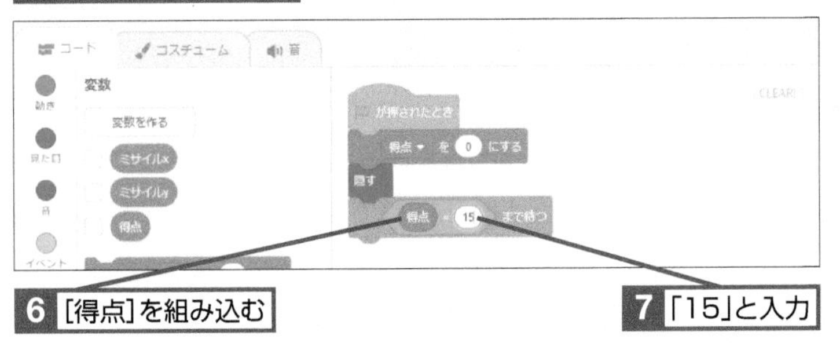

6 [得点]を組み込む

7 「15」と入力

ヒント!

[[　]まで待つ]ブロックは便利に使える

手順2で接続した[[　]まで待つ]ブロックを使うと、それ以降に接続したブロックは、中に入れた条件を満たすまで実行されません。ここではインベーダーを15機倒してから、以降のブロックが実行されるようにプログラミングできます。とても便利なブロックなので使い方を覚えておきましょう。

次のページに続く

5 ゲームを止める

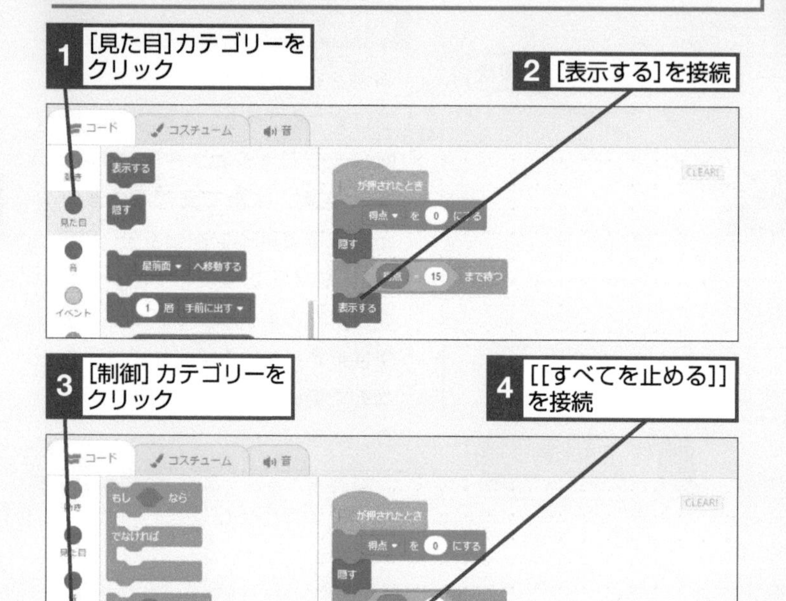

6 ゲームオーバーを非表示にする

スプライトリストの[ゲームオーバー]をクリックしておく

[イベント]カテゴリーをクリックして[緑の旗ボタンが押されたとき]を設置しておく

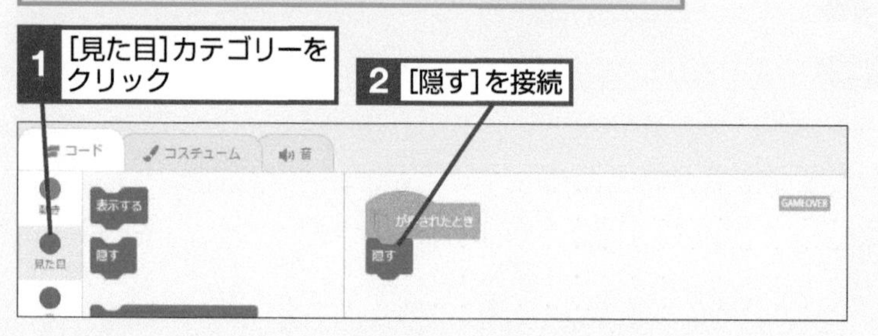

ヒント!

インベーダーが弾を撃つようにするには

インベーダーからミサイルを発射させることもできます。まずは練習用ファイルから「ミサイル」のスプライトをアップロードし、以下のようにコードを記入しましょう。変数［ミサイルx］［ミサイルy］も作成しましょう。インベーダーから発射するコードは次ページのヒント！を参照してください。

練習用ファイルから「ミサイル」をアップロードして、以下のようにコードを記入する

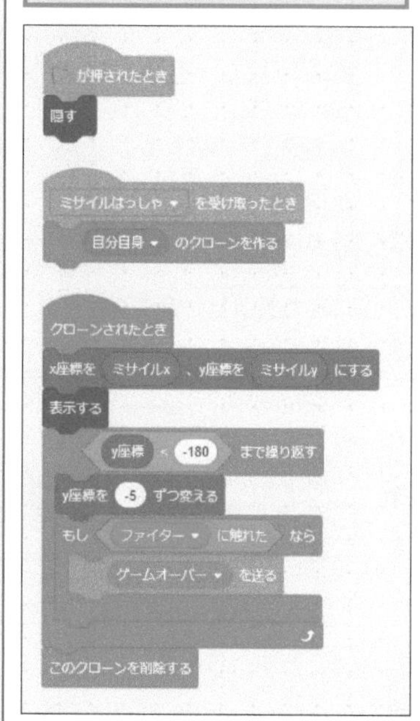

7 ゲームオーバーの設定をする

1 [イベント]カテゴリーをクリック

2 [[ゲームオーバー]を受け取ったとき]を設置

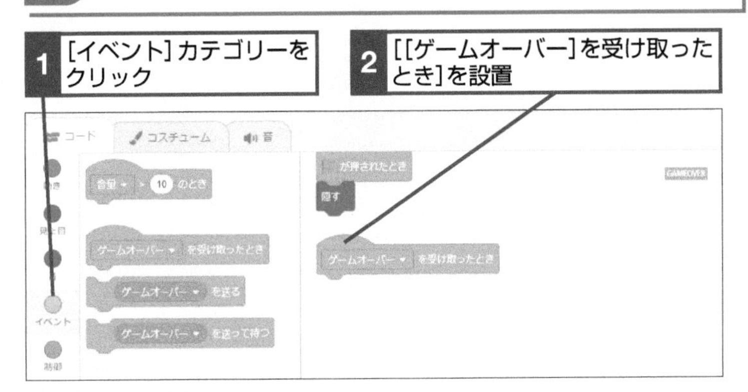

3 [見た目]カテゴリーをクリック

4 [表示する]を接続

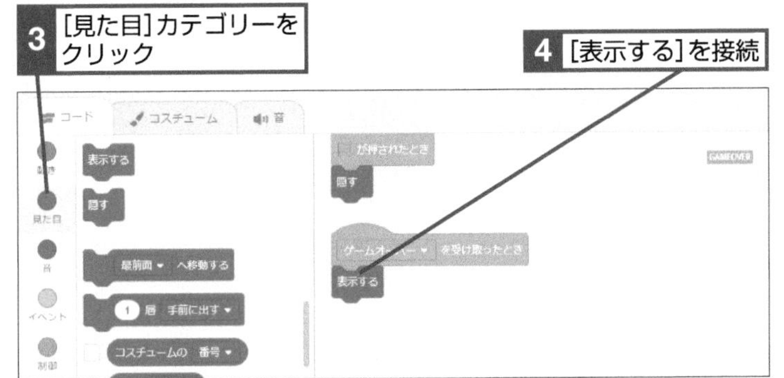

5 [制御]カテゴリーをクリック

6 [[すべてを止める]]を接続

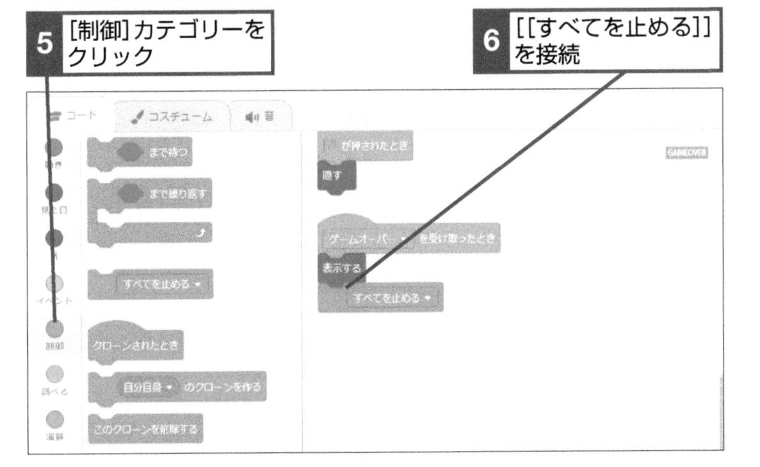

ヒント!

弾がインベーダーから発射されるようにする

262ページのヒント！で［ミサイル］のコードを作成したら、以下のコードを［インベーダー］にも追加しましょう。ここでのポイントはクローンされたインベーダーの座標を変数［ミサイルx］［ミサイルy］として使っていることです。これにより、ミサイルがインベーダーのクローンから発射されます。

[インベーダー]のスプライトに以下のコードを追加する

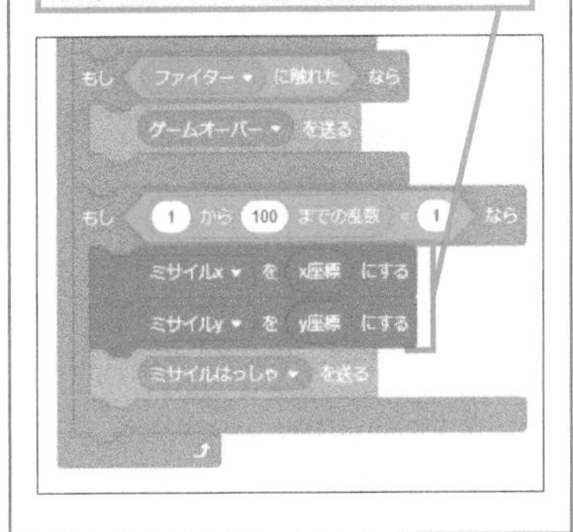

73 変数

テーマ 音

レッスン 74

ゲームの音を設定する

ゲームクリアー、ゲームオーバーの音を設定します。また、ビームが発射されたときの音やファイターの爆発音など、効果音もまとめて設定します。

1 ゲームオーバーの音を設定する

サンプルファイルの入ったフォルダーから音のファイルをアップロードしておく

1 [音]カテゴリーをクリック

2 [終わるまで[ゲームオーバー]の音を鳴らす]を接続

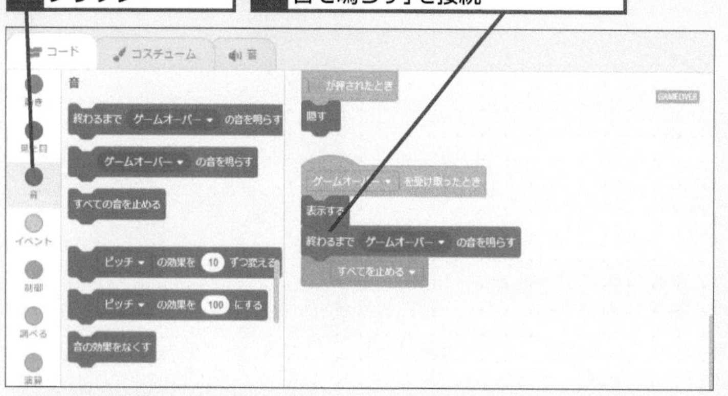

2 ゲームクリアーの音を設定する

スプライトリストの[ゲームクリアー]をクリックしておく

1 [終わるまで[クリアー]の音を鳴らす]を接続

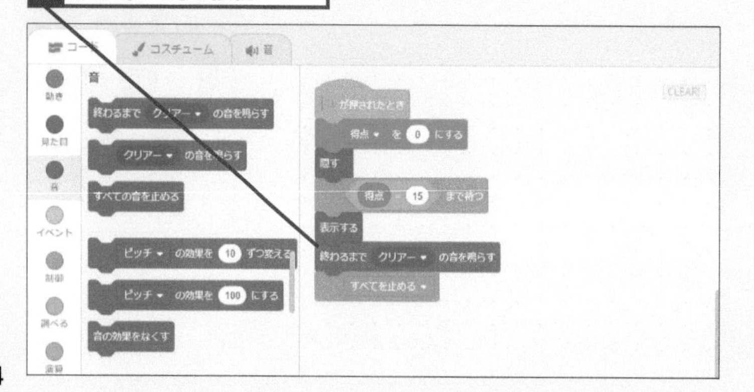

このレッスンで出てくる用語

スプライトリスト	p.280
乱数	p.282

レッスンで使う練習用ファイル レッスン74.sb3

ヒント!

背景に星を流すには

ゲームの臨場感を演出するために、背景に星を流すことができます。練習用ファイルから[星]のスプライトをアップロードして、以下のようなコードを記入しましょう。

練習用ファイルから「星」スプライトをアップロードして、上のようにコードを記入する

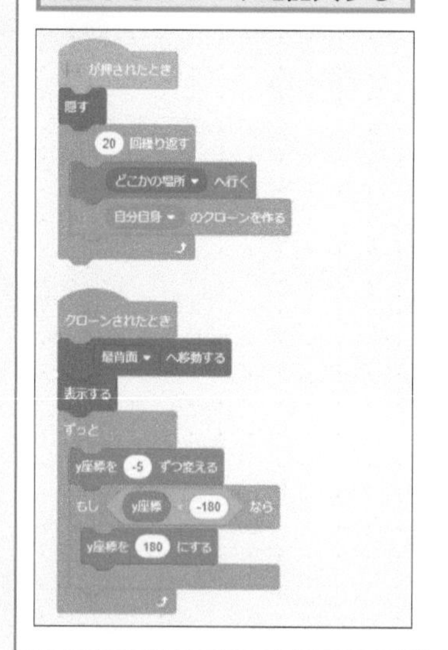

3 ビームの効果音を設定する

スプライトリストの[ビーム]をクリックしておく

1 [[ビーム]の音を鳴らす]を接続

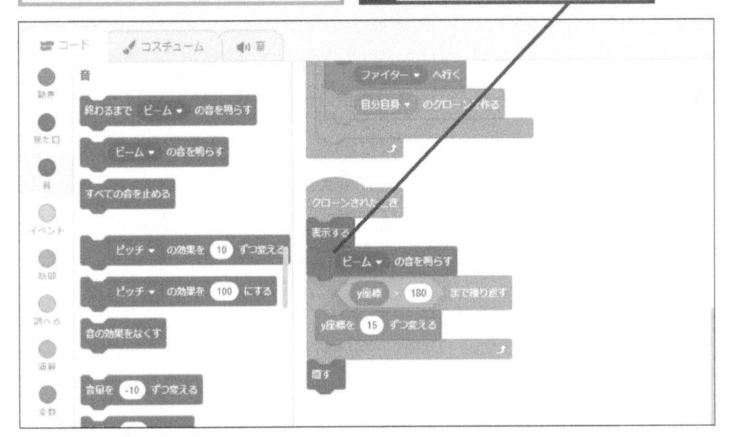

4 インベーダーの爆発音を設定する

スプライトリストの[インベーダー]をクリックしておく

1 [[ばくはつ音] の音を鳴らす]を接続

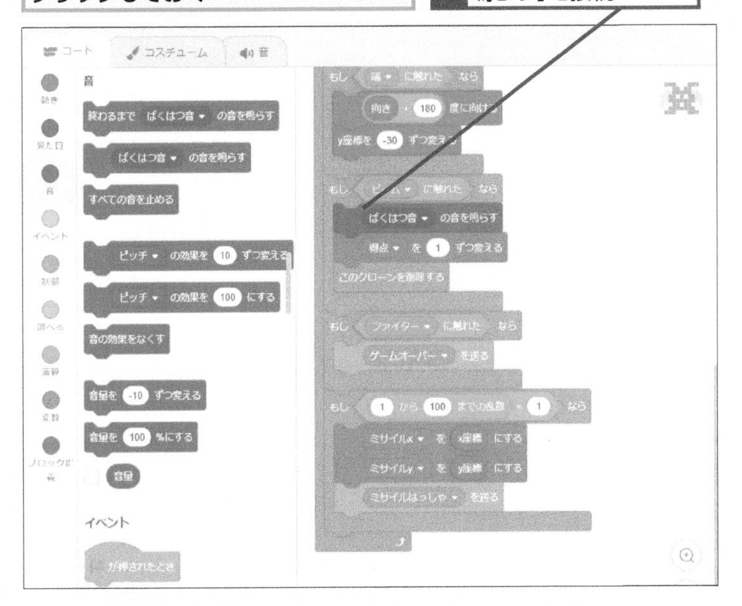

ヒント!

インベーダーの色を変化させよう

乱数を使ってインベーダーの色をランダムに変えられます。第8章「幾何学模様を作ろう」を参考に、[[色] の効果を [0] にする] ブロックと [[1] から [10] までの乱数] ブロックを使ってプログラミングしてみましょう。

以下のコードをインベーダーに追加する

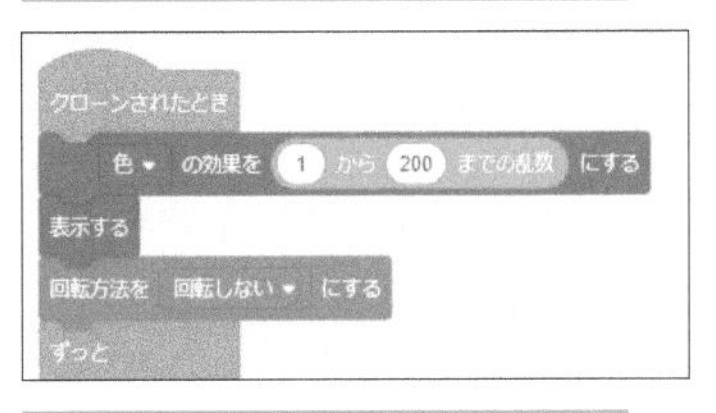

インベーダーの色がランダムに変化した

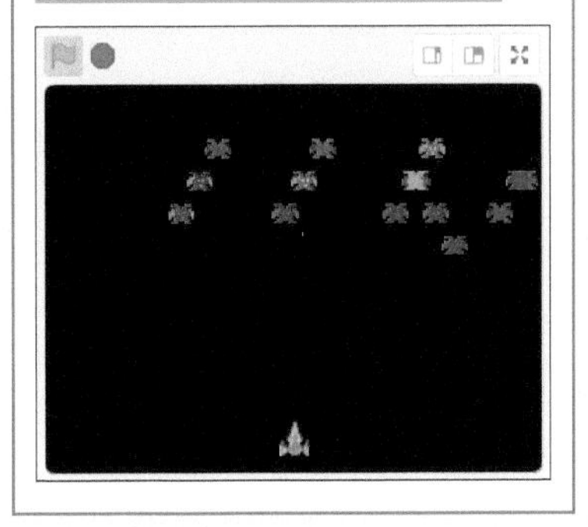

大きなプログラムは小さなコードの組み合わせ

この章の「インベーダーゲーム」はとても長いプログラムになりましたが、実際にコードを組み立ててみたら、案外簡単ではなかったでしょうか？　どんなに大きく複雑なプログラムも、実は中身は小さなプログラムの寄せ集めです。自分にはとても作れないように思える複雑なプログラムでも、分かるところから手を付けて、その動作を完成させてから次に進む、というふうに1歩ずつ進めていけば、きっと最後には大きなプログラムが完成します。

大きなプログラムを作るときは、できるところから確実に完成させて、雪だるまのように少しずつ大きくしていきましょう。この本を読み終わったら、ぜひ皆さんもオリジナルの作品を作ってみてください。Scratchのサイトで皆さんの作品が見られる日を、楽しみにしています。

インベーダーゲームのコード一覧

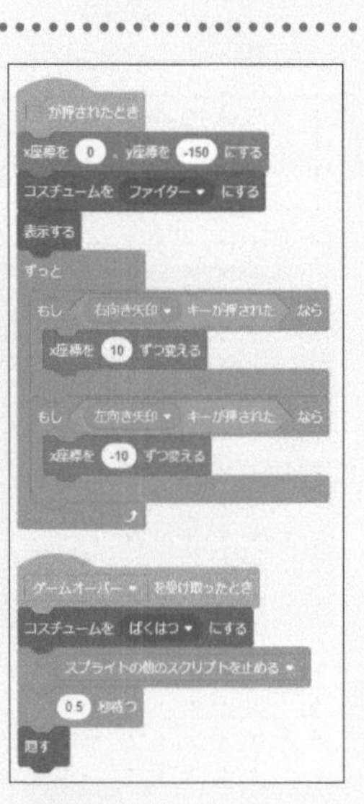

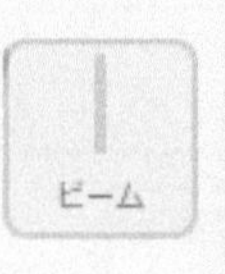

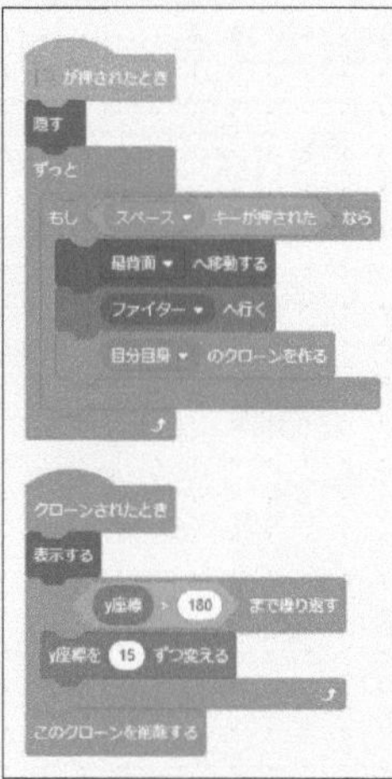

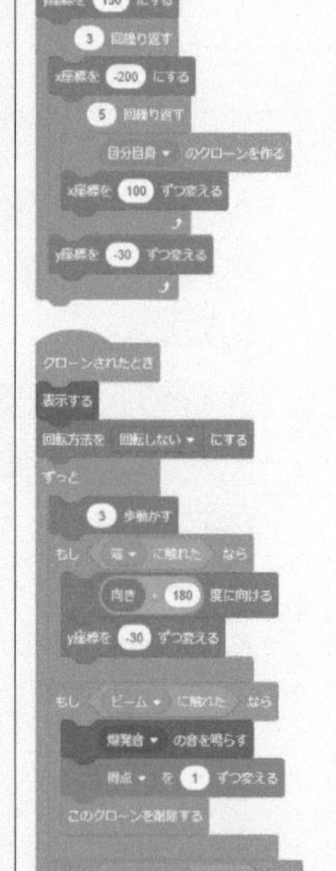

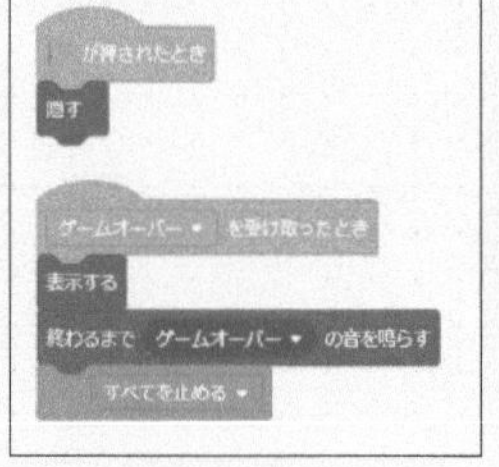

micro:bitを使ってみよう

micro:bitとは

micro:bitはイギリスのBBC（英国放送協会）が中心となって開発した小型のコンピューターです。Scratchの拡張機能を使うと、micro:bitのセンサーを使ったプログラミングを楽しむことができます。

購入方法

micoro:bitはスイッチサイエンス社のWebページなどで購入できます。Scratchとの接続は無線（Bluetooth）で行いますが、ソフトウェアの書き込みなどに通信用のmicroUSBケーブルが必要なことに注意してください。

スイッチサイエンスのWebページ
https://www.switch-science.com/catalog/5263/

注意 micro:bitを使うにはパソコンにBluetoothが搭載されている必要があります。また、パソコンとの接続に通信用のmicroUSBケーブルが必要です

各部の名称

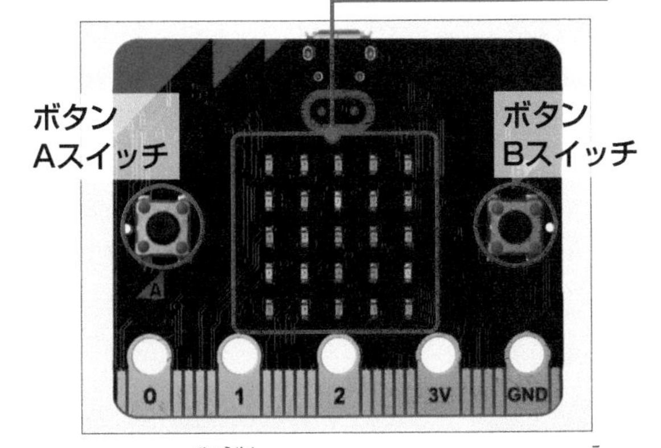

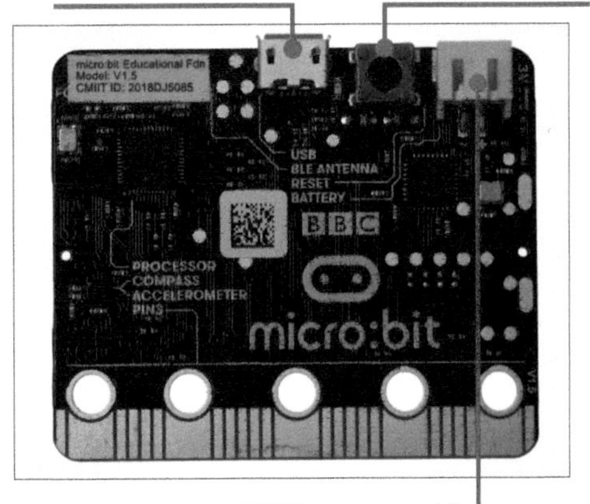

micro:bitの表面には、2つのボタン、25個のLED、各種の端子があります。裏面にはmicroUSBのコネクターや電源コネクター、リセットボタンなどがあります。

micro:bitを使う準備をしよう

Scratchからmicro:bitを使うためには、まずパソコンに「Scratch Link」をインストールします。また、パソコンにはBluetoothを搭載している必要があります。

Scratch Linkをインストールする

1 Scratch Linkをダウンロードする

Scratchにサインインしておく

1 右のURLを入力

Scratchのmicro:bitのページ
https://scratch.mit.edu/microbit

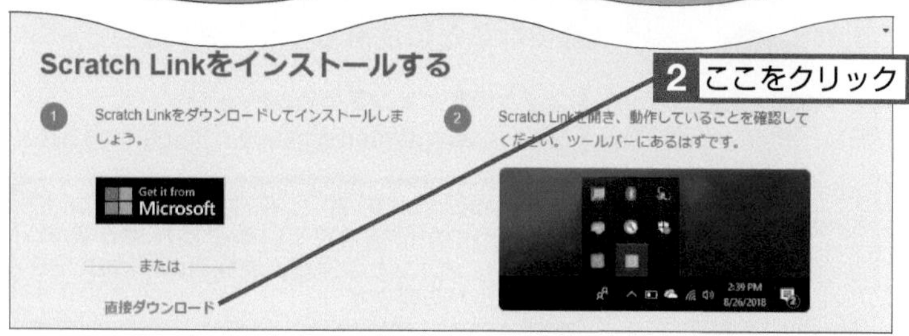

2 ここをクリック

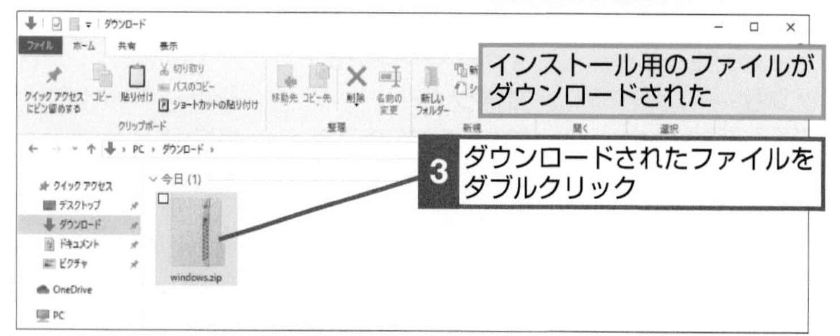

インストール用のファイルがダウンロードされた

3 ダウンロードされたファイルをダブルクリック

圧縮ファイルの内容が表示された

4 [圧縮フォルダーツール]タブをクリック

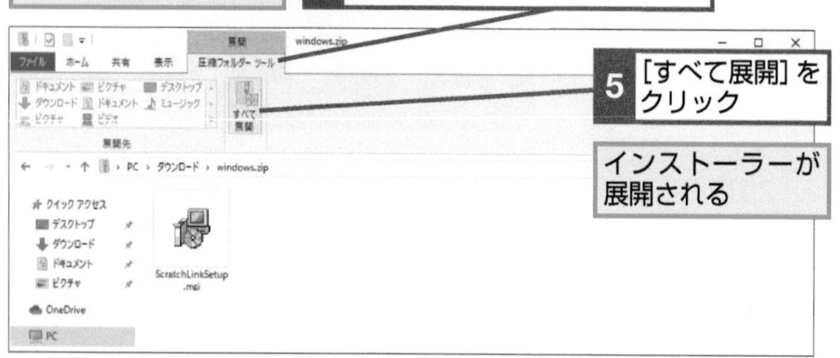

5 [すべて展開]をクリック

インストーラーが展開される

ヒント!

Microsoft Storeからもダウンロードできる

Windows 10の場合はMicrosoft Storeからもダウンロードできます。Microsoft Storeを表示し、「Scratch Link」を検索しましょう。

ヒント!

Chromebookで使うには

ChromebookのScratchでmicro:bitを使う場合は、Chromebook用のScratchアプリをインストールする必要があります。268ページの手順1操作2で「Google Play」のアイコンをクリックし、Google PlayからScratchアプリをインストールしましょう。なお、Scratchアプリはオフライン用なので、プロジェクトを一度パソコンにダウンロードしておきましょう。

2 Scratch Linkをインストールする

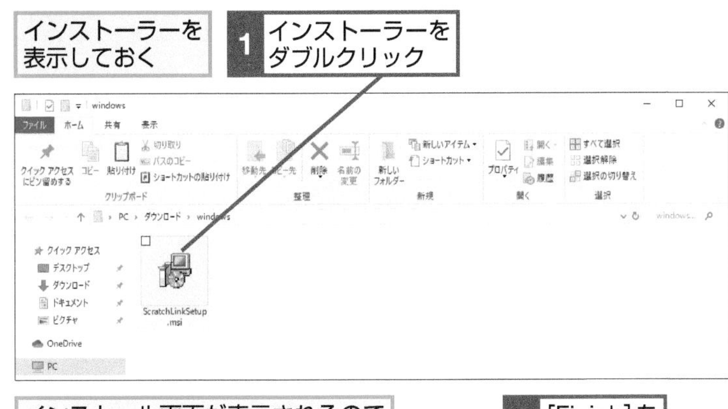

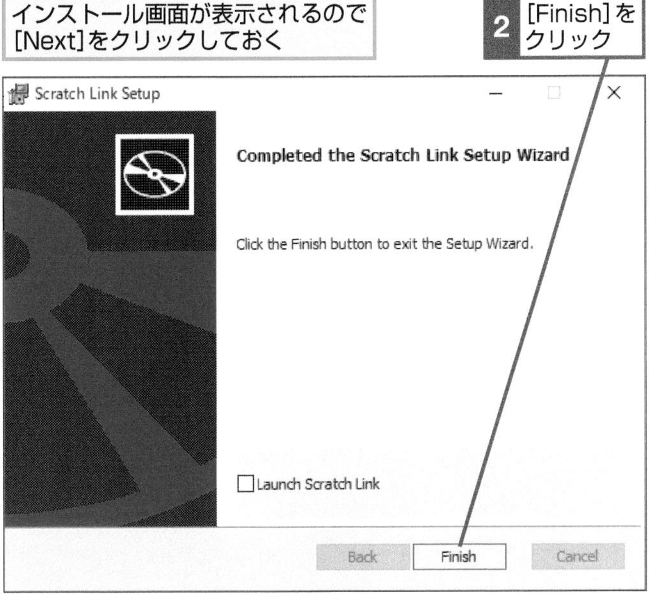

Scratch Linkがインストールされた

3 Scratch Linkを起動する

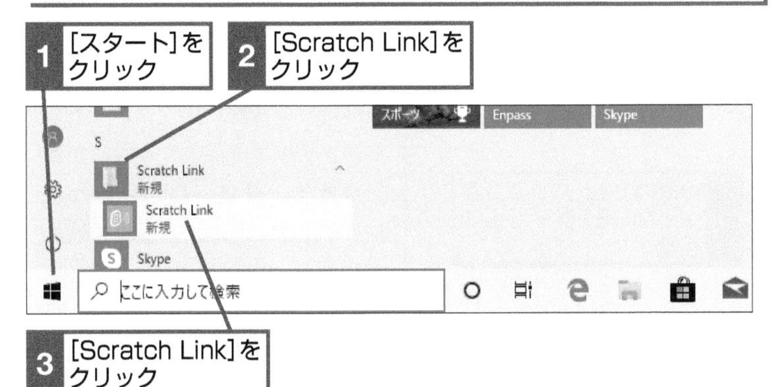

ヒント!

ユーザーアカウント制御画面が表示された場合は

インストールの際に［ユーザーアカウント制御］画面が表示された場合は、［はい］をクリックしてインストールを進めてましょう。

ヒント!

Scratch Linkの状態を確認するには

Scratch Linkが起動しているかどうかは、タスクバーに表示されます。表示されていない場合は［隠れているインジケーターを表示します］をクリックしてから、Scratch Linkのアイコンをクリックしましょう。

micro:bitとScratchをつなげよう

Scratch Linkをインストールしてパソコン側の準備を終えたら、micro:bitにScratchに接続するためのプログラムを書き込みます。micro:bitをパソコンに接続して、Webサイトからダウンロードしたプログラムをコピーします。

1 Scratch micro:bit HEXファイルをダウンロードする

P.268の手順1を参考にmicro:bitのページを表示しておく

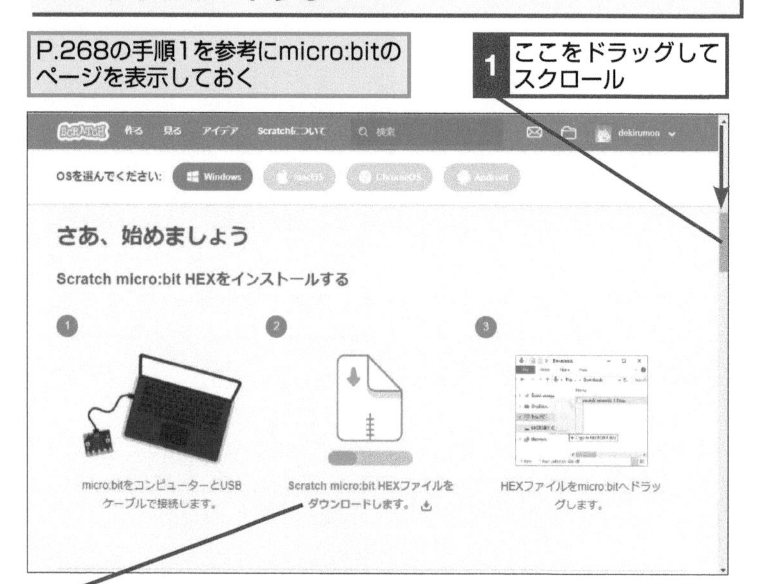

1 ここをドラッグしてスクロール

2 ここをクリック

ダウンロードしたファイルを展開しておく

2 micro:bitとパソコンを接続する

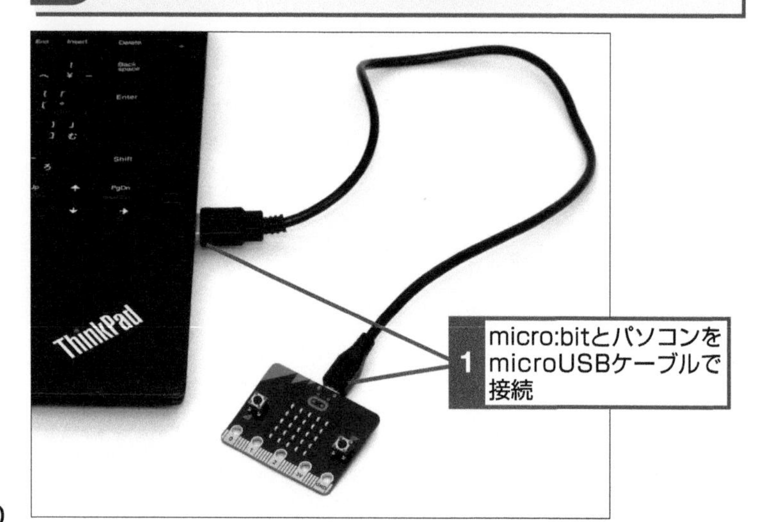

1 micro:bitとパソコンをmicroUSBケーブルで接続

ヒント! マイクロUSBケーブルを用意しておく

micro:bitをパソコンに接続するには通信可能なmicroUSBケーブルが必要になります。端子の形状に注意して、正しい方向で接続しましょう。なお、micro:bitとパソコンはBluetoothを使って通信します。

ヒント! ChromebookでもHEXファイルが必要

ChromebookのScratchアプリでmicro:bitを使う場合でも、HEXファイルをダウンロードする必要があります。Windows 10を搭載したパソコンの場合と手順は同じですが、ダウンロードしたファイルが保存される場所が異なります。ダウンロードされたファイルの保存場所や展開方法に関しましては、付録4の手順1をご参照ください。

3 micro:bitにファイルをコピーする

手順1で展開したHEXファイルを表示しておく

1 micro:bitにドラッグ

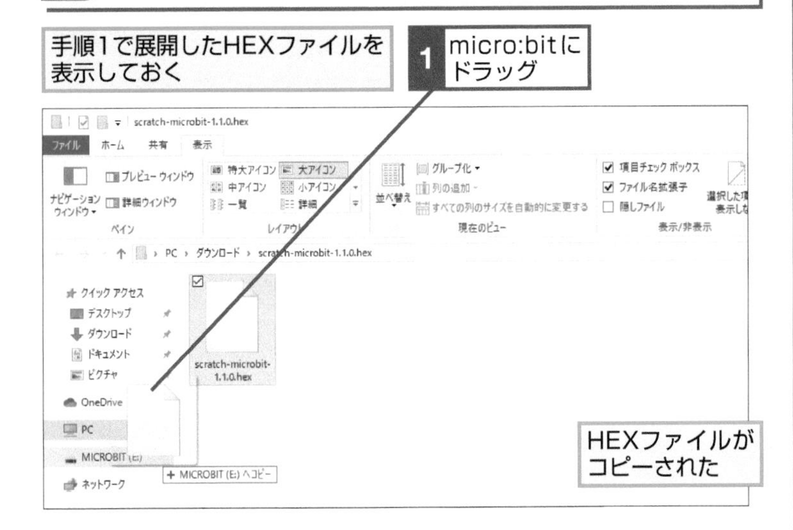

HEXファイルがコピーされた

4 micro:bitとの通信を開始する

パソコンのBluetoothをオンにしておく

レッスン15を参考に拡張機能からmicro:bitのブロックを追加する

1 [接続する]をクリック

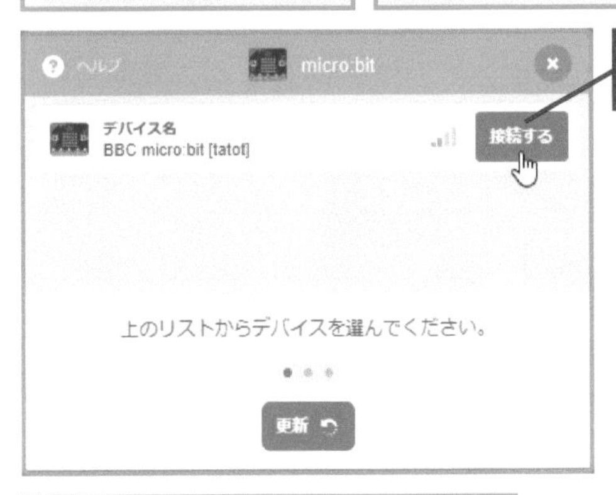

複数表示される場合は、micro:bitのLEDに表示される文字を参考にする

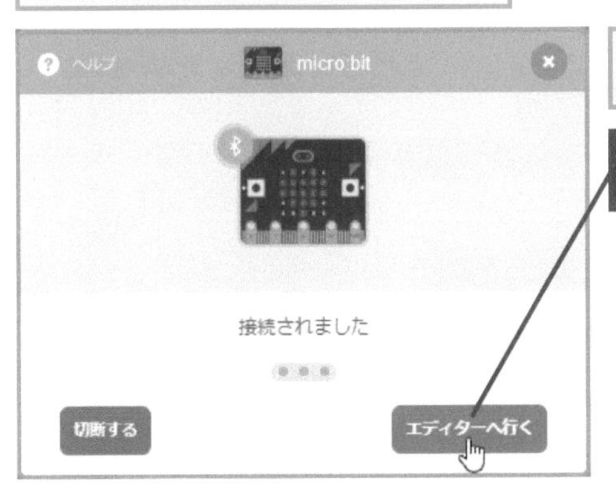

micro:bitが接続された

2 [エディターへ行く]をクリック

ヒント!
Bluetoothの設定を確認しよう

パソコンにBluetoothの機能がついていても、設定でオフになっているとScratchから使えません。Windows 10の設定を確認して、Bluetoothの機能をオンにしましょう。

[スタート]をクリックして[設定]をクリックしておく

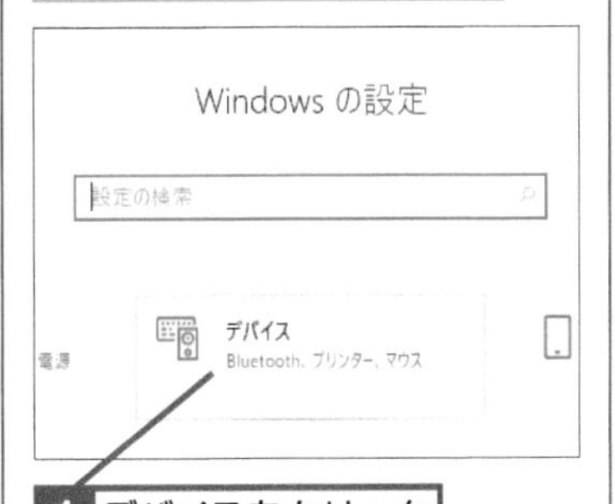

1 デバイスをクリック

[Bluetoothとその他のデバイス]画面が表示された

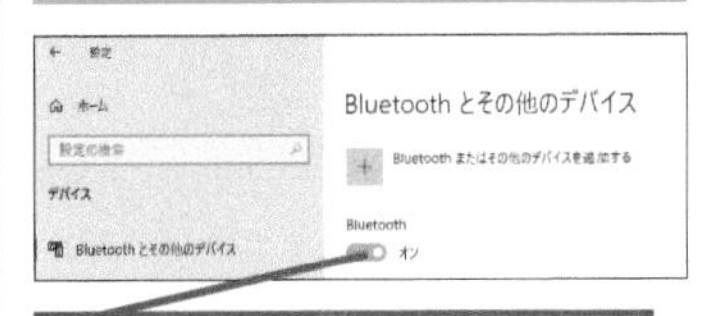

2 クリックして[オン]にする

ヒント!
複数のmicro:bitを使うときは

同じ部屋で同時に複数のmicro:bitを扱うときは、接続時にどのmicro:bitにつなぐかを選ぶことができます。micro:bitに電源を入れるとLEDに5桁のコードが流れるので、該当のmicro:bitをScratchの接続画面から選んでください。

拡張機能のコードを確認しよう

Scratchとmicro:bitが正しく接続されると、拡張機能の［micro:bit］カテゴリーにある10個のブロックが使えるようになります。これまで作ってきたプログラムに追加して、micro:bitをコントローラーのように使えるコードを紹介します。

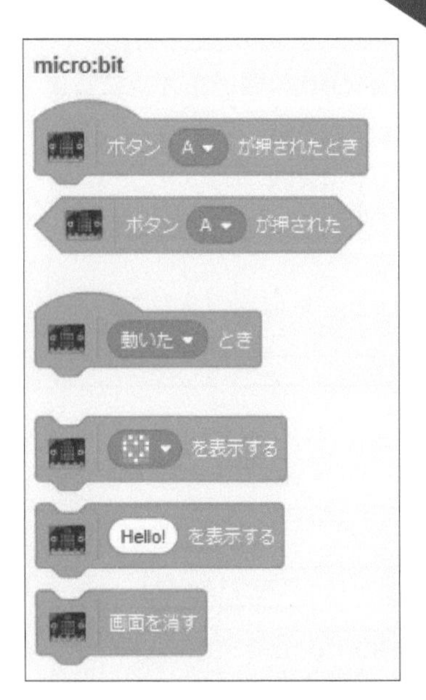

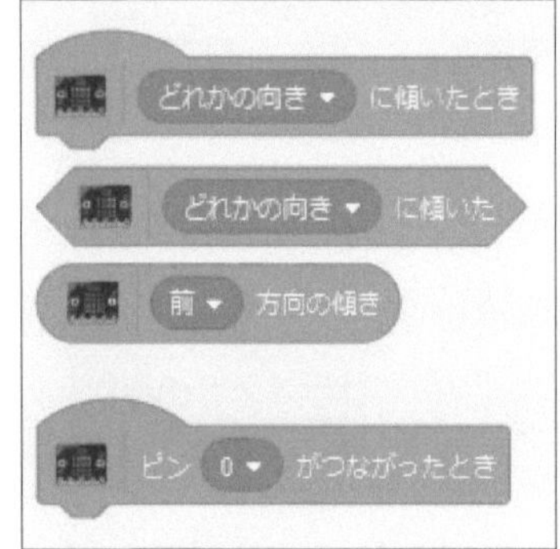

micro:bitの傾きやボタン、LEDを使ったプログラミングができる

ヒント！

micro:bitだけでもプログラミングができる

Scratchと接続しなくても、以下で紹介するMicrosoft MakeCodeなどを使ってmicro:bitのプログラミングができます。Scratchの拡張機能よりも複雑なコードが作れるので、ぜひ試してみましょう。

MakeCodeのWebページ
https://www.microsoft.com/ja-jp/makecode

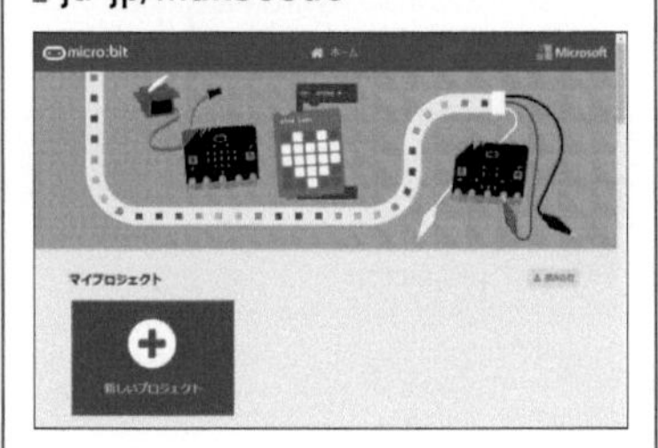

サンプルコード一覧

第2章 ネコ歩き

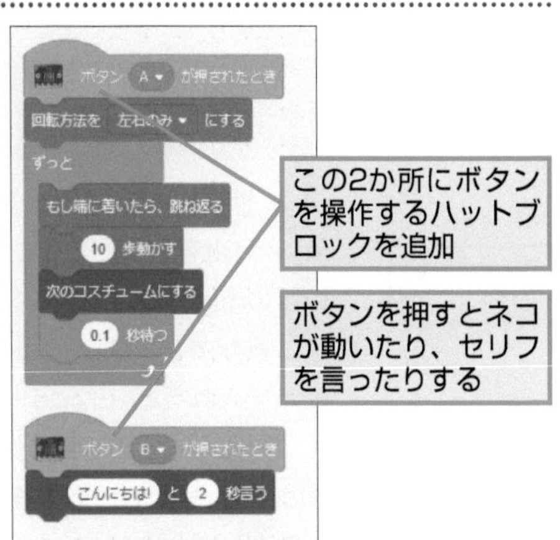

この2か所にボタンを操作するハットブロックを追加

ボタンを押すとネコが動いたり、セリフを言ったりする

第4章 もぐらパトロール

ボタンを操作するハットブロックを追加

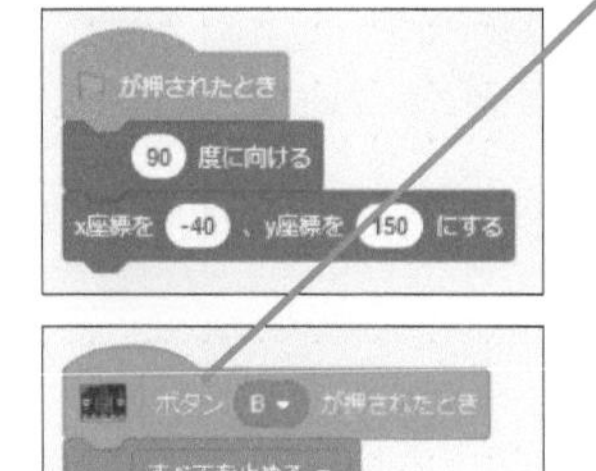

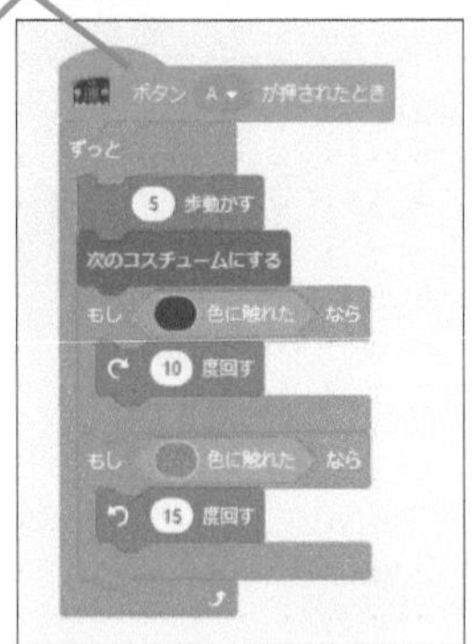

ボタンAを押すともぐらくんが動き、ボタンBを押すと止まる

第5章 アクションゲーム

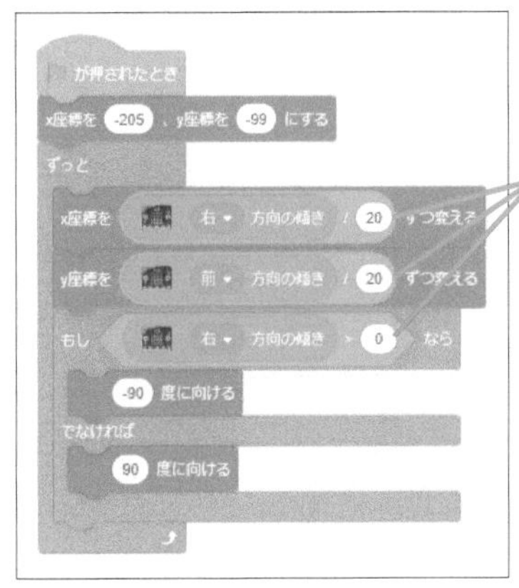

第9章 クイズ！できるもん

第12章 インベーダーゲーム

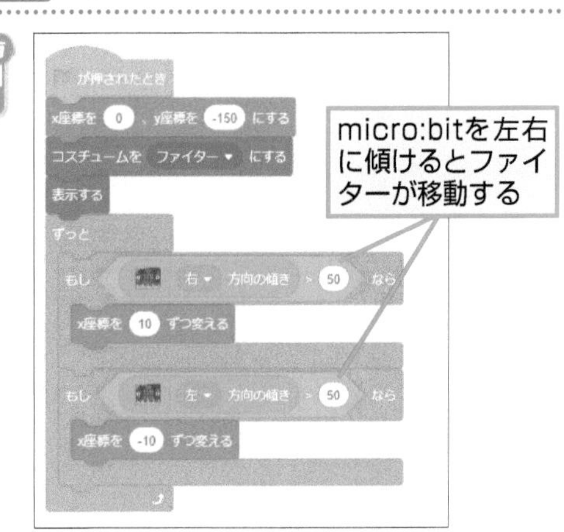

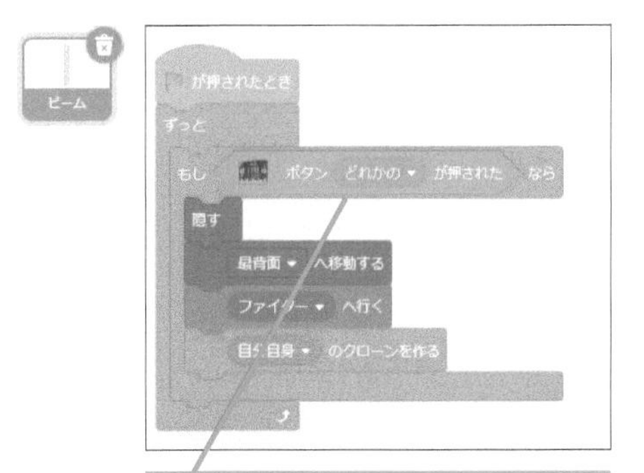

付録2 ローマ字入力表

キーボードで文字をローマ字入力するときに便利な変換表です。この変換表は小学校の国語で習う訓令式ローマ字を元に、パソコン（Microsoft IME）で入力できるローマ字を追加して掲載しています。

あ A	い I	う U	え E	お O
か KA	き KI	く KU	け KE	こ KO
さ SA	し SI	す SU	せ SE	そ SO
た TA	ち TI	つ TU	て TE	と TO
な NA	に NI	ぬ NU	ね NE	の NO
は HA	ひ HI	ふ HU	へ HE	ほ HO
ま MA	み MI	む MU	め ME	も MO
や YA	い YI	ゆ YU	いぇ YE	よ YO
ら RA	り RI	る RU	れ RE	ろ RO
わ WA	うぃ WI	う WU	うぇ WE	を WO
ん NN				

が GA	ぎ GI	ぐ GU	げ GE	ご GO
ざ ZA	じ ZI	ず ZU	ぜ ZE	ぞ ZO
だ DA	ぢ DI	づ DU	で DE	ど DO
ば BA	び BI	ぶ BU	べ BE	ぼ BO
ぱ PA	ぴ PI	ぷ PU	ぺ PE	ぽ PO

テクニック ひらがなで入力できないときは

キーボードで入力した際にアルファベットが表示された場合は、パソコンの画面の右下の文字を確認しましょう。アルファベットの「A」になっている場合は、入力モードが［半角英数］になっています。キーボードの半角/全角キーを押すことで、［ひらがな］に変更できます。

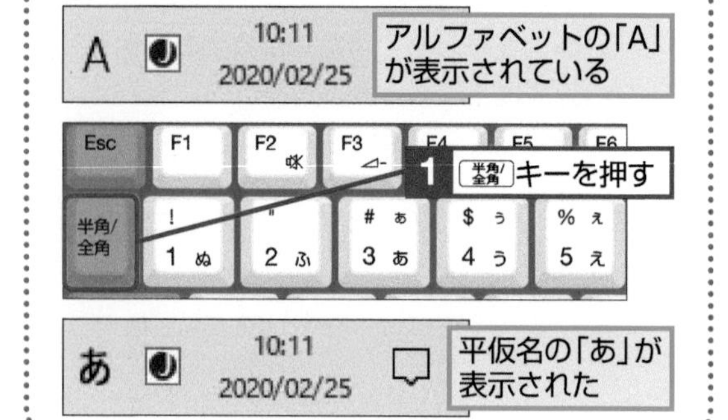

あ	い	う	え	お
XA	XI	XU	XE	XO
や	ゆ	よ	っ	わ
XYA	XYU	XYO	XTU	XWA
うぁ	うぃ	う	うぇ	うぉ
WHA	WHI	WHU	WHE	WHO
ヴぁ	ヴぃ	ヴ	ヴぇ	ヴぉ
VA	VI	VU	VE	VO
きゃ	きぃ	きゅ	きぇ	きょ
KYA	KYI	KYU	KYE	KYO
ぎゃ	ぎぃ	ぎゅ	ぎぇ	ぎょ
GYA	GYI	GYU	GYE	GYO
しゃ	しぃ	しゅ	しぇ	しょ
SYA	SYI	SYU	SYE	SYO
じゃ	じぃ	じゅ	じぇ	じょ
ZYA	ZYI	ZYU	ZYE	ZYO
ちゃ	ちぃ	ちゅ	ちぇ	ちょ
TYA	TYI	TYU	TYE	TYO
ぢゃ	ぢぃ	ぢゅ	ぢぇ	ぢょ
DYA	DYI	DYU	DYE	DYO

てゃ	てぃ	てゅ	てぇ	てょ
THA	THI	THU	THE	THO
でゃ	でぃ	でゅ	でぇ	でょ
DHA	DHI	DHU	DHE	DHO
にゃ	にぃ	にゅ	にぇ	にょ
NYA	NYI	NYU	NYE	NYO
ひゃ	ひぃ	ひゅ	ひぇ	ひょ
HYA	HYI	HYU	HYE	HYO
びゃ	びぃ	びゅ	びぇ	びょ
BYA	BYI	BYU	BYE	BYO
ぴゃ	ぴぃ	ぴゅ	ぴぇ	ぴょ
PYA	PYI	PYU	PYE	PYO
ふぁ	ふぃ	ふ	ふぇ	ふぉ
FA	FI	FU	FE	FO
ふゃ	ふぃ	ふゅ	ふぇ	ふょ
FYA	FYI	FYU	FYE	FYO
みゃ	みぃ	みゅ	みぇ	みょ
MYA	MYI	MYU	MYE	MYO
りゃ	りぃ	りゅ	りぇ	りょ
RYA	RYI	RYU	RYE	RYO

テクニック クリックでも入力モードを切り替えられる

[半角英数]と[ひらがな]の切り替えは、画面の右下に表示されている文字を直接クリックしてもできます。

アルファベットの「A」が表示されている

A 10:12 2020/02/25

1 ここをクリック

平仮名の「あ」が表示された

あ 10:13 2020/02/25

ブロックインデックス

Scratchのブロックについて、それぞれが初めて登場したページをまとめました。どのように使っているかを参考にして、コード作りに役立てましょう。

制御

調べる

演算

変数、リスト、ブロック定義

ペン、ビデオモーションセンサー

付録4 Chromebookで練習用ファイルを利用するには

本書はWindows 10の画面で操作を説明していますが、Chromebookでも同様にプログラミングができます。圧縮ファイルの保存場所や展開方法が異なるので注意しましょう。

1 圧縮ファイルを展開する

練習用ファイルをダウンロードしておく

1 ランチャーをクリック

2 [ファイル]をクリック

3 [ダウンロード]をクリック

プロジェクトをコンピューターに保存する場合もここに保存される

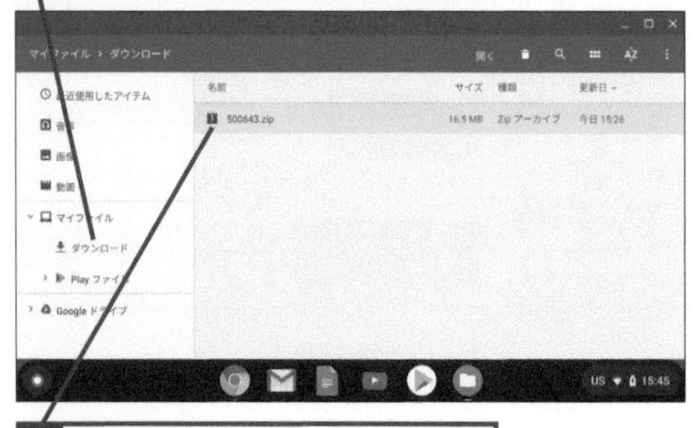

4 [500643.zip]をダブルクリック

ファイルが展開された

2 ファイルを開く

レッスン17を参考にScratchで[スプライトをアップロード]をクリック

1 [500643.zip]のここをクリック

2 [500643]をクリック

各章のフォルダーを開いてスプライトを読み込む

背景や練習用ファイルを読み込む場合も同様の操作を行う

ヒント！

[ダウンロード] フォルダのファイルは削除される場合がある

Chromebookの［ダウンロード］フォルダのファイルは、Chromebook全体の空き容量が少なくなると削除される可能性があります。削除されないようにするには、ファイルを［マイドライブ］などの別のフォルダに移動しましょう。

用語集

本書を読む上で、知っておくと役に立つキーワードを用語集にまとめました。なお、この用語集の中で関連するほかの用語がある項目には➡が付いています。併せて読むことで、初めて目にする専門用語でもすぐに理解できます。ぜひご活用ください。

C型ブロック

アルファベットの「C」の形をしたブロックで、中に別のブロックを接続する。繰り返し処理や条件分岐を作るときに使う。

→入れ子構造、繰り返し処理、条件分岐

値ブロック

数値や文字などのデータが入っているブロック。角が丸くなっているのが特徴。このブロックをクリックするとデータの内容がポップアップで表示される。 →真偽ブロック、スタックブロック

アルゴリズム

コンピュータープログラミングで問題を解決するための手続きのこと。並び替えなど、1つの問題を解くのにもさまざまなやり方があり、それらを比較するために名前が付けられていることが多い。

イベント

プログラムの中で起こる出来事のこと。マウスのクリックやキーボードからの入力のほか、背景の変更などもイベントになる。 →コード、ハットブロック

入れ子構造

ブロックの中に同じようなブロックを組み込むこと。条件文の中に条件文を入れたり、繰り返し処理の中に繰り返し処理を入れたりすることで、複雑な構造を表現できる。

→繰り返し処理、真偽ブロック

演算

広い意味での計算のこと。プログラミングでは数字だけでなく、真偽値や文字の計算処理も行うためこのように呼ばれる。

→四則演算、真偽値、比較演算、論理演算

キャップブロック

下にほかのブロックを連結できないブロック。［制御］カテゴリーの［［すべて］を止める］と［このクローンを削除する］にはほかのブロックを連結できない。 →ハットブロック

繰り返し処理

同じことを何度も行う処理のこと。Scratchでは、［ずっと］や［［10］回繰り返す］のブロックで作る。同じブロックをたくさん使うよりも短いコードにできる。 →コード

グローバル変数

変数のうち、プログラムのどこからでも参照できる値。異なるスプライトで同じデータを使うときに利用できる。一方で、どこで変数が変更されたかが分かりづらく、バグの原因になることも多い。

→スプライト、バグ、変数、ローカル変数

クローン

スプライトの複製のこと。または複製すること。同じ種類のスプライトをたくさん画面に出したいときに使う。 →スプライト

コード

プログラムのこと。特にCやJavaScriptといった言語を使って字でプログラミングすることを、コーディングと呼ぶことが多い。 →コード

コードエリア

Scratchの画面中央にある、ブロックを置く場所のこと。コードの拡大縮小、整列などの機能を備えている。 →コード、スプライト

コスチューム

スプライトの見た目を変える画像のこと。コスチュームを切り替えることでアニメーションのような表現もできる。 →スプライト

サインアウト

Webサイトにサインインした状態を解除すること。共有のパソコンを使っている場合は、作業後にサインアウトをしないと、ほかの人に自分のアカウントを使われてしまうことがある。 →サインイン

サインイン

コンピューターやインターネット上のサービスを利用するとき、ユーザーの名前やパスワードを入力して利用を開始できるようにすること。Scratchのサイトにサインインすると、作品の保存やリミックスができる。 →サインアウト、リミックス

座標

画面上の位置を数字で表したもの。Scratchでは画面の中央を0として、横を-240 ～ 240のx座標、縦を-180 ～ 180のy座標で表す。

→絶対座標、相対座標

四則演算

足し算・引き算・掛け算・割り算をまとめた呼び方。Scratchには、四則演算以外にもさまざまな演算が用意されている。

→演算、比較演算、論理演算

条件分岐

条件によって処理の流れを変えること。条件分岐を使うと、さまざまな場合に対応できる複雑なプログラムが組める。

真偽値

正しい（真）か、間違っている（偽）かのどちらかの値になるもの。例えば、「AはBよりも大きい」は正しいか正しくないのどちらかになる。

真偽ブロック

真か偽のどちらかの値を持つブロック。六角形の特徴的な形をしている。クリックすると値がポップアップで表示される。

スタジオ

Scratchの作品を集めておく場所。自分や他人の作品をまとめて、名前を付けて管理できる。

→プロジェクト

スタックブロック

上下にほかのブロックを連結できるブロックのこと。ブロックの上部に凹みがあり、ブロックの下部には出っ張りがある。

→値ブロック、ハットブロック

ステージ

スプライトの後ろに表示される背景画面のこと。背景画像の設定やコードの記述ができる。

→コード、背景

ストップボタン

ステージの右上にある赤いボタンで、クリックするとすべてのコードの動作が止まる。通常、緑の旗ボタンでプログラムを開始し、ストップボタンで停止する。 →コード、ステージ、緑の旗ボタン

スプライト

Scratchのプログラム上で動きを付けられる物体。ライブラリーから読み込んだり、自分で描いたりできる。スプライトにコードを書くのがScratchの基本。 →コード

スプライトリスト

Scratchの画面右下にある、スプライトが一覧表示される領域。スプライトを切り替えて、コードの記述やコスチュームの操作ができる。

→コード、コスチューム、スプライト

絶対座標

座標を指定するやり方のうち、画面上の決まった点を基準にする方法。Scratchの場合は画面の中央がゼロ地点なので、そこからx方向、y方向の距離で座標を指定する。 →相対座標

相対座標

座標を指定するやり方のうち、スプライトが今いる位置を基準にする方法。今の場所からx方向とy方向にどれだけ動くかを指定する。

→スプライト、絶対座標

逐次処理

複数の命令を順番に実行していくこと。Scratchの場合は、連結したブロックが上から順番に実行されることで逐次処理を実現している。

→並列処理

デバッグ

プログラムの不具合（バグ）を直すこと。Scratchは一般的なプログラミング言語と比べて書き方のミスが出にくく、デバッグも比較的容易。 →バグ

背景

ステージに設定した画像のこと。スプライトのコスチュームと同じように、ライブラリーから読み込んだり、自分で描いたりできる。また、画像をアップロードしても使える。

→コスチューム、ステージ、スプライト

配列

複数のデータをまとめて扱える変数のこと。Scratchではリストと呼ばれる。配列を使うことで、たくさんのデータを一度に処理できる。 →変数

バグ

プログラムの不具合のこと。プログラミングにはバグがつきものであり、試行錯誤しながらバグを直すことがプログラミングの基本的な進め方となる。

→デバッグ

バックパック

Scratchの画面右下の領域。コードやコスチューム、音などをドラッグすると一時的に保存され、ほかのプロジェクトでも使えるようになる。

→コスチューム、コード、プロジェクト

ハットブロック

コードの一番上に使い、上にほかのブロックを連結できないブロック。［緑の旗が押されたとき］［このスプライトがクリックされたとき］などが該当する。

→コード、スプライト

比較演算

2つの数値や文字列が同じかどうか、どちらが大きいかなどを調べること。「＝」「＞」「＜」の記号を使って比較する。 →四則演算、論理演算

ビットマップモード

背景やコスチュームなどの描き方の1つ。ビットマップモードでは、ペイントソフトと同じようなやり方で絵や図形を描くことができる。

→コスチューム、背景、ベクターモード

プロジェクト

Scratchで作ったプログラムのこと。Scratchのプログラムはプロジェクト単位で管理され、それぞれに固有のURLが割り振られる。このため、簡単にインターネット上で公開できる。 →スタジオ

プロジェクトページ

プロジェクトの表紙となる画面のこと。プロジェクトの使い方や説明を記入できる。公開されているプロジェクトをお気に入りに登録できるほか、[好き]の評価を付けられる。 →プロジェクト

ブロックパレット

ブロックが選べる画面のこと。ブロックは、[動き]や[見た目]といったカテゴリーに分類されている。各カテゴリーから必要なブロックを選んでプログラミングに使用する。

並列処理

複数のコードを同時に動かすこと。Scratchでは、各スプライトのコードが最初から並列処理されるように設計されているので、意識することなく並列処理のプログラミングが可能になっている。

→コード、スプライト、逐次処理

ベクターモード

背景やコスチュームなどの描き方の1つ。ベクターモードでは、ドローイングソフトのように、直線や曲線を組み合わせて図形を描く。拡大しても表示がくずれないのが特徴。 →ビットマップモード

ペン

スプライトを使って形を描く機能のこと。スプライトの動きで図形を描けるので、座標の概念が分からない子どもにも理解しやすい。

→スプライト、座標

変数

点数など、中身が変わるデータのこと。Scratchでは、変数に名前を付けて管理ができ、内容が画面に表示される。 →グローバル変数、ローカル変数

緑の旗ボタン

ステージの左上にある旗の形をした緑色のボタンのこと。緑の旗ボタンをクリックするとすべてのコードの動作が始まる。通常、緑の旗ボタンでプログラムを開始し、ストップボタンで停止する。

→コード、ステージ、ストップボタン

メッセージ

スプライトからほかのスプライトに情報を送信する機能のこと。 →スプライト

乱数

あらかじめ決まっていない不規則な数字のこと。おみくじのようなプログラムや、スプライトに不規則な動きをさせたいときなどに使う。 →スプライト

リミックス

ほかの人が作ったScratchプロジェクトから新しいプロジェクトを作ること。改造や新しい機能の追加ができる。 →プロジェクト

ローカル変数

プログラムの一部だけで使える変数のこと。Scratchの場合、1つのスプライトのコードで定義したローカル変数は、ほかのスプライトから参照できない。

→グローバル変数、コード、スプライト、変数

論理演算

真偽値で論理的な関係を調べること。Scratchでは「～かつ～」「～または～」「～でない」が用意されている。 →四則演算、真偽値、比較演算

索引

本書を読み終えた方へ

できるシリーズのご案内

※1：当社調べ　※2：大手書店チェーン調べ

プログラミング関連書籍

できるキッズ 子どもと学ぶ ビスケットプログラミング入門

合同会社デジタルポケット
原田康徳・渡辺勇士・井上愉可里
&できるシリーズ編集部
定価：1,980円
（本体：1,800円＋税10%）

スマートフォンやタブレットで使える無料アプリ「ビスケット」でやさしくプログラミングが学べる。子どもにも読みやすいふりがな付き！

できるキッズ 親子で楽しむ ユーチューバー入門

FULMA株式会社&
できるシリーズ編集部
定価：2,035円
（本体：1,850円＋税10%）

ユーチューバーみたいな動画が作れる！ 家族や友だちだけに動画を公開できるので安心。ネットを安全に使うための知識も身に付く。

できるパソコンで楽しむマインクラフト プログラミング入門 Microsoft MakeCode for Minecraft 対応

広野忠敏&
できるシリーズ編集部
定価：2,530円
（本体：2,300円＋税10%）

パソコンで簡単にプログラミングして、マインクラフトをもっと楽しもう！　ダウンロードしてすぐに使える無料サンプルコード付き！

できるキッズ 子どもと学ぶ JavaScriptプログラミング入門

大澤文孝&
できるシリーズ編集部
定価：2,420円
（本体：2,200円＋税10%）

JavaScriptを使ったプログラミング方法を解説。簡単なコードから作り始め、最終的にはWebブラウザーで遊べる本格的な「落ち物パズル」を制作。

Windows 関連書籍

できるWindows 10 2021年 改訂6版 特別版小冊子付き

法林岳之・一ヶ谷兼乃・
清水理史&
できるシリーズ編集部
定価：1,100円
（本体1,000円＋税10%）

最新Windows 10の使い方がよく分かる！ 流行のZoomの操作を学べる小冊子付き。無料電話サポート対応なので、分からない操作があっても安心。

できるWindows10 パーフェクトブック

困った！&
便利ワザ大全
2021年 改訂6版

広野忠敏&
できるシリーズ編集部
定価：1,628円
（本体1,480円＋税10%）

全方位で使えるWindows 10の便利ワザが満載！ 最新OSの便利機能や新型Edgeの使いこなし、ビデオ会議のコツがよく分かる。

できるゼロからはじめるパソコン超入門

ウィンドウズ 10対応
令和改訂版

法林岳之&
できるシリーズ編集部
定価：1,100円
（本体：1,000円＋税10%）

大きな画面と文字でいちばんやさしいパソコン入門書。操作に自信がなくても迷わず操作できる！ 一部レッスンは動画による解説にも対応。

読者アンケートにご協力ください！

https://book.impress.co.jp/books/1118101140

このたびは「できるシリーズ」をご購入いただき、ありがとうございます。
本書はWebサイトにおいて皆さまのご意見・ご感想を承っております。
気になったことやお気に召さなかった点、役に立った点など、
皆さまからのご意見・ご感想をお聞かせいただき、
今後の商品企画・制作に生かしていきたいと考えています。
お手数ですが以下の方法で読者アンケートにご回答ください。
ご協力いただいた方には抽選で毎月プレゼントをお送りします！

※プレゼントの内容については、「CLUB Impress」のWebサイト（https://book.impress.co.jp/）をご確認ください。

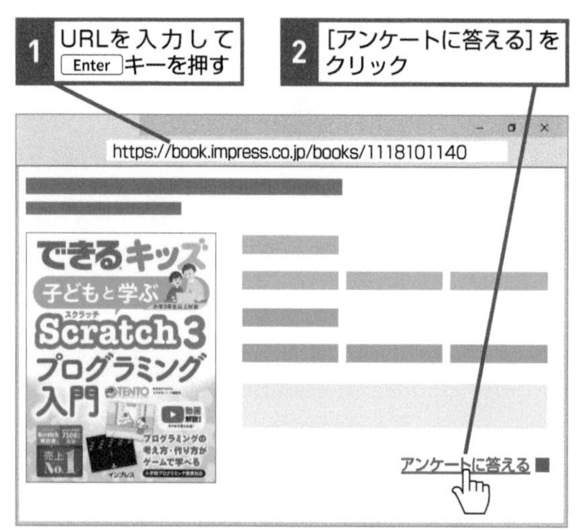

※Webサイトのデザインやレイアウトは変更になる場合があります。

◆会員登録がお済みの方
会員IDと会員パスワードを入力して、[ログインする]をクリックする

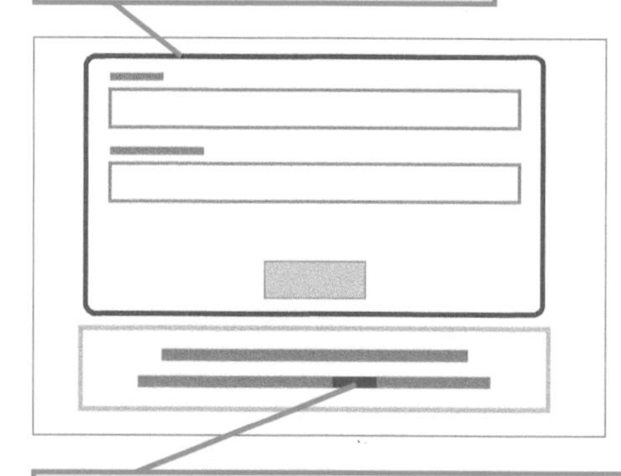

◆会員登録をされていない方
[こちら]をクリックして会員規約に同意してからメールアドレスや希望のパスワードを入力し、登録確認メールのURLをクリックする

本書のご感想をぜひお寄せください　https://book.impress.co.jp/books/1118101140

「アンケートに答える」をクリックしてアンケートにご協力ください。アンケート回答者の中から、抽選で**商品券（1万円分）**や**図書カード（1,000円分）**などを毎月プレゼント。当選は賞品の発送をもって代えさせていただきます。はじめての方は、「CLUB Impress」へご登録（無料）いただく必要があります。

読者登録サービス

アンケートやレビューでプレゼントが当たる！

■著者

株式会社TENTO

日本初の子ども向けプログラミング教室。子どもたちが天賦のクリエイティビティを使って、モノを作る喜びを知る場所として2011年に設立。子どもたちを情報化時代の嵐から守り、その後世界に送り出すことを使命とする。

https://www.tento-net.com/

竹林　暁（たけばやしあきら）

株式会社TENTO代表取締役。ICT/プログラミングスクールTENTOの共同創立者・代表。長野県木曽郡出身。東京大学大学院総合文化研究科言語情報科学専攻にて認知言語学を学ぶ。教育者として、プログラマーとして、また認知研究者としてプログラミング教育の未来を常に考えている。

西田慶子（にしだ　けいこ）

TENTO EX. さが 代表。信州大学理学部生物学科卒業。システムエンジニア、中学校、高校の講師、ICT支援員などを勤めたあと、TENTO自由が丘校講師を経て現在に至る。

STAFF

シリーズロゴデザイン	山岡デザイン事務所<yamaoka@mail.yama.co.jp>
カバーデザイン	伊藤忠インタラクティブ株式会社
本文フォーマット&デザイン	町田有美
本文イメージイラスト	廣島　潤
本文イラスト	松原ふみこ・福地祐子・町田有美
DTP制作	町田有美・田中麻衣子
編集協力	今井　孝
デザイン制作室	今津幸弘<imazu@impress.co.jp>
	鈴木　薫<suzu-kao@impress.co.jp>
制作担当デスク	柏倉真理子<kasiwa-m@impress.co.jp>
編集制作	高木大地
編集	荻上　徹<ogiue@impress.co.jp>
編集長	藤原泰之<fujiwara@impress.co.jp>

■商品に関する問い合わせ先

このたびは弊社商品をご購入いただきありがとうございます。本書の内容などに関するお問い合わせは、下記のURLまたは二次元バーコードにある問い合わせフォームからお送りください。

https://book.impress.co.jp/info/

上記フォームがご利用いただけない場合のメールでの問い合わせ先

info@impress.co.jp

※お問い合わせの際は、書名、ISBN、お名前、お電話番号、メールアドレス に加えて、「該当するページ」と「具体的なご質問内容」「お使いの動作環境」を必ずご明記ください。なお、本書の範囲を超えるご質問にはお答えできないのでご了承ください。

- ●電話やFAXでのご質問には対応しておりません。また、封書でのお問い合わせは回答までに日数をいただく場合があります。あらかじめご了承ください。
- ●インプレスブックスの本書情報ページ　https://book.impress.co.jp/books/1118101140 では、本書のサポート情報や正誤表・訂正情報などを提供しています。あわせてご確認ください。
- ●本書の奥付に記載されている初版発行日から3年が経過した場合、もしくは本書で紹介している製品やサービスについて提供会社によるサポートが終了した場合はご質問にお答えできない場合があります。

■落丁・乱丁本などの問い合わせ先

FAX　03-6837-5023

service@impress.co.jp

※古書店で購入された商品はお取り替えできません。

できるキッズ 子どもと学ぶ Scratch 3 プログラミング入門

2020年3月21日　初版発行
2024年3月1日　第1版第6刷発行

著　者　株式会社TENTO ＆できるシリーズ編集部

発行人　小川 亨

編集人　高橋隆志

発行所　株式会社インプレス
〒101-0051　東京都千代田区神田神保町一丁目105番地
ホームページ　https://book.impress.co.jp/

印刷所　株式会社ウイル・コーポレーション

ISBN978-4-295-00643-5 C3055

Printed in Japan